TURING 图灵程序设计丛书

U0392258

st

JavaScript

程序设计

如果有一部比看牙医更有趣、比报税单更详尽的JavaScript著作就好了。这也许只是白日做梦。

[美] Eric T. Freeman
Elisabeth Robson 著

袁国忠 译

O'REILLY®

Beijing · Cambridge · Köln · Sebastopol · Tokyo

O'Reilly Media, Inc. 授权人民邮电出版社出版

人民邮电出版社
北京

图书在版编目（CIP）数据

Head First JavaScript 程序设计 /（美）埃里克·T. 弗里曼（Eric T. Freeman），
（美）伊丽莎白·罗布森（Elisabeth Robson）著；袁国忠译 . —北京：人民邮电出版社，
2017.8（2023.3 重印）

（图灵程序设计丛书）

书名原文：Head First JavaScript Programming

ISBN 978-7-115-45841-4

I. ① H… II. ①埃… ②伊… ③袁… III. ① JAVA 语言－程序设计
IV. ① TP312.8

中国版本图书馆 CIP 数据核字 (2017) 第 119745 号

内 容 提 要

本书语言和版式活泼，内容讲解深入浅出，是难得的JavaScript入门书。本书内容涵盖JavaScript的基本知识以及对象、函数和浏览器文档对象模型等高阶主题。书中配备了大量有趣的示例、图示和练习，让读者轻轻松松掌握JavaScript编程。

本书的读者对象为JavaScript入门读者以及网页设计入门者。

♦ 著 ［美］Eric T. Freeman Elisabeth Robson
译 袁国忠
责任编辑 杨 琳
责任印制 彭志环

♦ 人民邮电出版社出版发行 北京市丰台区成寿寺路 11 号
邮编 100164 电子邮件 315@ptpress.com.cn
网址 https://www.ptpress.com.cn
北京天宇星印刷厂印刷

♦ 开本：880×1230 1/20
印张：34.8 2017 年 8 月第 1 版
字数：1028 千字 2023 年 3 月北京第 10 次印刷
著作权合同登记号 图字：01-2015-5420 号

定价：129.00 元
读者服务热线：(010) 84084456-6009 印装质量热线：(010) 81055316
反盗版热线：(010) 81055315
广告经营许可证：京东市监广登字 20170147 号

致JavaScript：你出身并不高贵，却轻松击败了所有在浏览器领域向你发起挑战的语言。

O'Reilly Media, Inc. 介绍

O'Reilly Media 通过图书、杂志、在线服务、调查研究和会议等方式传播创新知识。自 1978 年开始，O'Reilly 一直都是前沿发展的见证者和推动者。超级极客们正在开创着未来，而我们关注真正重要的技术趋势——通过放大那些"细微的信号"来刺激社会对新科技的应用。作为技术社区中活跃的参与者，O'Reilly 的发展充满了对创新的倡导、创造和发扬光大。

O'Reilly 为软件开发人员带来革命性的"动物书"；创建第一个商业网站（GNN）；组织了影响深远的开放源代码峰会，以至于开源软件运动以此命名；创立了《Make》杂志，从而成为 DIY 革命的主要先锋；公司一如既往地通过多种形式缔结信息与人的纽带。O'Reilly 的会议和峰会集聚了众多超级极客和高瞻远瞩的商业领袖，共同描绘出开创新产业的革命性思想。作为技术人士获取信息的选择，O'Reilly 现在还将先锋专家的知识传递给普通的计算机用户。无论是通过书籍出版，在线服务或者面授课程，每一项 O'Reilly 的产品都反映了公司不可动摇的理念——信息是激发创新的力量。

业界评论

"O'Reilly Radar 博客有口皆碑。"

——*Wired*

"O'Reilly 凭借一系列（真希望当初我也想到了）非凡想法建立了数百万美元的业务。"

——*Business 2.0*

"O'Reilly Conference 是聚集关键思想领袖的绝对典范。"

——*CRN*

"一本 O'Reilly 的书就代表一个有用、有前途、需要学习的主题。"

——*Irish Times*

"Tim 是位特立独行的商人，他不光放眼于最长远、最广阔的视野并且切实地按照 Yogi Berra 的建议去做了：'如果你在路上遇到岔路口，走小路（岔路）。'回顾过去 Tim 似乎每一次都选择了小路，而且有几次都是一闪即逝的机会，尽管大路也不错。"

——*Linux Journal*

对本书的赞誉

"警告：本书寓教于乐，你若想苦哈哈地学习，那千万不要选这本书。它还有个副作用，你学到的JavaScript知识比看一般的技术书要多。"

——**Jesse Palmer**，**Gannett Digital**资深软件开发人员

"如果每个中小学生都有机会阅读Elisabeth和Eric编著的《Head First HTML与CSS》，且本书和*Head First HTML5 Programming*也得以纳入高中数学和科学课程，那么我们国家就永远不会丧失竞争优势了。"

——**Michael Murphy**，**The History Tree**资深系统咨询师

"Head First系列丛书充分利用了建构主义等现代学习理论，帮助读者快速掌握新知识。本书表明，即便是专家级内容，也可高效而快速地传授给读者。别误会，这可是一部严肃的JavaScript著作，但让人读起来趣味盎然！"

——**Frank Moore**，Web设计师和开发人员

"想找一部读起来令人兴趣盎然、笑声不断，又能学到编程技能的著作吗？本书就是这样的著作！"

——**Tim Williams**，软件领域创业者

"不管你的编程水平如何，都请将本书纳入你的书单中！"

——**Chris Fuselier**，工程咨询师

"Robson和Freeman再次获得了成功！本书秉承了他们编著的其他Head First系列丛书内容丰富而有趣的写作风格，引导读者完成一些有趣而实用的项目，为使用现代JavaScript编程技巧解决实际问题打下了坚实的基础。"

—— **Russell Alleen-Willems**，**DiachronicDesign.com**数字考古学家

"Freeman和Robson一如既往地采用创新性的教学手法，向读者传授基本原理和复杂概念。"

——**Mark Arana**，华特迪士尼公司战略与创新部

"这本书很对心无旁骛、桀骜不羁的编码大师的口味。很不错的实用开发策略指南，没有又长又臭的陈词滥调，能迅速让我的大脑活跃起来。"

——**Travis Kalanick**，优步**CEO**

"本书语言清晰幽默，内容充实，即便读者不是程序员，也能从中学到解决问题的思路。"

——**Cory Doctorow**，**Boing Boing**联合编辑和科幻小说作家

"学海无涯，举重若轻，何需汗牛充栋。"

——**Ward Cunningham**，**Wiki**之父

"在我阅读过的著作中，让我觉得不可错过的如凤毛麟角（最多不超过10本），本书位列其中。"

——**David Gelernter**，耶鲁大学计算机教授

"它深深地打动了我，让我又哭又笑。"

——**Daniel Steinberg**，**java.net**主编

"我想不出还有哪位导游比Eric和Elisabeth更优秀了。"

——**Miko Matsumura**，**Hazelcast**市场营销和开发人员关系副总裁
（**Sun公司前首席Java布道师**）

"本书让我爱不释手，忍不住当着妻子的面亲吻它。"

——**Satish Kumar**

"运用大量图表，循序渐进，准确模拟了学习JavaScript的最佳方式。"

——**Danny Goodman**，*Dynamic HTML: The Definitive Guide*作者

"Eric和Elisabeth对其要介绍的内容了如指掌。随着Internet越来越复杂，在制作网页的过程中，灵感显得日益重要。每一章都精心设计，既措辞巧妙又不失实用地讲解了每个概念。"

——**Ken Goldstein**，**Shop.com**前**CEO**和*This is Rage: A Novel of Silicon Valley and Other Madness*作者

Eric T. Freeman和Elisabeth Robson的其他O'Reilly图书

Head First Design Patterns

Head First HTML and CSS

Head First HTML5 Programming

O'Reilly的其他相关图书

Head First HTML5 Programming

JavaScript: The Definitive Guide

JavaScript Enlightenment

O'Reilly Head First系列的其他图书

Head First HTML and CSS

Head First HTML5 Programming

Head First Design Patterns

Head First Servlets and JSP

Head First SQL

Head First Software Development

Head First C#

Head First Java

Head First Object-Oriented Analysis and Design (OOA&D)

Head First Ajax

Head First Rails

Head First PHP & MySQL

Head First Web Design

Head First Networking

Head First iPhone and iPad Development

Head First jQuery

作者简介

Eric Freeman

Elisabeth Robson

Eric Freeman 做过时髦的黑客、公司副总裁、工程师、智囊等，谙熟多个领域的语言、惯例和文化，Head First系列丛书创立者之一Kathy Sierra视其为难得的多面手。

在职业生涯方面，Eric最近辞去了担任了近10年之久的媒体公司高管职位——华特迪士尼公司DisneyOnline & Disney.com的首席技术官，将全部精力都投入到他与Elisabeth创建的创业公司WickedlySmart。

在教育背景方面，Eric是一位计算机科学家，在耶鲁大学攻读博士学位期间，一直与行业翘楚David Gelernter一起从事研究工作，其博士论文首次实现了他与Gelernter博士提出的活动流概念，对桌面替代品的探索工作产生了深远的影响。

闲暇之余，Eric酷爱音乐，其最新作品名为Immersion Station。这是他与环境音乐先锋Steve Roach合作的结晶，在iPhone应用商店有售。

Eric现与妻子和幼女居住在班布里奇岛。女儿经常前往其工作室，喜欢鼓捣那里的合音和音响器材的按钮。

联系Eric，可发送电子邮件至eric@wickedly-smart.com，也可访问其个人网站http://ericfree-man.com。

Elisabeth Robson 软件工程师、作者、培训师。获得耶鲁大学计算机科学硕士学位。在校期间就对技术产生了浓厚的兴趣，并设计了一款可视化并行编程语言和软件架构。

从职业生涯早期，她就致力于互联网领域的工作，与人一起打造了获奖网站The Ada Project。该网站首开先河，致力于帮助计算机领域的女性寻找工作和志同道合者。

当前，作为致力于传播Web技术的在线教育公司WickedlySmart的联合创始人，她负责图书、文章和视频等制作工作。Elisabeth曾担任O'Reilly Media的特殊项目主管，负责创办涉及各种技术主题的体验工作坊和在线课程，从此对技术培训产生了浓厚的兴趣。在此之前，Elisabeth就职于华特迪士尼公司，主要负责数字媒体的研发工作。

闲暇之余，Elisabeth要么投身于大自然，带着摄像机去徒步旅行、骑自行车或划皮划艇；要么在家烹制素食大餐。

联系Elisabeth，可发送电子邮件至beth@wickedlysmart.com，也可访问其博客http://elisabethrobson.com。

目录（精简版）

目录（完整版）

前言

让大脑重视JavaScript。现在你正试着学习某些东西，为了不让学习卡壳，你的大脑也在帮忙，大脑在想："最好把空间留给重要的事，比如什么动物是危险的？裸体滑雪是不是一个坏主意？"那么怎么才能欺骗你的大脑，让它认为学好JavaScript关系到你下半生的幸福呢？

JavaScript速览

进入JavaScript的世界

JavaScript赋予你强大的力量。JavaScript是一款纯正的Web编程语言，让你能够给网页添加行为。有了JavaScript，你就能够与用户互动，响应有趣的事件，从网上收集数据并将其用于网页中，在网页中绘制图形等。网页不再是枯燥、乏味、静态的，不再只是一动不动地展现在你面前。掌握JavaScript后，你还能够赋予网页全新的行为。

编写代码

更进一步

你已经知道了变量、类型、表达式等，我们接着往下介绍。

你对JavaScript有所了解，实际上已经具备了足够的知识，可以编写一些真正的代码了：一些完成有趣功能的代码，一些有人想使用的代码。你缺乏的是实际编写代码的经验，现在就来弥补吧。如何弥补呢？全身心地投入，开发一个完全使用JavaScript编写的休闲类游戏。我们目标远大，又脚踏实地，一步一个脚印。来吧，现在就开始。如果你想利用这款游戏来一次创业，我们不会有任何意见，因为代码是你的。

函数简介

养成函数思维

为使用你的第一个超级武器作好准备。你编写过一些代码，现在该使用函数来提高效率了。通过使用函数，你可编写适用于各种不同环境的代码。这些代码可反复重用且管理起来容易得多。你还可以将通用代码抽取出来，给它指定一个简单的名称，这样就能将复杂的东西抛诸脑后，将精力放在重要的内容上。你将发现，函数不仅是脚本编写人员通往程序员的大门，还是JavaScript编程风格的核心。本章介绍函数的基本知识：机制以及工作原理的方方面面。在本书余下的篇幅中，你将不断提高函数方面的技能。下面就来为此打下坚实的基础吧。

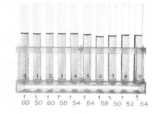

让数据排排坐

数组

在JavaScript中，并非只有数字、字符串和布尔值。 前面编写JavaScript代码时，使用的都是基本类型（简单字符串、数字和布尔值），如"Fido"、23和true。使用基本类型可完成很多工作，但有时候必须处理更多数据，如购物车中的所有商品、播放列表中的所有歌曲、一系列恒星及其亮度或整个产品目录，为此，需要更强大的工具。对于这种按顺序排列的数据，可使用JavaScript数组来存储。本章将介绍如何将数据加入数组、如何传递数组以及如何操作数组。本书后面将介绍其他组织数据的方式，但现在先从数组着手吧。

理解对象

对象镇之旅

5

到目前为止，你在代码中使用的都是基本类型和数组。 另外，你使用简单语句、条件、`for/while`循环和函数来编写代码，这种编码方式的过程化程度极高，不完全是面向对象的。实际上，这根本就不是面向对象的。你确实偶尔在不知不觉间使用了一些对象，但从未编写自己的对象。现在，该放弃这种枯燥的过程型编程方式，转而创建一些自己的对象了。在本章中，你将了解为何使用对象可让生活更美好，当然这是从编程意义上说的，因为本书只负责提高你的JavaScript技能，而不能让你变得更时尚。需要指出的是，到了对象镇，你会乐不思蜀，可别忘了给我们寄明信片。

与网页交互

了解DOM

你的JavaScript水平有了很大的提高。 事实上，你从门外汉成了脚本编写人员，又成了程序员，但还有一些东西没学。要充分利用你的JavaScript技能，就必须知道如何与代码所属的网页交互。只有这样，你才能编写出动态网页：能够对用户操作作出响应的网页，能够在加载后自动更新的网页。那么，如何与网页交互呢？使用DOM，即文档对象模型（document object model）。本章将详细介绍DOM，看看如何使用它和JavaScript赋予网页新功能。

浏览器在此，我读取网页并创建其DOM。

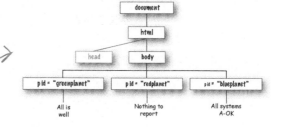

类型、相等、转换等

系统地讨论类型

该系统地讨论类型了。 JavaScript的优点之一是，你无需知道这种语言的很多细节，就可以使用它来做很多事情。但要真正掌握这门语言、提升水平，做到人生中梦寐以求的事情，你必须对类型了如指掌。还记得本书前面是怎么说JavaScript的吗？是不是说它命不好，不是出生在高贵的学术殿堂，也未经同行审阅？确实如此，但非科班出身不妨碍史蒂夫·乔布斯和比尔·盖茨取得成功，对JavaScript来说亦如此。这确实意味着JavaScript的类型系统并不特别缜密，我们会发现它有一些怪癖。不过不用担心，本章将把这些怪癖解释得一清二楚，你很快就能避免各种与类型相关的难堪错误。

综合应用

编写一个应用程序

系上工具腰带，就是那个囊括你新学的所有编码技能、DOM知识甚至HTML&CSS知识的工具腰带。本章将结合使用这些知识打造第一个货真价实的Web应用。不再是只有一艘战舰和一行藏身之地的小儿科游戏，本章将提供全面的体验：又大又漂亮的游戏板、多艘战舰、获取用户输入……这些都包含在一个网页中。我们将使用HTML定义游戏网页的结构，使用CSS设置游戏的视觉样式，并使用JavaScript代码定义游戏的行为。坐好了，我们将全力以赴，将油门踩到底，编写一些正式的代码。

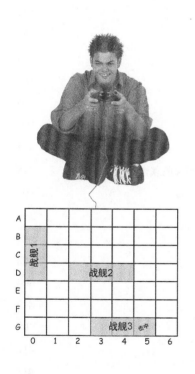

异步编码

9

处理事件

阅读完本章，你的编程方式再不似从前。到目前为止，你编写的代码通常都是按从上到下的顺序执行的。虽然你的代码要复杂些，还使用了一些函数、对象和方法，但从某种程度上说，它们都是按部就班地执行的。然而，JavaScript代码通常不是这样编写的，大多数JavaScript代码都是事件响应式的。很抱歉到现在才告诉你这一点。那么都是什么样的事件呢？用户单击网页、通过网络收到数据、定时器到期、DOM发生变化等。事实上，在浏览器中，幕后始终有各种事件在不断发生。本章将反思我们的编码方式，学习如何编写响应事件的代码以及为何要这样做。

10 函数是一等公民

自由的函数

熟知函数你就能成为明星。 无论在什么行业和学科，都存在让大师有别于芸芸众生的重要分水岭；就JavaScript而言，这个分水岭就是熟知函数。在JavaScript中，函数不可或缺，很多设计和组织代码的技巧都要求你精通并熟练地使用函数。通往精通函数的学习道路很有趣，但常常会让人迷惑不解，因此你一定要有心理准备。本章将更深入地介绍JavaScript函数，你将像刘姥姥进了大观园，见到一些奇异、古怪而神奇的东西。

11

匿名函数、作用域和闭包

系统地讨论函数

你已经全面了解了函数，但还需更深入地学习。本章将再进一步，深入函数的核心，演示如何娴熟地利用函数。这一章虽然不太长，但涵盖的知识点非常多；阅读完本章后，你的JavaScript表达能力将超乎你的想象。你还将为与人协作编写代码或使用开源JavaScript库作好准备，因为我们将介绍一些与函数相关的常见编码习惯和约定。如果你从未听说过匿名函数和闭包，那真是来对了地方。

可恶！Judy又说对了。

等等，Judy没有提到闭包，而我们这里做的好像与闭包相关。咱们来学习闭包，看看能否利用闭包来战胜她。

12 高级对象构造技巧

创建对象

到目前为止,我们都以手动方式创建对象: 对于每个对象,都使用对象字面量来指定其所有属性。小规模地创建对象时,这没有问题,但要编写正式的代码,需要使用更好的方式。这正是对象构造函数的用武之地。使用构造函数,可更轻松地创建对象,还可让所有对象都采用相同的设计蓝图;也就是说,使用构造函数可确保所有对象都包含相同的属性和方法。通过使用构造函数,编写的对象代码将简洁得多,而且创建大量对象时不容易出错。阅读完本章后,你谈论起构造函数,就会像是在对象镇长大的一样。

使用原型

13

超强的对象创建方式

学会如何创建对象仅仅是个开始。该充实一些关于对象的内容了。我们需要在对象之间建立关系和共享代码的方法，需要扩展和改进既有对象。换句话说，我们需要更多的工具。在本章中你将看到，JavaScript的对象模型非常强大，但它与标准面向对象语言的对象模型稍有不同。JavaScript采用的不是基于类的面向对象系统，而是更强大的原型模型，其中的对象可继承和扩展其他对象的行为。这有何优点呢？你马上就会看到。现在就开始吧。

Object

toString()
hasOwnProperty()
// 其他方法

小狗原型

species: "Canine"

bark()
run()
wag()

表演犬原型

league: "Webville"

stack()
bait()
gait()
groom()

ShowDog

name: "Scotty"
breed: "Scottish Terrier"
weight: 15
handler: "Cookie"

附录 遗漏内容

未涉足的十大主题

我们介绍了大量的基本知识，本书也即将接近尾声。 我们会想念你的。放手让你去独闯天涯前，我们想在你的行囊中再准备点东西，不然会不放心。这个附录篇幅较短，无法囊括你需要知道的一切。实际上，它最初确实涵盖了你需要知道但本书前面未介绍的一切JavaScript编程知识，但字体小得谁都看不清。因此，我们删除了其中的大部分内容，只留下最重要的十大主题。

等你阅读完这个附录后，本书就真的结束了。不过别忘了索引。（也是必读的！）

i 索引

如何使用本书

前言

> 他们竟然将这样的内容放在一本JavaScript图书中，真是难以置信！

本书适合你吗?

本书适合已购买它的每一个人，并将成为一份很棒的礼物。

这里将回答下面这个读者最关心的问题：在一本JavaScript图书中，为何包含这样的内容?

本书适合你阅读吗

如果对于下面的每个问题，你的回答都是肯定的，那么本书就是为你而写的。

① 你有安装了**现代Web浏览器**和**文本编辑器**的计算机吗？

所谓现代Web浏览器，指的是最新版的Safari、Chrome和Firefox，以及9或更高版本的IE。

② 你想**学习**、**理解**并**牢记**最佳的JavaScript编程技巧和最新的相关标准吗？

③ 相比于枯燥乏味的学术讲座，你更喜欢**晚宴上激动人心**的交谈吗？

市场部提示：只要有信用卡，任何人都可以购买本书。

你该对本书退避三舍吗

只要对下面的任何一个问题的回答是肯定的，你就应对本书退避三舍。

① 你对Web开发<u>一无所知</u>吗？

对你来说，HTML和CSS犹如天书吗？倘若如此，你也许应该先阅读《Head First HTML与CSS》，搞清楚如何编写网页，再考虑学习JavaScript。

② 你是Web开发高手，想要的是一本**参考手册**吗？

③ 你害怕尝试不同的东西吗？你宁愿穿普通的衣服，也不穿格子配条纹的衣服吗？你认为既然JavaScript对象被赋予人性，那么技术书籍就应该一本正经吗？

我们知道你是怎么想的

"这书一点都不严肃。"

"那些图片都是干什么用的？"

"这样也能学会JavaScript吗？"

我们还知道大脑是怎么想的

大脑渴望新奇，它不断地寻找、扫描和等待不同寻常的东西。它天生如此，助你永葆活力。

这年头，你不太可能成为老虎的盘中餐，但你的大脑依然保持警惕，只是你从来没有意识到而已。

当你遇到寻常而普通的东西时，大脑是如何应对的呢？它竭尽所能，避免这些东西干扰它做重要的工作——记住重要的东西。它不会劳神去记住无聊的东西，因为这些东西显然是不重要的。

大脑怎么知道哪些东西重要呢？假设有一天你去徒步旅行，面前突然出现了一只老虎，你的大脑和身体会有何反应呢？

神经元受到刺激，情绪激动，肾上腺素激增。

大脑于是明白：

这一定很重要！可别忘了！

但假设在家里或图书馆学习、备考或学习老板认为需要一周甚至十天才能掌握的高深技术，此时你所处的环境很安全，根本不会有老虎。

大脑竭尽所能地帮助你，确保稀缺资源不会被显然不重要的内容占用，而将它们留给真正重要的东西，如老虎、火灾、不要穿着短袖短裤去滑雪等。

可是，你没法直截了当地向大脑发号施令：不管这本书有多乏味，也不管我当前对里氏震级有多不感兴趣，拜托你把这些内容记下来吧。

大脑认为这个很重要。

太好了。只剩下658页枯燥乏味的内容了。

大脑认为这些内容不值得记忆。

我们视读者为学习者

怎样才能学会东西呢？首先你得明白，其次你得牢记，但这并不意味着死记硬背。认知科学、神经生物学和教育心理学的最新研究表明，学习过程远比阅读文字要丰富得多。我们知道如何激活大脑。

本书遵循的一些学习原则

使用视觉化元素。 图片比文字更容易记忆，并可极大地提高学习效率（可将记忆和理解程度提高89%）。图片还让知识理解起来更容易。通过**将文字放在相关图片的内部或附近**，而不是放在图片的下面或另一页，可将学习者解决相关问题的能力提高两倍。

不同于其他语言，JavaScript代码被直接发送给浏览器。这与众不同！

Web服务器

"代码找到了，给你。"

使用个性化的对话。 最新的研究表明，相比于一本正经的语气，教师采用第一人称以对话的方式讲解时，学生的考试成绩可提高40%。我们使用口语化的语言讲故事，而不是一本正经地说教。激动人心的晚宴对话和枯燥讲座，哪个更能激发你的兴趣呢？

在我看来，就应该将JavaScript代码放在\<head\>元素中。

激发学习者更深入地思考。 换而言之，如果你不去积极地刺激神经元，大脑就不会有太大的反应。要让学习者能够解决问题、得出结论、举一反三，就必须让他心生好奇、对学习有积极性并沉醉其中。为此，需要让学习者应对挑战、做练习、回答引人深思的问题，并完成一些需要左右脑和多个感官参与的活动。

引起你的兴趣后，我要说的是应慎用全局变量。

别这么快下结论，这样做可能会影响性能和网页加载速度。

引起并保持读者的兴趣。 大家都有这样的经验：心里想学，可一页还没看完就瞌睡连连。大脑只会对不同寻常、有趣、怪异、抓人眼球、出乎意料的东西感兴趣。面对新的高深技术，如果学习过程不再枯燥乏味，就会事半功倍。

触动心弦。 你知道，能不能记住一样东西，在很大程度上取决于它对你情绪的影响。你会记住自己关心的东西，也会记住触动你心弦的东西。这里说的可不是小男孩和小狗之间虐心的故事，而是在玩填字游戏、学习人人都认为很难的东西或意识到自己很厉害时油然而生的惊讶、好奇、开心、疑惑和傲视天下等情绪。

元认知：对思维方式的思考

如果你有心学习，还想学得更快、更深，就应专注于你如何才能做到专注，思考你的思维方式，了解你的学习方法。

大多数人在成长过程中都没有接触过元认知和学习理论。每个人都被要求学习，可知道如何学习的人少之又少。

我们认为，既然你手捧本书，肯定很想学习如何编写JavaScript程序。你可能不想花太多时间，而只想记住阅读的内容，并能够付诸应用。为此，你必须理解这些内容。为从本书（或任何图书或学习过程）获得最大的收获，就要对大脑负责，因为它将决定学习效果。

秘诀在于让大脑认为你学习的新内容非常重要，就像老虎一样生死攸关。不然，你的大脑将不断与你唱反调，不惜一切手段地排斥这些新内容。

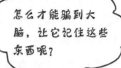

如何让大脑认为JavaScript与老虎一样重要？

有缓慢乏味的方式，也有快速高效的方式。缓慢的方式就是没完没了地重复。你知道，即便是最无趣的主题，只要不断重复，就能让人学会并牢记在心。重复多了，你的大脑就会说：这个好像对他来说并不重要，可他看了又看，我只能认为这个肯定很重要了。

快速的方式是**竭尽所能地刺激大脑活动**，尤其是不同类型的大脑活动。"我们视读者为学习者"中提到的做法是刺激大脑活动的重要组成部分，实践表明，它们都有助于让大脑听话。例如，研究表明，通过将描述文字放在图片中，而不是图片说明或正文等其他地方，可让大脑明白文字和图片的关系。这将加大对神经元的刺激，而对神经元的刺激越大，就意味着大脑认为相关的内容值得关注，将其记住的可能性也就越大。

对话式风格可提高学习效率，因为人们意识到自己在参与对话时，就知道为避免对话中断，必须更加集中注意力。神奇的是，大脑并不介意你是在与图书对话。另一方面，如果写作风格一本正经而且乏味，大脑将以为你是坐在教室里听讲座，听众都抱着消极的态度，昏昏欲睡也没有关系。

然而，图片和对话风格只是冰山一角。

我们是如何做的

我们使用**图片**，因为大脑对视觉元素感兴趣，而对文字不感兴趣。在大脑看来，千言万语也抵不过一张图片。结合使用图片和文字时，我们将文字嵌在图片中，因为相比于出现在图片说明或正文中，描述文字出现在图片中可提高大脑的工作效率。

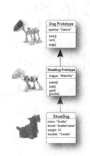

我们采用不同的方式**重复**同样的东西，通过不同的媒介刺激不同的感官，让这些内容留存在大脑的不同区域。

我们以你**意想不到**的方式使用概念和图片，因为大脑喜欢新奇。同时，使用图片和概念时，我们添加一些带有**感情色彩**的东西，因为大脑易受感情的支配。你更容易记住触动感情的东西，即便这种感情只是小小的**幽默**、**惊奇**或**趣味**。

我们采用个性化的**对话风格**，因为相比于被动地倾听，当大脑认为你正在对话时，就会更加集中注意力，即便这种对话是在你和图书之间进行时亦是如此。

变身浏览器

书中包含100多个**活动**，因为相比于纸上谈兵，当你真刀真枪地做事时，大脑更容易学会并记住知识。书中的练习既有挑战性，又在读者的能力范围内，因为这种练习是大多数人的最爱。

我们采用了**多种学习风格**，因为有人喜欢循序渐进，有人喜欢先了解总体情况，还有人只想看代码示例。无论你是什么样的学习风格，都将受益于以多种不同方式展现的相同内容。

要点

我们兼顾**左脑和右脑**，因为大脑越是沉醉其中，你学会并记住的可能性越大，同时能够集中注意力的时间越长。通过让左脑和右脑轮流工作和休息，可提高学习效率，延长学习时间。

填字游戏

我们从**不同的角度**展现**故事**和练习，因为在必须做出评估和判断时，大脑对知识的理解通常会更深。

书中包含一些比较有挑战性的**练习**和没有简单答案的**问题**，因为大脑活跃起来时，通常更容易学会并记住知识。这就像仅仅在健身房看人锻炼并不能塑身一样。我们竭尽所能，确保让你苦思冥想时，想的都是重要的问题，而不在难以理解的示例、充斥术语的难解文本上浪费脑力。

我们在故事、示例和图片等中使用**人物**，因为你也是人，你的大脑会更专注于人而不是物。

我们遵循**80/20**规则。我们假设你的目标是成为JavaScript开发高手，不会只读这一本书。有鉴于此，本书并非无所不包，只介绍了你真正需要的内容。

如何让大脑听话

我们该做的都做了，余下的就得靠你自己了。下面的小提示只是起点，你需要倾听大脑的心声，找出哪些做法对你来说管用，哪些不管用。去试试吧。

请将下面这部分剪下来，贴到冰箱上。

---

① **别着急。理解的越多，需要记忆的就越少。**

不要只是埋头苦读，时不时地停下来想一想。看到问题时，不要马上去翻答案，要想象有人问你这个问题。大脑想得越深，学会并记住相关内容的可能性越大。

② **做练习，记笔记。**

不能指望我们来替你做这些练习，不然，与让人替你锻炼何异。**拿起笔来，亲自动手。**大量的证据表明，在学习期间做些体力活动，可提高学习效率。

③ **阅读"世上没有愚蠢的问题"。**

一个都不要落下。**这些都是核心内容，绝非可有可无的，千万不要跳过。**

④ **让阅读本书成为你睡前的最后一件事，至少不要做其他有挑战性的事情。**

你放下书本后，学习过程（尤其是变成长期记忆的过程）还在继续。大脑需要消化的时间，如果在此期间你在做其他事情，就会忘记有些刚学到的知识。

⑤ **多喝水。**

身体水分充足时，大脑最清晰。如果身体缺少水分（可能你还未感到口渴时就会出现这种情况），人的认知能力就会下降。

⑥ **大声读出来。**

朗读会激活大脑的另一个部分。要理解什么东西或加深对其的记忆时，可将其大声朗读出来。更佳的做法是，尝试向人进行解释。这样你将学得更快，还可能发现阅读时没有发现的新东西。

⑦ **倾听大脑的心声。**

注意大脑是否不堪重负。如果你发现自己开始变得敷衍了事或看后就忘，就说明该休息了。疲劳到一定程度后，如果还不休息，就会欲速而不达，甚至影响学习兴趣。

⑧ **心有感悟。**

这样大脑才知道你阅读的内容很重要。置身到故事中，给图片添加说明。即便是抱怨笑话太蹩脚，也胜过毫无感触。

⑨ **动手实践。**

在新设计的项目中应用学到的知识，抑或改造既有的项目。只要动手实践就好，这样可获得一些做练习和活动时无法获得的经验。你需要的只是铅笔和需要解决的问题——一个可能受益于JavaScript的问题。

⑩ **睡好觉。**

为学习编程，需要在大脑中建立大量新的关联。多睡觉吧，这大有裨益。

导读

这是一本学习用书，而不是参考手册。本书所有的内容都是精心编写的，扫除了所有可能的拦路虎。但读第一遍时，你还是得从开头读起，因为本书假设你已经理解了前面介绍过的内容。

我们介绍JavaScript的优点，同时提醒你注意其不足之处。

JavaScript并非出身于象牙塔的语言，未经学术同仁长时间的审核。JavaScript应运而生，在早期的浏览器社区长大。因此需要注意，JavaScript有优点，也有不足。但总体而言，JavaScript相当出色，条件是你能妥善地使用它。

本书介绍如何充分发挥JavaScript的优势，同时会指出它的不足之处，让你能够规避。

我们并未介绍这门语言的每个方面。

对于JavaScript，需要学习的地方有很多。本书并非参考手册，而是学习指南，因此并未涵盖JavaScript的方方面面。我们的目标是教你JavaScript的基本知识，让你能够读懂任何参考手册，还能使用JavaScript做你想做的任何事情。

本书介绍的是在浏览器中执行的JavaScript。

浏览器不仅是最常见的JavaScript运行环境，还是最方便的运行环境（开始JavaScript编程的唯一要求是，一台安装了文本编辑器和浏览器的计算机）。在浏览器中运行JavaScript还意味着你能马上看到结果：编写代码后，只需重新加载网页，就能明白其功能。

本书提倡遵循最佳实践，确保代码结构良好、易于理解。

你希望编写的代码对所有的人来说都易于阅读和理解，并能在新的浏览器中正确运行。你希望以最为简单直接的方式编写代码，在完成工作的同时保质保量。本书将教你编写结构良好清晰并能适应未来变化的代码，编写让你自豪得都想裱起来挂在墙上的代码。

我们建议你阅读本书时使用多款浏览器。

我们教你编写符合标准的代码，但你依然可能发现，浏览器在解释JavaScript方面存在细微的差别。我们将竭尽所能，确保本书的代码在所有现代浏览器中都能正确地运行，并介绍一些确保代码得到所有现代浏览器支持的技巧。尽管如此，我们还是建议你至少使用两款浏览器对你编写的JavaScript代码进行测试。这让你能够了解不同浏览器的差别，并创建在各种浏览器中都能正确运行并得到相同结果的JavaScript代码。

编程是件严肃的事情，你得亲自动手，有时还得不辞辛劳。

如果你有一定的编程经验，就能明白这一点。你若刚读完《Head First HTML与CSS》，会发现编写代码有些不同。编程要求你采用不同的思维方式，它是一种逻辑性很强、有时甚至非常抽象的工作，要求你从算法的角度考虑问题。不过不用担心，我们的所有介绍都易于理解。只要一步一步来，并确保营养良好、睡眠充足，就能完全掌握这些新的编程概念。

活动都不是可有可无的。

在本书中，练习和活动并非附属品，而是核心内容的组成部分。有些活动和练习旨在帮助记忆，有些旨在帮助理解，还有一些旨在帮助你应用学到的知识。千万不要跳过。只有填字游戏并非是必做的，但它们能让你的大脑有机会从不同的角度思考这些单词。

重复是有意为之，而且很重要。

Head First系列丛书的独特之处在于，我们想让你完全理解学习的内容，读完后还能记得学到的知识。参考手册大多不以记忆为目的，但本书是一部学习指南，因此有些概念会反复介绍。

示例尽可能精简。

读者跟我们说，在一个200行的代码示例中寻找2行需要理解的代码真让人郁闷。本书的大多数示例都尽可能简化了背景，让要学习的代码简单明了。可别指望这些示例都完美无缺，因为这些代码是专为学习编写的，并非都功能完备。

为方便读者下载，我们将所有的示例文件都放到了网上：http://wickedlysmart.com/hfjs。

"考考你的脑力"练习并非都有解。

有些"考考你的脑力"练习没有正确的答案；有些是要让你判断自己的答案是否正确以及在什么情况下是正确的；还有些包含提示，旨在给你指明正确的方向。

我们通常只列出JavaScript代码，而不列出HTML标记。

除前两章外，我们通常只列出JavaScript代码，并假定你将把它们嵌入到正确的HTML
页面中。对于本书的大部分代码，你都可将其嵌入到下面这个简单的HTML页面中；
要求将代码嵌入到其他HTML页面中时，我们会明确地告知。

```html
<!DOCTYPE html>
<html lang="en">
    <head>
        <meta charset="utf-8">
        <title>Your HTML Page</title>
        <script>

                ←———— JavaScript代码通常放在这里。

        </script>
    </head>
    <body>
                ←———— 网页内容都放在这里。

    </body>
</html>
```

不用担心，本书开头会带你完成所需的所有
步骤。

获取代码示例、帮助和讨论。

阅读本书所需的一切都可在http://wickedlysmart.com/hfjs找到，其中包含代码示例文件以
及视频等补充材料。

技术审校

Jeff Straw

Ismaël Martin "Bing" Demiddel

这些家伙一点都不含糊，他们参与了整个审阅过程，不放过每个角落，提供了宝贵而详尽的反馈。

Frank D. Moore

Alfred J. Speller

Bruce Forkush

Javier Ruedas

感谢出色的审阅团队

本书的审阅比我们以前编著的任何图书都详尽。事实上，有270多人加入了我们的WickedlySmart项目，实时地对本书进行审读和批评。这样做的效果超乎想象，对改善本书的各个方面大有裨益。这里衷心感谢每位审阅人员，是你们极大地提高了本书的品质。

上述技术审校都非常出色，他们还提供了其他的反馈，为本书作出了巨大的贡献。下面的审阅人员也为本书的各个方面作出了贡献：Galina N. Orlova、J. Patrick Kelley、Claus-Peter Kahl、Rob Cleary、Rebeca Dunn-Krahn、Olaf Schoenrich、Jim Cupec、Matthew M. Hanrahan、Russell Alleen-Willems、Christine J. Wilson、Louis-Philippe Breton、Timo Glaser、Charmaine Gray、Lee Beckham、Michael Murphy、Dave Young、Don Smallidge、Alan Rusyak、Eric R. Liscinsky、Brent Fazekas、Sue Starr、Eric (Orange Pants) Johnson、Jesse Palmer、Manabu Kawakami、Alan McIvor、Alex Kelley、Yvonne Bichsel Truhon、Austin Throop、Tim Williams、J. Albert Bowden II、Rod Shelton、Nancy DeHaven Hall、Sue McGee、Francisco Debs、Miriam Berkland、Christine H Grecco、Elhadji Barry、Athanasios Valsamakis、Peter Casey、Dustin Wollam和Robb Kerley。

致谢*

非常感谢受人尊敬的技术审校David Powers。事实上，我们编著图书再也离不开David了，他救了我们无数次。David之于我们，犹如擅长作词的Bernie之于作曲家Elton；这让我们禁不住扪心自问，没有他我们还能编著图书吗？David帮助敦促我们将本书写得更出色、技术上更准确，他的第二职业是脱口秀演员，在我们改进本书较为幽默的部分时帮了大忙。再次感谢David——你如此专业，知道通过了你的技术审核后，我们连睡觉都更安稳了。

受人尊敬的技术审校
David Powers

可别被他的笑容蒙骗了，这可是个吹毛求疵的家伙（当然是就技术上而言）。

Meghan Blanchette

O'Reilly的编辑

还要万分感谢编辑Meghan Blanchette为本书的出版铺平道路并扫除所有的障碍，感谢她耐心地等待并牺牲与家人团聚的时光。她还让我们在和O'Reilly处理彼此关系时保持理智。我们太喜欢你了，迫不及待再次与你合作！

特别感谢荣誉主编Mike Hendrickson提议编写本书。再次感谢Mike，如果没有你，我们一本书都出版不了。十多年来，你一直是我们的头号功臣，真是太爱你了！

Mike Hendrickson

*之所以在致谢部分提到这么多人，是因为我们想验证一个理论：书中致谢提到的每一个人都至少会买一本书，他们的亲戚朋友也可能会购买。如果你想让自己的名字出现在我们下本书的致谢部分，而且有一个大家族，请联系我们。

O'Reilly团队

还要衷心感谢O'Reilly团队。感谢Melanie Yarbrough、Bob Pfahler和Dan Fauxsmith群策群力，让本书得以付梓；感谢Ed Stephenson、Huguette Barriere和Leslie Crandell在营销工作上身先士卒，我们很喜欢他们的创造性营销方式；感谢Elli Volkhausen、Randy Comer和Karen Montgomery充满灵感的封面设计，一如既往地让我们非常满意；感谢Rachel Monaghan所做的文字加工工作，既一丝不苟，又保留了幽默的风格；感谢Bert Bates提供宝贵的反馈。

1 JavaScript速览

进入JavaScript的世界

水里可舒服了，赶快下来吧！我们就要出发去研究JavaScript，编写并运行一些代码，看看它们如何与浏览器交互！不久后你就能动手编写代码了。

JavaScript赋予你强大的力量。 JavaScript是一款纯正的Web编程语言，让你能够给网页**添加行为**。有了JavaScript，你就能够与用户互动，响应有趣的事件，从网上收集数据并将其用于网页中，在网页中绘制图形等。网页不再是枯燥、乏味、静态的——只是一动不动地躺在那里。掌握JavaScript后，你还能够赋予网页**全新**的行为。

你也不会只是一个人在战斗。JavaScript是**最流行**的编程语言之一，所有现代浏览器（和大多数古老的浏览器）都**支持**它；其外沿在不断延伸，正逐渐被**嵌入**除浏览器外的其他众多环境中。话不多讲，咱们现在就动手吧！

JavaScript的工作原理

如果你习惯于在网页中添加结构、内容、布局和样式，现在也该添加一些行为了！这年头，只是静静地躺在那里的网页已经没有市场。要给人留下深刻的印象，网页必须是动态、交互性的，并以新颖的方式与用户互动；这正是JavaScript的用武之地。下面先来看看JavaScript在**网页生态系统**中所处的位置。

你已经知道，我们使用HTML（Hypertext Markup Language，超文本标记语言）来指定网页的**内容**和**结构**（如段落、标题和区块）。

你还知道，我们使用CSS（Cascading Style Sheets，层叠样式表）来指定网页的外观：颜色、字体、边框、边距和网页的布局。CSS用于指定**样式**，这是以独立于网页结构的方式实现的。

JavaScript是HTML和CSS负责计算的兄弟，下面简要地介绍一下它。JavaScript让你能够在网页中添加**行为**。要在用户单击On Sale for the next 30 seconds!按钮时做出响应吗？要即时地检查用户的表单输入吗？要从Twitter提取并显示消息吗？要在网页中运行游戏吗？求助于JavaScript吧。JavaScript让你能够在网页中进行编程，从而实现计算、响应、绘画、通信、提醒、变更、更新、修改等动态功能。这些都是JavaScript的用武之地。

如何编写JavaScript

JavaScript在编程领域独树一帜。使用典型的编程语言时，你必须先编写代码，再编译、链接和部署。JavaScript则灵活多变得多。使用JavaScript时，你只需直接在网页中编写代码，再在浏览器中加载网页，浏览器就会愉快地执行你编写的代码。下面更深入地探索其中的工作原理。

```
<html>
<head>
<title>Icecream</title>
<script>
 var x = 49;
</script>
</head>
<body>
<h1>Icecream Flavors</h1>
<h2><em>49 flavors</em></h2>
<p>All your favorite
flavors!</p>
</body>
</html>
```

浏览器

浏览器

编写

加载
❷

执行
❸

你像往常那样创建网页：使用HTML指定内容，使用CSS指定样式，同时在网页中添加JavaScript代码。稍后你将看到，与CSS一样，可将JavaScript放在网页中，也可将其放在独立的文件中，并在网页中包含该文件。

与往常一样，在浏览器中输入网页的地址。浏览器遇到JavaScript代码后，将立即对其进行分析，为执行做好准备。与HTML和CSS一样，发现JavaScript代码存在错误时，浏览器会尽力继续读取后面的JavaScript、HTML和CSS，尽可能避免无法向用户显示网页的情况发生。

在网页中遇到JavaScript代码后，浏览器立即执行它们，并在网页的整个生命周期内不断地执行。不同于早期的JavaScript版本，当今的JavaScript使用了高级编译技术，其动力强劲，执行代码的速度几乎能够与原生编程语言媲美。

稍后将讨论哪种做法最合适。

浏览器还会创建HTML页面的对象模型，可供JavaScript使用。这将在后面更详细地介绍，现在请将其暂时抛在脑后。

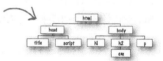

如何将JavaScript代码加入网页

重要的事情先说。如果不知道如何将JavaScript代码加入网页，你在JavaScript的道路上就走不了多远。如何加入呢？当然是使用<script>元素！

下面来看一个枯燥而平凡的网页，并使用<script>元素添加一些动态行为。请不要过度关注我们将添加的<script>元素的细节，你当前的目标是运行一些JavaScript代码。

> 这是标准的HTML5 doctype以及<html>和<head>元素。

> 这个页面的<body>元素也相当普通。

> 在这个网页的<head>元素中，我们添加了一个<script>元素。

```
<!doctype html>
<html lang="en">
  <head>
    <meta charset="utf-8">
    <title>Just a Generic Page</title>
    <script>
      setTimeout(wakeUpUser, 5000);
      function wakeUpUser() {
        alert("Are you going to stare at this boring page forever?");
      }
    </script>
  </head>
  <body>
      <h1>Just a generic heading</h1>
      <p>Not a lot to read about here. I'm just an obligatory paragraph living in
an example in a JavaScript book. I'm looking for something to make my life more
exciting.</p>
  </body>
</html>
```

> 在<script>元素中，我们编写了一些JavaScript代码。

> 再说一遍，不要过度关注这些代码的功能。但我敢打赌，你肯定会浏览这些代码，并猜测各个部分的功能。

试驾 🚗

将这个网页的内容输入到一个名为behavior.html的文件中，将其拖放到浏览器中（或选择菜单"文件"＞"打开"），以加载它。其中的JavaScript代码有何功能呢？你需要等待5秒钟才能知道。

一定要放松心情。我们并不要求你现在就对JavaScript了如指掌。事实上，我们只想让你感受一下JavaScript是什么样的。

话虽如此，你也不能完全置身事外，因为我们想让你热热身，让大脑活跃起来。还想着前一页的代码？下面就来猜猜它们是做什么的：

创建可重用的代码并将这些代码命名为wakeUpUser？

可能是一种数5秒的方式？提示：1000毫秒＝1秒。

```
setTimeout(wakeUpUser, 5000);
function wakeUpUser() {
    alert("Are you going to stare at this boring page forever?");
}
```

显然是一种使用消息提醒用户的方式。

世上没有 愚蠢的问题

问： 我听说JavaScript是一款无用的语言，是这样的吗？

答： 刚面世时，JavaScript的动力肯定谈不上有多强劲，但随后其对Web来说变得日益重要，因此很多人（包括行业中一些最优秀的人才）都为改善JavaScript的性能做出了努力。不过你可能不知道，即便是在速度变得超快前，JavaScript也是一款非常杰出的语言。你将看到，我们会使用它来实现一些非常强大的功能。

问： JavaScript与Java有关系吗？

答： 除名字外毫无关系。JavaScript推出时，Java已经是炙手可热的流行语言，为搭上Java这辆顺风车，JavaScript的发明者在其名称中包含了Java。这两种语言都借鉴了C等编程语言的一些语法，但除此之外，它们有天壤之别。

问： 使用JavaScript是创建动态网页的最佳方式吗？诸如Flash等解决方案怎么样？

答： Flash一度是很多人开发交互式网页和动态网页的首选，但行业的发展天平正日益倾向于HTML5和JavaScript。HTML5推出后，JavaScript已成为标准的Web脚本语言。很多人都在努力改善JavaScript的性能和效率，以及开发扩展浏览器功能的JavaScript API。

问： 我的朋友在Photoshop中使用JavaScript，至少他是这样说的。这可能吗？

答： 完全可能。作为一种通用的脚本语言，JavaScript的使用范围不再局限于浏览器，还用于从图形工具到音乐应用程序的众多应用程序中，甚至用于服务器端编程。通过学习JavaScript，你的付出在未来很可能在除网页外的其他领域得到回报。

问： 你说很多其他语言都是编译型的。这到底是什么意思呢？为何JavaScript不是编译型的？

答： 使用C、C++或Java等传统编程语言时，执行代码前必须进行编译。编译是将代码转换为适合计算机的表示方式，通常可改善运行阶段性能。脚本语言通常是解释型的，这意味着浏览器执行它遇到的每行JavaScript代码。脚本语言不那么看重运行阶段性能，而更强调灵活性，因此更适合用于完成原型开发和交互式编码等任务。JavaScript最初是解释型的，因此多年来其性能始终不那么高。然而，还有一条中间路线，即可对解释型语言进行即时编译，这正是浏览器厂商对现代JavaScript采取的做法。事实上，现在使用JavaScript既可获得脚本语言的便利性，又可享受编译型语言的性能。顺便说一句，本书将使用术语解释、评估和执行，在不同的上下文中，它们的含义存在细微的差别，但在本书中，它们基本上是一回事。

JavaScript，你进步不小

JavaScript 1.0

JavaScript 1.3

JavaScript 1.8.5

Netscape是第一家真正意义上的浏览器公司，它面世时你可能还没有出生。20世纪90年代中期，浏览器领域的竞争异常惨烈，与微软的竞争尤其如此，因此给浏览器添加激动人心的新功能成了重中之重。

为此，Netscape想推出一款脚本语言，让任何人都能够在网页中添加脚本。LiveScript应运而生，这是一款为迅速满足上述需求而开发的语言。你可能从未听说过LiveScript，这是因为当时Sun公司推出了Java，其股票的价格一飞冲天。为搭上Java成功的顺风车，Netscape将LiveScript改名为JavaScript。虽然JavaScript和Java一点关系都没有，可谁在乎呢？

微软有什么反应呢？它紧跟着Netscape推出了自己的脚本语言JScript，这种语言与JavaScript很像。浏览器之战就此爆发。

从1996年到2000年，JavaScript逐渐成熟起来了。实际上，Netscape提交了对JavaScript进行标准化的申请，ECMAScript由此诞生。从未听说过ECMAScript？没关系，你现在听说过了；你只需知道它是所有JavaScript实现（无论是浏览器还是其他环境中）的标准语言定义。

在此期间，受浏览器之战的影响，开发人员使用JavaScript时依然举步维艰，因为不同浏览器之间存在众多的差别，但几乎在所有情况下，JavaScript都成了不二的选择。与此同时，JavaScript和JScript之间虽然存在细微的差别，让开发人员头痛不已，但随着时间的推移，这两种语言变得越来越像。

彼时JavaScript还未摆脱业余语言的名声，但情况很快就会发生变化。

JavaScript终于成熟起来，获得了专业开发人员们的尊敬！你可能会说，这都是拜强大的标准（比如当前所有现代浏览器都遵循的ECMAScript 5）所赐，但实际上JavaScript得以用于专业领域，都是Google推动的结果。2005年，Google发布了Google Maps，向全世界展示了JavaScript在创建动态网页方面的强大威力。

随着JavaScript再次成为关注的焦点，很多杰出的编程语言人员致力于改善JavaScript解释器，极大地改善了其运行阶段性能。与面世之初相比，现今的JavaScript变化不大；它急匆匆地来到这个世界，却是一款功能和表现力强大的语言。

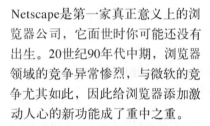

1995　　　2000　　　2012

磨笔上阵

你看看，编写 JavaScript多容易

你虽然还不熟悉JavaScript，但肯定能够对一些JavaScript代码的作用猜个八九不离十。请看下面的每行代码，你能猜出它们的作用吗？请在下面写出你的答案。我们指出了第一行代码的功能。如果你猜不出来，请参阅下一页的答案。

```javascript
var price = 28.99;
var discount = 10;
var total =
     price - (price * (discount / 100));
if (total > 25) {
   freeShipping();
}


var count = 10;
while (count > 0) {
   juggle();
   count = count - 1;
}


var dog = {name: "Rover", weight: 35};
if (dog.weight > 30) {
    alert("WOOF WOOF");
} else {
    alert("woof woof");
}


var circleRadius = 20;
var circleArea =
   Math.PI * (circleRadius * circleRadius);
```

创建一个名为price的变量，并将28.99赋给它

磨笔上阵
答案

你看看，编写
JavaScript多容易

你虽然还不熟悉JavaScript，但肯定能够对一些JavaScript代码的作用猜个八九不离十。请看下面的每行代码，你能猜出它们的作用吗？请在下面写出你的答案。我们指出了第一行代码的功能。下面就是给出的答案。

```javascript
var price = 28.99;
```
创建一个名为price的变量，并将28.99赋给它

```javascript
var discount = 10;
```
创建一个名为discount的变量，并将10赋给它

```javascript
var total =
    price - (price * (discount / 100));
```
根据折扣计算新的价格，并将其赋给变量total

```javascript
if (total > 25) {
```
将变量total的值与25进行比较。如果它大于25，

```javascript
    freeShipping();
```
就使用freeShipping执行相应的操作

```javascript
}
```
if语句到此结束

```javascript
var count = 10;
```
创建一个名为count的变量，并将10赋给它

```javascript
while (count > 0) {
```
只要变量count大于0，

```javascript
    juggle();
```
就变变戏法，

```javascript
    count = count - 1;
```
并将count的值减1

```javascript
}
```
while循环到此结束

```javascript
var dog = {name: "Rover", weight: 35};
```
创建一个包含名字和体重的dog对象

```javascript
if (dog.weight > 30) {
```
如果该dog对象的体重大于30，

```javascript
    alert("WOOF WOOF");
```
就在网页中显示WOOF WOOF

```javascript
} else {
```
否则，

```javascript
    alert("woof woof");
```
就在网页中显示woof woof

```javascript
}
```
if/else语句到此结束

```javascript
var circleRadius = 20;
```
创建一个名为circleRadius的变量，并将20赋给它

```javascript
var circleArea =
    Math.PI * (circleRadius * circleRadius);
```
创建一个名为circleArea的变量，

并将这个表达式的结果（1256.6370614359173）赋给它

确实如此。

使用HTML和CSS，可创建一些漂亮的网页，但熟悉JavaScript后，就可以创建其他类型的网页了。实际上，你甚至可以将网页视为应用程序（甚至是一种体验），而不仅仅是网页。

这通常还能获得更高的薪水！

你可能会说："我知道，确实如此。不然我为什么会阅读这本书呢？"实际上，我们是想借此机会谈谈如何学习JavaScript。如果你使用过编程语言或脚本语言，肯定大致知道即将面临的困难。如果你以前主要使用的是HTML和CSS，就必须明白编程语言的一些截然不同之处。

使用HTML和CSS时，你做的主要工作都是声明型的，例如指出一些文本为段落，或指出属于sale类的元素都为红色。使用JavaScript时，则要给网页添加行为，为此需要对计算进行描述。你需要知道如何描述类似于下面的事情：对所有的正确答案求和，以计算用户的得分；用户单击按钮时，播放表示获胜的声音；取回我最近发布的消息，并将其放到这个网页中。

为此，需要使用与HTML和CSS截然不同的语言。下面就来看看如何使用这种语言。

如何编写语句

创建HTML时，你通常对文本进行**标记**，以指定其结构。为此，要给文本添加元素、特性和值。

```html
<h1 class="drink">Mocha Caffe Latte</h1>

<p>Espresso, steamed milk and chocolate syrup,
just the way you like it.</p>
```

我们使用HTML对文本进行标记，以指定其结构。例如，我需要一个名为Mocha Caffe Latte的大标题，它是一种饮料的标题。接下来，我需要一个段落。

CSS稍微有点不同。使用CSS时，你编写一系列**规则**，其中每条规则都指定了网页中的元素及其样式。

使用CSS时，我们编写规则，这些规则使用选择器（如h1.drink和p）指定要将样式应用于HTML的哪些部分。

```css
h1.drink {
    color: brown;
}
p {
    font-family: sans-serif;
}
```

将所有饮料的标题都显示为棕色。

所有段落都使用sans-serif字体。

使用JavaScript时，你编写**语句**。每条语句都指定了计算的一小部分，而所有语句一起给网页添加行为。

一系列语句。

每条语句都做一点点工作，如声明用于存储值的变量。

```javascript
var age = 25;
var name = "Owen";

if (age > 14) {
    alert("Sorry this page is for kids only!");
} else {
    alert("Welcome " + name + "!");
}
```

这里创建了两个变量，它们分别包含年龄25和值Owen。

有些语句作决策，如用户的年龄是否大于14。

如果是，就提醒用户，指出他太大了，该网页对他来说不合适。

否则，就欢迎用户，如显示Welcome Owen!（但在这里Owen的年龄为25，因此不会这样显示。）

变量和值

你可能注意到了，JavaScript语句通常包含变量。变量用于存储值。什么样的值呢？下面是一些示例。

```
var winners = 2;
```
← 这条语句声明一个名为winners的变量，并将数字值2赋给它。

winners

"Duke"
name

```
var name = "Duke";
```
← 这条语句将一串字符（简称为字符串）赋给变量name。

false
isEligible

```
var isEligible = false;
```
这条语句将值false赋给变量isEligible。true/false被称为布尔值。

请注意，布尔值无需用引号括起。

除数字、字符串和布尔值外，变量还可存储其他类型的值，这将在稍后介绍；但不管存储的是哪种类型的值，变量的创建方式都相同。下面更深入地介绍如何声明变量。

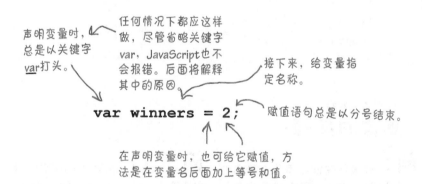

声明变量时，总是以关键字var打头。

任何情况下都应这样做，尽管省略关键字var，JavaScript也不会报错。后面将解释其中的原因

接下来，给变量指定名称。

```
var winners = 2;
```

赋值语句总是以分号结束。

在声明变量时，也可给它赋值，方法是在变量名后面加上等号和值。

这里说"也可"是因为创建变量时，可以不给它指定初始值，而在以后再给它赋值。要在创建变量时不指定初始值，只需省略赋值部分即可，如下所示。

没有值？！我还有什么用？！太侮辱人了。

```
var losers;
```

省略等号和值时，只是声明了一个可供以后使用的变量。

losers

切勿随意命名

你知道变量有名字，你也知道变量有值。

你还知道，变量可存储数字、字符串和布尔值等。

但如何给变量命名呢？随便命名都行吗？ 不是这样的，但变量命名规则非常简单：只要遵循下面两条规则，指定的变量名就是合法的。

❶ 以字母、下划线或美元符号打头。

❷ 然后使用任意数量的字母、数字、下划线或美元符号。

哦，还有一点：不能使用任何内置关键字，如var、function、false等，以免让JavaScript感到迷惑。因此，给变量命名时，务必远离这些禁区。下面列出了JavaScript关键字，本书后面将使用其中的一些，并指出它们的含义：

break	delete	for	let	super	void
case	do	function	new	switch	while
catch	else	if	package	this	with
class	enum	implements	private	throw	yield
const	export	import	protected	true	
continue	extends	in	public	try	
debugger	false	instanceof	return	typeof	
default	finally	interface	static	var	

世上没有 愚蠢的问题

问： 何为关键字？

答： 关键字是JavaScript保留字，JavaScript将其用于特殊目的。如果将关键字用作变量名，将让你和浏览器都感到迷惑。

问： 如果将关键字用作变量名的一部分呢？例如，可将变量命名为ifOnly（即在变量名中包含关键字if）吗？

答： 当然可以，只要变量名不与关键字完全相同就行。另外，编写代码时应确保其清晰，因此通常不要使用变量名elze，因为它容易与else混淆。

问： JavaScript区分大小写吗？换句话说，myvariable和MyVariable指的是一回事吗？

答： 如果你习惯了HTML标记，可能习惯于不区分大小写，因为在浏览器看来，<head>和<HEAD>是一回事。然而，在JavaScript中，变量名、关键字和函数名等几乎所有一切的大小写都很重要，因此请务必注意大小写。

WEB镇 时报

如何避免令人难堪的命名错误

在给变量命名方面，你有极大的选择空间，下面是一些来自Web镇的小提示，可帮助你更轻松地命名。

选择有意义的名称。

变量名_m、$、r或foo对你来说也许是有意义的，但在Web镇中通常不受人待见。随着时间的推移，你可能忘记这些变量的含义；如果使用变量名angle、currentPressure和passedExam，你的代码将更容易理解。

创建由多个单词组成的变量名时，采用骆驼式拼写法。

有时候，你可能需要一个变量，用于表示类似于喷火的双头龙（two-headed dragon with fire）这样的东西。如何给这样的变量命名呢？采用骆驼式拼写法即可，即将每个单词的首字母大写（第一个单词除外）：twoHeadedDragonWithFire。骆驼式拼写法使用起来很简单，在Web镇中被广泛使用，它提供了足够的灵活性，创建的变量名要多具体就有多具体。还有其他命名方案，但这种方案更常用，在其他语言中亦是如此。

除非有充分的理由，否则不要使用以_或$打头的变量名。

以$打头的变量名通常保留用于JavaScript库；有些作者根据各种约定使用以_打头的变量名。然而，我们的建议是，除非有充分的理由（具体是什么理由由你自己知道），否则不要使用这两种变量名。

小心驶得万年船。

给变量命名时，安全第一。本书后面还将介绍一些安全小贴士。就目前而言，为确保命名的安全，一定要避免使用关键字；声明变量时，一定要使用关键字var。

有趣的语法

- 每条语句都以分号结尾。
  ```
  x = x + 1;
  ```

- 单行注释以两个斜杠打头。注释只是用于向你或其他开发人员解释代码，它们不会执行。
  ```
  // I'm a comment
  ```

- 空白无关紧要（几乎在什么地方都是如此）。
  ```
  x    =      2233;
  ```

- 将字符串用双引号括起（也可使用单引号，这两种方式都可行，只要统一即可）。
  ```
  "You rule!"
  'And so do you!'
  ```

- 不要用引号括起布尔值true和false。
  ```
  rockin = true;
  ```

- 声明变量时，可以不给它指定值。
  ```
  var width;
  ```

- 不同于HTML标记，JavaScript区分大小写，这意味着大小写很重要。counter和Counter是两个不同的变量。

变身浏览器

下面的JavaScript代码存在一些错误。你的任务是变身浏览器，将其中的错误找出来。完成这个练习后，请翻到本章末尾，看看你是否找出了所有的错误。

A

```javascript
// 笑话测试
var joke = "JavaScript walked into a bar....';
var toldJoke = "false";
var $punchline =
    "Better watch out for those semi-colons."
var %entage = 20;
var result

if (toldJoke == true) {
    Alert($punchline);
} else
    alert(joke);
}
```

请不要过度关注这些JavaScript代码的作用，重点是变量名错误和语法错误。

B

```javascript
\\ 电影之夜
var zip code = 98104;
var joe'sFavoriteMovie = Forbidden Planet;
var movieTicket$    =    9;

if (movieTicket$ >= 9) {
    alert("Too much!");
} else {
    alert("We're going to see " + joe'sFavoriteMovie);
}
```

自我表达

要使用JavaScript准确地表达自我，需要使用**表达式**。表达式的结果为值，前面的代码示例就包含多个表达式，下面是其中之一：

这是一条JavaScript语句，它将一个表达式的结果赋给变量total。

*表示乘法运算，而/表示除法运算。

```
var total = price - (price * (discount / 100));
```

这是变量total。

这是赋值运算符。

这是一个表达式。

这个表达式计算打折后的价格（price），其中的折扣（discount）是一个百分比值。因此，如果价格为10，折扣为20，则结果为8。

如果你学过数学、计算过收支或计算过税费，就不会对这样的数值表达式感到陌生。

还有字符串表达式，如下所示：

```
"Dear " + "Reader" + ","
```

将这些字符串相加（拼接），得到新字符串"Dear Reader,"。

```
"super" + "cali" + youKnowTheRest
```

与前一个表达式类似，但包含一个字符串变量。这个表达式的结果为"supercalifragilisticexpialidocious"。*

```
phoneNumber.substring(0,3)
```

另一个结果为字符串的表达式。它返回表示美国电话号码的字符串中的区号，其中的工作原理将在后面介绍。

还有结果为true或false的表达式，这种表达式称为布尔表达式。请看下面的各个表达式，它们返回true还是false呢？

```
age < 14
```

如果age小于14，这个表达式就为true，否则为false。可以使用这个表达式来判断一个人是不是孩子。

```
cost >= 3.99
```

如果cost等于或大于3.99，这个表达式就为true，否则为false。如果这个表达式为false，就准备好购买减价商品吧！

```
animal == "bear"
```

变量animal包含字符串bear时，这个表达式为true。如果是这样，可得小心了！

表达式的值还可能为其他几种类型，将在本书后面介绍。就现在而言，重点是牢记所有表达式的结果都为某种值：数字、字符串或布尔值。下面来看看表达式都有哪些作用。

* 假定变量youKnowTheRest的值为"fragilisticexpialidocious"。

磨笔上阵

请拿起笔来，将一些表达式的作用搞清楚。计算下面每个表达式的值并写下来。是的，写下来。将老妈对你不要在书上乱写乱画的嘱咐忘了吧，在本书中想怎么写就怎么写！一定对照本章末尾的答案，看看你的答案对不对。

这是一个摄氏温度到华氏温度的转换器。

```
(9 / 5) * temp + 32
```

如果temp为10，结果是什么？ _____

这是一个布尔表达式。运算符==判断两个值是否相等。

```
color == "orange"
```

如果color的值为"pink"，这个表达式为true还是false？ _____
如果color的值为"orange"呢？ _____

```
name + ", " + "you've won!"
```

如果name的值为"Martha"，结果是什么？ _____

这个运算符判断第一个值是否大于第二个值。你也可以使用>=来判断第一个值是否大于或等于第二个值。

```
yourLevel > 5
```

如果yourLevel的值为2，结果是什么？ _____
如果yourLevel的值为5，结果是什么？ _____
如果yourLevel的值为7，结果是什么？ _____

```
(level * points) + bonus
```

假设level的值为5，points的值为30000，bonus的值为3300，结果是什么？ _____

```
color != "orange"
```

如果color的值为"pink"，这个表达式为true还是false？ _____

运算符!=判断两个值是否不相等。

选做题

```
1000 + "108"
```

会不会有多个答案呢？只有一个正确答案。你的答案是什么？ _____

编码技巧

你注意到了吗？运算符=用于赋值，而运算符==用于判断相等性。也就是说，给变量赋值时使用一个等号，判断两个值是否相等时使用两个等号。一种常见的编码错误是，该使用其中一个运算符时使用了另一个。

```
while (juggling) {
    keepBallsInAir();
}
```

重复操作

很多事情你都不只做一次：

擦肥皂、冲洗、重复……

上蜡、刮蜡……

不停地吃，直到把碗里的糖果吃光。

你经常需要编写代码来重复执行相同的操作，而JavaScript提供了多种反复执行循环代码的方式：while、for、for in和forEach。本书将介绍所有这些循环方式，这里先将重点放在while循环上。

前面刚讨论过结果为布尔值的表达式，如scoops > 0。这种表达式在while语句中扮演着至关重要的角色，如下所示。

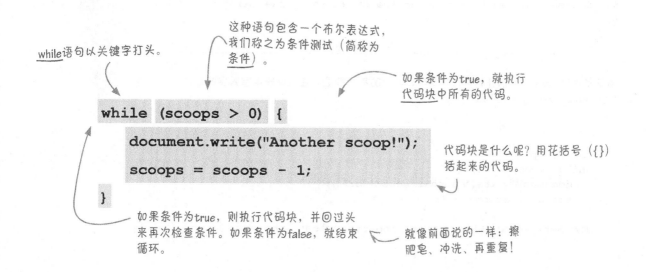

while语句以关键字打头。

这种语句包含一个布尔表达式，我们称之为条件测试（简称为条件）。

如果条件为true，就执行代码块中所有的代码。

```
while (scoops > 0) {
    document.write("Another scoop!");
    scoops = scoops - 1;
}
```

代码块是什么呢？用花括号（{}）括起来的代码。

如果条件为true，则执行代码块，并回过头来再次检查条件。如果条件为false，就结束循环。

就像前面说的一样：擦肥皂、冲洗、再重复！

while循环的工作原理

假设这是你遇到的第一个while循环，下面来跟踪其整个执行过程，以了解其中的工作原理。注意到这里新增了一条语句，它声明变量scoops并将其初始化为5。

下面来执行这些代码。它首先将scoops设置为5。

```javascript
var scoops = 5;
while (scoops > 0) {
    document.write("Another scoop!<br>");
    scoops = scoops - 1;
}
document.write("Life without ice cream isn't the same");
```

接下来是while语句。执行while语句时，我们首先检查其中的条件，看看它是true还是false。

```javascript
var scoops = 5;
while (scoops > 0) {
    document.write("Another scoop!<br>");
    scoops = scoops - 1;
}
document.write("Life without ice cream isn't the same");
```

scoops大于0吗？在我们看来，它像是这样的！

由于条件为true，我们开始执行代码块，其中的第一条语句在浏览器中写入字符串"Another scoop!
"。

```javascript
var scoops = 5;
while (scoops > 0) {
    document.write("Another scoop!<br>");
    scoops = scoops - 1;
}
document.write("Life without ice cream isn't the same");
```

下一条语句将球数减1，并将结果（4）赋给scoops。

吃掉1球，余
下4球！

```javascript
var scoops = 5;
while (scoops > 0) {
    document.write("Another scoop!<br>");
    scoops = scoops - 1;
}
document.write("Life without ice cream isn't the same");
```

这是代码块中的最后一条语句，因此我们返回while语句开头并重新开始。

```javascript
var scoops = 5;
while (scoops > 0) {
    document.write("Another scoop!<br>");
    scoops = scoops - 1;
}
document.write("Life without ice cream isn't the same");
```

再次检查条件，这次scoops的值为4，依然大于0。

还余下很多球！

```javascript
var scoops = 5;
while (scoops > 0) {
    document.write("Another scoop!<br>");
    scoops = scoops - 1;
}
document.write("Life without ice cream isn't the same");
```

我们再次在浏览器中写入字符串"Another scoop!
"。

```javascript
var scoops = 5;
while (scoops > 0) {
    document.write("Another scoop!<br>");
    scoops = scoops - 1;
}
document.write("Life without ice cream isn't the same");
```

Another scoop!
Another scoop!

下一条语句将球数减1，并将结果（3）赋给scoops。

吃掉了2球，
还余下3球！

```javascript
var scoops = 5;
while (scoops > 0) {
    document.write("Another scoop!<br>");
    scoops = scoops - 1;
}
document.write("Life without ice cream isn't the same");
```

这是代码块中的最后一条语句，因此我们返回while语句开头并重新开始。

```javascript
var scoops = 5;
while (scoops > 0) {
    document.write("Another scoop!<br>");
    scoops = scoops - 1;
}
document.write("Life without ice cream isn't the same");
```

再次检查条件，这次scoops的值为3，依然大于0。

还余下很多球！

```javascript
var scoops = 5;
while (scoops > 0) {
    document.write("Another scoop!<br>");
    scoops = scoops - 1;
}
document.write("Life without ice cream isn't the same");
```

我们再次在浏览器中写入字符串"Another scoop!
"。

```javascript
var scoops = 5;
while (scoops > 0) {
    document.write("Another scoop!<br>");
    scoops = scoops - 1;
}
document.write("Life without ice cream isn't the same");
```

Another scoop!
Another scoop!
Another scoop!

正如你看到的，这个过程将不断重复。在每次循环中，我们都将
scoops减1，再次将指定的字符串写入浏览器并重新开始。

吃掉了3球，还
余下2球。

```javascript
var scoops = 5;
while (scoops > 0) {
    document.write("Another scoop!<br>");
    scoops = scoops - 1;
}
document.write("Life without ice cream isn't the same");
```

继续执行循环。

吃掉了4球，
还余下1球！

```javascript
var scoops = 5;
while (scoops > 0) {
    document.write("Another scoop!<br>");
    scoops = scoops - 1;
}
document.write("Life without ice cream isn't the same");
```

执行最后一次循环后，情况有点不同：scoops为0，因此条件为false。
这次到达了分水岭，我们不再继续循环——不执行代码块。这次我们跳过
代码块，执行它后面的语句。

吃掉了5球，一球不
剩了！

```javascript
var scoops = 5;
while (scoops > 0) {
    document.write("Another scoop!<br>");
    scoops = scoops - 1;
}
document.write("Life without ice cream isn't the same");
```

现在，我们执行另一条document.write语句，在浏览器中写入字符串"Life
without ice cream isn't the same"。至此，全部代码都执行完毕了！

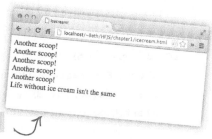

```javascript
var scoops = 5;
while (scoops > 0) {
    document.write("Another scoop!<br>");
    scoops = scoops - 1;
}
document.write("Life without ice cream isn't the same");
```

```
if (cashInWallet > 5) {
    order = "I'll take the works: cheeseburger, fries and a coke";
} else {
    order = "I'll just have a glass of water";
}
```

使用JavaScript进行决策

你刚才看到了，在while语句中，可使用条件来决定是否继续循环。在JavaScript中，还可在if语句中使用布尔表达式来进行决策。仅当if语句的条件测试为true时，才会执行其代码块，如下例所示。

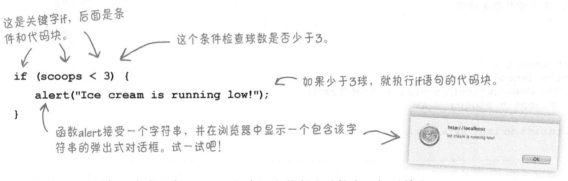

这是关键字if，后面是条件和代码块。

这个条件检查球数是否少于3。

```
if (scoops < 3) {
    alert("Ice cream is running low!");
}
```

如果少于3球，就执行if语句的代码块。

函数alert接受一个字符串，并在浏览器中显示一个包含该字符串的弹出式对话框。试一试吧！

在if语句中，还可添加一个或多个else if语句，以执行多重检查，如下所示：

```
if (scoops >= 5) {
    alert("Eat faster, the ice cream is going to melt!");
} else if (scoops < 3) {
    alert("Ice cream is running low!");
}
```

使用if/else if语句，可依次进行两次检查。

可根据需要添加任意数量的else if语句，以检查多个条件。每条else if语句都有其代码块，该代码块将在条件为true时执行。

进行大量决策

可根据需要将任意数量的if/else语句串接起来，还可在最后添加一条包罗万象的else语句，以处理所有条件都不满足的情形，如下所示。

在这个代码段中，我们检查余下的球数是否不少于5……

```javascript
if (scoops >= 5) {
    alert("Eat faster, the ice cream is going to melt!");
} else if (scoops == 3) {
    alert("Ice cream is running low!");
} else if (scoops == 2) {
    alert("Going once!");
} else if (scoops == 1) {
    alert("Going twice!");
} else if (scoops == 0) {
    alert("Gone!");
} else {
    alert("Still lots of ice cream left, come and get it.");
}
```

……是否刚好为3……

……是否为2、1或0，并显示相应的提醒框。

如果上述条件都不满足，就执行这段代码。

世上没有愚蠢的问题

问： 代码块到底是什么?

答： 从语法上说，代码块是放在花括号内的一组语句，可以只包含一条语句，也可以包含任意数量的语句。代码块中的所有语句被视为一个整体，要么都执行，要么都不执行。例如，在while语句中，如果其条件为true，将执行其代码块中的所有语句。if和else if语句的代码块亦如此。

问： 我遇到过这样的代码，其中的条件是一个变量，而这个变量的值为字符串而不是布尔值。请问这种代码是如何工作的?

答： 本书稍后会讲到这一点；简单地说，JavaScript在判断值为true还是false方面非常灵活。例如，任何包含非空字符串的变量都被视为true，而没有设置值的变量都被视为false。这些细节稍后介绍。

问： 你说过，表达式的结果可能不是数字、字符串或布尔值。请问还可能有哪些值?

答： 我们当前的重点是基本类型，即数字、字符串和布尔值。本书后面将介绍更复杂的类型，如数组（一系列值）、对象和函数。

问： 布尔值（boolean）是如何得名的?

答： 布尔值是以发明布尔逻辑的英国数学家George Boole命名的。在英文中，boolean常被写作Boolean，旨在指出这种变量类型是以George Boole命名的。

代码冰箱贴

有一个JavaScript程序的代码被随机地贴在冰箱上。你能将这些冰箱贴放到正确的位置上，组成一个生成如下输出的JavaScript程序吗？请对照本章末尾的答案，再继续往下阅读。

正确地排列这些冰箱贴，组成一个能运行的JavaScript程序。

```
document.write("Happy Birthday dear " + name + ",<br>");
```

```
document.write("Happy Birthday to you.<br>");
```

```
var i = 0;
```

```
var name = "Joe";
```

```
i = i + 1;
```

```
}
```

```
document.write("Happy Birthday to you.<br>");
```

```
while (i < 2) {
```

正确地排列这些冰箱贴后，组成的程序将生成如下输出：

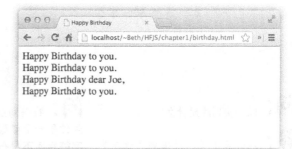

```
Happy Birthday to you.
Happy Birthday to you.
Happy Birthday dear Joe,
Happy Birthday to you.
```

请在这里正确地排列这些冰箱贴。

与用户交流

前面一直在讨论如何提高网页的交互性，为此你必须能够与
用户交流。实际上，与用户交流的方式有多种，其中的一些
你在本章前面已经见过过。下面简要地介绍这些交流方式，
本书后面将更详细地讨论它们。

创建提醒框

正如你已经看到的，浏览器提供了提醒用户的快捷方式——使用
函数alert。你只需调用函数alert并指定一个包含提醒消息的
字符串，浏览器就会在一个漂亮的对话框中显示这条消息。必须
承认，由于alert易于使用，我们一直在滥用它；实际上，仅当
你要停止一切并提醒用户时，才应使用它。

直接写入文档

将网页视为一个文档（浏览器就是这么认为的）。你随时都可使用函数
document.write将任何HTML和内容写入网页，这虽然很常见，但通
常被认为是一种糟糕的做法。本章也偶尔使用了这个函数，因为这是一
种简单而容易掌握的网页操作方式。

*本章将使用这三种交流
方法。*

使用控制台

所有JavaScript环境都包含控制台，可将代码中的消息写入其中。要将消
息写入控制台日志，可使用函数console.log，并传入要写入的字符串
（稍后将更详细地介绍如何使用控制台日志）。可将console.log视为
杰出的故障排除工具，但用户通常看不到控制台日志，因此这并非与用
户交流的有效方式。

*在帮助找出代码错误方面，控制台
真的非常方便！出现输入错误（如
遗漏了引号）时，JavaScript通常会
在控制台中显示错误消息，帮助你
找出这种错误。*

直接操作文档

这是最佳的方式，你应尽量使用这种方式来与网页和用户交互。使用
JavaScript可以访问网页，读取和修改其内容，甚至修改其结构和样式！这
些都是利用浏览器的**文档对象模型**（后面将更详细地讨论）实现的。你
将看到，这是与用户交流的最佳方式。然而，要使用文档对象模型，你必
须知道网页的结构，并熟悉用来读写网页的编程接口。这些都将在稍后介
绍，在此之前，我们需要更深入地了解JavaScript。

*这是我们的终极目标，届
时你将能够以各种方式读
取、修改和操作网页。*

所有的交流方法都戴着面具来参加晚会了。你能揭下它们的面具，将右边的描述与左边的名称正确地搭配起来吗？我们已经将一种交流方法与其描述搭配起来了。

document.write

我让用户停止前进的步伐，并向他传递一条简短的消息。用户必须单击OK按钮才能继续前行。

console.log

我能够在文档中插入少量的HTML和文本。我虽然不是向用户传递消息的最佳方式，但在所有浏览器中都管用。

alert

使用我可以全面控制网页：获取用户输入的值，修改HTML或样式，更新网页的内容。

文档对象模型

我只是一种简单的调试工具。使用我可将信息写入开发人员专用的控制台。

console.log详述

下面来更深入地探索console.log的工作原理，以便在本章中使用它来查看代码的输出，并在全书中使用它来查看代码的输出以及调试代码。但别忘了，控制台并非普通Web用户能够明白的浏览器功能，因此不应在网页的最终版本中使用它。将消息写入控制台日志通常仅用于在开发网页期间调试代码，但在学习JavaScript时，这是一种了解代码功能的极佳方式。console.log的工作原理如下：

获取任何字符串……

```
var message = "Howdy" + " " + "partner";
console.log(message);
```

……将其传递给console.log，该字符串将显示在浏览器的控制台中，如下所示。

控制台包含代码写入到日志的所有输出。

世上没有愚蠢的问题

问： 我知道console.log可用于输出字符串，但它到底是什么东西呢？我是说为何使用句点分隔console和log呢？

答： 问得好。我们讲得有点太快了，你可将控制台视为具有特定功能的对象。其功能之一是写入日志，而要让控制台执行这种功能，我们使用语法console.log，并将用圆括号括起的输出传递给它。请牢记这一点，本书后面将回过头来深入讨论对象。现在，你具备了使用console.log所需的全部知识。

问： 除了写入日志外，控制台还有其他功能吗？

答： 有，但大家通常只用它来写入日志。日志（和控制台）还有一些高级用法，但这些用法通常随浏览器而异。请注意，所有现代浏览器都提供了控制台，但控制台并不包含在正式规范中。

问： 控制台看起来很不错，但在哪里能够找到它呢？我在代码中使用了它，却没有看到任何输出！

答： 在大多数浏览器中，都可显式地打开控制台，详情请参阅下一页。

打开控制台

不同浏览器的控制台实现存在细微的差异，更糟糕的是，浏览器实现控制台的方式变化相当频繁——虽然没有达到离谱的程度，但当你阅读本书时，你的浏览器控制台可能与这里显示的稍有不同。

这里介绍在Mac上如何访问Chrome浏览器（25版）的控制台。对于如何在各种主流浏览器中访问控制台，请参阅http://wickedlysmart.com/hfjsconsole。明白如何在一款浏览器中访问控制台后，就很容易搞清楚如何在其他浏览器中访问控制台了。建议你至少在两款浏览器中尝试使用控制台，这样才更熟悉。

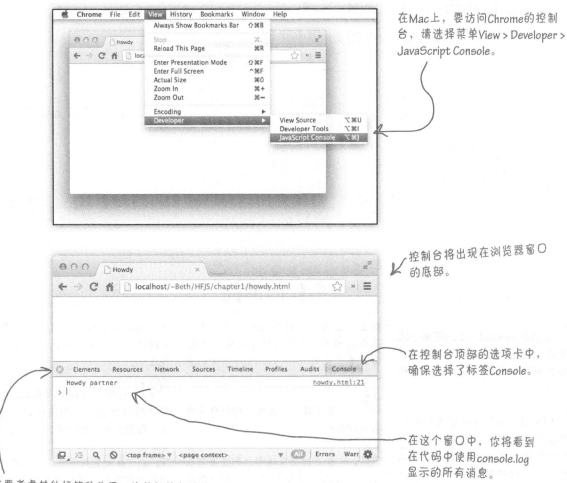

在Mac上，要访问Chrome的控制台，请选择菜单View > Developer > JavaScript Console。

控制台将出现在浏览器窗口的底部。

在控制台顶部的选项卡中，确保选择了标签Console。

在这个窗口中，你将看到在代码中使用console.log显示的所有消息。

不要考虑其他标签的作用。这些标签都很有用，但目前最重要的是Console，它能够让你看到在代码中使用console.log显示的所有消息。

编写一个正式的应用程序

下面将新学到的JavaScript技能和 `console.log` 付诸应用，编写一个实用的应用程序。我们需要一些变量、一条 `while` 语句和一些带 `else` 子句的 `if` 语句。再进行简单打磨，不知不觉间就将得到一个正式的商务应用程序。查看最终代码前，先想想你会如何编写一个程序来显示经典歌曲 *99 Bottles of Beer* 的歌词。

```javascript
var word = "bottles";
var count = 99;
while (count > 0) {
    console.log(count + " " + word + " of beer on the wall");
    console.log(count + " " + word + " of beer,");
    console.log("Take one down, pass it around,");
    count = count - 1;
    if (count > 0) {
        console.log(count + " " + word + " of beer on the wall.");
    } else {
        console.log("No more " + word + " of beer on the wall.");
    }
}
```

上述代码存在一个小缺陷：它能正确地运行，但输出并非完美无缺。你能找出并修复这个缺陷吗？

我们是不是应该将这些代码放到网页中，以便能够看到输出呢？如果不这样，就得继续在纸上写出答案了！

好主意! 是的，是时候这样做了。这样做之前，我们想确保你具备了足够的JavaScript知识。你在本章开头看到了，可像添加CSS一样在HTML中添加JavaScript，也就是说，只需使用标签<script>来添加它们即可。

这里要说的是，与CSS一样，也可将JavaScript放在独立于HTML的外部文件中。

下面先将这个正式的商务应用程序放到网页中。经过详尽的测试后，再将这些JavaScript代码移到一个外部文件中。

试驾

下面在浏览器中运行一些代码。请按如下说明来运行这个正式的商务应用程序，并查看最终的结果。

要下载本书的代码和示例文件，请访问http://wickedlysmart.com/hfjs。

① 编写如下HTML代码，你将在其中嵌入JavaScript代码。首先输入这些HTML代码，再在<script>标签之间输入前面列出的JavaScript代码。你可使用记事本（Windows）或TextEdit（Mac）等编辑器，并确保处于纯文本模式；也可使用自己喜欢的HTML编辑器，如Dreamweaver、Coda或WebStorm。

```
<!doctype html>      ← 输入这些HTML代码。
<html lang="en">
  <head>
    <meta charset="utf-8">
    <title>My First JavaScript</title>
  </head>
  <body>
    <script>
                        这些是<script>标签。现在你应该知道，必须将
                        JavaScript代码放在这两个标签之间。
    </script>
  </body>
</html>
```

② 将这个文件保存为index.html。

③ 在浏览器中加载这个文件。可以将这个文件拖放到浏览器窗口中，也可在浏览器中选择菜单"文件"＞"打开"。

④ 在网页中，你什么都看不到，因为我们使用console.log将所有输出都写入了控制台。因此，请打开控制台，并祝贺自己编写了一个正式的商务应用程序。

这是代码的运行情况，它们生成歌曲*99 Bottles of Beer*的完整歌词，并将其写入浏览器的控制台。

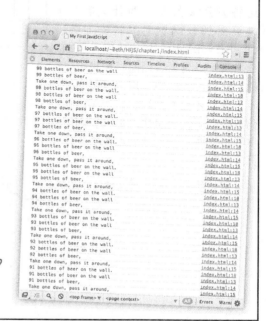

如何将JavaScript代码加入网页（细数各种方式）

你已经知道可以使用<script>标签将JavaScript代码添加到网页的<head>或<body>元素中，但还有另外两种在网页中添加JavaScript代码的方式。下面来看看可将JavaScript代码放在哪些地方（以及将代码放在一个地方而不是另一个地方的原因）。

可将代码嵌入<head>元素中。在网页中添加代码时，最常见的方式是在<head>元素中添加一个<script>元素。这让你的代码更容易找到，好像也是放置代码的合理位置，但这并非总是最佳方式。为什么呢？请往下看。

也可以将代码内嵌在网页的<body>元素中。为此，可将JavaScript代码放在<script>元素中，并将<script>元素放到网页的<body>元素中（通常是最后）。

这种方法要好些。为什么呢？浏览器加载网页时，将先加载<head>元素内的所有内容，再加载<body>元素。因此，如果将代码放在<head>中，用户可能必须等一会儿才能看到网页。如果将代码放在<body>的HTML后面，则用户等待这些代码加载时就能看到网页的内容。

还有更好的方法吗？请接着往下看。

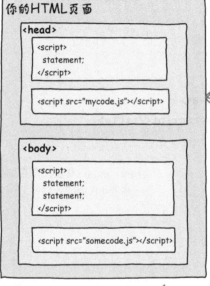

```
你的HTML页面

<head>

  <script>
   statement;
  </script>

  <script src="mycode.js"></script>

<body>

  <script>
   statement;
   statement;
  </script>

  <script src="somecode.js"></script>
```

还可将代码放在独立的文件中，并在<head>中链接该文件。这与链接到CSS文件类似，唯一的差别是，你使用<script>标签的src特性来指定JavaScript文件的URL。

放在外部文件中，代码更容易维护（独立于HTML），还可用于多个网页。但这种方法也有缺点，那就是所有代码都将在网页的<body>部分之前加载。还有更佳的方式吗？请继续往下看。

最后，可在网页的<body>元素中链接到外部文件。这是鱼和熊掌兼得的最佳方式，既有一个可用于任何网页且易于维护的JavaScript文件，又在网页末尾引用它，这样它将在网页加载完毕后再加载。真不错。

> 虽然情况完全相反，但我依然认为<head>是放置JavaScript代码的极佳位置。

棒打鸳鸯散

分手是痛苦的，但必须这样做。现在该将JavaScript代码提取出来，移到一个独立的文件中了，具体步骤如下。

① 打开文件index.html，选择其中所有的JavaScript代码，即标签<script>之间的所有内容，如下所示。

```
<!doctype html>
<html lang="en">

  <head>
    <meta charset="utf-8">
    <title>My First JavaScript</title>
  </head>
  <body>
    <script>
```

只选择JavaScript代码，不要包含<script>标签，因为在独立文件中不需要这些标签。

```
      var word = "bottles";
      var count = 99;
      while (count > 0) {
         console.log(count + " " + word + " of beer on the wall");
         console.log(count + " " + word + " of beer,");
         console.log("Take one down, pass it around,");
         count = count - 1;
         if (count > 0) {
            console.log(count + " " + word + " of beer on the wall.");
         } else {
            console.log("No more " + word + " of beer on the wall.");
         }
      }
```

```
    </script>
  </body>
</html>
```

② 在编辑器中新建一个文件，将其命名为code.js，并将前面复制的代码粘贴到其中，然后保存。

code.js

③ 现在需要在文件index.html中添加一个指向文件code.js的引用，以便
该网页加载时获取并加载文件code.js。为此，将文件index.html中的
JavaScript代码删除，但保留<script>标签；再在<script>开始标
签中添加一个引用code.js的src特性。

```
<!doctype html>
<html lang="en">
  <head>
    <meta charset="utf-8">
    <title>My First JavaScript</title>
  </head>
  <body>
    <script src="code.js">

    </script>
  </body>
</html>
```

使用<script>元素的src特性
链接到JavaScript文件。

这是被删除的代码所处的位置。

信不信由你，<script>结束标签依然必不可
少，虽然这两个标签之间已经没有代码了。

④ 外科手术到此结束，就这么简单。现在需要进
行测试了。为此，再次加载index.html，结果
应该与前面完全相同。请注意，这里将src特
性设置成了"code.js"，即假定这个代码文件
与HTML文件位于同一个目录。

结果应与前面相同。但现在
HTML和JavaScript位于不同的
文件中，是不是更清晰、更容
易管理、不那么局促了呢？

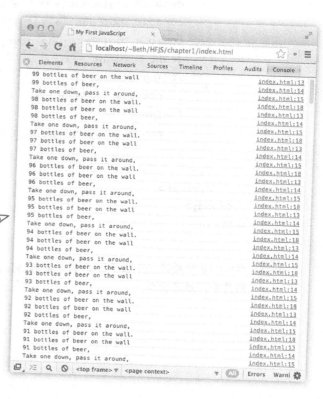

34　第1章

剖析script元素

你已经知道如何使用<script>元素在网页中添加代码了，但为了彻底明白这个主题，下面来复习一下<script>元素，确保不放过任何一个细节。

特性type告诉浏览器，你要编写JavaScript代码。如果省略这个属性，浏览器将假定你使用的是JavaScript。鉴于此，我们建议你省略这个属性，标准制定者也是这样建议的。

别忘了起始标签中的右尖括号。

<script>起始标签。

<script>标签之间的所有内容都必须是有效的JavaScript代码。

在任何情况下，</script>结束标签都必不可少。

在HTML中引用独立的JavaScript文件时，像下面这样使用<script>元素：

添加一个src特性来指定JavaScript文件的URL。

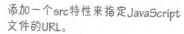

JavaScript文件使用扩展名.js。

千万别忘了</script>结束标签！即便是链接外部文件时，这个标签也必不可少。

引用独立的JavaScript文件时，<script>元素不能包含任何JavaScript代码。

不能在引用JavaScript文件的同时内嵌JavaScript代码。

使用src特性时，不能在<script>标签之间添加JavaScript代码。在这种情况下，需要使用两个<script>元素。

```
<script src="goodies.js">
var = "quick hack";
</script>
```

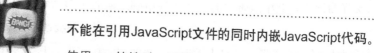
错误的做法

起底JavaScript

本周访谈：逐渐了解JavaScript

Head First：欢迎JavaScript。我们知道你始终忙于处理各种网页，很高兴你在百忙之中抽出时间接受访谈。

JavaScript：没什么。我的确比以前更忙了，现在我不仅被用于几乎所有的网页，还被用于实现简单的菜单效果和功能齐备的游戏等。真是忙得不可开交！

Head First：真令人惊讶。就在几年前，还有人说你不过是一款无用的脚本语言，而现在到处都能看到你的身影。

JavaScript：以前的事就别说了。我取得了长足的进步，很多杰出人物都为此付出了艰苦努力。

Head First：取得了什么进步呢？你的基本语言特性看起来不是跟以前一样吗？

JavaScript：这表现在两个方面。首先，现在我的速度快如闪电。我虽然被视为脚本语言，但性能几乎能够与编译型语言媲美。

Head First：其次呢？

JavaScript：在浏览器中，我能够做的事情多得多了。通过使用所有现代浏览器都有的JavaScript库，你可确定当前位置，播放视频和音频，在网页中绘图，等等。但要完成这些任务，你必须熟悉JavaScript。

Head First：咱们来说说对你的批评吧。我听过一些不那么友好的评论，其中最著名的是"一款粗制滥造的语言"。

JavaScript：走自己的路，让别人去说吧。我即便不是世界上使用最广泛的语言，也是其中之一。我击败了很多竞争对手。还记得将Java用于浏览器的倡导吗？现在看来就是个笑话。还有VBScript、JScript、Flash、Silverlight……不胜枚举。你说说，我怎么就不行呢？

Head First：有人批评你"过分简单"。

JavaScript：坦率地说，这是我最大的优点。事实上，只要启动浏览器，输入几行JavaScript代码，就万事大吉了，这多厉害呀。对初学者来说，这也很不错。有人说没有比JavaScript更好的入门语言了。

Head First：但这也是需要付出代价的，不是吗？

JavaScript：问得好。我简单是从易于上手的意义上说的。我也很深奥，最新的现代编程结构应有尽有。

Head First：比方说呢？

JavaScript：动态类型、一等函数和闭包，算吗？

Head First：都算，不过它们都是什么东西呢？

JavaScript：只要坚持阅读本书，你就会知道。

Head First：说点具体的吧。

JavaScript：我就说一点。JavaScript是针对动态Web环境打造的，在这种激动人心的环境中，用户与网页交互，数据是即时获得的，还会发生各种各样的事件，而JavaScript反映了这种编程风格。对JavaScript有更深入的了解后，你就能更好地理解这一点。

Head First：听你这样说，你是完美的语言了？

JavaScript（泪流满面）：你知道，我不像其他大多数语言那样出生在象牙塔。我出身草莽，成败全靠自己，必须努力拼搏。虽然如此，我并非完美无缺，也有一些"缺点"。

Head First（面带Barbara Walters[1]式微笑）：我们今天看到了你不为人知的一面，我想改天有必要再来一次访谈。离别之际，有什么要说的吗？

JavaScript：不要只看我的缺点，要了解并坚持利用我的优点。

① Barbara Walters是美国著名访谈类节目主持人，被誉为"美国电视新闻第一夫人"。——编者注

要点

- JavaScript用于给网页添加**行为**。

- 与几年前相比，浏览器引擎执行JavaScript代码的速度快得多。

- 浏览器在网页中遇到JavaScript代码后就开始执行它们。

- 使用<script>元素在网页中添加JavaScript代码。

- 可在网页中内嵌JavaScript代码，也可在HTML中链接到包含JavaScript代码的独立文件。

- 要链接到独立的JavaScript文件，可在<script>标签中使用特性src。

- HTML**声明**网页的结构和内容；JavaScript**计算**值并给网页添加行为。

- JavaScript程序由一系列**语句**组成。

- 变量声明语句是最常见的JavaScript语句之一，它使用关键字var来声明新变量，并使用赋值运算符=给变量赋值。

- JavaScript变量的命名规则和指南只有几条，遵循它们至关重要。

- 给变量命名时千万不要使用关键字。

- JavaScript表达式计算值。

- 三种常见的表达式是**数字表达式**、**字符串表达式**和**布尔表达式**。

- if/else语句让你能够在代码中作出决策。

- while/for语句让你能够通过循环多次执行代码。

- 使用console.log（而不是alert）将消息显示到控制台。

- 控制台消息应该只用于调试，因为用户很可能根本看不到控制台消息。

- JavaScript最常用于给网页添加行为，但也用于在Adobe Photoshop、OpenOffice和Google Apps等应用程序中编写脚本，甚至被用作服务器端编程语言。

JavaScript填字游戏

来玩一个填字游戏①，放松一下心情，让你的神经完全处于松弛状态。

横向

2. 在HTML中链接到外部JavaScript文件时，需要在`<script>`元素中指定的特性。

6. 为避免难堪的命名错误而使用的拼写方式。

7. JavaScript给网页添加的东西。

10. 前面例子中用到的啤酒的计量单位（复数形式）。

13. 表示一行JavaScript代码。

14. 3 + 4所属的JavaScript语言结构。

15. 所有JavaScript语句都以它结束。

16. 用于调试JavaScript代码的函数。

① 本书中的填字游戏均为填写英语单词。——编者注

纵向

1. 一种用于在JavaScript程序中重复执行操作的循环。

3. JavaScript变量名是区分什么的?

4. 声明变量时使用的关键字。

5. 变量存储的东西。

6. 每次执行循环时，都要判断的一个表达式。

8. 当今JavaScript的运行速度比以前更快还是更慢?

9. `if/else`语句的用途。

11. 可使用+运算符将什么拼接起来?

12. 用于放置JavaScript代码的元素。

变身浏览器答案

下面的JavaScript代码存在一些错误。你的任务是变身浏览器，将其中的错误找出来。完成这个练习后，请翻到本章末尾，看看你是否找出了所有的错误。答案如下。

将字符串括起时，要么使用两个双引号（"），要么使用两个单引号（'）。不要混用。

A

```
// 笑话测试

var joke = "JavaScript walked into a bar....';

var toldJoke = "false";

var $punchline =

    "Better watch out for those semi-colons."

var %entage = 20;

var result


if (toldJoke == true) {
    Alert($punchline);
} else
    alert(joke);
}
```

除非需要指定的是字符串，否则不要用引号将布尔值括起。

可以使用以$打头的变量名，但不建议这样做。

别忘了在语句末尾添加分号！

变量名中不能使用%。

也是在末尾遗漏了分号。

JavaScript是区分大小写的，应为alert而不是Alert。

遗漏了一个左花括号。

B

```
\\ 电影之夜

var zip code = 98104;

var joe'sFavoriteMovie = Forbidden Planet;

var movieTicket$     =     9;


if (movieTicket$ >= 9) {
    alert("Too much!");
} else {
    alert("We're going to see " + joe'sFavoriteMovie);
}
```

注释应以//而不是\\打头。

变量名不能包含空格。

变量名不能包含引号。

但指定字符串Forbidden Planet时，必须用引号括起。

由于变量名非法，这条if/else语句不管用。

磨笔上阵
答案

请拿起笔来，将一些表达式的作用搞清楚。计算下面每个表达式的值并写下来。是的，写下来。将老妈对你不要在书上乱写乱画的嘱咐忘了吧，在本书中想怎么写就怎么写！一定对照本章末尾的答案，看看你的答案对不对。答案如下。

这是一个摄氏温度到华氏温度的转换器。

(9 / 5) * temp + 32

如果temp为10，结果是什么？ <u>50</u>

这是一个布尔表达式。运算符==判断两个值是否相等。

color == "orange"

如果color的值为"pink"，这个表达式为true还是false？ <u>false</u>
如果color的值为"orange"呢？ <u>true</u>

name + ", " + "you've won!"

如果name的值为"Martha"，结果是什么？
<u>"Martha, you've won!"</u>

这个运算符判断第一个值是否大于第二个值。你也可以使用>=来判断第一个值是否大于或等于第二个值。

yourLevel > 5

如果yourLevel的值为2，结果是什么？ <u>false</u>
如果yourLevel的值为5，结果是什么？ <u>false</u>
如果yourLevel的值为7，结果是什么？ <u>true</u>

(level * points) + bonus

假设level的值为5，points的值为30000，bonus的值为3300，结果是什么？ <u>153300</u>

color != "orange"

如果color的值为"pink"，这个表达式为true还是false？ <u>true</u>

运算符!=判断两个值是否不相等。

选做题

1000 + "108"

会不会有多个答案呢？只有一个正确答案。你的答案是什么？
<u>"1000108"</u>

编码技巧

你注意到了吗？运算符=用于赋值，而运算符==用于判断相等性。也就是说，给变量赋值时使用一个等号，判断两个值是否相等时使用两个等号。一种常见的编码错误是，该使用其中一个运算符时使用了另一个。

代码冰箱贴答案

有一个JavaScript程序的代码被随机地贴在冰箱上。你能将这些冰箱贴放到正确的位置上，组成一个生成如下输出的JavaScript程序吗？请对照本章末尾的答案，再继续往下阅读。答案如下。

正确排列后的冰箱贴！

```
var name = "Joe";

var i = 0;

while (i < 2) {

    document.write("Happy Birthday to you.<br>");

    i = i + 1;

}

document.write("Happy Birthday dear " + name + ",<br>");

document.write("Happy Birthday to you.<br>");
```

正确地排列这些冰箱贴后，组成的程序将生成如下输出。

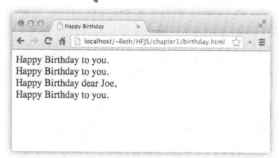

JavaScript
填字游戏
答案

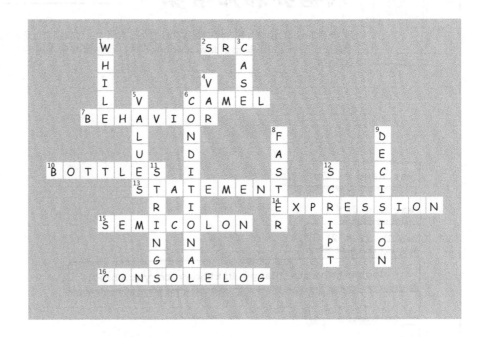

连连看 答案

所有的交流方法都戴着面具来参加晚会了。你能揭下它们的面具，将右边的描述与左边的名称正确地搭配起来吗？我们已经将一种交流方法与其描述搭配起来了。答案如下。

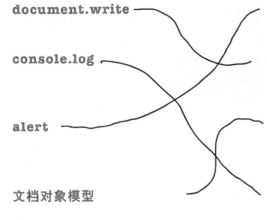

document.write — 我让用户停止前进的步伐，并向他传递一条简短的消息。用户必须单击OK按钮才能继续前行。

console.log — 我能够在文档中插入少量的HTML和文本。我虽然不是向用户传递消息的最佳方式，但在所有浏览器中都管用。

alert — 使用我可以全面控制网页：获取用户输入的值，修改HTML或样式，更新网页的内容。

文档对象模型 — 我只是一种简单的调试工具。使用我可将信息写入开发人员专用的控制台。

2 编写代码

更进一步

我已经编写了一点点 JavaScript代码。

切！你要是还想跟我继续交往，就得获得一些实际的代码编写经验。

你已经知道了变量、类型、表达式等，我们接着往下介绍。
你对JavaScript有所了解，实际上已经具备了足够的知识，可以编写一些**真正的代码**了：一些完成有趣功能的代码，一些有人想使用的代码。你缺乏的是实际编写代码的**经验**，现在就来弥补吧。如何弥补呢？全身心地投入，开发一个完全使用JavaScript编写的休闲类游戏。我们目标远大，又脚踏实地，一步一个脚印。来吧，现在就开始。如果你想利用这款游戏来一次创业，我们不会有任何意见，因为代码是你的。

开发一款战舰游戏

你将充当浏览器的对手：浏览器将战舰隐藏起来，你的任务是找到并击沉这些战舰。当然，不同于真正的战舰游戏，在这款游戏中，你并没有自己的战舰。你的目标是通过尽可能少的猜测次数将浏览器的战舰全部击沉。

目标：通过尽可能少的猜测次数将浏览器的战舰全部击沉。将根据你的表现给你打分。

准备工作：这个游戏启动时，计算机将战舰放在一个虚拟网格中。然后，游戏将让你进行第一次猜测。

玩法：浏览器将提示你猜测位置，然后你输入网格位置。你猜测后，将显示结果Hit、Miss或You sank my battleship！所有战舰都被击沉后，游戏结束并显示你的得分。

第一次尝试——简化的战舰游戏

完整版使用7×7网格，有三艘战舰，但这里将编写一个更简单的版本：使用1×7网格，只有一艘战舰。这有点粗糙，但我们的重点是设计游戏的基本代码，而不是满足感官，至少现在如此。

不用担心，通过从这个游戏的简化版着手，将为后面编写完整版打下坚实的基础。这也提供了足够多的难题，让我们有机会在第一个真正的JavaScript程序（当然，第1章那个正式的商务应用程序不算）中解决。因此，本章将创建这个游戏的简化版，等你学习到更多的JavaScript知识后再创建其豪华版。

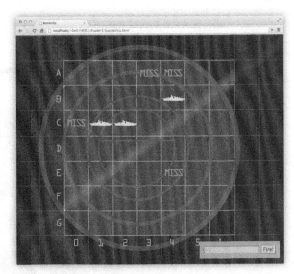

我们的努力目标如下：一个漂亮的7×7网格，其中包含三艘目标战舰。我们将从更简单的版本着手，等你对JavaScript有更深入的了解后，再添加图形和其他内容，让游戏与这里显示的完全一样。我们将把添加音效的任务留给你去完成。

不使用上面所示的7×7网格，我们将从1×7网格着手。另外，我们暂时只考虑一艘战舰。

请注意，每艘战舰都占据三个单元格。

从高层次设计着手

我们知道，我们需要一些变量、数字和字符串，还需要if语句、条件测试和循环等，但在什么地方需要、需要多少呢？如何将这些整合起来呢？要回答这些问题，我们需要更详细地了解这款游戏的功能。

首先，需要清楚这款游戏的大致流程。基本情况如下。

① 用户启动游戏

   Ⓐ 游戏将一艘战舰随机地放在网格中。

② 开始玩游戏

   重复下面的步骤，直到战舰被击沉。

   Ⓐ 提示用户猜测一个位置（2、0等）

   Ⓑ 将用户猜测的位置与战舰的位置进行比较，确定结果是击中、未击中还是击沉。

③ 游戏结束

   根据猜测次数给用户打分。

对游戏需要完成的任务有大致了解后，接下来需要了解这些步骤的更多细节。

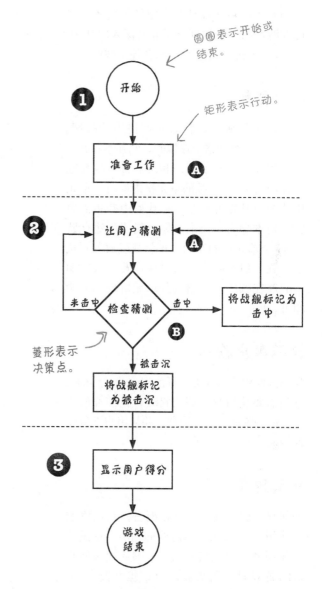

哇，一个货真价实的流程图。

更多细节

我们有了高层次设计和专业级流程图，对这款游戏的工作原理有了非常深入的认识，但开始编码前，还需要厘清其他一些细节。

表示战舰

首先，需要确定如何表示网格中的战舰。别忘了，这个网格是**虚拟的**，它并不存在于这个程序中。只要用户和游戏知道战舰隐藏在网格中3个连续的单元格内就行（单元格的编号从零开始），在代码中并不需要将网格本身表示出来。你可能想创建存储全部7个单元格的东西，再将战舰放置到这些位置。但实际上不需要这样做，只需知道战舰在哪些单元格（如单元格1~3）中即可。

获取用户输入

如何获取用户输入呢？可使用prompt函数。每当需要让用户猜测位置时，我们都使用prompt来显示一条消息，并从用户那里获取输入（一个0~6的数字）。

显示结果

如何显示输出呢？就现在而言，我们将继续使用alert来显示游戏的输出。这虽然略显简陋，但确实管用（本书后面编写真正的游戏时，将更新网页，但在此之前，我们还有一段路要走）。

1 **游戏启动**。创建一艘战舰，并指定它在排列成一行的7个单元格中占据哪三个单元格。

这些单元格是使用整数表示的。例如，1、2和3表示战舰占据了如下图所示的单元格：

2 **游戏开始**。提示用户进行猜测。

A
> The page at localhost says:
> Ready, aim, fire! (enter a number from 0-6):
>
> Cancel   OK

B 检查用户的输入是否是战舰占据的三个单元格之一。在一个变量中记录击中次数。

3 战舰的3个位置都被击中且击中次数为3时**游戏结束**。告诉用户他猜测了多少次才将战舰击沉。

游戏与用户之间的交互

编写伪代码

我们需要一种规划和编写代码的方法。首先来编写**伪代码**（pseudocode）。伪代码介于JavaScript代码和程序的自然语言描述之间。你将看到，它让我们无需编写**实际代码**就能彻底弄清楚程序的运行过程。

下面的伪代码由两部分组成，第一部分描述了我们需要的变量，而第二部分描述了程序的逻辑。变量指出了要在代码中记录哪些东西，而逻辑指出了要创建这个游戏必须如实地实现哪些代码。

> **声明**三个**变量**，用于存储战舰占据的各个单元格。将这些变量命名为location1、location2和location3。
>
> **声明**一个存储用户猜测的**变量**，将其命名为guess。
>
> **声明**一个存储击中次数的**变量**，将其命名为hits并*初始化*为0。
>
> **声明**一个存储猜测次数的**变量**，将其命名为guesses并*初始化*为0。
>
> **声明**一个记录战舰是否被击沉的**变量**，将其命名为isSunk并*初始化*为false。

我们需要的变量

循环：*只要战舰未被击沉*

　　获取用户的猜测

　　将用户输入与有效的输入值进行**比较**

　如果用户的猜测无效

　　　　就**显示**让用户输入有效的数字

　否则

　　　　将猜测次数**加**1

　　如果用户猜测的是战舰占据的位置之一

　　　　　就将击中次数**加**1

　　　如果击中次数为3

　　　　　　就将isSunk**设置**为true

　　　　　并向用户**显示**You sank my battleship!

　　　如果到此结束

　　如果到此结束

　否则到此结束

循环到此结束

向用户**显示**统计信息

下面是游戏的逻辑。

这不是JavaScript代码，但你可能已经知道如何使用代码实现这种逻辑了。

注意，这里使用了缩进让伪代码更容易理解。在实际代码中，我们也会这样做。

磨笔上阵

假设我们的虚拟网格类似于下面这样：

并像下面这样使用了位置变量来指出战舰的位置：

```
location1 = 3;
location2 = 4;
location3 = 5;
```

而用户的输入序列如下：

```
1, 4, 2, 3, 5
```

在给定上述用户输入的情况下，前一页的伪代码将如何执行呢？请将你认为的结果写在下面。我们指出了开始时的情况。如果这是你第一次演练伪代码的运行过程，请花点时间彻底弄清楚其工作原理。

如果你需要帮助，可以偷看一眼本章末尾的答案。

location1	location2	location3	guess	guesses	hits	isSunk
3	4	5	——	0	0	false
3	4	5	1	1	0	false

第一行列出了用户第一次猜测之前各个变量的值。我们没有初始化变量guess，因此它的值是未定义的。

对了，别忘了HTML

如果没有链接到JavaScript代码的HTML，你就走不了多远。新建一个文件，将其命名为battleship.html，并输入下面的标记。等你编写好这个HTML文件后，我们将回过头去编写JavaScript代码。

战舰游戏的HTML超级简单。我们只是需要一个链接到JavaScript代码的网页，而所有的操作都是在JavaScript代码中完成的。

```
<!doctype html>
<html lang="en">
  <head>
    <title>Battleship</title>
    <meta charset="utf-8">
  </head>
  <body>
    <h1>Play battleship!</h1>
    <script src="battleship.js"></script>
  </body>
</html>
```

我们在这个网页的\<body\>元素末尾链接到JavaScript代码，因此等浏览器开始执行battleship.js中的代码时，网页已加载完毕。

这个网页刚加载完毕时的结果。我们需要编写一些实现游戏的代码！

考考你的脑力

集中精神。

虽然有点超前，但请你思考下列问题：加载网页时，为随机选择战舰占据的单元格，你认为需要什么样的代码呢？为正确地放置战舰，需要考虑哪些因素呢？将你的想法写在下面。

编写简单的战舰代码

我们将以伪代码为蓝本，编写实际的JavaScript代码。
首先，来处理需要的所有变量。再来看一眼伪代码，搞
清楚需要的变量。

我们需要三个变量
来存储战舰的位置。

声明三个变量，用于存储战舰占据的各个单元格。
将这些变量命名为location1、location2和
location3。

声明一个存储用户猜测的变量，将其命名为guess。

声明一个存储击中次数的变量，将其命名为hits并
*初始化*为0。

还需要另外三个变量
（*guess*、*hits*和*guesses*）
来处理用户的猜测。

声明一个存储猜测次数的变量，将其命名为
guesses并*初始化*为0。

还需要一个变量来记录
战舰是否被击沉。

声明一个记录战舰是否被击沉的变量，将其命名为
isSunk并*初始化*为false。

下面在一个JavaScript文件中创建这些变量。新建一个文
件，将其命名为battleship.js，并输入如下变量声明。

这是三个位置变量。我们暂时将战舰的
位置设置为3、4和5。

```
var location1 = 3;
var location2 = 4;
var location3 = 5;
```

后面将回过头来编写一些代码，它们生成
随机的战舰位置，让用户更难找到。

用户猜测前，变量*guess*没有值，因此是
未定义的。

```
var guess;
var hits = 0;
var guesses = 0;
```

我们将变量hits和
guesses的初始值都设
置为0。

```
var isSunk = false;
```

最后，设置变量isSunk的初始值为
false。用户击沉战舰后，我们将把
这个变量设置为true。

编码技巧

如果你没有给变量指定初始
值，JavaScript将给它指定
默认值undefined。JavaScript使用
undefined来指出还没有给变量赋值。
本书后面将更详细地讨论undefined
和其他古怪的值。

编写游戏逻辑

声明好变量后,下面来深入挖掘实现游戏逻辑的伪代码。我们将把这些伪代码分为几部分。你首先要做的是实现循环;它需要不断循环,直到战舰被击沉;接下来,获取用户的猜测并验证它是否有效,即确保它是0~6的数字;然后,编写检查战舰是否被击中以及是否被击沉的逻辑;最后,向用户报告,指出他猜测了多少次才将战舰击沉。

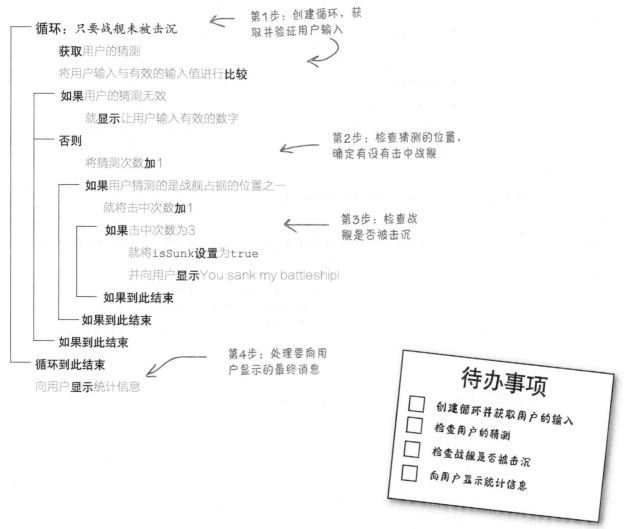

循环:只要战舰未被击沉

    获取用户的猜测

    将用户输入与有效的输入值进行**比较**

  如果用户的猜测无效

      就**显示**让用户输入有效的数字

  否则

      将猜测次数**加**1

    如果用户猜测的是战舰占据的位置之一

        就将击中次数**加**1

      如果击中次数为3

          就将isSunk**设置为**true

          并向用户**显示**You sank my battleship!

      如果到此结束

    如果到此结束

  如果到此结束

循环到此结束

    向用户**显示**统计信息

第1步:创建循环,获取并验证用户输入

第2步:检查猜测的位置,确定有没有击中战舰

第3步:检查战舰是否被击沉

第4步:处理要向用户显示的最终消息

待办事项

- ☐ 创建循环并获取用户的输入
- ☐ 检查用户的猜测
- ☐ 检查战舰是否被击沉
- ☐ 向用户显示统计信息

第一步：创建循环并获取输入

下面来将游戏逻辑转换为实际的JavaScript代码。JavaScript代码和伪代码之间并不是完全对应的，因此在有些地方必须进行调整。伪代码让我们很清楚需要做什么，现在我们必须编写JavaScript代码，以解决如何做的问题。

先来看看到目前为止已编写的全部代码，然后将注意力聚焦于要添加的代码上（这样可节省纸张；如果你阅读的是电子版，节省的就是电能）。

	☐ 创建循环并获取用户的输入
	☐ 检查用户的猜测
	☐ 检查战舰是否被击沉
	☐ 向用户显示统计信息

这些已经介绍过，这里包含它们只是出于完整性考虑。

声明变量

```javascript
var location1 = 3;

var location2 = 4;

var location3 = 5;

var guess;

var hits = 0;

var guesses = 0;

var isSunk = false;
```

循环从这里开始。只要战舰未被击沉，游戏就不会结束，因此继续循环。

前面说过，while语句使用条件测试来决定是否继续循环。在这里，我们通过检查确认isSunk仍为false。一旦战舰被击沉，就会将isSunk设置为true。

循环：只要战舰未被击沉

```javascript
while (isSunk == false) {
```

获取用户的猜测

```javascript
guess = prompt("Ready, aim, fire! (enter a number from 0-6):");

}
```

每次循环时，都让用户进行猜测。为此，我们使用了内置函数prompt，下一页将更详细地介绍这个函数。

prompt的工作原理

浏览器提供了一个内置函数，可以用来获取用户输入；这个函数就是prompt。
函数prompt与你使用过的函数alert很像（它也显示一个对话框，其中包含你
指定的字符串），但它还提供了让用户输入响应的区域。这种响应将作为函数调
用结果以字符串的形式返回；如果用户取消了对话框或没有输入任何响应，返回
的将是null。

将函数prompt的结果赋给变量
guess。

```
guess = prompt("Ready, aim, fire! (enter a number from 0-6):");
```

给函数prompt提供一个字
符串，作为向用户发出的
指令显示在对话框中。

函数prompt的职责是从用户那里获取
输入。这通常是使用对话框实现的。

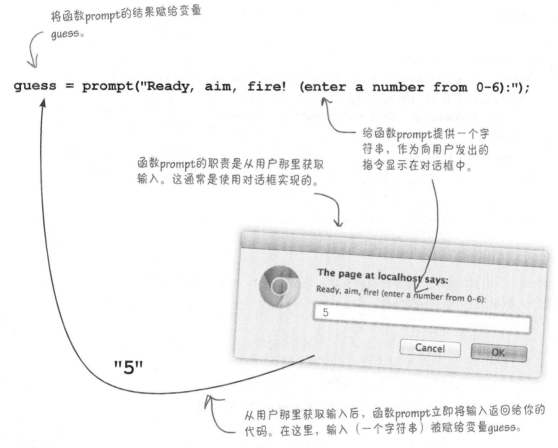

"5"

从用户那里获取输入后，函数prompt立即将输入返回给你的
代码。在这里，输入（一个字符串）被赋给变量guess。

你现在可能想尝试运行这些代码，但千万不要这样做。

如果你这样做，浏览器将开始一个**无限循环**，不断地让你猜测。除非让操作系统强
行停止浏览器进程，否则根本没法停止这个循环。

检查用户的猜测

从伪代码可知，要检查用户的猜测，首先需要确认用户的输入有效；如果有效，就检查是否击中了战舰。我们还需相应地更新变量guesses和hits。下面首先来检查用户输入是否有效；如果有效，就将变量guesses加1。然后编写代码检查是否击中了战舰。

```
// 变量声明


while (isSunk == false) {
    guess = prompt("Ready, aim, fire! (enter a number from 0-6):");
    if (guess < 0 || guess > 6) {
        alert("Please enter a valid cell number!");
    } else {
        guesses = guesses + 1;
    }
}
```

核实猜测的位置是否是0~6，以检查用户输入的有效性。

如果输入无效，就使用alert向用户指出这一点。

如果输入有效，就将guesses加1，以记录用户猜测了多少次。

下面详细地介绍一下有效性测试。你知道要检查输入是否为0~6，但这个条件到底是如何测试这一点的呢？下面来详细解释。

这个条件的含义如下：如果用户的猜测小于0或大于6，这个条件就为true，此时输入是无效的。

$$\text{if (guess < 0 || guess > 6) \{}$$

这个条件实际上由两个测试组成，其中第一个测试检查guess是否小于0。

第二个测试检查guess是否大于6。

这是OR运算符，将两个测试合而为一，使得只要有一个测试为true，整个条件就为true。如果两个测试都为false，则整个条件为false；此时guess为0~6，意味着它是有效的。

世上没有愚蠢的问题

问： 我注意到函数prompt显示的对话框有一个取消按钮。如果用户单击该按钮，函数prompt将返回什么呢？

答： 如果用户单击这个对话框中的取消按钮，函数prompt将返回null（而不是一个字符串）。别忘了，null表示没有值；就这里而言，这是合适的，因为用户取消了而没有输入值。我们可以利用这一点，通过检查返回值是否为null来判断用户是否单击了取消按钮；如果单击了该按钮，就可以结束游戏。在这里的代码中，我们没有这样做，但请务必牢记这一点，因为本书后面可能这样做。

问： 你说过，函数prompt总是返回一个字符串。既然如此，我们怎么能将字符串（如"0"或"6"）同数字（如0或6）进行比较呢？

答： 在这种情况下，为了执行比较guess<0和guess>6，JavaScript将尝试把guess存储的字符串转换为数字。只要用户输入的是数字（如4），JavaScript就知道在必要时如何将字符串（如"4"）转换为数字。本书后面将更详细地介绍类型转换这一主题。

问： 如果用户在prompt对话框中输入的不是数字（如"six"或"quit"），结果将如何呢？

答： 在这种情况下，JavaScript无法将字符串转换为数字，进而将"six"或"quit"同6进行比较。这种比较的结果为false，导致计算机认为未击中战舰。在更健壮的战舰游戏版本中，我们将更详尽地检查用户输入，确保用户输入的是数字。

问： 使用OR运算符时，有一个条件为true或两个条件都为true时，整个条件就为true吗？

答： 是的，这两种情况都为true。使用OR运算符（||）时，如果有一个条件为true或两个条件都为true，则结果为true；如果两个条件都为false，则结果为false。

问： 有AND运算符吗？

答： 有！AND运算符（&&）的工作原理与OR运算符类似，但仅当两个测试都为true时，结果才为true。

问： 何为无限循环？

答： 问得好。无限循环是困扰程序员的众多问题之一。别忘了，循环必须包含条件测试，而只要循环测试为true，循环就继续。如果代码没有修改任何可导致条件测试最终变为false的因素，循环将不断进行下去，直到终止浏览器或重启计算机。

布尔运算符两分钟学习指南

布尔运算符用于结果为true或false的布尔表达式中。有两种布尔运算符：比较运算符和逻辑运算符。

比较运算符

比较运算符对两个值进行比较。下面是一些常见的比较运算符：

<	表示小于
>	表示大于
==	表示等于
===	表示正好等于（后面将详细介绍）
<=	表示小于或等于
>=	表示大于或等于
!=	表示不等于

逻辑运算符

逻辑运算符将两个布尔表达式合而为一，得到一个布尔结果（true或false）。下面是两个逻辑运算符：

||	表示OR（或）。只要至少有一个表达式为true，结果就为true。
&&	表示AND（与）。仅当两个表达式都为true时，结果才为true。

另一个逻辑运算符是NOT，它作用于一个布尔表达式（而不是两个）：

!	表示NOT（非）。仅当表达式为false时，结果才为true。

判断是否击中

这比较有趣：用户猜测战舰的位置，而我们需要判断他是否猜对了。具体地说，我们需要判断猜测的位置是否与战舰所处的单元格相同；如果相同，就将变量hits加1。

下面是击中检测代码的第一个版本，我们来详细解释它。

```
if (guess == location1) {
    hits = hits + 1;
} else  if (guess == location2) {
    hits = hits + 1;
} else if (guess == location3) {
    hits = hits + 1;
}
```

如果guess与location1相等，说明击中了战舰，因此将变量hits加1。

如果guess与location2相等，做同样的处理。

最后，如果guess与location3相等，也需要将变量hits加1。

如果上述三个条件都不满足，就不修改变量hits。

注意到我们在if/else代码块中使用了缩进。这让代码更容易理解，在有大量嵌套代码块时尤其如此。

磨笔上阵

你觉得这个版本的击中检测代码怎么样？是不是看起来比需要的复杂？我们重复代码的方式是否显得有些冗余？能够对其进行简化吗？你能够使用||运算符（布尔OR运算符）的知识简化这些代码吗？继续往下阅读前，务必查看本章末尾的答案。

添加击中检测代码

下面来将前几页的代码整合在一起。

// 变量声明

循环：只要战舰未被击沉
获取用户的猜测

将猜测次数**加**1

如果用户猜测的是战舰位置之一

将击中次数**加**1

```
while (isSunk == false) {
    guess = prompt("Ready, aim, fire! (enter a number from 0-6):");
    if (guess < 0 || guess > 6) {          ← 检查用户的猜测。
        alert("Please enter a valid cell number!");
    } else {
        guesses = guesses + 1;             用户的猜测是有效的，
                                           因此将猜测次数加01。

        if (guess == location1 || guess == location2 || guess == location3) {
            hits = hits + 1;
        }                                  如果用户猜测的是战舰位置之一，
                                           就将击中计数器加01。
    }
}
```

我们使用 || （OR）运算符将三个条件合而为一，并将其用于一条if语句中。这条语句的含义如下：如果guess等于location1、location2或location3，就将hits加01。

你击沉了我的战舰

就要大功告成了，整个游戏的逻辑都差不多完成了。再看一眼伪代码，现在需要做的是检查战舰是否被击中了三次。如果是，战舰就被击沉了，而如果战舰被击沉，就需要将isSunk设置为true，并将这一点告诉用户。下面来编写这样的代码，再将其整合到前面的代码中。

首先检查是否击中了三次。

再看一眼前面的循环。如果isSunk为true，结果将如何呢？

```
if (hits == 3) {
    isSunk = true;
    alert("You sank my battleship!");
}
```

如果击中了三次，就将isSunk设置为true。

同时让用户知道这一点！

进行游戏后分析

isSunk设置为true后，while循环就会结束。确实是这样，我们熟悉的程序就要停止执行while循环体了，不知不觉间游戏就要结束了。我们还需向用户显示一些有关其表现的统计信息，代码如下。

```
var stats = "You took " + guesses + " guesses to sink the battleship, " +
            "which means your shooting accuracy was " + (3/guesses);
alert(stats);
```

我们创建一个字符串，其中包含要向用户显示的消息，这包括用户猜测了多少次和射击精度。注意，为插入变量guesses并分散到多行中，这里使用拼接运算符（+）将多个部分合并成一个字符串。你现在只需按原样输入即可，稍后我们将更详细地解释这些代码。

下面将这些代码和击沉检测代码与其他代码整合起来。

```
// 变量声明

循环：只要战舰      while (isSunk == false) {
未被击沉              guess = prompt("Ready, aim, fire! (enter a number from 0-6):");
获取用户的猜测        if (guess < 0 || guess > 6) {
                         alert("Please enter a valid cell number!");
                     } else {
将猜测次数加1            guesses = guesses + 1;

如果用户猜测的           if (guess == location1 || guess == location2 || guess == location3) {
是战舰位置之一
将击中次数加1                hits = hits + 1;

如果击中了3次                if (hits == 3) {

将isSunk设置                    isSunk = true;
为true
向用户显示                      alert("You sank my battleship!");
You sank my                 }
battleship!               }
                      }
                  }

向用户显示统      var stats = "You took " + guesses + " guesses to sink the battleship, " +
计信息                        "which means your shooting accuracy was " + (3/guesses);
                  alert(stats);
```

前面说过，伪代码并非总是完美无缺的。实际上，伪代码遗漏了一些内容：没有指出用户的猜测对不对。你能将指出这一点的代码插入正确的地方吗？

这是你需要插入的代码。

```
// 变量声明

while (isSunk == false) {
    guess = prompt("Ready, aim, fire! (enter a number from 0-6):");
    if (guess < 0 || guess > 6) {
        alert("Please enter a valid cell number!");
    } else {
        guesses = guesses + 1;
        if (guess == location1 || guess == location2 || guess == location3) {
            hits = hits + 1;
            if (hits == 3) {
                isSunk = true;
                alert("You sank my battleship!");
            }
        }
    }
}
var stats = "You took " + guesses + " guesses to sink the battleship, " +
              "which means your shooting accuracy was " + (3/guesses);
alert(stats);
```

这里有很多右花括号。如果你无法确定它们各自对应于哪个左花括号，就在书上划线来确定这一点。

整合代码

完整的游戏逻辑

好了，我们现在将伪代码都转换为实际的JavaScript代码了，还发现并补全了伪代码遗漏的内容。下面是完整的JavaScript代码，请输入它们并存储到文件battleship.js中。

- ☑ 创建循环并获取用户的输入
- ☑ 检查用户的猜测
- ☑ 检查战舰是否被击沉
- ☑ 向用户显示统计信息

```javascript
var location1 = 3;
var location2 = 4;
var location3 = 5;
var guess;
var hits = 0;
var guesses = 0;
var isSunk = false;

while (isSunk == false) {
    guess = prompt("Ready, aim, fire! (enter a number from 0-6):");
    if (guess < 0 || guess > 6) {
        alert("Please enter a valid cell number!");
    } else {
        guesses = guesses + 1;

        if (guess == location1 || guess == location2 || guess == location3) {
            alert("HIT!");
            hits = hits + 1;
            if (hits == 3) {
                isSunk = true;
                alert("You sank my battleship!");
            }
        } else {
            alert("MISS");
        }
    }
}
var stats = "You took " + guesses + " guesses to sink the battleship, " +
            "which means your shooting accuracy was " + (3/guesses);
alert(stats);
```

一点点质量保证

质量保证（quality assurance，QA）是指对软件进行测试以找出其中的缺陷。下面来对这些代码做简单的测试。准备就绪后，在浏览器中加载battleship.html，并开始游戏。尝试各种不同的操作。程序能完美地运行还是出现了问题？如果出现了问题，请在右边列出它们。下面是我们的测试情况。

QA记录

如果遇到不符合预期的情况或者发现可改进的地方，都将它们粗略地记录下来。

下面是我们与游戏交互的情况。

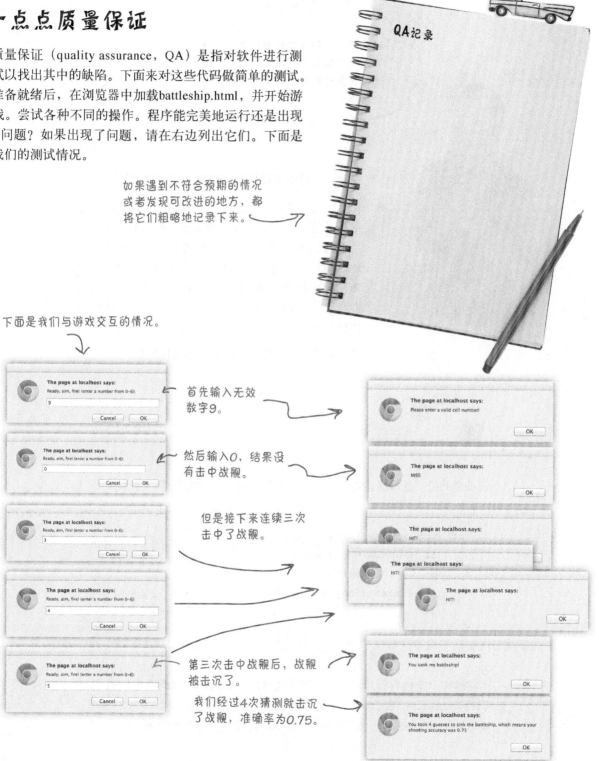

首先输入无效数字9。

然后输入0，结果没有击中战舰。

但是接下来连续三次击中了战舰。

第三次击中战舰后，战舰被击沉了。

我们经过4次猜测就击沉了战舰，准确率为0.75。

对我来说，除布尔运算符外，游戏的逻辑非常清晰。布尔运算符只是让我能够将多个条件合而为一吗？

布尔运算符能够让你编写更复杂的逻辑语句。

你见过很多条件，知道如何进行测试了，如判断温度是否超过32℃，或判断表示商品库存情况的变量是否为true。然而，有时候需要测试更复杂的条件，例如：判断一个值是否大于32且小于100；判断一款商品是否有库存且在促销；判断一款商品是否在周二向VIP顾客促销。正如你看到的，这些条件很复杂。

下面来深入地了解布尔运算符的工作原理。

假设要判断一款商品是否有库存且在促销，可这样编写代码。

首先，检查这款商品是否有库存。

```
if (inStock == true) {
    if (onSale == true) {
        // 好像很划算!
        alert("buy buy buy!");
    }
}
```

如果有库存，再检查它是否在促销。

如果在促销，就采取相应的措施，如买一些!

请注意，仅当两个条件都满足时，才会执行这行代码!

可将这两个条件合而为一，以简化上述代码。在简单战舰游戏中，我们检查guess<0或guess>6；而这里我们要判断的是：inStock为true且onSale为true。下面来看看如何将这两个条件合而为一。

这是AND运算符。使用AND时，仅当两
部分都为true时，整个条件才为true。

```
if (inStock == true  &&  onSale == true) {
        // 好像很划算!
        alert("buy buy buy!");
}
```

这里的代码不仅更简洁，还更容易
理解。只要将这些代码与前一页的
代码进行比较，你就能看出来。

我们还可以更进一步，以多种方式组合使用不同的布尔运算符：

这里在一个条件表达式中同时使用了AND和OR运算符。这个条件表达式的含义
如下：如果一款商品有库存，且这款商品在促销或价格低于60，就买下它。

```
if (inStock == true  &&  (onSale == true || price < 60)) {
        // 好像很划算!
        alert("buy buy buy!");
}
```

注意到这里使用括号对条件进行了编组，旨在先获
得OR运算的结果，再根据它计算AND运算的结果。

磨笔上阵

下面是一系列需要计算结果的布尔表达式。请在空白处填写你的计算结果，并查看本章末尾的答案，再继续
往下阅读。

```
var temp = 81;
var willRain = true;
var humid = (temp > 80 && willRain == true);
```

humid的值是什么? ____

```
var guess = 6;
var isValid = (guess >= 0 && guess <= 6);
```

isValid的值是什么? ____

```
var kB = 1287;
var tooBig = (kB > 1000);
var urgent = true;
var sendFile =
    (urgent == true || tooBig == false);
```

sendFile的值是什么? ____

```
var keyPressed = "N";
var points = 142;
var level;
if (keyPressed == "Y" ||
    (points > 100 && points < 200)) {
  level = 2;
} else {
  level = 1;
}
```

level的值是什么? ____

Bob和Bill都是会计，他们要为公司网站开发一个价格检查应用程序。他们都使用布尔表达式编写了if/else语句，而且信心满满，认为自己编写的代码正确无误。哪个会计编写的代码是正确的呢？这两个会计适合从事编码工作吗？请给出你的答案，再查看本章末尾的答案，然后继续往下阅读。

```javascript
if (price < 200 || price > 600) {
    alert("Price is too low or too high! Don't buy the gadget.");
} else {
    alert("Price is right! Buy the gadget.");
}
```

```javascript
if (price >= 200 || price <= 600) {
    alert("Price is right! Buy the gadget.");
} else {
    alert("Price is too low or too high! Don't buy the gadget.");
}
```

Bob ↗

Bill ↗

别这么啰嗦好不好

我真不知道怎么说好，你在指定条件时一直都比较啰嗦。这是什么意思呢？
请看下面的条件：

指定条件时，我们通常将布尔
变量与true或false进行比较。

```
if      (inStock  ==  true) {
   ...
}
```

可inStock就是一个值为true
或false的布尔变量。

实际上，这样做有点多余。指定条件时，根本目标是确保其值为true或false，可布尔变量inStock
就是这样的值。因此，不需要将这个变量与任何值进行比较，可以直接使用它。换句话说，可将前面
的代码修改成下面这样：

```
if      (inStock) {
   ...
}
```

仅使用布尔变量本身时，只要该变量为true，
条件测试就为true，进而执行相应的代码块。

如果inStock为false，条件测试将
失败，进而跳过相应的代码块。

虽然有人认为比较啰嗦的原始版本更清晰地表达了其意图，但在实际代码中更常用的是简洁版。
另外，简洁版也更容易理解。

练习

下面两条语句都根据变量onSale和inStock来计算变量buyIt的值。请根据变
量inStock和onSale的各种可能取值，确定这两条语句计算得到的buyIt值。
哪条语句导致buyIt的值为true的可能性更大呢？

```
var buyIt = (inStock || onSale);
```

onSale	inStock	buyIt	buyIt
true	true		
true	false		
false	true		
false	false		

```
var buyIt = (inStock && onSale);
```

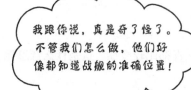

完善简单的战舰游戏

还有一个小问题需要处理，因为当前你以硬编码的方式指定战舰的位置：每次玩游戏时，战舰都位于单元格3~5处。对测试而言，这没有任何问题，但为让游戏更有趣，必须随机地指定战舰的位置。

下面来想想，在包含7个单元格的一维网格中，如何正确地放置战舰呢？我们需要一个起始位置，它让我们能够将战舰放置到相连的三个单元格中，这意味着起始位置必须是0~4。

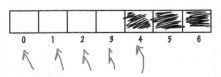

起始位置可以是0、1、2、3或4，这样余下的空间才能容纳占据三个单元格的战舰。

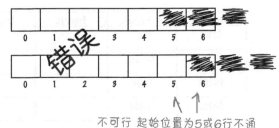

不可行 起始位置为5或6行不通

如何随机地指定位置

确定起始位置（0～4）后，就可使用它和接下来的两个单元格来
放置战舰。

```
var location1 = randomLoc;
var location2 = location1 + 1;
var location3 = location2 + 1;
```

使用随机位置和接下
来的两个单元格。

那么如何生成随机数呢？这需要求助于JavaScript内置函数。具
体地说，JavaScript有很多内置的数学函数，其中有两个可用于生
成随机数。内置函数和一般意义的函数将在本书后面更详细地介
绍。就现在而言，我们将直接使用这些函数来完成任务。

举世闻名的随机数生产配方

我们先来看函数Math.random。通过调用这个函数，可获得一
个随机的小数：

Math.random包含在
标准JavaScript中，
它返回一个随机数。

变量randomLoc。我们想要将一
个0～4的数字赋给这个变量。

```
var randomLoc = Math.random();
```

唯一的问题是，它返回的是0～1（不包括1）
的小数，如0.128、0.830、0.9、0.42，因此
我们需要想办法将其转换为0～4的随机数。

我们需要的是0～4的整数（即0、1、2、3或4），而不是小数（如0.34）。
为此，可将Math.random返回的数字乘以5，以获得更接近目标的数字。下
面的代码说明了这一点：

如果将随机数乘以5，将得到一个0~5（不包括5）的数字，如0.139 83、4.231、2.3451或4.999。

```
var randomLoc = Math.random() * 5;
```

别忘了，*表示乘法运算。

这更接近目标了！现在需要做的是，将小数部分删除，得到一个整数。为此，可使用另一个数学函数——Math.floor：

我们可以使用Math.floor将数字向下圆整为最接近的整数。

```
var randomLoc = Math.floor(Math.random() * 5);
```

例如，这将把0.139 83转换为0，把2.34转换为2，把4.999转换为4。

世上没有 愚蠢的问题

问：我们要生成一个0~4的数字，为何在代码中乘以5（如Math.floor(Math.random() * 5)）呢？

答：问得好。首先，Math.random生成0~1（不包括1）的数字。因此使用Math.random可生成的最大数字为0.999…，乘以5后，可得到的最大数字为4.999…。Math.floor总是向下圆整，即将1.2圆整为1，将1.999也圆整为1。如果我们生成0~5（不包括5）的数字，圆整后将为0~4。这并非唯一的做法，其他语言中的做法通常也不同，但在JavaScript代码中，这是最常见的做法。

问：这么说，如果要生成0~100（包括100）的随机数，就可使用代码Math.floor(Math.random() * 101)了？

答：完全正确！通过乘以101，再使用Math.floor向下圆整，可确保结果最大为100。

问：Math.random()中的括号是做什么用的？

答：调用函数时都需要使用括号。有时候需要给函数传递值，如使用alert显示消息时；而有时候不需要这样做，如使用函数Math.random时。然而，只要调用函数（无论是内置函数还是非内置函数），都需要使用括号。现在不要操心这一点，下一章将介绍这些细节。

问：我编写的战舰游戏不能正确地运行：在网页中，除标题Play battleship外，什么都看不到。如何找出我在什么地方做错了呢？

答：这是控制台的用武之地。如果你犯了错，比如忘记用引号将字符串括起，JavaScript通常会指出程序的语法不正确，还可能指出问题出在哪一行。然而，有些错误更难发现。例如，如果你将isSunk = false错写成了isSunk == false，JavaScript将不会显示任何错误消息，但代码不会像期望的那样运行。对于这种错误，可尝试在代码的各个地方使用console.log来显示变量的值，看看能不能找出错误。

再来一点点质量保证

需要的全部代码都编写好了。下面使用它们来替换原来的位置指定代码，如下所示。然后进行几次测试运行，看看你能以多快的速度击沉战舰。

```
var randomLoc = Math.floor(Math.random() * 5);
var location1 = randomLoc;
var location2 = location1 + 1;
var location3 = location2 + 1;
var guess;
var hits = 0;
var guesses = 0;
var isSunk = false;

while (isSunk == false) {
    guess = prompt("Ready, aim, fire! (enter a number from 0-6):");
    if (guess < 0 || guess > 6) {
        // 其他代码……
```

将原来的位置变量声明和赋值语句替换为这些新语句。

下面是我们进行的一次测试。随机指定战舰的位置后，游戏更有趣了，但我们依然获得了相当不错的得分。

我们第一次就击中了战舰。

第二次没有击中。

但接下来我们连续两次击中了战舰。

最终将战舰击沉了。

练习

等等，我们注意到好像有什么地方不对。提示：我们依次输入0、1、1和1时，结果不太对劲！你能找出其中的原因吗？

下面是我们的猜测过程。

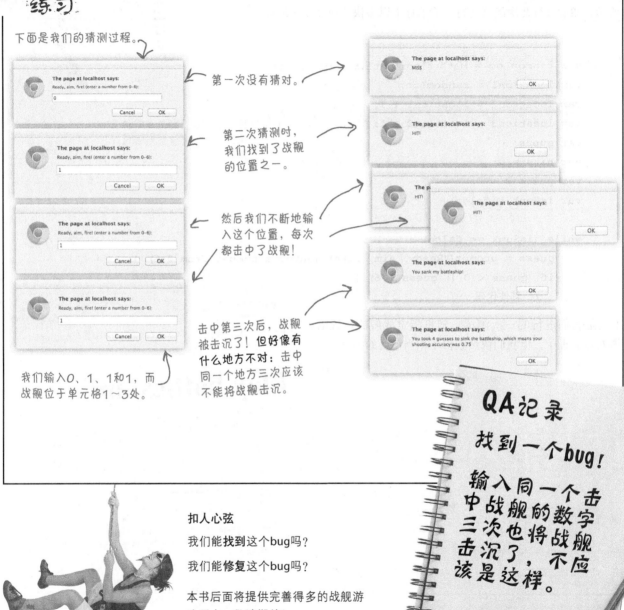

第一次没有猜对。

第二次猜测时，我们找到了战舰的位置之一。

然后我们不断地输入这个位置，每次都击中了战舰！

击中第三次后，战舰被击沉了！但好像有什么地方不对：击中同一个地方三次应该不能将战舰击沉。

我们输入0、1、1和1，而战舰位于单元格1~3处。

扣人心弦

我们能**找到**这个bug吗？

我们能**修复**这个bug吗？

本书后面将提供完善得多的战舰游戏版本，敬请期待！

现在看看你能想出办法将这个bug修复吗？

QA记录

找到一个bug！

输入同一个数字击中战舰三次也将战舰击沉了，不应该是这样。

说说代码重用

祝贺你编写了第一个真正的JavaScript程序。你可能注意到了，我们使用了几个**内置函数**，如alert、prompt、console.log和Math.random。这些函数让你能够弹出对话框、将输出写入控制台以及生成随机数，而你需要做的工作很少。这就像变魔术一样。这些内置函数是为你编写好的现成代码，你可根据需要反复使用，而使用时只需调用即可。

对于函数，需要学习的东西很多：如何调用它们，可给它们传递什么类型的值，等等。下一章将着手全面介绍这些主题，你也将学习如何创建自己的函数。

但进入下一章之前，还有一些要点需要复习，一个填字游戏需要完成。另外，别忘了睡个好觉，将本章的内容都消化消化。

要点

- 可使用流程图来指出决策点以及要采取的措施，从而大致描述JavaScript程序的逻辑。

- 编写程序前，最好使用伪代码粗略地描绘一下程序需要完成的任务。

- **伪代码**粗略地描绘了实际代码需要完成的任务。

- 有两类布尔运算符：比较运算符和逻辑运算符。用于表达式时，布尔运算符的结果为true或false。

- **比较运算符**对两个值进行比较，结果为true或false。例如，可像下面这样使用比较运算符<（小于运算符）：3 < 6。这个表达式的结果为true。

- **逻辑运算符**合并两个布尔值。例如，true ||

- false的结果为true，而true && false的结果为false。

- 可使用函数Math.random来生成0～1（包括0，但不包括1）的随机数。

- 函数Math.floor将小数向下圆整为最接近的整数。

- 使用Math.random和Math.floor时，**Math**中的M务必大写，不要小写。

- JavaScript函数prompt显示一个对话框，其中包含一条消息以及供用户输入值的空间。

- 在本章中，我们使用了prompt来获取用户输入，并使用了alert在浏览器中显示战舰游戏的结果。

JavaScript填字游戏

填字游戏对学习JavaScript有何帮助呢？头脑体操会将
JavaScript知识深深地烙印在你的脑海中！

横向

3. 用于获取用户输入的函数。

5. 用于随机地指定战舰位置的函数（句点之后部分）。

8. 记录战舰是否被击沉的变量的类型。

9. 未初始化的变量的值。

10. 在布尔运算符的两种可能结果中，除true外的另一种结果。

11. while和if语句都使用的测试。

纵向

1. 如果你擅长测试程序，可能想成为什么保证方面的专家？

2. 用于检查两个值是否相等的==所属的布尔运算符类型。

3. 一种帮助你理解程序将如何运行的代码。

4. 要让AND运算符（&&）的结果为true，条件的两部分都必须是什么值？

6. 运算符OR（||）和AND（&&）所属的布尔运算符类型。

7. alert和prompt等都属于JavaScript的内置什么（复数形式）？

10. 要让OR运算符（||）的结果为false，条件的两部分都必须是什么值？

假设我们的虚拟网格类似于下面这样：

并像下面这样使用了位置变量来指出战舰的位置：

```
location1 = 3;

location2 = 4;

location3 = 5;
```

而用户的输入序列如下：

```
1, 4, 2, 3, 5
```

在给定上述用户输入的情况下，前一页的伪代码将如何执行呢？请将你认为的结果写在下面。我们指出了开始时的情况。答案如下：

location1	location2	location 3	guess	guesses	hits	isSunk
3	4	5	——	0	0	false
3	4	5	1	1	0	false
3	4	5	4	2	1	false
3	4	5	2	3	1	false
3	4	5	3	4	2	false
3	4	5	5	5	3	true

下面两条语句都根据变量onSale和inStock来计算变量buyIt的值。请根据变量inStock和onSale的各种可能取值，确定这两条语句计算得到的buyIt值。哪条语句导致buyIt的值为true的可能性更大呢？使用OR运算符（||）的那条！

```
var buyIt = (inStock || onSale);
```

onSale	inStock	buyIt	buyIt
true	true	true	true
true	false	true	false
false	true	true	false
false	false	false	false

```
var buyIt = (inStock && onSale);
```

磨笔上阵答案

下面是一系列需要计算结果的布尔表达式，请在空白处填写你的计算结果。答案如下：

```
var temp = 81;
var willRain = true;
var humid = (temp > 80 && willRain == true);
```
humid的值是什么？ __true__

```
var guess = 6;
var isValid = (guess >= 0 && guess <= 6);
```
isValid的值是什么？ __true__

```
var kB = 1287;
var tooBig = (kB > 1000);
var urgent = true;
var sendFile =
    (urgent == true || tooBig == false);
```
sendFile的值是什么？ __true__

```
var keyPressed = "N";
var points = 142;
var level;
if (keyPressed == "Y" ||
    (points > 100 && points < 200)) {
    level = 2;
} else {
    level = 1;
}
```
level的值是什么？ __2__

Bob和Bill都是会计，他们要为公司网站开发一个价格检查应用程序。他们都使用布尔表达式编写了`if/else`语句，而且都信心满满，认为自己编写的代码正确无误。哪个会计编写的代码是正确的呢？这两个会计适合从事编码工作吗？答案如下。

Bob

```
if (price < 200 || price > 600) {
    alert("Price is too low or too high! Don't buy the gadget.");
} else {
    alert("Price is right! Buy the gadget.");
}
```

Bill

```
if (price >= 200 || price <= 600) {
    alert("Price is right! Buy the gadget.");
} else {
    alert("Price is too low or too high! Don't buy the gadget.");
}
```

Bob的编码水平更高（可能会计工作也做得更好）。Bob的解决方案可行，但Bill的解决方案行不通。为什么呢？我们使用三个不同的价格（太低、太高和刚刚好）来检验Bob和Bill编写的条件，看看得到的结果是什么。

如果价格为100，则Bob编写的条件为true（因为100小于200；同时别忘了，使用OR运算符时，只要一个表达式为true，整个表达式就为true），因此使用alert显示不购买。

然而，Bill编写的条件也为true，因为价格小于或等于600，因此整个表达式为true，进而让用户购买，虽然价格太低了。

价格	Bob	Bill
100	true	true
	alert: Don't buy!	alert: Buy!
700	true	true
	alert: Don't buy!	alert: Buy!
400	false	true
	alert: Buy!	alert: Buy!

上述结果表明，不管价格如何，Bill编写的条件总是为true。因此他编写的代码总是让用户购买！Bill还是安心地做会计吧。

前面说过，伪代码并非总是完美无缺的。实际上，伪代码遗漏了一些内容：没有指出用户的猜测对不对。你能将指出这一点的代码插入正确的地方吗？答案如下。

```
// 变量声明

while (isSunk == false) {
    guess = prompt("Ready, aim, fire! (enter a number from 0-6):");
    if (guess < 0 || guess > 6) {
        alert("Please enter a valid cell number!");
    } else {
        guesses = guesses + 1;
        if (guess == location1 || guess == location2 || guess == location3)
{
            alert("HIT!");
            hits = hits + 1;
            if (hits == 3) {
                isSunk = true;
                alert("You sank my battleship!");
            }
        } else {
            alert("MISS");
        }
    }
}
var stats = "You took " + guesses + " guesses to sink the battleship, " +
            "which means your shooting accuracy was " + (3/guesses);
alert(stats);
```

你觉得这个版本的击中检测代码怎么样？是不是看起来比需要的复杂？我们重复代码的方式是否显得有些冗余？能够对其进行简化吗？你能够使用||运算符（布尔OR运算符）的知识简化这些代码吗？答案如下。

```
if (guess == location1) {          我们反复使用了相同的代码。

    hits = hits + 1;

} else  if (guess == location2) {   如果要调整hits的修改方式，就必须修改
                                    代码的三个地方。这常常是导致代码出现
    hits = hits + 1;                bug和问题的根源。

} else if (guess == location3) {

    hits = hits + 1;

}
```

不仅如此，这段代码还比需要的复杂。它更难理解，需要输入的代码更多。

通过使用OR运算符，可将所有的测试合而为一，使得在猜测的位置为loaction1、loaction2或loaction3时，if条件就为true，进而更新变量hits。

```
if (guess == location1 || guess == location2 || guess == location3) {

    hits = hits + 1;
                                除更容易理解外，是不
}                               是看起来也舒服得多？
```

另外，如果需要调整hits的修改方式，只需要在一个地方这样做，更不容易出错。

JavaScript填字游戏答案

填字游戏对学习JavaScript有何帮助呢？头脑体操会将这些知识
深深烙印在你的脑海中！答案如下。

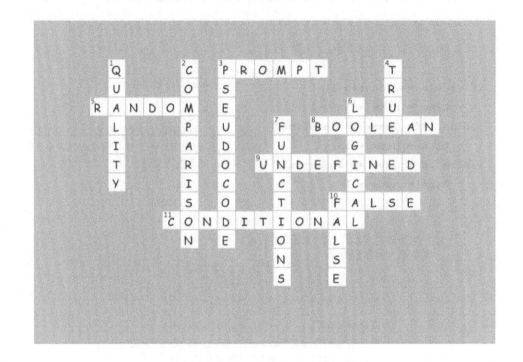

3 函数简介

养成函数思维

为使用你的第一个超级武器作好准备。你编写过一些代码，现在该使用函数来提高效率了。通过使用**函数**，你可编写适用于各种不同环境的代码。这些代码可反复重用且管理起来容易得多。你还可以将通用代码抽取出来，给它指定一个简单的名称，这样就能将复杂的东西抛诸脑后，将精力放在重要的内容上。你将发现，函数不仅是脚本编写人员通往程序员的大门，还是JavaScript编程风格的核心。本章介绍函数的基本知识：机制以及工作原理的方方面面。在本书余下的篇幅中，你将不断提高函数方面的技能。下面就来为此打下坚实的基础吧。

本书后面将更详细地介绍这个方面。

磨笔上阵

请简单地分析下面的代码。它给你什么样的感觉？请选择后面你认为合适的评价，你也可以写下自己的评价。

```javascript
var dogName = "rover";
var dogWeight = 23;
if (dogWeight > 20) {
    console.log(dogName + " says WOOF WOOF");
} else {
    console.log(dogName + " says woof woof");
}
dogName = "spot";
dogWeight = 13;
if (dogWeight > 20) {
    console.log(dogName + " says WOOF WOOF");
} else {
    console.log(dogName + " says woof woof");
}
dogName = "spike";
dogWeight = 53;
if (dogWeight > 20) {
    console.log(dogName + " says WOOF WOOF");
} else {
    console.log(dogName + " says woof woof");
}
dogName = "lady";
dogWeight = 17;
if (dogWeight > 20) {
    console.log(dogName + " says WOOF WOOF");
} else {
    console.log(dogName + " says woof woof");
}
```

☐ A. 重复的代码多得不得了。

☐ C. 输入起来很繁琐！

☐ B. 如果要修改输出的显示方式或添加其他小狗属性，将需要做大量重复的工作。

☐ D. 可读性不佳。

☐ E. _____

这些代码到底有什么问题呢

正如你看到的，有些代码被**反复使用**。这有什么问题吗？从表面上看，什么问题都没有，毕竟它们能够正确地运行，不是吗？下面来深入研究这些代码。

```javascript
var dogName = "rover";
var dogWeight = 23;
if (dogWeight > 20) {
    console.log(dogName + " says WOOF WOOF");
} else {
    console.log(dogName + " says woof woof");
}

  ...

dogName = "lady";
dogWeight = 17;
if (dogWeight > 20) {
    console.log(dogName + " says WOOF WOOF");
} else {
    console.log(dogName + " says woof woof");
}
```

将小狗的体重与20进行比较，如果超过了20，就发出较大的叫声；否则就发出较小的叫声。

这些代码与前面完全相同。在后面，这些代码还反复出现了很多次。

```javascript
dogName = "spike";
dogWeight = 53;
if (dogWeight > 20) {
    console.log(dogName + " says WOOF WOOF");
} else {
    console.log(dogName + " says woof woof");
}
dogName = "lady";
dogWeight = 17;
if (dogWeight > 20) {
    console.log(dogName + " says WOOF WOOF");
} else {
    console.log(dogName + " says woof woof");
}
```

诚然，这些代码看起来一点问题都没有，但编写起来很繁琐，阅读起来很痛苦，而且会在需要修改时带来麻烦。随着你的编程经验日益丰富，最后一个问题将更加明显：随着时间的推移，所有的代码都需要修改，而上面的代码是你迟早要面对的噩梦，因为你在其中反复编写了同样的逻辑。如果需要修改这种逻辑，就必须修改多个地方。另外，程序越大，需要修改的地方就会越多，因此犯错的可能性也就越大。我们应该做的是，想办法将这样的代码提取出来，放在一个地方，以便需要时可轻松地重用（reuse）它们。

考考你的脑力

如何改进这些代码呢？花几分钟想出几种可能的解决方案。JavaScript提供了可助你一臂之力的特性吗？

如果能够找到一种代码重用办法，使得需要时能够直接使用（而不用重复输入），可以给代码指定好记的名称以方便记忆，并在修改时只需修改一个地方（而不是很多地方），那就太好了。但我知道这不过是白日做梦。

以前提到过函数吗

来认识一下**函数**。JavaScript函数让你能够给一系列代码指定名称，以便需要时反复使用它们。这好像正是我们需要的药方。

假设你要编写一些反复"发出叫声"的代码：在小狗较大时发出较大的叫声（显示大写的WOOF WOOF），而小狗较小时发出较小的叫声（显示小写的woof woof）。之后需要在代码中多次使用这种发出叫声的功能。下面来编写一个可反复使用的bark函数。

接下来指定函数名，to bark。

函数定义以关键字function打头。

使用这个函数时，我们将给它提供两项信息：小狗的名字和体重。

这些信息被称为函数的*形参*，我们将它们放在函数名后面的括号内。

```javascript
function bark(name, weight) {

}
```

接下来将编写一些代码，这些代码将在我们使用函数时被执行。

这些代码被称为*函数体*，它包括{和}之间的所有内容。

现在需要给这个函数编写代码，用来检查小狗的体重，并输出相应的叫声。

首先需要检查体重。

注意到在代码中使用了与函数形参同名的变量。

```javascript
function bark(name, weight) {
  if (weight > 20) {
    console.log(name + " says WOOF WOOF");
  } else {
    console.log(name + " says woof woof");
  }
}
```

然后输出小狗的名字和WOOF WOOF或woof woof。

至此，你编写了一个可在代码中反复使用的函数。下面来看看其工作原理。

函数到底是如何工作的呢

先来重新编写前面的代码，在其中使用新定义的函数bark。

```
function bark(name, weight) {
    if (weight > 20) {
        console.log(name + " says WOOF WOOF");
    } else {
        console.log(name + " says woof woof");
    }
}

bark("rover", 23);
bark("spot", 13);
bark("spike", 53);
bark("lady", 17);
```

这很好，所有的代码逻辑都放在一个地方。

现在只需调用函数bark几次，并将小狗的名字和体重传递给它即可。

代码简单得多了！

哇，代码少多了，而且对需要修改这些代码的同事来说，也容易理解多了。另外，所有逻辑都放在了一个方便的地方。

这很好，但这些代码是如何协同工作的呢？下面来详细解读。

首先，我们定义了函数。

我们在代码开头定义了函数bark。浏览器读取这些代码时，发现这是一个函数，进而查看函数体中的语句。浏览器知道，不应马上执行这个函数的语句，而要等到在代码的其他地方调用了这个函数时再执行它们。

另外，注意到函数是**参数化**的，这意味着它被调用时将接受小狗的名字和体重。这让你能够针对任意数量的小狗调用这个函数。每次调用时，都将对传入的名字和体重应用指定的逻辑。

这些是<u>形参</u>，将在调用函数时给它们赋值。

```
function bark(name, weight) {
    if (weight > 20) {
        console.log(name + " says WOOF WOOF");
    } else {
        console.log(name + " says woof woof");
    }
}
```

函数内的所有代码都属于<u>函数体</u>。

下面来调用这个函数。

要调用函数，只需依次指定函数名、左括号、需要传入的值（用逗号分隔）和右括号。括号内的值被称为实参，就函数bark而言，需要指定两个实参：狗的名字和体重。

下面是调用的具体方法。

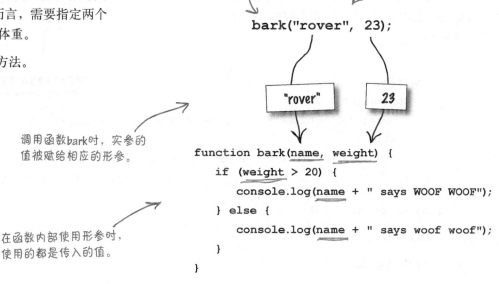

函数名。

这里传入了两个实参：名字和体重。

bark("rover", 23);

"rover"   23

调用函数bark时，实参的值被赋给相应的形参。

```
function bark(name, weight) {
    if (weight > 20) {
        console.log(name + " says WOOF WOOF");
    } else {
        console.log(name + " says woof woof");
    }
}
```

在函数内部使用形参时，使用的都是传入的值。

调用函数后，函数体将完成所有的工作。

知道每个形参的值（如name的值为"rover"，而weight的值为23）后，就可以执行函数体了。

就像我们在前面编写的所有代码一样，函数体中的语句也是按从上到下的顺序执行的。唯一的差别是，将传给函数的实参的值赋给了形参name和weight。

将实参的值赋给形参后，执行函数体中的语句。

```
function bark(name, weight) {
    if (   23    > 20) {
        console.log( "rover"  + " says WOOF WOOF");
    } else {
        console.log( "rover"  + " says woof woof");
    }
}
```

将传入的实参的值赋给形参，这些形参在函数体内就像变量一样。

函数执行完毕后……执行函数体的逻辑后（在这个示例中，Rover的体重为23磅，它发出较大的叫声——显示大写的WOOF WOOF），函数就执行完毕了。函数执行完毕后，将返回到调用函数bark的语句之后继续执行。

使用浏览器的开发工具来访问控制台，以便能够看到函数bark的输出。

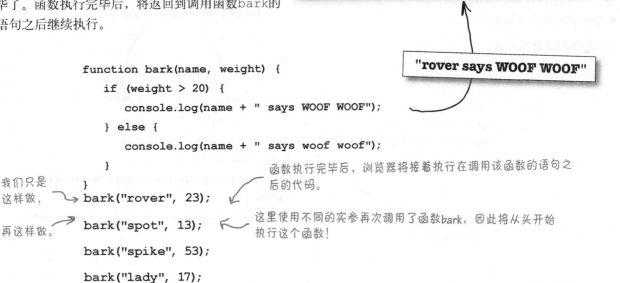

"rover says WOOF WOOF"

```
function bark(name, weight) {
    if (weight > 20) {
        console.log(name + " says WOOF WOOF");
    } else {
        console.log(name + " says woof woof");
    }
}
bark("rover", 23);

bark("spot", 13);

bark("spike", 53);

bark("lady", 17);
```

我们只是这样做，

再这样做。

函数执行完毕后，浏览器将接着执行在调用该函数的语句之后的代码。

这里使用不同的实参再次调用了函数bark，因此将从头开始执行这个函数！

磨笔上阵

下面是一些调用函数bark的代码。在每个调用旁边指出该调用是否会导致错误；如果不会，就写出其输出。继续往下阅读前，请查看本章末尾的答案。

```
bark("juno", 20);    _____
```
写出你认为将在控制台中显示的内容。

```
bark("scottie", -1);  _____
```

```
bark("dino", 0, 0);   _____
```
你知道这些调用的结果如何吗？

```
bark("fido", "20");   _____
```

```
bark("lady", 10);     _____
```

```
bark("bruno", 21);    _____
```

代码冰箱贴

冰箱上贴着一些被打乱的JavaScript代码。你能将这些代码重组为一个生成如下输出的程序吗？请注意，冰箱上的有些代码可能是多余的，也就是说你可能不会用到所有的冰箱贴。答案见本章末尾。

```
,          ,
      ,         ,
      }         }
      }     (
function    )      {
```

```
whatShallIWear(80);
```

```
else {
    console.log("Wear t-shirt");
}
```

```
whatShallIWear
```

```
else if (temp < 70) {
    console.log("Wear a sweater");
}
```

```
temperature
```

```
if (temp < 60) {
    console.log("Wear a jacket");
}
```

```
temp          whatShallIWear(60);
```

```
whatShallIWear(50);
```

```
JavaScript控制台
Wear a jacket
Wear a t-shirt
Wear a sweater
```

我们以这种方式
表示通用控制台。

起底函数

本周访谈：函数不为人知的一面

Head First：欢迎函数！我们将深入挖掘，给你来个全面曝光。

函数：很高兴接受访谈。

Head First：我们注意到，很多JavaScript新手对你不闻不问。他们直接动手编写代码，从上到下一行又一行，根本就不使用函数。你真的不可或缺吗？

函数：我可厉害了，这些新手错失了良机，真是太遗憾了。你可以这样看我：让你只需编写代码一次，就可反复重用它们。

Head First：恕我不恭，如果你只是让他们能够反复做同样的事情，是不是有点枯燥？

函数：不，函数是参数化的。换句话说，你每次使用函数时都传入实参，从而执行相关的计算。

Head First：比方说呢？

函数：假设你要向用户指出其购物车中商品的总价，可编写函数`computeShoppingCartTotal`。然后，你就可以将很多用户的购物车传递给这个函数，而它每次都将计算相应购物车中商品的总价。

Head First：既然你这么厉害，为何很多新手不用你？

函数：其实不是这样的，他们一直都在使用我：`alert`、`prompt`、`Math.random`、`document.write`。如果不使用函数，很难编写出有用的代码。不使用函数的新手并不多，这些新手只是不定义**自己的**函数而已。

Head First：`alert`和`prompt`是函数，这很好理解，但`Math.random`看起来不太像函数。

函数：`Math.random`也是函数，只是刚好关联到了新手用得不多的另一样东西——**对象**。

Head First：哦，是的，是对象。读者在本书后面将学习它们。

函数：那太好了，届时我就不用再费口舌了。

Head First：咱们来说说实参和形参吧，它们有点不太好理解。

函数：可以这么理解：在整个函数体中，每个形参都像变量一样。调用函数时，传入的每个值都将赋给相应的形参。

Head First：实参呢？

函数：它指的就是传递给函数的值，是函数调用的参数。

Head First：你看起来好像也没那么厉害。我是说你让我能够重用代码，还让我能够给形参传递值。如果仅此而已，我不觉得你有什么神秘的。

函数：这只是基本功能，还有很多其他的功能：我能够返回值，我能够将你的代码伪装成匿名的，我能够实现闭包，我还与对象关系紧密。

Head First：真的吗？！咱们能否再来一次访谈，专门谈谈这种关系？

函数：没问题。

可以向函数传递哪些东西

你调用函数时向它传递实参，这些实参对应于函数定义中的形参。
可通过实参传递任何JavaScript值，如字符串、布尔值或数字。

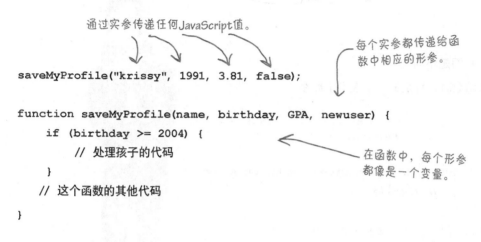

通过实参传递任何JavaScript值。

每个实参都传递给函数中相应的形参。

```
saveMyProfile("krissy", 1991, 3.81, false);


function saveMyProfile(name, birthday, GPA, newuser) {
    if (birthday >= 2004) {
        // 处理孩子的代码
    }
    // 这个函数的其他代码

}
```

在函数中，每个形参都像是一个变量。

还可以将变量作为实参传递，这种情况其实更常见。下面的函
数调用与前面的函数调用相同，但将变量用作实参。

```
var student = "krissy";
var year = 1991;
var GPA = 381/100;
var status = "existinguser";
var isNewUser = (status == "newuser");
saveMyProfile(student, year, GPA, isNewUser);
```

要传入的每个值都存储在变量中。调用函数时，将变量的值作为实参传入。

在这里，我们将变量student的值"krissy"作为实参传递给形参name。

我们还将变量作为其他实参。

还可以将表达式用作实参。

```
var student = "krissy";
var status = "existinguser";
var year = 1991;


saveMyProfile(student, year, 381/100, status == "newuser");
```

是的，将这些表达式用作实参也可行！

对于每个表达式，先计算它的值，再将值传递给函数。

可将数字表达式用作实参。

还可将布尔表达式用作实参，这会将false传递给函数。

> 我还是不太确定自己是否明白了形参和实参的差别，它们指的是同一样东西吗？

不，它们是不同的。

定义函数时，可**定义**一个或多个**形参**。

这里定义了三个形参：*degrees*、*mode* 和*duration*。

```
function cook(degrees, mode, duration) {
    // 你的代码
}
```

调用函数时，你使用**实参**进行**调用**。

```
cook(425.0, "bake", 45);
```

这些是实参。这里有三个实参：一个浮点数、一个字符串和一个整数。

```
cook(350.0, "broil", 10);
```

因此，形参只需定义一次，但你可能会多次调用函数，而且每次提供的实参可能不同。

考考你的脑力

下述代码的输出是什么？你确定吗？

```
function doIt(param) {
    param = 2;
}
var test = 1;
doIt(test);
console.log(test);
```

下面是一些JavaScript代码，其中包含变量、函数定义和函数调用。你的任务是找出所有的变量、函数、实参和形参，并将它们填在右边相应的方框中。继续往下阅读前，请查看本章末尾的答案。

```javascript
function dogYears(dogName, age) {
    var years = age * 7;
    console.log(dogName + " is " + years + " years old");
}
var myDog = "Fido";
dogYears(myDog, 4);

function makeTea(cups, tea) {
    console.log("Brewing " + cups + " cups of " + tea);
}
var guests = 3;
makeTea(guests, "Earl Grey");

function secret() {
    console.log("The secret of life is 42");
}
secret();

function speak(kind) {
    var defaultSound = "";
    if (kind == "dog") {
        alert("Woof");
    } else if (kind == "cat") {
        alert("Meow");
    } else {
        alert(defaultSound);
    }
}
var pet = prompt("Enter a type of pet: ");
speak(pet);
```

变量

函数

内置函数

实参

形参

JavaScript按值传递实参

这意味着传递的是实参的副本

明白JavaScript如何传递实参很重要。JavaScript**按值传递实参**（pass-by-value），这意味着把每个实参的值复制给形参。要了解这是如何传递的，来看一个简单的示例。

① 声明变量age，并将其初始化为7。

```
var age = 7;
```

② 声明函数addOne，它包含参数x，并将X的值加1。

```
function addOne(x) {
    x = x + 1;
}
```

③ 下面来调用函数addOne，并将变量age作为实参传递给它。age的值被复制给形参x。

```
addOne(age);
```

这是变量age的副本。

④ 现在x的值被加上了1。但别忘了，x是age的副本，因此只有x的值被加1，而age的值不变。

```
function addOne(x) {
    x = x + 1;
}
```

将x的值加1。

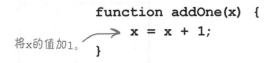

虽然x的值变了，但age的值设变。

在addOne中，x的值被加1。

该如何看待这个按值传递的问题呢？一方面，这似乎非常直观，另一方面，总觉得我好像遗漏了什么。

很高兴你考虑到了这一点。明白JavaScript如何给函数传递值很重要。一方面，这非常直观：向函数传递实参时，首先**复制其值**，再将这个值赋给相应的形参。另一方面，如果你不明白这一点，就可能对函数、实参和形参如何协同工作做出错误的假设。

按值传递的真正意义在于，在函数中修改形参的值时，**只会影响形参**，而不会影响传递给函数的变量。差不多就是这样。

当然，每种规则都有例外；本书后面将通过两章的篇幅介绍对象，届时我们再来讨论这个主题。请不要担心，只要对按值传递有深入的认识，就完全能够理解后面的讨论。

就目前而言，只需牢记由于实参是按值传递的，**在函数中处理形参时，其影响范围将限制在函数中**。这有点像拉斯维加斯[①]。

①上一句黑体部分原文为："Whatever happens to a parameter in the function, stays in the function." 套用拉斯维加斯的城市宣传语 "What happens in Vegas stays in Vegas."。——编者注

还记得这个"考考你的脑力"吗？理解按值传递后，你现在的想法是不是不同了。你第一次猜对了吗？

```javascript
function doIt(param) {
    param = 2;
}
var test = 1;
doIt(test);
console.log(test);
```

错误地调用函数

前面的函数调用都正确无误，但如果传递给函数的实参太多或不够，结果将如何呢？听起来好像很危险，咱们来看看。

实验1：如果传入的实参不够，结果将如何？

这样做好像很危险，但实际情况只是将没有相应实参的形参设置为未定义，如下所示：

```javascript
function makeTea(cups, tea) {
  console.log("Brewing " + cups + " cups of " + tea);
}
makeTea(3);
```

JavaScript控制台

Brewing 3 cups of undefined

注意到形参tea的值为undefined，这是因为我们没有给它传递值。

实验2：如果传递的实参太多，结果将如何？

在这种情况下，JavaScript将忽略多余的实参，如下所示：

```javascript
function makeTea(cups, tea) {
  console.log("Brewing " + cups + " cups of " + tea);
}
makeTea(3, "Earl Grey", "hey ma!", 42);
```

JavaScript控制台

Brewing 3 cups of Earl Grey

一点问题都没有。函数忽略多余的实参。

实际上，有办法确定传递的实参是否太多，但现在我们暂时不去管它。

实验3：没有形参时结果将如何？

不用担心，很多函数都没有形参！

```javascript
function barkAtTheMoon() {
  console.log("Woooooooooooooo!");
}
barkAtTheMoon();
```

JavaScript控制台

Woooooooooooooo!

函数还可返回值

你知道如何与函数通信，即知道如何向函数传递实参，但另一个方向呢？函数能够与你通信吗？咱们来看看return语句。

这是函数bake，它将烤箱温度（单位为度）作为参数。

```
function bake(degrees) {
    var message;

    if (degrees > 500) {
        message = "I'm not a nuclear reactor!";
    } else if (degrees < 100) {
        message = "I'm not a refrigerator!";
    } else {
        message = "That's a very comfortable temperature for me.";
        setMode("bake");
        setTemp(degrees);
    }
    return message;
}

var status = bake(350);
```

它根据形参degrees存储的温度值将一个变量设置为相应的字符串。

假设实际工作是由这些函数完成的，但这里暂时不考虑它们的细节。

我们关心的是这条return语句，它将message作为函数的结果返回。

这个函数被调用并返回时，作为结果返回的字符串将被赋给变量status。

在这个示例中，如果打印变量status，将发现它存储的是字符串"That's a very comfortable temperature for me."。请仔细研究这些代码，确认你明白为什么会这样！

我烤出美味饼干的最佳温度是350℃。请尝试使用其他的温度调用函数bake，再接着往下阅读。

详解包含return语句的函数的执行过程

至此，你知道了实参和形参的工作原理，还知道如何从函数返回值。下面来跟踪一个函数的完整执行过程，看看一路上的情况。请务必按顺序查看下面的步骤。

① 首先，我们声明了变量radius并将其初始化为5.2。

② 接下来，调用函数calculateArea，并将变量radius作为实参传递给它。

③ 这个实参的值被传递给形参r，而函数calculateArea开始执行，此时r的值为5.2。

④ 执行函数体。首先，声明了变量area，然后检查形参r的值是否小于或等于0。

⑤ 如果r <= 0，就从函数返回0，而函数也将停止执行。然而，我们传入的是5.2，因此不会执行这行代码。

⑥ 相反，将执行else子句。

⑦ 使用形参r的值5.2计算圆的面积。

⑧ 从函数返回面积值。这将停止执行函数，并返回指定的值。

⑨ 将函数返回的值存储在变量theArea中。

⑩ 接着执行下一行代码。

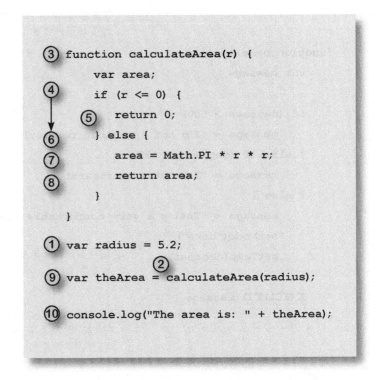

```javascript
③ function calculateArea(r) {
      var area;
④   if (r <= 0) {
⑤      return 0;
⑥   } else {
⑦      area = Math.PI * r * r;
⑧      return area;
      }
   }

① var radius = 5.2;
②
⑨ var theArea = calculateArea(radius);

⑩ console.log("The area is: " + theArea);
```

输出如下！

JavaScript控制台
The area is: 84.94866535306801

开发人员通常称之为"跟踪执行过程"或简称为"跟踪"。正如你看到的，调用函数和返回值时，执行流程可能会有跳跃。请慢慢地跟踪，一步一步来。

函数剖析

知道如何定义和调用函数后，咱们来透彻地解释相关的语法。下面全面地剖析了函数的各个组成部分：

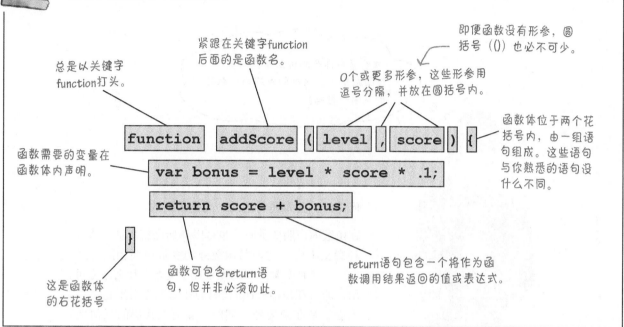

紧跟在关键字function后面的是函数名。

即便函数没有形参，圆括号（()）也必不可少。

总是以关键字function打头。

0个或更多形参，这些形参用逗号分隔，并放在圆括号内。

函数体位于两个花括号内，由一组语句组成。这些语句与你熟悉的语句没什么不同。

函数需要的变量在函数体内声明。

```
function addScore ( level , score ) {
    var bonus = level * score * .1;
    return score + bonus;
}
```

这是函数体的右花括号。

函数可包含return语句，但并非必须如此。

return语句包含一个将作为函数调用结果返回的值或表达式。

世上没有 愚蠢的问题

问： 如果实参的顺序不对，将错误的实参传递给了形参，结果将如何？

答： 很难说，但几乎可以肯定，这要么导致代码不正确，要么导致运行阶段错误。务必仔细查看函数的形参，以确定函数要求传入哪些实参。

问： 形参名前为何没有关键字var？形参不是一个新变量吗？

答： 形参实际上就是一个新变量，但这种变量的实例化工作都是由函数替你完成的，因此你不需要在形参名前指定关键字var。

问： 有哪些函数命名规则？

答： 函数命名规则与变量命名规则相同。与变量一样，应使用对你来说有意义的函数名，并指出函数的作用。你还可以在函数名中使用骆驼式拼写法（如camelCase）来组合多个单词。

问： 如果用作实参的变量与形参同名（如将它们都命名为x），结果将如何？

答： 即便实参和形参同名，如都为x，实参x也将为形参x的副本。因此它们是两个不同的变量，修改形参x的值不会导致实参x的值发生变化。

问： 如果函数没有return语句，它将返回什么？

答： 没有return语句的函数返回undefined。

我注意到你开始将变量声明放在函数中了。这样的声明与函数外的声明一样吗？

问得好。答案是肯定的，也是否定的。

在函数内声明变量时，也可以初始化新变量，从这种意义上说，它们与函数外的变量声明相同。然而，这两种变量声明的差别在于变量在什么地方可用，即可在JavaScript代码的什么地方引用它。如果变量是在函数外声明的，就可在代码的任何地方使用它；如果变量是在一个函数中声明的，就只能在这个函数中使用它。这被称为变量的**作用域**（scope）。作用域分两种：全局（global）和局部（local）。

我们需要谈谈你使用变量的方式。

全局变量和局部变量
一定要明白它们的差别，不然会露怯哟

你知道，可在JavaScript代码的任何地方使用关键字var
和名称来声明变量：

```
var avatar;
var levelThreshold = 1000;
```

这些是全局变量，在JavaScript代码的任何地方都可访问它们。

你看到了，还可在函数中声明变量：

```
function getScore(points) {
    var score;
    var i = 0;
    while (i < levelThreshold) {
        // 你的代码
        i = i + 1;
    }
    return score;
}
```

变量points、score和i都是在函数中声明的。

这些变量被称为局部变量，因为它们只在当前函数中可用。

虽然我们在函数中使用了变量levelThreshold，但它也是全局的，因为它是在函数外面声明的。

如果变量是在函数外声明的，它就是全局变量；如果变量是在函数中声明的，它就是局部变量。

这有什么关系吗？不都是变量吗？变量的声明位置决定了它在代码的哪些地方是可见的。熟悉这两种变量的工作原理不仅有助于你理解别人编写的代码，还有助于你编写出更易于维护的代码。

问个小问题。前面说过，应该
给变量指定有意义的名称，可刚才
你却使用了变量名i，其含义好像不
是很明确。

问得好。

将i用作迭代变量的做法历史悠久。这种约定始于空间有限的年代（如使用打孔卡编写代码的年代），那时使用简短的变量名有好处。当前，所有的程序员都知道这种约定。你还会经常看到这样使用j、k乃至x和y的做法。这是选择有意义的变量名这种最佳实践的为数不多的例外之一。

了解局部变量和全局变量的作用域

变量的定义位置决定了其**作用域**，即变量在代码的哪些地方可见，哪些地方不可见。咱们来看一个例子，其中有作用域为全局的变量，也有作用域为局部的变量。（别忘了，在函数外定义的变量的作用域为全局，而在函数中定义的变量的作用域为局部。）

```javascript
var avatar = "generic";
var skill = 1.0;
var pointsPerLevel = 1000;
var userPoints = 2008;

function getAvatar(points) {
    var level = points / pointsPerLevel;

    if (level == 0) {
        return "Teddy bear";
    } else if (level == 1) {
        return "Cat";
    } else if (level >= 2) {
        return "Gorilla";
    }
}

function updatePoints(bonus, newPoints) {
    var i = 0;
    while (i < bonus) {
        newPoints = newPoints + skill * bonus;
        i = i + 1;
    }
    return newPoints + userPoints;
}

userPoints = updatePoints(2, 100);
avatar = getAvatar(2112);
```

这4个变量的作用域是全局的。这意味着它们在后续所有代码中都是已定义且可见的。

请注意，如果你在网页中链接到了其他的脚本，它们将能够看到这些全局变量，而你也能看到它们的全局变量！

这里的变量level是局部变量，只在函数getAvatar中可见。这意味着只有这个函数能够访问变量level。

别忘了形参points，它也是一个局部变量，其作用域为函数getAvatar。

注意到函数getAvatar还使用了全局变量pointsPerLevel。

在函数updatePoints中，我们定义了局部变量i，它对函数updatePoints的所有代码来说都是可见的。

bonus和newPoints也是函数updatePoints的局部变量，而userPoints是全局变量。

在这些代码中，只能使用全局变量，无法访问函数中定义的任何局部变量，因为局部变量在全局作用域内不可见。

那个变量就在我身后，千真万确，可就在我转身的工夫，它就不见了。

短命的变量

如果你是变量，就努力拼搏吧，因为你的日子可能不多了。除非你是全局变量，否则情况就是这样的，但即便是全局变量，寿命也是有限的。是什么决定了变量的寿命呢？你可以这么认为。

全局变量的寿命与网页一样长。全局变量在JavaScript代码加载到网页之后降生，并在网页消失后死去。重新加载网页时，将销毁并重新创建所有的全局变量。

局部变量通常在函数结束时消失。局部变量是在函数被调用后创建的，并一直活到函数返回（无论函数是否返回值）。然而，在局部变量的大限到来前，可从函数返回它们的值。

这里说"通常"是因为有一些高级技巧，可稍微延长局部变量的寿命，但我们暂时不考虑这些。

从上面的介绍可知，变量的寿命不可能超过网页的寿命。如果你是局部变量，将来去匆匆；即便你足够幸运，是全局变量，最多也只能活到浏览器重新加载网页之时。

千万别忘了声明局部变量

如果你使用未声明的变量，它就会是全局的。这意味着即便你首次使用一个变量时是在函数内部（因为你想将其作为局部变量），这个变量也将是全局的，在函数外面也可用（这可能带来麻烦）。因此，对于局部变量，千万别忘了声明它们！

```javascript
function playTurn(player, location) {
    points = 0;
    if (location == 1) {
        points = points + 100;
    }
    return points;
}
var total = playTurn("Jai", 1);
alert(points);
```

使用变量points前，我们忘了使用关键字var声明它，因此它被自动视为全局变量。

这意味着可以在函数外面使用points！函数执行完毕后，这个变量并不会像你希望的那样消失。

上述代码与下面的代码等价：

由于你忘记使用关键字var，JavaScript认为你要将points作为全局变量，就像在全局作用域内声明了它一样。

```javascript
var points = 0;
function playTurn(player, location) {
    points = 0;
    if (location == 1) {
        points = points + 100;
    }
    return points;
}
var total = playTurn("Jai", 1);
alert(points);
```

忘记声明局部变量可能会带来麻烦——如果使用了同名的全局变量，这可能会修改并非你要修改的值。

使用未声明的变量时，它将自动被视为全局变量，即便你在函数中首次使用它亦如此。

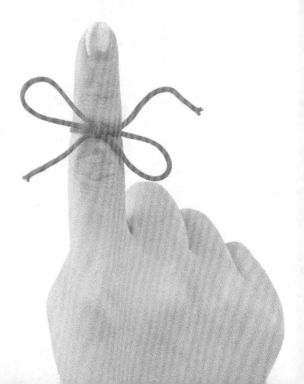

如果局部变量与全局变量同名，结果将如何？

它将"遮住"（shadow）全局变量。

这是什么意思呢？假设你定义了全局变量beanCounter，然后声明了如下函数：

```
var beanCounter = 10;

function getNumberOfItems(ordertype) {
    var beanCounter = 0;
    if (ordertype == "order") {
        // 对bean Counter做些什么
    }
    return beanCounter;
}
```

有一个名为 *beanCounter* 的全局变量，还有一个名为 *beanCounter* 的局部变量。

如果你这样做，每次在函数中使用**beanCounter**时，引用的都是局部变量，而不是全局变量。因此，我们说局部变量遮住了全局变量。换句话说，我们看不到全局变量，因为它被局部变量挡住了。

请注意，全局变量和局部变量不会相互影响：如果你修改其中的一个，对另一个不会有任何影响。它们是彼此独立的变量。

下面的JavaScript代码，包含一些变量、函数定义和函数调用。你的任务是找出所有的实参、形参、局部变量和全局变量，将它们填在右边相应的方框中，并圈出被遮住的变量。记得查看本章末尾的答案。

```javascript
var x = 32;
var y = 44;
var radius = 5;

var centerX = 0;
var centerY = 0;
var width = 600;
var height = 400;

function setup(width, height) {
    centerX = width/2;
    centerY = height/2;
}

function computeDistance(x1, y1, x2, y2) {
    var dx = x1 - x2;
    var dy = y1 - y2;
    var d2 = (dx * dx) + (dy * dy);
    var d = Math.sqrt(d2);
    return d;
}

function circleArea(r) {
    var area = Math.PI * r * r;
    return area;
}

setup(width, height);
var area = circleArea(radius);
var distance = computeDistance(x, y, centerX, centerY);
alert("Area: " + area);
alert("Distance: " + distance);
```

实参

形参

局部变量

全局变量

今晚主题：**全局变量和局部变量争论谁对程序来说更重要。**

全局变量

嘿，局部变量，我真不知道为什么要用你，因为我能满足程序员的所有变量需求。毕竟，我在什么地方都是可见的！

你必须承认，可将所有的局部变量替换为全局变量，同时确保函数完全像以前一样工作。

不一定会乱七八糟。程序员可在程序开头创建需要的所有变量，这样变量就都在一个地方了。

只要命名得当，就能够更轻松地记住变量。

确实是这样。但如果需要的所有值都存储在全局变量中，还需要实参和形参做什么呢？

局部变量

没错，但到处使用全局变量绝对是糟糕的编程风格。很多函数都需要局部变量，即只有它们自己能用的私有变量，而全局变量在什么地方都是可见的。

你这话说对也对，说不对也不对。如果特别小心，确实如此。但要做到那么谨慎很难，一不小心就会让函数使用其他函数用于其他目的的变量。这还会让程序乱七八糟，充斥着只有一个函数需要的全局变量。

调用需要变量（如x）的函数时，如果程序员不记得x以前被用于做什么，结果将如何呢？程序员必须查看所有的代码，看看是否在其他地方使用过x！这真是噩梦。

那形参呢？函数形参都是局部变量，就是想避也避不开。

看你说的。函数的根本目标在于让程序员能够重用代码，以便根据不同的输入计算不同的东西。

全局变量

但局部变量的寿命都很短，如昙花一现。

根本不使用全局变量？对JavaScript程序员来说，
全局变量就是中流砥柱！

看来我得喝一杯了。

局部变量

面对现实吧。除非万不得已，否则就应该使用
局部变量而不是全局变量，这是一种良好的编
程实践。全局变量会带来大麻烦。我见过一些
JavaScript程序基本上不使用全局变量！

对没有经验的程序员来说，确实如此。但程序员
在学会如何正确地组织代码，以确保正确性、提
高可维护性和遵循良好的编码风格后，就只会在
迫不得已的情况下使用全局变量。

让全局变量喝一杯？看来这个世界真是太危险了。

世上没有
愚蠢的问题

问：记住所有局部变量和全局变量的作用域很难，为何不始终使用全局变量？我一直都是这样做的。

答：如果你要编写的代码很复杂或需要长期维护，就必须小心地管理变量。如果大量创建全局变量，将难以跟踪都在什么地方使用了这些变量（以及在什么地方修改了它们的值），而这可能导致代码充斥bug。与人合作编写代码或使用第三方库时，避免这些问题就更为重要（编写良好的第三方库也会尽量避免这些问题）。

因此，可在合适的情况下使用全局变量，但要适度，并尽可能使用局部变量。获得更多JavaScript经验后，你就能使用其他代码组织技术，让代码更容易维护。

问：我在网页中使用了一些全局变量，同时加载了其他JavaScript文件。请问这些文件的全局变量是独立的吗？

答：只有一个全局作用域，因此加载的每个文件看到的变量都相同（它们创建的全局变量位于同一个空间内）。因此，避免使用的变量发生冲突（并尽可能少用甚至不用全局变量）至关重要。

问：如果形参与全局变量同名，它会遮住全局变量吗？

答：会。与在函数中声明了与全局变量同名的局部变量一样，如果使用了与全局变量同名的形参，该形参也会遮住相应的全局变量。只要在函数中不使用该全局变量，遮住它就没有什么关系，但最好使用注释对这一点进行说明，以免以后阅读代码时感到迷惑。

问：在浏览器中重新加载网页时，会重新初始化所有的全局变量吗？

答：是的。对变量而言，重新加载网页与首次加载网页一样。如果重新加载网页时正在执行代码，所有的局部变量也都会消失。

问：局部变量必须在函数开头声明吗？

答：与全局变量一样，可在函数中首次需要局部变量时声明它。然而，在函数开头声明局部变量是一种良好的编程实践，这样别人阅读你的代码时就能很容易找到这些声明，看一眼就知道函数使用了哪些变量。另外，推迟声明变量时，如果在函数体中原来预期的位置之前使用了它们，将可能导致意料之外的行为。JavaScript在函数开始执行时创建所有的局部变量，而不管这些变量是否已经声明（这被称为提升，后面将更详细地讨论），但变量在赋值前都是未定义的，这可能不符合你的初衷。

问：所有人都抱怨JavaScript过度使用全局变量。为什么会这样？是这门语言设计得太糟糕、大家没有意识到自己在过度使用全局变量，还是其他什么原因呢？我们该怎么办？

答：在JavaScript中，常常过度使用全局变量。部分原因是JavaScript对代码的结构要求不严，不需要规划就可直接编写代码，这其实是件好事。对于需要长期维护和修改的重要代码（所有的网页都属于这样的代码），这样编写的缺点就暴露出来了。虽然有这样或那样的缺点，但JavaScript是一门功能强大的语言，提供了对象等特性，让你能够以模块化的方式组织代码。很多图书都专门介绍了对象这一主题，本书第5章也会让你对其有大致的了解。

前面花了很大的篇幅讨论局部变量和全局变量，以及应该在什么地方声明它们，但未谈及该在什么地方声明函数。应将所有的函数都放在JavaScript文件开头吗？

实际上，可将函数放在JavaScript文件的任何地方。

JavaScript不在乎函数是在使用前还是使用后声明的。例如，请看下面的代码：

```javascript
var radius = 5;
var area = circleArea(radius);
alert(area);


function circleArea(r) {
    var a = Math.PI * r * r;
    return a;
}
```

注意到我们在定义函数circleArea前使用了它！

在上述代码中，函数circleArea实际上是在调用后才定义的。这到底是怎么回事呢？

这好像确实很奇怪，如果你还记得浏览器加载网页时就开始按从上到下的顺序执行文件的JavaScript代码，就更会觉得奇怪。然而，实际情况是，浏览器分两遍读取网页：第一遍读取所有的函数定义，第二遍开始执行代码。这让你可以将函数放在文件的任何地方。

函数练习

无名装置

无名装置（Thing-A-Ma-Jig）设计得非常巧妙，它能够发出叮当声（clank）、沉闷的金属声（clunk）和梆梆声（thunk）。它到底是做什么的呢？我们也说不清，但程序员宣称他们知道其中的工作原理。你能破解这些代码，找出其中的奥秘吗？

```javascript
function clunk(times) {
    var num = times;
    while (num > 0) {
        display("clunk");
        num = num - 1;
    }
}

function thingamajig(size) {
    var facky = 1;
    clunkCounter = 0;
    if (size == 0) {
        display("clank");
    } else if (size == 1) {
        display("thunk");
    } else {
        while (size > 1) {
            facky = facky * size;
            size = size - 1;
        }
        clunk(facky);
    }
}

function display(output) {
    console.log(output);
    clunkCounter = clunkCounter + 1;
}
var clunkCounter = 0;
thingamajig(5);
console.log(clunkCounter);
```

在这里列出你认为的输出！

JavaScript控制台

建议你向这台无名装置输入0、1、2、3、4、5等，看看能否明白它是做什么的。

Web镇代码卫生指南

在Web镇，大家喜欢保持整洁有序，为扩展做好准备。说到保持整洁有序，代码对这种需求十分迫切，但在组织变量和函数方面，JavaScript的要求太过宽松。有鉴于此，我们编写了这份简要的指南，向Web镇的新人提出了一些建议。该指南免费提供，拿一份吧。

在开头声明全局变量！

尽可能将全局变量都放在一起；如果将它们都放在开头，就很容易找到。你并非必须这样做，但如果将代码中用到的变量都放在开头，是不是更容易找到呢？

函数喜欢扎堆。

不完全是这样，它们实际上并不在乎，因为它们只是函数。但如果将函数放在一起，查找起来将容易得多。你知道，浏览器实际上首先在JavaScript代码中找出函数。因此你可以将函数放在文件开头，也可以放在文件末尾，但如果将它们都放在一个地方，你的工作将更轻松。在Web镇，大家通常将全局变量放在开头，再接着定义函数。

在函数开头声明局部变量。

将所有的局部变量声明都放在函数体开头，这样更容易找到它们，还能确保使用前正确地声明了它们。

就这些，愿你享受在Web镇的编码时光。

猜猜我是谁

一大拨JavaScript成员乔装打扮，正在玩一个"猜猜我是谁"的晚会游戏。你需要根据它们对自己的描述猜测它们的身份——假设它们描述自己时说的都是真话。请在下面的空白处填写每位成员的名字。

参与今晚游戏的成员有：

`function`、实参、`return`语句、作用域、局部变量、全局变量、按值传递、形参、函数调用、`Math.random`、内置函数、代码重用。

我被传递给函数。

_____

我向调用函数的代码返回值。

_____

我是最重要的关键字。

_____

我获得实参的值。

_____

我意味着创建副本。

_____

我在什么地方都可见。

_____

我是调用函数的近义词。

_____

我是一个与对象相关联的函数。

_____

我是`alert`和`prompt`所属的函数类别。

_____

我是函数最擅长实现的功能。

_____

我表示变量在什么地方可见。

_____

我所属的函数在，我就在。

_____

那个盗窃未遂案没必要调查

给成事不足的雷斯垂德警长打完电话，福尔摩斯在壁炉前坐下，接着看报纸。华生充满期待地看着他。

福尔摩斯头也不抬地说："干什么？"

华生问："雷斯垂德怎么说？"

"哦，他说他在银行账户中找到了可疑的流氓代码。"

"还有呢？"华生极力地掩饰自己的失望。

福尔摩斯说："雷斯垂德通过邮件把代码发给了我，我跟他说这个案件不用查了。罪犯犯了一个致命的错误，根本不可能把钱偷走。"

"你是怎么知道的？"华生问。

"要是你懂，这显而易见，"福尔摩斯气愤地说，"别再问我了，让我把这张报纸看完。"

福尔摩斯全神贯注地看着报纸，华生悄悄地瞄了一眼福尔摩斯的手机，打开雷斯垂德发来的邮件，并研究其中的代码。

这是银行账户的真正实际余额。

```
var balance = 10500;
var cameraOn = true;


function steal(balance, amount) {
    cameraOn = false;
    if (amount < balance) {
        balance = balance - amount;
    }
    return amount;
    cameraOn = true;
}


var amount = steal(balance, 1250);
alert("Criminal: you stole " + amount + "!");
```

福尔摩斯为何决定不调查这个案件？他怎么看一眼代码就知道罪犯根本就不可能把钱偷走？这些代码有什么问题吗？

要点

- 要声明函数，使用关键字function，并在它后面指定函数名。

- 将函数的所有**形参**都放在圆括号内；如果没有形参，就使用空圆括号。

- 将**函数体**放在花括号内。

- 函数体中的语句在你调用函数时执行。

- 要调用函数，指定函数名，并将实参传递给函数的形参（如果有形参的话）。

- 函数可使用return语句返回一个值。

- 函数为形参创建局部变量，并创建它需要使用的局部变量。

- 变量的作用域要么是**全局**的（在程序的任何地方都可见），要么是**局部**的（只在声明它的函数中可见）。

- 在函数体开头声明局部变量。

- 如果忘记使用var声明局部变量，它将是全局变量，这可能给程序带来意外的影响。

- 函数是一种很好的代码组织方式，它创建可重用的代码块。

- 可通过将实参传递给形参来自定义函数代码，还可使用不同的实参来获得不同的结果。

- 函数是一种减少乃至消除重复代码的极佳方式。

- 在程序中，可使用很多JavaScript内置函数（如alert、prompt和Math.random）来完成工作。

- 使用内置函数意味着使用既有代码，不需要你自己编写。

- 最好这样组织代码：将函数放在一起，并将所有全局变量都放在JavaScript文件的开头。

JavaScript填字游戏

在本章中，你养成了函数思维。现在请开动你的脑筋，完成下面的填字游戏。

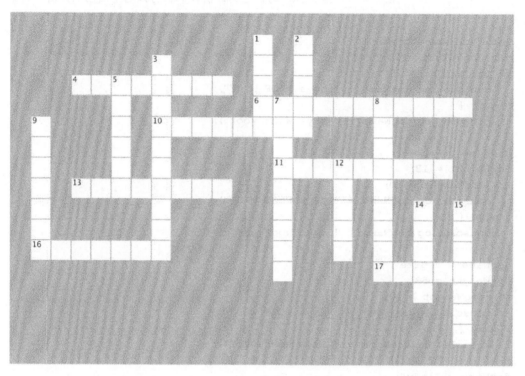

横向

4. 在函数体内，形参就像什么一样？

6. JavaScript向函数传递实参时采用的做法。

10. 可在JavaScript文件的哪些地方声明函数？

11. 没有return语句的函数返回的值。

13. 局部变量在什么返回时消失？

16. 如果你忘记了声明局部变量，它将被视为什么（复数形式）？

17. 局部变量会如何影响同名的全局变量？

纵向

1. 在任何地方都可见的变量拥有全局什么？

2. 使用函数可反复地对代码进行什么？

3. 传递给函数的实参将赋给的变量。

5. 用于从函数返回值的语句。

7. 传递给函数的东西。

8. 重新加载网页时，都将被重新初始化的东西。

9. 观察代码的逐行执行过程。

12. 华生通过福尔摩斯的手机中的什么查看了银行盗窃代码？

14. 应尽可能使用的变量类型。

15. 多余的实参将被函数怎么样？

磨笔上阵
答案

请简单地分析下面的代码。它给你什么样的感觉？请选择后面你认为合适的评价，你也可以写下自己的评价。答案如下。

```javascript
var dogName = "rover";
var dogWeight = 23;
if (dogWeight > 20) {
    console.log(dogName + " says WOOF WOOF");
} else {
    console.log(dogName + " says woof woof");
}
dogName = "spot";
dogWeight = 13;
if (dogWeight > 20) {
    console.log(dogName + " says WOOF WOOF");
} else {
    console.log(dogName + " says woof woof");
}
dogName = "spike";
dogWeight = 53;
if (dogWeight > 20) {
    console.log(dogName + " says WOOF WOOF");
} else {
    console.log(dogName + " says woof woof");
}
dogName = "lady";
dogWeight = 17;
if (dogWeight > 20) {
    console.log(dogName + " says WOOF WOOF");
} else {
    console.log(dogName + " says woof woof");
}
```

我们选择所有的评价。

A. 重复的代码多得不得了。

B. 如果要修改输出的显示方式或添加其他小狗属性，将需要做大量重复的工作。

C. 输入起来很繁琐！

D. 可读性不佳。

E. 看起来这位开发人员认为体重可能随时间变化。

下面是一些调用函数bark的代码。在每个调用旁边指出该调用是否会导致错误；如果不会，就写出其输出。答案如下。

bark("juno", 20);   *juno says woof woof*

bark("scottie", -1);   *scottie says woof woof*

bark函数没有通过检查来确认小狗的体重大于零；因此该调用显示上面的输出，因为−1小于20。

bark("dino", 0, 0);   *dino says woof woof*

函数bark忽略多余的参数0。体重为零不合理，但这个函数调用不会导致问题。

bark("fido", "20");   *fido says woof woof*

函数bark将字符串"20"与数字20进行比较，它不比20大，因此显示fido says woof woof。（本书后面将介绍JavaScript如何对"20"和20进行比较。）

bark("lady", 10);   *lady says woof woof*

bark("bruno", 21);   *bruno says WOOF WOOF*

代码冰箱贴答案

冰箱上贴着一些被打乱的JavaScript代码。你能将这些代码重组为一个生成如下输出的程序吗？请注意，冰箱上的有些代码可能是多余的，也就是说你可能不会用到所有的冰箱贴。答案如下。

```javascript
function whatShallIWear ( temp ) {
    if (temp < 60) {
        console.log("Wear a jacket");
    }
    else if (temp < 70) {
        console.log("Wear a sweater");
    }
    else {
        console.log("Wear t-shirt");
    }
}
whatShallIWear(50);
whatShallIWear(80);
whatShallIWear(60);
```

多出来的冰箱贴

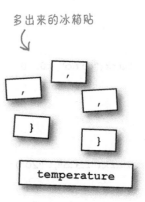

JavaScript控制台
Wear a jacket
Wear a t-shirt
Wear a sweater

练习答案

下面是一些JavaScript代码，其中包含变量、函数定义和函数调用。你的任务是找出所有的变量、函数、实参和形参，并将它们填在右边相应的方框中。答案如下。

```javascript
function dogYears(dogName, age) {
    var years = age * 7;
    console.log(dogName + " is " + years + " years old");
}
var myDog = "Fido";
dogYears(myDog, 4);


function makeTea(cups, tea) {
    console.log("Brewing " + cups + " cups of " + tea);
}
var guests = 3;
makeTea(guests, "Earl Grey");


function secret() {
    console.log("The secret of life is 42");
}
secret();


function speak(kind) {
    var defaultSound = "";
    if (kind == "dog") {
        alert("Woof");
    } else if (kind == "cat") {
        alert("Meow");
    } else {
        alert(defaultSound);
    }
}
var pet = prompt("Enter a type of pet: ");
speak(pet);
```

变量

myDog, guests, pet, years, defaultSound

函数

dogYears, makeTea, secret, speak,

内置函数

alert, console.log, prompt

实参

myDog, 4, guests, "Earl Grey", pet, plus all the string arguments to alert and console.log

形参

dogName, age, cups, tea, kind

下面的JavaScript代码包含一些变量、函数定义和函数调用。你的任务是找出所有的实参、形参、局部变量和全局变量，将它们填在右边相应的方框中，并圈出被遮住的变量。答案如下。

```javascript
var x = 32;
var y = 44;
var radius = 5;

var centerX = 0;
var centerY = 0;
var width = 600;
var height = 400;

function setup(width, height) {
    centerX = width/2;
    centerY = height/2;
}

function computeDistance(x1, y1, x2, y2) {
    var dx = x1 - x2;
    var dy = y1 - y2;
    var d2 = (dx * dx) + (dy * dy);
    var d = Math.sqrt(d2);
    return d;
}

function circleArea(r) {
    var area = Math.PI * r * r;
    return area;
}

setup(width, height);
var area = circleArea(radius);
var distance = computeDistance(x, y, centerX, centerY);
alert("Area: " + area);
alert("Distance: " + distance);
```

实参

width, height, radius, x, y, centerX, centerY, "Area: " + area, "Distance: " + distance

别忘了调用函数 *altert* 时传入的实参。

形参

width, height, x1, y1, x2, y2, r

局部变量

dx, dy, d2, d, (area)

局部变量area遮住了全局变量area。

全局变量

x, y, radius, centerX, centerY, width, height, area, distance

别忘了 area 和 distance，它们也是全局变量。

无名装置

无名装置（Thing-A-Ma-Jig）设计得非常巧妙，它能够发出叮当声（clank）、沉闷的金属声（clunk）和榔榔声（thunk）。它到底是做什么的呢？我们也说不清，但程序员宣称他们知道其中的工作原理。你能破解这些代码，找出其中的奥秘吗？

答案如下。

如果给函数thingamajig传递5，控制台将显示120次clunk（控制台可能简写为(120) clunk，如上所示），并在最后显示数字120。

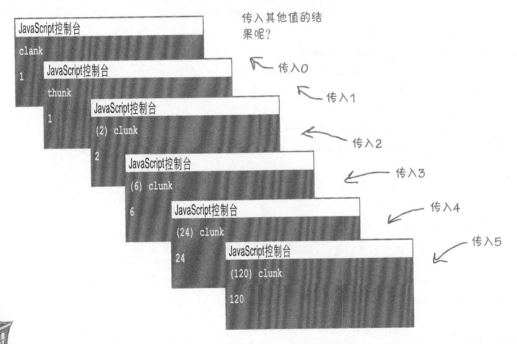

传入其他值的结果呢？

这些结果到底意味着什么呢？据说无名装置是好奇心极强的家伙发明的，他对重新排列单词着迷。你知道，对于单词DOG，可重新排列为GOD、OGD、DGO、GDO和ODG。因此，如果单词包含三个字母，无名装置将指出这些字母总共有6种不同的组合。对于单词mixes，其中的字母有120种不同的组合，真多！这些都是传闻，我们在这里认为这种无名装置计算的是数学上的阶乘！谁知道呢！

搜索"阶乘"了解更多信息！

你现在的位置 ▶ **121**

5分钟侦探 小说答案

福尔摩斯为何决定不调查这个案件？他怎么看一眼代码就知道罪犯根本就不可能把钱偷走？这些代码有什么问题吗？答案如下。

*balance*是一个全局变量。

```
var balance = 10500;
var cameraOn = true;

function steal(balance, amount) {
    cameraOn = false;
    if (amount < balance) {
        balance = balance - amount;
    }
    return amount;
    cameraOn = true;
}

var amount = steal(balance, 1250);
alert("Criminal: you stole " + amount + "!");
```

在函数steal中，它被这个形参遮住了。

因此，在函数steal中修改balance时，并不会改变银行账户的实际余额。

返回窃取的金额。

但没有根据它来修改账户的实际余额，因此银行账户的实际余额与原来一样。

罪犯以为得逞了，可实际上没有。

罪犯不但没有得逞，还忘记了将监控重新打开，给警察留下了有人实施犯罪的铁证。别忘了，从函数返回时，函数将停止执行，因此return语句后面的所有代码都将被忽略！

猜猜我是谁

答案

一大拨JavaScript成员乔装打扮，正在玩一个"猜猜我是谁"的晚会游戏。你需要根据它们对自己的描述猜测它们的身份——假设它们描述自己时说的都是真话。请在下面的空白处填写每位成员的名字。

参与今晚游戏的成员有：

function、实参、**return**语句、作用域、局部变量、全局变量、按值传递、形参、函数调用、**Math.random**、内置函数、代码重用。

我被传递给函数。	实参
我向调用函数的代码返回值。	return语句
我是最重要的关键字。	function
我获得实参的值。	形参
我意味着创建副本。	按值传递
我在什么地方都可见。	全局变量
我是调用函数的近义词。	函数调用
我是一个与对象相关联的函数。	Math.random
我是**alert**和**prompt**所属的函数类别。	内置函数
我是函数最擅长实现的功能。	代码重用
我表示变量在什么地方可见。	作用域
我所属的函数在，我就在。	局部变量

JavaScript填字游戏答案

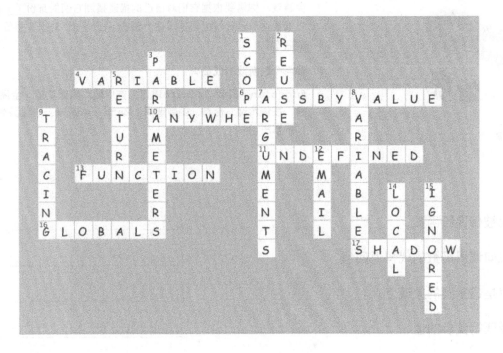

4 让数据排排坐

在JavaScript中，并非只有数字、字符串和布尔值。 前面编写 JavaScript代码时，使用的都是**基本类型**（简单字符串、数字和布尔值），如 "Fido"、23和true。使用基本类型可完成很多工作，但有时候必须处理**更 多数据**，如购物车中的所有商品、播放列表中的所有歌曲、一系列恒星及其 亮度或整个产品目录，为此，需要更强大的工具。对于这种按顺序排列的数 据，可使用JavaScript**数组**来存储。本章将介绍如何将数据加入数组、如何传 递数组以及如何操作数组。本书后面将介绍其他**组织数据**的方式，但现在先 从数组着手吧。

你能帮助泡泡玩具反斗城公司吗

来认识一下泡泡玩具反斗城（Bubbles-R-Us）公司。这家公司孜孜不倦地研究，旨在让泡泡魔棒和泡泡机能够吹出最好的泡泡。今天，公司要对多个新配方的"泡泡因子"进行测试，确定各个配方都能生成多少个泡泡。下面是得到的测试数据。

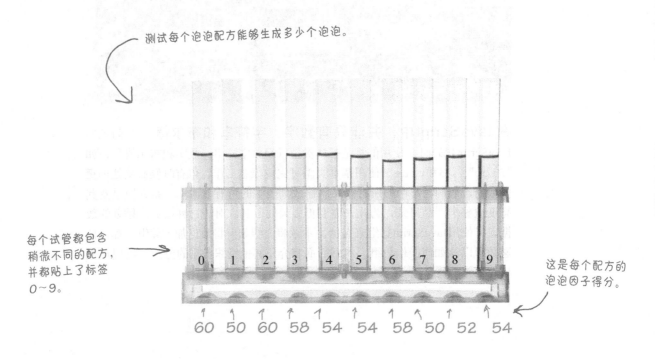

测试每个泡泡配方能够生成多少个泡泡。

每个试管都包含稍微不同的配方，并都贴上了标签0~9。

这是每个配方的泡泡因子得分。

60 50 60 58 54 54 58 50 52 54

当然，你应该将这些数据都输入JavaScript，以便能够编写代码来进行分析。但数据很多，如何编写处理这些数据的代码呢？

如何使用JavaScript表示多个值

你知道如何使用JavaScript来表示单个值，如字符串、数字和布尔值，但如何表示**多个值**（如10个配方的泡泡因子得分）呢？使用JavaScript**数组**。数组是一种可存储很多值的JavaScript数据类型。下面的JavaScript数组存储了所有的泡泡因子得分：

```
var scores = [60, 50, 60, 58, 54, 54, 58, 50, 52, 54];
```

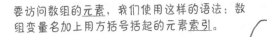

这里总共有10个值，它们组合在一起，存储在一个数组中，并被赋给变量scores。

可将所有这些值视为一个整体，也可在需要时访问其中的各个值，如下所示。

要访问数组的元素，我们使用这样的语法：数组变量名加上用方括号括起的元素索引。

请注意，数组的索引从0开始。因此，第一个配方为0号配方，其得分存储在scores[0]中；同理，第三个配方为2号配方，其得分存储在scores[2]中。

```
var solution2 = scores[2];
alert("Solution 2 produced " + solution2 + " bubbles.");
```

Solution 2 produced 60 bubbles.

OK

我的2号配方绝对是最好的。

泡泡玩具反斗城公司的一位泡泡学家。

数组的工作原理

向泡泡玩具反斗城公司伸出援手前，咱们先把数组弄明白。前面说过，可使用数组来存储**多个值**（而不像变量那样只能存储一个值，如一个数字或一个字符串）。当需要将类似的东西（如泡泡因子得分、冰淇淋口味、白天的温度或一组判断题的答案）编组时，通常使用数组。有了一系列要编组的值后，就可创建一个数组来存储它们，并在需要时访问数组中的这些值。

如何创建数组

假设你要创建一个存储冰淇淋口味的数组，可以这样做：

注意到使用了逗号来分隔数组的各个元素。

```
var flavors = ["vanilla", "butterscotch", "lavender", "chocolate", "cookie dough"];
```

将这个数组赋给变量flavors。

使用字符[指定数组的开始位置。

接下来列出所有的数组元素。

使用字符]指定数组的结束位置。

创建数组时，每个元素都放在特定的位置（**索引**，index）。在数组flavors中，第一个元素"vanilla"位于索引0处，第二个元素"butterscotch"位于索引1处，依此类推。下面是一种看待数组的方式。

数组将这些值都收集到一起。

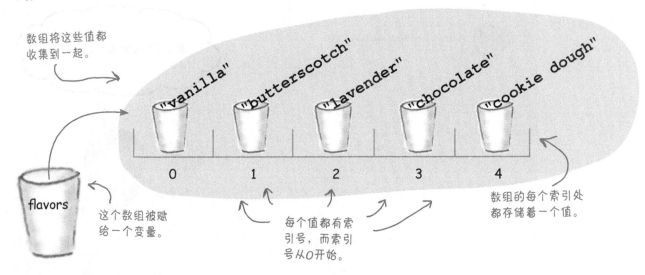

这个数组被赋给一个变量。

每个值都有索引号，而索引号从0开始。

数组的每个索引处都存储着一个值。

如何访问数组元素

数组的每个元素都有索引，这是你访问和修改数组中值的钥匙。要访问元素，
只需在数组变量名后面加上用方括号括起的索引；在可以使用变量的任何地
方，都可使用这种表示法：

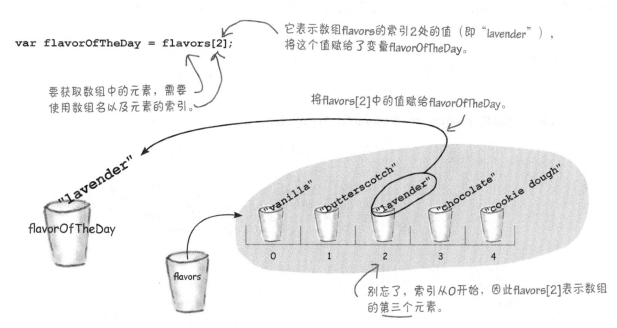

`var flavorOfTheDay = flavors[2];`

它表示数组flavors的索引2处的值（即"lavender"），
将这个值赋给了变量flavorOfTheDay。

要获取数组中的元素，需要
使用数组名以及元素的索引。

将flavors[2]中的值赋给flavorOfTheDay。

别忘了，索引从0开始，因此flavors[2]表示数组
的第三个元素。

修改数组元素

还可使用数组索引来修改数组中的值：

`flavors[3] = "vanilla chocolate chip";`

将索引3处的值设置为新值"vanilla
chocolate chip"（原来为"chocolate"）。

因此，执行这行代码后，数组flavors类似于
下面这样。

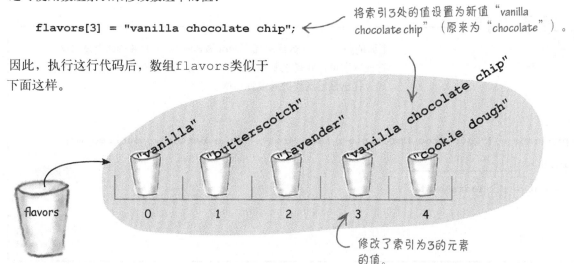

修改了索引为3的元素
的值。

确定数组的长度

假设有人给了你一个非常大的数组，其中包含重要的数据。你知道它包含什么内容，但可能不知道它到底多长。所幸每个数组都有属性length。第5章将更详细地讨论属性及其工作原理，但就现在而言，你只需知道属性是一个与数组相关联的值即可。下面演示了如何使用属性length。

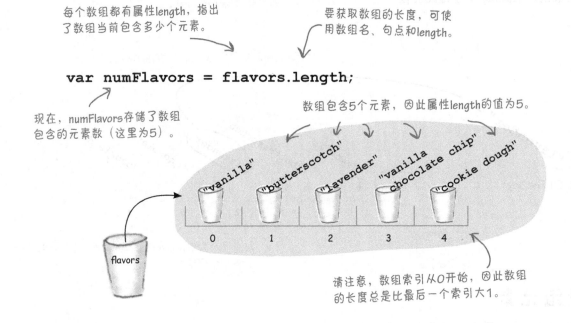

每个数组都有属性length，指出了数组当前包含多少个元素。

要获取数组的长度，可使用数组名、句点和length。

```
var numFlavors = flavors.length;
```

现在，numFlavors存储了数组包含的元素数（这里为5）。

数组包含5个元素，因此属性length的值为5。

"vanilla" "butterscotch" "lavender" "vanilla chocolate chip" "cookie dough"

0   1   2   3   4

flavors

请注意，数组索引从0开始，因此数组的长度总是比最后一个索引大1。

磨笔上阵

下面的products数组存储了Jenn & Berry销售的各种冰淇淋口味。这些冰淇淋口味是按制作顺序添加到数组中的，请补全下面的代码，找出最后制作的冰淇淋口味。

```
var products = ["Choo Choo Chocolate", "Icy Mint", "Cake Batter", "Bubblegum"];
var last = _____;
var recent = products[last];
```

试试我新推出的自动造句应用程序吧，你将像老板和市场营销人员一样巧舌如簧。

你认为第1章的商务应用程序不够正式？如果你要向老板展示一流的应用程序的话，试试这个吧。

下面是炙手可热的自动造句（Phrase-o-Matic）应用程序的代码，你能明白它是做什么的吗？

```html
<!doctype html>
<html lang="en">
<head>
  <title>Phrase-o-matic</title>
  <meta charset="utf-8">
  <script>
    function makePhrases() {
      var words1 = ["24/7", "multi-tier", "30,000 foot", "B-to-B", "win-win"];
      var words2 = ["empowered", "value-added", "oriented", "focused", "aligned"];
      var words3 = ["process", "solution", "tipping-point", "strategy", "vision"];

      var rand1 = Math.floor(Math.random() * words1.length);
      var rand2 = Math.floor(Math.random() * words2.length);
      var rand3 = Math.floor(Math.random() * words3.length);

      var phrase = words1[rand1] + " " + words2[rand2] + " " + words3[rand3];
      alert(phrase);
    }
    makePhrases();
  </script>
</head>
<body></body>
</html>
```

自动造句应用程序

但愿你已经明白了，这些代码是为创业公司推出下一个广告语的绝佳工具。它曾推出了成功的广告语Win-win value-added solution和24/7 empowered process，未来极有可能推出其他成功的广告语。来看看这些代码的工作原理吧。

① 首先，我们定义了函数makePhrases。我们可根据需要调用这个函数任意多次，以造出想要的句子。

定义可在后面调用的函数makePhrases。

```
function makePhrases() {

}
makePhrases();
```

makePhrases的代码都放在这里，我们稍后将介绍它们。

调用函数makePhrases一次，但如果需要多个句子，可调用它多次。

② 现在可以编写函数makePhrases的代码了。首先创建三个数组，每个都存储了用来造句的单词。在下一步中，我们将从每个数组中随机选择一个单词，以造出一个包含三个单词的句子。

创建变量words1，用于存储第一个数组。

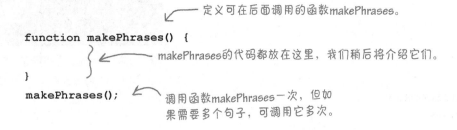

```
var words1 = ["24/7", "multi-tier", "30,000 foot", "B-to-B", "win-win"];
```

在这个数组中添加5个字符串。
你可将它们换成最时髦的词语。

```
var words2 = ["empowered", "value-added", "oriented", "focused", "aligned"];
var words3 = ["process", "solution", "tipping-point", "strategy", "vision"];
```

这是另外两个包含单词的数组，将它们赋给了变量words2和words3。

③ 生成三个随机数，以随机地选择三个用于造句的单词。第2章说过，`Math.random`生成一个0~1（不包括1）的数字。通过将其乘以数组的长度，并使用`Math.floor`将结果向下圆整，即可得到一个位于0和数组长度减1之间的整数。

```
var rand1 = Math.floor(Math.random() * words1.length);
```

> rand1将是一个位于0和数组words1的最后一个索引之间的整数。

```
var rand2 = Math.floor(Math.random() * words2.length);
```

> rand2和rand3与此类似。

```
var rand3 = Math.floor(Math.random() * words3.length);
```

④ 将随机选择的单词拼接起来（并在单词之间添加空格，以提高可读性），生成时髦的广告语。

> 定义另一个用于存储广告语的变量。

> 将每个随机数用作包含单词的数组的索引。

```
var phrase = words1[rand1] + " " + words2[rand2] + " " + words3[rand3];
```

⑤ 就要大功告成了：有了广告语，只需将其显示出来即可。为此，我们像往常那样使用`alert`。

```
alert(phrase);
```

⑥ 编写最后一行代码后，再看一眼所有的代码，享受享受成就感，再在浏览器中加载它们。来试驾一下，欣赏一下生成的广告语。

> 这是我们运行时生成的广告语！

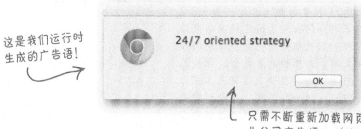

24/7 oriented strategy

OK

> 只需不断重新加载网页，就能生成无穷无尽的创业公司广告语。（准确地说，并非无穷无尽的，但完全实现了让简单代码激动人心的目标！）

世上没有 愚蠢的问题

问： 数组中元素的排列顺序重要吗？

答： 在大多数情况下都很重要，但也要看情况。在泡泡玩具反斗城公司的配方得分数组中，排列顺序很重要，因为该数组的索引指出了得分对应的配方，如0号配方的得分为60，该得分存储在索引0处。如果改变该数组中得分的排列顺序，将导致实验失败！然而，在有些情况下，排列顺序可能无关紧要。例如，使用数组来存储一系列随机选择的单词时，你不关心这些单词的排列顺序，因此它们在数组中按什么样的顺序排列都无所谓。但如果你要按字母顺序排列它们，那么排列顺序就很重要。因此，排列顺序是否重要完全取决于你要如何使用数组。你可能发现，使用数组时，排列顺序有关系比无关紧要的可能性更大。

问： 在一个数组中，可存储多少个元素？

答： 从理论上说，你想存储多少就能存储多少；但实际上，可存储的元素数受制于计算机的内存量。每个数组元素都要占据一定的内存空间。别忘了，JavaScript代码是在浏览器中运行的，而浏览器只是计算机运行的众多程序之一。如果你不断地在数组中添加元素，最终将耗尽内存空间。然而，可在数组中添加的最大元素数即使达不到数百万个，也可达到数千个，具体数量取决于元素的类型；这足以满足大多数情况下的需求。别忘了，数组包含的元素越多，程序的运行速度就越慢。因此在大多数情况下，都应将数组的长度限制在合理范围内，如数百个元素。

问： 可以创建空数组吗？

答： 可以。事实上，稍后你就将看到一个使用空数组的示例。要创建空数组，可这样编写代码：

```
var emptyArray = [ ];
```

如果数组开始是空的，可在以后添加元素。

问： 到目前为止，数组元素要么是字符串，要么是数字；可将其他的值添加到数组中吗？

答： 可以。事实上，在数组中几乎可存储任何JavaScript值，包括数字、字符串、布尔值、其他数组以及后面将介绍的对象。

问： 一个数组中所有值的类型都必须相同吗？

答： 不用，但我们通常在一个数组中存储相同类型的值。不同于众多其他的语言，JavaScript不要求一个数组中所有值的类型都相同。然而，如果在同一个数组中存储不同类型的值，使用这些值时就得特别小心。其原因如下：假设你有数组[1, 2, "fido", 4, 5]，并编写代码来检查其中的值是否大于2。当你检查"fido"是否大于2时结果将如何呢？为避免所做的事情不合理，在代码中使用该数组中的每个值之前，必须检查其类型。你当然能够对类型进行检查（这将在本书后面介绍），但一般而言，在数组中存储类型相同的值时，处理起来将更容易、更安全。

问： 如果试图访问索引太大或太小（如小于0）的数组元素，结果将如何？

答： 如果你有一个下面这样的数组，并试图访问a[10]或a[-1]，得到的结果将是undefined：

```
var a = [1, 2, 3];
```

因此，你要么确保访问数组元素时使用的索引有效，要么通过检查确认获得的值不是undefined。

问： 我知道，可使用索引0来获取数组的第一个元素，但如何获取最后一个数组元素呢？我必须始终准确地知道数组包含多少个元素吗？

答： 可利用属性length来获取最后一个数组元素。你知道，属性length总是比数组的最后一个索引大1，因此要获取最后一个数组元素，可编写这样的代码：

```
myArray[myArray.length - 1];
```

上述JavaScript代码获取数组的长度，将其减1，再获取该索引处的元素。因此，如果数组有10个元素，这行代码将获取索引9处的元素，这正是你希望的。每当你要获取数组的最后一个元素，又不知道数组到底包含多少个元素时，都可使用这种技巧。

回到泡泡玩具反斗城公司

嘿，很高兴大家来到这里。我们刚对大量新泡泡配方进行了测试，下面是所有这些配方的得分。我还需你们帮助我理解这些数据。我期待你们编写代码，生成下面描述的报表。

```
var scores = [60, 50, 60, 58, 54, 54,
              58, 50, 52, 54, 48, 69,
              34, 55, 51, 52, 44, 51,
              69, 64, 66, 55, 52, 61,
              46, 31, 57, 52, 44, 18,
              41, 53, 55, 61, 51, 44];
```

泡泡玩具反斗城CEO

我们需要生成的报表。

新泡泡配方的得分。

我还需一个下面这样的报表，让我能够迅速决定该采用哪种泡泡配方！你能编写生成这种报表的代码吗？

——泡泡玩具反斗城CEO

泡泡玩具
反斗城

```
Bubble solution #0 score: 60
Bubble solution #1 score: 50
Bubble solution #2 score: 60
```

←—— 其他泡泡配方的得分。

```
Bubbles tests: 36
Highest bubble score: 69
Solutions with highest score: #11, #18
```

咱们来详细研究该CEO需要的报表。

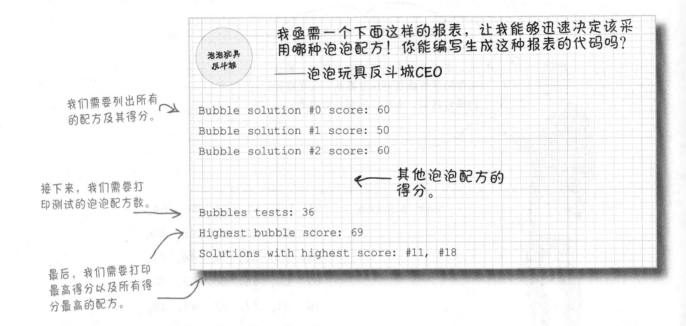

我们需要列出所有的配方及其得分。

我丞需一个下面这样的报表，让我能够迅速决定该采用哪种泡泡配方！你能编写生成这种报表的代码吗？
——泡泡玩具反斗城CEO

Bubble solution #0 score: 60

Bubble solution #1 score: 50

Bubble solution #2 score: 60

其他泡泡配方的得分。

接下来，我们需要打印测试的泡泡配方数。

Bubbles tests: 36

Highest bubble score: 69

Solutions with highest score: #11, #18

最后，我们需要打印最高得分以及所有得分最高的配方。

考考你的脑力

花点时间想想如何制作这个泡泡得分报表。考虑如何正确地输出报表的各项内容，并将你的想法记录在下面。

办公室商谈

咱们来看看如何编写制作这个报表的代码。

Judy：我们首先要做的是显示所有的得分及其配方号。

Joe：配方号其实就是得分在数组中的索引，对吧？

Judy：完全正确。

Frank：让我想想。因此，我们需要获取每个得分，打印其索引（即配方号），再打印相应的得分。

Judy：你说的没错，而得分其实就是数组中相应的值。

Frank　Judy　Joe

Joe：因此，对于10号配方，其得分为scores[10]。

Judy：没错。

Frank：但得分很多，如何编写输出所有得分的代码呢？

Judy：使用迭代。

Frank：哦，你是说使用while循环什么的？

Judy：对，我们从零遍历到数组长度……哦，是数组长度减1，以遍历所有的值。

Joe：这听起来完全行得通。咱们来编写一些代码；我想我们已经知道该如何做了。

Judy：我也是这么认为的！咱们来编写代码吧，稍后再来商谈如何处理报表的其他部分。

如何迭代数组

你的目标是生成类似下面的输出：

```
Bubble solution #0 score: 60
Bubble solution #1 score: 50
Bubble solution #2 score: 60
         .
         .
         .
Bubble solution #35 score: 44
```

这里是3~34号配方的得分。为节省纸张（如果你阅读的是电子版，就是节省比特），这里省略了它们。

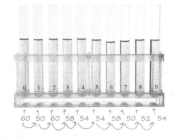

为此，我们依次输出索引0、1、2等处的得分，直到到达数组的最后一个索引。你知道如何使用while循环，咱们来看看如何使用它来输出所有的得分：

稍后将介绍一种更好的方式。

```javascript
var scores = [60, 50, 60, 58, 54, 54, 58, 50, 52, 54, 48, 69,
              34, 55, 51, 52, 44, 51, 69, 64, 66, 55, 52, 61,
              46, 31, 57, 52, 44, 18, 41, 53, 55, 61, 51, 44];

var output;

var i = 0;
while (i < scores.length) {
  output = "Bubble solution #" + i + " score: " + scores[i];
  console.log(output);
  i = i + 1;
}
```

我们将在下面的循环中使用这个变量来存储要输出的字符串。

创建一个用于存储当前索引的变量。

只要索引小于数组的长度，就继续循环。

创建一个作为一行输出的字符串，其中包含配方号（它刚好是数组索引）和得分。

使用console.log输出这个字符串。

最后，在再次循环前将索引加1。

代码冰箱贴

我们编写了一些代码，用于找出哪些口味的冰淇淋中有泡泡糖。我们使用冰箱贴将所有的代码都正确地贴到了冰箱上，但这些冰箱贴都脱落了。你的任务是将它们重新贴好。请注意，其中有一些冰箱贴是多余的。请查看本章末尾的答案，再继续往下阅读。

```
while (i < hasBubbleGum.length)
```

```
i = i + 2;
```

```
{
```

```
}
```

```
i = i + 1;
```

```
}
```

```
var i = 0;
```

```
{
```

```
{
```

```
if (hasBubbleGum[i])
```

```
while (i > hasBubbleGum.length)
```

```
var products = ["Choo Choo Chocolate",
                "Icy Mint", "Cake Batter",
                "Bubblegum"];
```

```
var hasBubbleGum = [false,
                    false,
                    false,
                    true];
```

```
console.log(products[i] +
    " contains bubble gum");
```

这是我们期望的输出。

JavaScript控制台

Bubblegum contains bubble gum

↑ 在这里重新排列冰箱贴。

等等，还有一种更好的数组
迭代方式

实在抱歉，都到第4章了，我们还没有介绍**for循环**，真不敢相信。你可将for循环视为while循环的表亲，它们的功能基本相同，只是for循环使用起来通常更方便些。来看刚才使用的while循环，我们将演示如何将其转换为for循环。

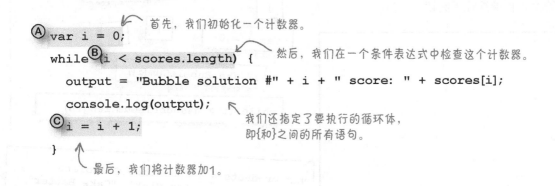

如果使用for循环，这些功能实现起来将容易得多。下面就来看看。

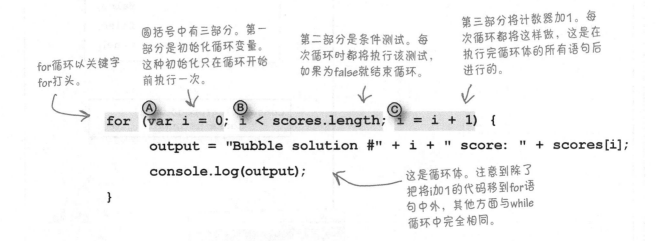

磨笔上阵

请重写两页前的冰箱贴代码，用for循环代替其中的while循环。如果你需要帮助，请参阅前一页中while循环的每个组成部分，看看它们分别对应于for循环的哪个部分。

```
var products = ["Choo Choo Chocolate",
                "Icy Mint", "Cake Batter",
                "Bubblegum"];
```

```
var hasBubbleGum = [false,
                    false,
                    false,
                    true];
```

```
var i = 0;
```

```
while (i < hasBubbleGum.length)
```
`{`

```
    if (hasBubbleGum[i])
```
`{`

```
        console.log(products[i] +
            " contains bubble gum");
```

`}`

```
    i = i + 1;
```

`}`

在这里编写代码。

生成报表第一部分的代码都编写好了，咱们来将它们整合起来。

这是网页的标准HTML内容。需要编写的HTML不多，只需为嵌入脚本做好准备工作即可。

这是存储泡泡配方得分的数组。

```html
<!doctype html>

<html lang="en">

<head>

  <meta charset="utf-8">

  <title>Bubble Factory Test Lab</title>

  <script>

    var scores = [60, 50, 60, 58, 54, 54,
                  58, 50, 52, 54, 48, 69,
                  34, 55, 51, 52, 44, 51,
                  69, 64, 66, 55, 52, 61,
                  46, 31, 57, 52, 44, 18,
                  41, 53, 55, 61, 51, 44];

    var output;

    for (var i = 0; i < scores.length; i = i + 1) {

        output = "Bubble solution #" + i +
                    " score: " + scores[i];

        console.log(output);

    }

  </script>

</head>

<body></body>

</html>
```

这是迭代所有泡泡配方得分的for循环。

每次循环时都创建一个字符串，其中包含i的值（泡泡配方号）和scores[i]的值（泡泡配方的得分）。

（另外，注意到我们将这个字符串的内容放在了两行中。只要不在用于分隔字符串的配对引号之间换行，就没有问题。在这里，我们在一个拼接运算符（+）后面换行，因此没有问题。请一定完全按这里的显示输入。）

接下来，我们将这个字符串输出到控制台。就这么简单！该尝试运行这些代码了！

测试报表

将这个文件保存为bubbles.html，并在浏览器中加载它。确保控制台可见（如果你在加载这个网页后打开控制台，可能需要重新加载网页），欣赏欣赏你为泡泡玩具反斗城CEO制作的出色报表。

与CEO要求的顺序完全相同。

能够在一个报表中看到所有泡泡配方的得分是挺好的，但要找出最高得分还是很难。我们需要处理其他报表需求，便于找出最佳配方。

```
JavaScript控制台

Bubble solution #0 score: 60
Bubble solution #1 score: 50
Bubble solution #2 score: 60
Bubble solution #3 score: 58
Bubble solution #4 score: 54
Bubble solution #5 score: 54
Bubble solution #6 score: 58
Bubble solution #7 score: 50
Bubble solution #8 score: 52
Bubble solution #9 score: 54
Bubble solution #10 score: 48
Bubble solution #11 score: 69
Bubble solution #12 score: 34
Bubble solution #13 score: 55
Bubble solution #14 score: 51
Bubble solution #15 score: 52
Bubble solution #16 score: 44
Bubble solution #17 score: 51
Bubble solution #18 score: 69
Bubble solution #19 score: 64
Bubble solution #20 score: 66
Bubble solution #21 score: 55
Bubble solution #22 score: 52
Bubble solution #23 score: 61
Bubble solution #24 score: 46
Bubble solution #25 score: 31
Bubble solution #26 score: 57
Bubble solution #27 score: 52
Bubble solution #28 score: 44
Bubble solution #29 score: 18
Bubble solution #30 score: 41
Bubble solution #31 score: 53
Bubble solution #32 score: 55
Bubble solution #33 score: 61
Bubble solution #34 score: 51
Bubble solution #35 score: 44
```

今晚主题：while和for循环回答"谁更重要"的问题

while循环

开什么玩笑！我是JavaScript中最通用的循环结构。我不是非得使用傻乎乎的计数器，而是能使用任何类型的条件。本书先介绍的是我，还有人没有注意到这一点吗？

还有，你们注意到了吗？for循环没有一点幽默感。我是说，如果我整天做的都是无聊的迭代，我猜我也会变成那样。

是吗？我认为这不可能是真的。

本书前面都说过了，for和while循环的功能几乎相同，这怎么可能呢？

for循环

我不喜欢你说话的口气。

别贫了。可你注意到了吗，程序员十次有九次都会使用for循环。

另外，对于元素数固定的数组，使用while循环进行迭代是笨拙而糟糕的做法。

啊哈，你这是承认了我们之间的差距并没有那么大吗？

让我来告诉你原因。

while循环

for循环

使用while循环时，必须使用单独的语句来初始
化和递增计数器。大刀阔斧地修改代码时，如果
不小心移动或删除了这些语句，可能带来极其糟
糕的后果。使用for循环时，这些代码都封装在
for语句中，程序员看得清清楚楚，想不小心修
改或删除它们都难。

根本没有你说得那么夸张。我见到的大多数迭代
甚至不包含计数器，就像下面这样：

```
while (answer != "forty-two")
```

使用for循环试试！

没问题：

```
for (;answer != "forty-two";)
```

啊，这样也行，真难以置信。

当然行。

给猪涂上口红，它还是猪。

你就会耍贫嘴！你还认为你更擅长处理一般性条
件吗？

不但更擅长，代码也更漂亮。

这又不是选美比赛。

别这么嗦好不好

你编写了大量像下面这样的代码：

假设mylmportantCounter包含
一个数字，如0。

将这个变量加1。

myImportantCounter = myImportantCounter + 1;

这条语句执行完毕后，mylmportantCounter比原来大1。

事实上，鉴于这种语句很常见，JavaScript提供了一种快捷方式，称为后递增运算符（post-increment operator）。这个运算符的名字虽然奇特，但实际上非常简单。通过使用后递增运算符，可将上述代码替换为下面的代码：

只需在变量名后面加上++即可。

myImportantCounter++;

这条语句执行完毕后，mylmportantCounter比原来大1。

当然，如果没有后递减运算符（post-decrement operator），会让人觉得不对头。你可将后递减运算符用于变量，将其值减1，如下所示：

只需在变量名后面加上--即可。

myImportantCounter--;

这条语句执行完毕后，mylmportantCounter比原来小1。

为何在这里介绍后递增运算符呢？因为它常用于for语句中。下面来使用后递增运算符，让我们的代码更整洁些。

使用后递增运算符重新编写for循环

咱们来重新编写代码，并通过测试来确认其作用与以前一样：

```
var scores = [60, 50, 60, 58, 54, 54,
              58, 50, 52, 54, 48, 69,
              34, 55, 51, 52, 44, 51,
              69, 64, 66, 55, 52, 61,
              46, 31, 57, 52, 44, 18,
              41, 53, 55, 61, 51, 44];

for (var i = 0; i < scores.length; i++) {

    var output = "Bubble solution #" + i +
                 " score: " + scores[i];

    console.log(output);

}
```

我们只修改循环变量的递增方式，使用后递增运算符。

快速测试

来做一下快速测试，确认使用后递增运算符也可行。保存文件
bubbles.html，并重新加载它。你看到的报表应该与以前一样。

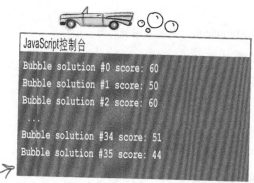

JavaScript控制台

```
Bubble solution #0 score: 60
Bubble solution #1 score: 50
Bubble solution #2 score: 60
 ...
Bubble solution #34 score: 51
Bubble solution #35 score: 44
```

报表与以前完全一样。

为节省篇幅，这里没有显示所有配方的得分，但它们都显示到了控制台中。

办公室商谈（续）

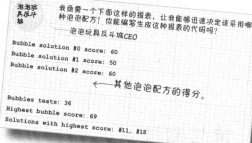

我们显示了所有泡泡配方的得分，现在需要生成报表的其余部分。

Judy：是的，为此我们首先需要确定总共测试了多少个配方。这很简单，它就是数组scores的长度。

Joe：没错。我们还必须找出最高得分，还有获得最高得分的配方。

Judy：是的，但最后一项任务最棘手。咱们先来找出最高得分。

Joe：从这里着手看起来不错。

Judy：为此，需要创建一个变量，用于在遍历数组期间存储最高得分，下面我来编写一些伪代码。

我要需一个下面这样的报表，让我能够迅速决定该采用哪种泡泡配方！你能编写生成这种报表的代码吗？
——泡泡玩具反斗城CEO

```
Bubble solution #0 score: 60
Bubble solution #1 score: 50
Bubble solution #2 score: 60


Bubbles tests: 36
Highest bubble score: 69
Solutions with highest score: #11, #18
```

←——其他泡泡配方的得分。

声明变量highScore，并将其设置为零 ←—— 声明一个用于存储最高得分的变量。

┌── **FOR循环**：*i=0; i<scores.length; i++*

　　　显示当前泡泡配方的得分scores[i]

　　　IF scores[i]>highScore ←── 在每次循环中，都检查当前配方的得分是否更高；如果是，就将其作为新的最高得分。

　　　　将highscore设置为scores[i];

　　　IF语句到此结束

└── **FOR循环到此结束**

　　　显示highScore ←── 循环结束后，只需显示最高得分即可。

Joe：很好，只需添加几行代码就可完成这项任务。

Judy：遍历每个数组元素时，都检查它是否大于highScore；如果是，就将其作为新的最高得分。循环结束后，只需显示最高得分即可。

磨笔上阵

请补全下面的代码，以实现前一页中找出最高得分的伪代码；再据此更新bubbles.html中的代码，并尝试在浏览器中重新加载该网页。查看控制台中的结果，并据此填写下面的控制台显示结果中空白的内容：测试的泡泡配方数和最高得分。查看本章末尾的答案，再接着往下阅读。

```
var scores = [60, 50, 60, 58, 54, 54,
              58, 50, 52, 54, 48, 69,
              34, 55, 51, 52, 44, 51,
              69, 64, 66, 55, 52, 61,
              46, 31, 57, 52, 44, 18,
              41, 53, 55, 61, 51, 44];

var highScore = ______;
var output;
for (var i = 0; i < scores.length; i++) {
    output = "Bubble solution #" + i + " score: " + scores[i];
    console.log(output);
    if (______________ > highScore) {
        ______________ = scores[i];
    }
}
console.log("Bubbles tests: " + ______________);
console.log("Highest bubble score: " + ______________);
```

请补全这里的代码。

请补全这里的控制台输出。

JavaScript控制台

```
Bubble solution #0 score: 60
Bubble solution #1 score: 50
Bubble solution #2 score: 60
...
Bubble solution #34 score: 51
Bubble solution #35 score: 44
Bubbles tests: ______
Highest bubble score: ______
```

就要大功告成了！余下的唯一工作是找出得分最高的配方并将其打印出来。别忘了，得分最高的配方可能有多个。

得分最高的配方可能有多个。需要存储多项内容时，该使用什么呢？当然是数组。是不是可以这样做：遍历数组scores，找出得分最高的配方，将它们加入一个数组，再在报表中显示该数组？绝对可以这样做，为此必须学习如何新建一个空数组以及如何在这个数组中添加新元素。

这是我们尚未完成的报表部分。

泡泡玩具反斗城

我函需一个下面这样的报表，让我能够迅速决定该采用哪种泡泡配方！你能编写生成这种报表的代码吗？

——泡泡玩具反斗城CEO

```
Bubble solution #0 score: 60
Bubble solution #1 score: 50
Bubble solution #2 score: 60
```

←————其他泡泡配方的得分。

```
Bubbles tests: 36
Highest bubble score: 69
Solutions with highest score: 11, 18
```

创建空数组并在其中添加元素

着手完成生成报表的代码前，先来感受一下如何创建空数组并在其中
添加新元素。你已经知道了如何创建非空数组，如下所示：

```
var genres = ["80s", "90s", "Electronic", "Folk"];
```

这是一个数组字面量，我们详细地指
定了该数组包含的元素。

你也可以省略初始值，从而创建一个空数组：

```
var genres = [];
```

一个可使用的新数组，它不包含任何
元素，因此长度为零。

这也是一个数组字面量，
但不包含任何元素。

你已经知道如何给数组添加新元素。只需给指定索引处的元素赋值即
可，如下所示：

```
var genres = [];
genres[0] = "Rockabilly";
genres[1] = "Ambient";
var size = genres.length;
```

新建一个数组元素，它存储的是字符
串"Rockabilly"。

新建另一个数组元素，它存储的是字
符串"Ambient"。

变量size的值为2，即数组genres的
长度。

添加新元素时，必须小心地指定索引，否则数组将是稀疏的（sparse），即
存在"空洞"（如索引0和2处有值，而索引1处没有值）。数组稀疏未必是坏
事，但使用时必须特别小心。还有一种添加新元素的方式，就是使用push方
法。使用这种方式时无需指定索引，其工作原理如下：

```
var genres = [];
genres.push("Rockabilly");
genres.push("Ambient");
var size = genres.length;
```

在下一个可用的索引（这里为0）处新建一个元素，并
将其值设置为"Rockabilly"。

在下一个可用的索引（这里为1）处新建另一个元
素，并将其值设置为"Ambient"。

世上没有愚蠢的问题

问: 你说过应将变量声明放在开头，可for语句的第一部分包含变量声明和初始化，这是怎么回事呢？

答: 是的，将变量声明放在开头（对于全局变量，是文件开头；对于局部变量，是函数开头）是一种不错的做法，但有时候在要用时再声明变量更合理，而for语句就属于这样的情况。通常，循环变量（如i）仅用于迭代，循环结束后就不再需要它了。当然，循环结束后，你也可能需要使用变量i，但通常不是这样的，因此在for语句中声明它能让代码更整洁。

问: 语法myarray.push(value)到底是什么意思呢？

答: 有一点我们一直没有说，那就是在JavaScript中，数组实际上是一种特殊的对象，而对象可以有相关联的函数，用于操作对象。这将在下一章介绍。因此，你可将push视为一个可对myarray进行操作的函数。在这里，函数push在数组中添加一个元素，而元素本身是以实参的方式传递给push的。因此，代码genres.push("Metal");调用函数push，并将字符串实参"Metal"传递给它。函数push将这个实参作为新元素添加到数组genres末尾。因此，看到myarray.push(value)时，你可以这样想：这是要在数组myarray末尾添加一个新元素。

问: 能更详细地说说稀疏数组吗？

答: 稀疏数组是有些索引处有值，而其他索引处没有值的数组。创建稀疏数组易如反掌，如下所示：

```
var sparseArray = [ ];
sparseArray[0] = true;
spraseArray[100] = true;
```

在这个示例中，sparseArray只有两个值，这两个值都是true，分别位于索引0和100处。其他索引处的值都是undefined。这个数组虽然只包含两个值，但其长度却是101。

问: 假设有一个长度为10的数组，在索引10 000处添加一个新元素后，索引10～9999处的值将是什么？

答: 这些数组索引处的值都为undefined。你可能还记得，未初始化的变量的值为undefined。因此，你可以这样认为：这犹如创建了9990个变量，但没有对它们进行初始化。别忘了，这些变量虽然没有值，但它们都要占用计算机内存，因此除非有充分的理由，否则千万不要创建稀疏数组。

问: 迭代数组时，如果其中有些元素的值为undefined，使用元素前必须确认它不是undefined吗？

答: 如果你认为数组可能是稀疏的，使用其中的元素前必须确认其值不是undefined，那怕该数组只有一个

元素的值是undefined。将元素的值显示到控制台时，这不是什么大问题，但你通常要以某种方式使用元素的值，如使用它来执行计算。在这种情况下，使用undefined即使不会导致错误，也会导致意外的行为。要检查元素的值是不是undefined，可编写类似于下面的代码：

```
if (myarray[i] == undefined) {
    ...
}
```

请注意，undefined是一个值，而不是字符串，因此不能在前后加上引号。

问: 本书前面创建的数组都是字面量，还有其他创建数组的方式吗？

答: 有。你可能见过这样的语法：

```
var myarray = new Array(3);
```

它新建一个数组，其中包含3个空位置，即长度为3，但不包含任何值。然后，你可以像通常那样填充这些空位置：在数组myarray的索引0、1和2处填充值。在此之前，myarray中元素的值都是undefined。

以此种方式创建的数组与数组字面量没什么两样。实际上，你更常用的是字面量语法，本书后面也通常使用这种语法。

对于上述语法，现在暂时不要考虑其中的细节，如new以及Array的首字母为何大写；本书后面将详细介绍。

> 知道如何在数组中添加元素后，就可以来完成报表的制作了。我们可以创建一个数组，并在迭代scores数组以找出最高得分的同时，将得分最高的配方添加到这个数组中，对不对？

Judy：对。我们首先创建一个空数组，用于存储得分最高的配方，并在迭代数组scores的过程中，将得分最高的配方添加到这个数组中。

Frank：很好，咱们开始吧。

Judy：等等，我认为我们可能需要使用一个单独的循环。

Frank：是吗？好像应该有办法在既有循环中完成这项任务。

Judy：是的，必须使用一个单独的循环。原因如下：要找出得分最高的所有配方，必须知道最高得分是多少。因此我们需要两个循环，一个找出最高得分（这已经编写好了），另一个找出获得最高得分的所有配方。

Frank：哦，我明白了。在第二个循环中，我们把每个配方的得分与最高得分进行比较；如果相同，就将配方的索引添加到用于存储得分最高配方的数组中。

Judy：完全正确！咱们来编写代码吧。

磨笔上阵

你能编写一个循环，找出得分最高的所有配方吗？请在下面试一试，再查看下一页的答案。并对其进行测试。

别忘了，变量*highScore*存储了最高得分，你可在下面的代码中使用这个变量。

我们将使用这个新数组来存储得分最高的配方。

```javascript
var bestSolutions = [];
for (var i = 0; i < scores.length; i++) {



}
```

在这里编写代码。

磨笔上阵
答案

你能编写一个循环，找出得分最高的所有配方吗？答案如下。

首先，新建一个数组，用于
存储得分最高的所有配方。

接下来，迭代整个scores数
组，找出得分最高的元素。

```
var bestSolutions = [];

for (var i = 0; i < scores.length; i++) {
    if (scores[i] == highScore) {

        bestSolutions.push(i);

    }
}

console.log("Solutions with the highest score: " + bestSolutions);
```

每次循环时，都将索引i处的得分与
highScore进行比较；如果它们相等，
就使用函数push将该索引添加到数组
bestSolutions中。

最后，可以显示得分最高的泡泡配方了。注意到我们使用了console.log
来显示数组bestSolutions。我们原本可以再创建一个循环，逐个显示
这个数组的元素，但console.log能够替我们完成这样的任务。（如果你
查看输出，将发现它还在数组元素之间添加了逗号！）

考考你的
脑力

请研究上面的代码。如果你一觉醒来后，函数push消失了，该如何办呢？你能不再使用push重
写上面的代码吗？请在下面写出这样的代码。

测试最终的报表

将显示得分最高泡泡配方代码加入bubbles.html，并再次对该网页进行测试。下面显示了完整的JavaScript代码：

```javascript
var scores = [60, 50, 60, 58, 54, 54,
              58, 50, 52, 54, 48, 69,
              34, 55, 51, 52, 44, 51,
              69, 64, 66, 55, 52, 61,
              46, 31, 57, 52, 44, 18,
              41, 53, 55, 61, 51, 44];

var highScore = 0;
var output;
for (var i = 0; i < scores.length; i++) {
    output = "Bubble solution #" + i + " score: " + scores[i];
    console.log(output);
    if (scores[i] > highScore) {
        highScore = scores[i];
    }
}
console.log("Bubbles tests: " + scores.length);
console.log("Highest bubble score: " + highScore);

var bestSolutions = [];
for (var i = 0; i < scores.length; i++) {
    if (scores[i] == highScore) {
        bestSolutions.push(i);
    }
}
console.log("Solutions with the highest score: " + bestSolutions);
```

胜出的配方是……

11号和18号配方的得分最高，都是69！因此，在测试的这批配方中，它们是最好的。

```
JavaScript控制台

Bubble solution #0 score: 60
Bubble solution #1 score: 50
  ...
Bubble solution #34 score: 51
Bubbles tests: 36
Highest bubble score: 69
Solutions with the highest score: 11,18
```

上一章花了很大的篇幅讨论函数，这里怎么一个函数都没用呢？

你说的对，应该用。鉴于你刚学习函数，我们想先介绍一下数组的基本知识，再着手使用函数。然而，在任何情况下，你都应考虑可将哪部分代码提取出来，将其放到函数中。另外，你为制作泡泡配方测试报表做了大量的工作，如果你要重用或让别人能够重用这些代码，就必须将它们组织成一系列可直接使用的函数。

来看生成泡泡配方测试报表的代码，并将它们**重构**（refactor）一系列函数。重构指的是在不改变代码功能的情况下，对其进行重新组织，使其更易于理解和维护。换句话说，重构后代码的功能与以前完全相同，但组织更加有序。

快速审视代码

下面来研究一下已编写的代码，确定要将哪些代码提取
到函数中：

为泡泡玩具反斗城
公司编写的代码。

```html
<!doctype html>
<html lang="en">
<head>
  <meta charset="utf-8">
  <title>Bubble Factory Test Lab</title>
  <script>
    var scores = [60, 50, 60, 58, 54, 54,
                  58, 50, 52, 54, 48, 69,
                  34, 55, 51, 52, 44, 51,
                  69, 64, 66, 55, 52, 61,
                  46, 31, 57, 52, 44, 18,
                  41, 53, 55, 61, 51, 44];

    var highScore = 0;
    var output;

    for (var i = 0; i < scores.length; i++) {
      output = "Bubble solution #" + i + " score: " + scores[i];
      console.log(output);
      if (scores[i] > highScore) {
        highScore = scores[i];
      }
    }
    console.log("Bubbles tests: " + scores.length);
    console.log("Highest bubble score: " + highScore);

    var bestSolutions = [];

    for (var i = 0; i < scores.length; i++) {
      if (scores[i] == highScore) {
        bestSolutions.push(i);
      }
    }

    console.log("Solutions with the highest score: " + bestSolutions);
  </script>
</head>
<body> </body>
</html>
```

我们不想在处理得分的函数中声明数组
scores，因为每次调用这个函数时，要处理
的得分都不同。相反，我们将得分scores作
为实参传递给这个函数，这样这个函数就能
根据任何scores数组来生成结果。

这部分代码用来输出数组
中的每个得分，并找出其
中的最高得分。可将它
们放在函数printAndGet-
HighScore中。

这部分代码根据最高得分找
出最佳配方。可将它们放在
函数getBestResults中。

编写函数printAndGetHighScore

我们找出了要放在函数printAndGetHighScore中的代码。这些代码都是现成的，但要将其转换为函数，需要确定要给函数传递哪些实参以及它是否要返回值。

传入scores数组看起来是个不错的主意，因为这样可将这个函数用于处理其他的泡泡配方测试得分数组。另外，我们要返回这个函数找出的最高得分，让调用它的代码能够据此做些有趣的事情（我们将据此找出最佳配方）。

哦，还有一点：你通常希望函数**只做一件事**，并把这件事做好。然而，这个函数做了两件事：显示数组中的所有得分并找出最高得分。你可能想将它分成两个函数，但考虑到它做的两件事情都非常简单，我们就不这样做了。在实际工作中，可能需要将这个函数分成两个：printScores和getHighScore。但就这里而言，我们不打算这样做。重构后的代码如下：

我们创建了一个函数，它接受
一个实参——数组scores。

```javascript
function printAndGetHighScore(scores) {
    var highScore = 0;
    var output;
    for (var i = 0; i < scores.length; i++) {
        output = "Bubble solution #" + i + " score: " + scores[i];
        console.log(output);
        if (scores[i] > highScore) {
            highScore = scores[i];
        }
    }
    return highScore;
}
```

这些代码与以前完全相同，准确地说是看起来与以前完全相同，但使用的是形参scores，而不是全局变量scores。

我们新增了一行代码，它将highScore返回给调用函数的代码。

使用printAndGetHighScore重构代码

现在需要修改其他代码，以使用这个新函数。为此，只需调用新函数printAndGet-HighScore，并将变量highScore设置为其结果：

```html
<!doctype html>
<html lang="en">
<head>
  <title>Bubble Factory Test Lab</title>
  <meta charset="utf-8">
  <script>
    var scores = [60, 50, 60, 58, 54, 54, 58, 50, 52, 54, 48, 69,
                  34, 55, 51, 52, 44, 51, 69, 64, 66, 55, 52, 61,
                  46, 31, 57, 52, 44, 18, 41, 53, 55, 61, 51, 44];

    function printAndGetHighScore(scores) {
        var highScore = 0;
        var output;
        for (var i = 0; i < scores.length; i++) {
            output = "Bubble solution #" + i + " score: " + scores[i];
            console.log(output);
            if (scores[i] > highScore) {
                highScore = scores[i];
            }
        }
        return highScore;
    }

    var highScore = printAndGetHighScore(scores);
    console.log("Bubbles tests: " + scores.length);
    console.log("Highest bubble score: " + highScore);

    var bestSolutions = [];

    for (var i = 0; i < scores.length; i++) {
      if (scores[i] == highScore) {
        bestSolutions.push(i);
      }
    }

    console.log("Solutions with the highest score: " + bestSolutions);
  </script>
</head>
<body> </body>
</html>
```

准备就绪的新函数。

现在只需调用这个函数，并传入数组scores；再将它返回的值赋给变量highScore。

接下来需要将这些代码重构为一个函数，并相应地修改其他代码。

磨笔上阵

让我们一起来完成这项重构任务。这里的目标是编写一个函数，它创建一个数组，其中包含得分最高的泡泡配方（可能有多个这样的配方，这就是我们使用数组来存储配方的原因所在）。我们将给这个函数传递数组scores，还有使用printAndGetHighScore计算得到的highScore。请补全下面的代码。答案见下一页，可不要偷看！请先尝试补全这些代码，这样你才能真正明白它们。

这是原来的代码；这里列出它们旨在供你参考。

```
var bestSolutions = [];
for (var i = 0; i < scores.length; i++) {
    if (scores[i] == highScore) {
        bestSolutions.push(i);
    }
}
console.log("Solutions with the highest score: " + bestSolutions);
```

我们完成了大致的轮廓，需要你来帮助补全！

```
function getBestResults(_____, _____) {

    var bestSolutions = _____;

    for (var i = 0; i < scores.length; i++) {

        if (_____ == highScore) {

            bestSolutions._____;

        }

    }

    return _____;

}


var bestSolutions = _____(scores, highScore);

console.log("Solutions with the highest score: " + bestSolutions);
```

整合起来

重构好代码后，像下面这样修改bubbles.html，然后在浏览器中重新加载它。结果应与以前完全相同，但代码更加组织有序，可重用性更高。请创建自己的得分数组，并尝试重用这些代码！

```
<!doctype html>
<html lang="en">
<head>
  <meta charset="utf-8">
  <title>Bubble Factory Test Lab</title>
  <script>
    var scores = [60, 50, 60, 58, 54, 54, 58, 50, 52, 54, 48, 69,
                  34, 55, 51, 52, 44, 51, 69, 64, 66, 55, 52, 61,
                  46, 31, 57, 52, 44, 18, 41, 53, 55, 61, 51, 44];

    function printAndGetHighScore(scores) {
        var highScore = 0;
        var output;
        for (var i = 0; i < scores.length; i++) {
            output = "Bubble solution #" + i + " score: " + scores[i];
            console.log(output);
            if (scores[i] > highScore) {
                highScore = scores[i];
            }
        }
        return highScore;
    }

    function getBestResults(scores, highScore) {
        var bestSolutions = [];
        for (var i = 0; i < scores.length; i++) {
            if (scores[i] == highScore) {
                bestSolutions.push(i);
            }
        }
        return bestSolutions;
    }

    var highScore = printAndGetHighScore(scores);
    console.log("Bubbles tests: " + scores.length);
    console.log("Highest bubble score: " + highScore);

    var bestSolutions = getBestResults(scores, highScore);
    console.log("Solutions with the highest score: " + bestSolutions);

  </script>
</head>
<body> </body>
</html>
```

这是新函数 *getBestResults*。

根据函数 *getBestResults* 返回的结果在报表中显示最佳配方。

做得好！还有一项任务：你能找出性价比最高的配方吗？有了这项数据，我们一定能占据整个泡泡配方市场。下面的数组包含每种配方的成本，你可据此找出性价比最高的配方。

这是成本数组，它包含得分数组中每个配方的成本。

```
var costs = [.25, .27, .25, .25, .25, .25,
             .33, .31, .25, .29, .27, .22,
             .31, .25, .25, .33, .21, .25,
             .25, .25, .28, .25, .24, .22,
             .20, .25, .30, .25, .24, .25,
             .25, .25, .27, .25, .26, .29];
```

这里的任务是什么呢？在最佳的泡泡配方（即得分最高的配方）中，找出成本最低的配方。好在我们有一个与scores数组对应的costs数组：在数组scores中，索引0处得分对应的泡泡配方的成本存储在数组costs的索引0处（为0.25）；在数组scores中，索引1处得分对应的泡泡配方的成本存储在数组costs的索引1处（为0.27），依此类推。也就是说，对于任何得分，都可在数组costs的相同索引处找到对应配方的成本。这样的数组也叫**平行数组**。

数组scores和costs是平行数组，因为每个得分和对应的成本都位于相同的索引处。

```
var costs = [.25, .27, .25, .25, .25, .25, .33, .31, .25, .29, .27, .22, ..., .29];
```

在数组costs中，索引0处的成本是0号泡泡配方的成本。

这两个数组中的其他成本和得分值也存在这种对应关系。

```
var scores = [60, 50, 60, 58, 54, 54, 58, 50, 52, 54, 48, 69, ..., 44];
```

> 这好像有点棘手。如何找出得分最高且成本最低的配方呢？

Judy：我们已经知道了最高得分。

Frank：是的，但如何利用这项信息呢？我们有两个数组，如何结合使用它们呢？

Judy：我敢肯定，我们两个都能编写一个简单的for循环，来再次遍历数组scores，并找出其中与最高得分相等的元素。

Frank：是的，我能，但那又如何呢？

Judy：每次遇到与最高得分相等的元素时，我们都需要检查其成本是否是最低的。

Frank：哦，我明白了，我们将声明一个变量，用于记录得分最高且成本最低的配方的索引。这好像有点绕口。

Judy：太对了。遍历完整个数组后，这个变量存储的索引就是得分最高且成本最低的配方的索引。

Frank：如果两个配方的成本相等，该如何办呢？

Judy：我们必须决定如何处理这种情形。要我说，哪个配方在前面就选哪个。当然，我们可以做更复杂的处理，但只要CEO同意，我们就采取这种处理方法吧。

Frank：这已经很复杂了，我想我得先编写伪代码，再着手编写实际代码。

Judy：我也是这么认为的，管理多个数组的索引时，情况都可能比较棘手。咱们就来编写伪代码吧；从长远看，这样做是磨刀不误砍柴工。

Frank：好的，我来试一试。

下面是我编写的伪代码，我肯定它们没有问题。现在请你将其转换为JavaScript代码。请务必将你的代码与本章末尾的答案进行对照。

练习

函数GETMOSTCOSTEFFECTIVESOLUTION (SCORES, COSTS, HIGHSCORE)

声明变量cost并将其设置为100

声明变量index

FOR循环：var i=0; i < scores.length; i++

　　IF scores[i]对应的泡泡配方的得分是最高的

　　　　IF 变量cost的值大于该泡泡配方的成本

　　　　THEN

　　　　　　将变量index设置为i的值

　　　　　　将变量cost设置为该泡泡配方的成本

　　　　IF语句到此结束

　　IF语句到此结束

FOR循环到此结束

返回index

```javascript
function getMostCostEffectiveSolution(scores, costs, highScore) {



```

将上述伪代码转换为JavaScript代码，并写在这里。

```javascript
}
var mostCostEffective = getMostCostEffectiveSolution(scores, costs, highScore);
console.log("Bubble Solution #" + mostCostEffective + " is the most cost effective");
```

选中的配方：11号配方

你刚编写的代码可帮助确定最终胜出的配方，即能够以最低的成本产生最多泡泡的配方。祝贺你通过处理大量的数据，给泡泡玩具反斗城公司提供了可用于作出商业决策的依据。

如果你像我们一样，一定很想知道11号配方都包含哪些东西。不用舍近求远，泡泡玩具反斗城公司的CEO说了，考虑到你没有收取任何编码费用，他愿意将这个配方告诉你。

下面就是11号配方的详细情况。请按这个配方制作，去室外吹些泡泡，再接着阅读下一章。阅读下一章前，别忘了还有要点和填字游戏！

11号

11号泡泡配方

2/3杯洗洁精

1加仑水

两三调羹甘油（在药店和化学品商店都能买到）

说明：将这些成分放在一个大碗中并搅匀。祝你玩得愉快！

在家里试试吧！

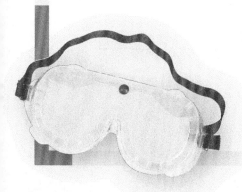

要点

- 数组是一种按顺序存储数据的**数据结构**。

- 数组包含一系列元素，其中每个元素都有**索引**。

- 数组索引从零开始，其中第一个元素的索引为零。

- 所有数组都有length属性，它指出了数组包含多少个元素。

- 要访问数组元素，可使用其索引。例如，myArray[1]访问元素1（数组中的第二个元素）。

- 试图访问不存在的元素将返回undefined。

- 给既有元素赋值将修改该元素的值。

- 给不存在的元素赋值将在数组中新建一个元素。

- 数组元素可以是任何类型的值。

- 在同一个数组中，不要求所有值的类型都相同。

- 要创建一个新数组，可使用**数组字面量表示法**。

- 要创建一个空数组，可使用语法var myArray = [];。

- 常使用for循环来迭代数组。

- for循环在一条语句中包含变量初始化、条件测试和变量递增。

- while循环最常用于不知道需要循环多少次时，它循环到条件满足为止。for循环最常用于知道循环需要执行多少次时。

- 稀疏数组指的是中间有值为undefined的元素的数组。

- 要将变量加1，可使用**后递增**运算符++。

- 要将变量减1，可使用**后递减**运算符--。

- 要在数组中添加新元素，可使用函数push。

JavaScript填字游戏

请完成这个填字游戏，让数组深深地刻在你的脑海中。

横向

5. 包含值为`undefined`的元素的数组。

9. 修改数组元素的值时，对元素执行的操作。

10. 认为其泡泡配方将胜出的人。

14. 重新组织代码，使其更容易理解和维护。

17. 数组的每个值都存储在一个什么处？

纵向

1. 用于在既有数组末尾添加新元素的函数。

2. 迭代数组时通常使用的一种循环。

3. 数组擅长存储一个还是多个值？

4. 数组的最后一个索引总是比数组长度小1还是大1？

6. 用于将循环变量加1的运算符。

7. 迭代数组时，通常根据哪个属性来确定什么时候该停止迭代？

8. 第一个数组元素的索引。

11. 未指定的数组元素的值。

12. 函数可帮助_____代码。

13. 数组是一种存储什么数据的数据结构？

15. 在本章中，得分最高的泡泡配方有多少个？

16. 要访问数组元素，可使用以方括号括起的什么？

磨笔上阵答案

下面的products数组存储了Jenn & Berry销售的各种冰淇淋口味。这些冰淇淋口味是按制作顺序添加到数组中的，请补全下面的代码，找出最后制作的冰淇淋口味。答案如下。

```javascript
var products = ["Choo Choo Chocolate", "Icy Mint", "Cake Batter", "Bubblegum"];

var last = products.length - 1;

var recent = products[last];
```

要获取最后一个元素的索引，可将数组的长度减1。数组长度为4，因此最后一个元素的索引为3，这是因为索引是从0开始的。

代码冰箱贴答案

我们编写了一些代码，用于找出哪些口味的冰淇淋中有泡泡糖。我们使用冰箱贴将所有的代码都正确地贴到了冰箱上，但这些冰箱贴都脱落了。你的任务是将它们重新贴好。请注意，其中有一些冰箱贴是多余的。答案如下。

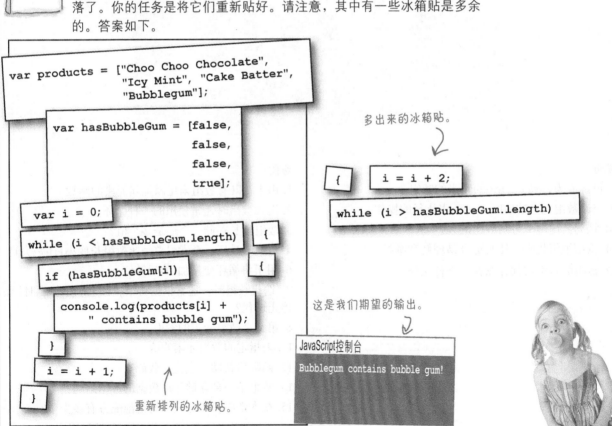

```javascript
var products = ["Choo Choo Chocolate",
                "Icy Mint", "Cake Batter",
                "Bubblegum"];

var hasBubbleGum = [false,
                    false,
                    false,
                    true];

var i = 0;

while (i < hasBubbleGum.length) {
    if (hasBubbleGum[i]) {
        console.log(products[i] +
            " contains bubble gum");
    }
    i = i + 1;
}
```

重新排列的冰箱贴。

多出来的冰箱贴。

```javascript
{
    i = i + 2;

while (i > hasBubbleGum.length)
```

这是我们期望的输出。

JavaScript控制台

Bubblegum contains bubble gum!

磨笔上阵答案

```
var products = ["Choo Choo Chocolate",
                "Icy Mint", "Cake Batter",
                "Bubblegum"];
```

```
var hasBubbleGum = [false,
                    false,
                    false,
                    true];
```

```
var i = 0;
while (i < hasBubbleGum.length)        {
    if (hasBubbleGum[i])       {
        console.log(products[i] +
            " contains bubble gum");
    }
    i = i + 1;
}
```

请重写两页前的冰箱贴代码，用for循环代替其中的while循环。如果你需要帮助，请参阅前一页中while循环的每个组成部分，看看它们分别对应于for循环的哪个部分。答案如下。

在这里编写你的代码。

```
var products = ["Choo Choo Chocolate",
                "Icy Mint", "Cake Batter",
                "Bubblegum"];
var hasBubbleGum = [false,
                    false,
                    false,
                    true];
for (var i = 0; i < hasBubbleGum.length; i = i + 1) {
    if (hasBubbleGum[i]) {
        console.log(products[i] + " contains bubble gum");
    }
}
```

请补全下面的代码，以实现前一页中找出最高得分的伪代码；再据此更新 bubbles.html 中的代码，并尝试在浏览器中重新加载该网页。查看控制台中的结果，并据此填写下面的控制台显示结果中空白的内容：测试的泡泡配方数和最高得分。答案如下。

```
var scores = [60, 50, 60, 58, 54, 54,
              58, 50, 52, 54, 48, 69,
              34, 55, 51, 52, 44, 51,
              69, 64, 66, 55, 52, 61,
              46, 31, 57, 52, 44, 18,
              41, 53, 55, 61, 51, 44];

var highScore =  0 ;          ← 请补全这里的代码。
var output;
for (var i = 0; i < scores.length; i++) {
    output = "Bubble solution #" + i + " score: " + scores[i];
    console.log(output);
    if (  scores[i]  > highScore) {
          highScore   = scores[i];
    }
}
console.log("Bubbles tests: " + scores.length );
console.log("Highest bubble score: " + highScore );
```

请补全这里的控制台输出。

```
JavaScript控制台
Bubble solution #0 score: 60
Bubble solution #1 score: 50
Bubble solution #2 score: 60
  ...
Bubble solution #34 score: 51
Bubble solution #35 score: 44
Bubbles tests: 36
Highest bubble score: 69
```

下面是函数getMostCostEffectiveSolution的代码，它接受一个得分数组、一个成本数组和一个最高得分，并找出得分最高且成本最低的配方的索引。请将这些代码加入bubbles.html中，测试该网页，并确认你的结果与这里显示的相同。

函数*getMostCostEffectiveSolution*接受一个得分数组、一个成本数组和一个最高得分。

```javascript
function getMostCostEffectiveSolution(scores, costs, highScore) {
    var cost = 100;
    var index;

    for (var i = 0; i < scores.length; i++) {
        if (scores[i] == highScore) {
            if (cost > costs[i]) {
                index = i;
                cost = costs[i];
            }
        }
    }
    return index;
}

var mostCostEffective = getMostCostEffectiveSolution(scores, costs, highScore);
console.log("Bubble Solution #" + mostCostEffective + " is the most cost effective");
```

我们将使用变量*cost*来记录最低成本。

使用变量*index*来存储成本最低的配方的索引。

我们将变量*cost*初始化为较大的数字；每当得分最高的配方有更低的成本时，都修改这个变量的值。

像以前那样迭代数组*scores*。

检查配方的得分是否最高。

如果是，就检查配方的成本。如果变量*cost*的值大于当前配方的成本，就说明找到了成本更低的配方，因此将该配方（它在数组中的索引）记录下来，并将其成本作为目前遇到的最低成本存储到变量*cost*中。

循环结束后，变量*index*存储的便是成本最低的配方的索引，因此我们将它返回给调用这个函数的代码。

接下来，将索引（泡泡配方号）显示到控制台。

最终的报告指出，11号泡泡配方在测试中胜出了，因为它以最低的成本产生了最多的泡泡。

提示：也可使用数组*bestSolutions*来实现这种功能，这样就无需再次迭代所有的得分了。别忘了，数组*bestSolutions*存储了得分最高的配方的索引，因此在代码中，可以将数组*bestSolutions*的元素用作数组*costs*的索引，以比较不同配方的成本。相对于现有版本，这种代码的效率较高，但理解起来更难！如果你感兴趣，可从wickedlysmart.com下载这些代码。

JavaScript控制台

```
Bubble solution #0 score: 60
Bubble solution #1 score: 50
Bubble solution #2 score: 60
   ...
Bubble solution #34 score: 51
Bubble solution #35 score: 44
Bubbles tests: 36
Highest bubble score: 69
Solutions with the highest score: 11,18
Bubble Solution #11 is the most cost effective
```

JavaScript填字游戏答案

请完成这个填字游戏，让数组深深地刻在你的脑海中。

5 理解对象

对象镇之旅

我们去对象镇了！我们就要离开这个破旧的过程镇，再也不回来。我们会给你寄明信片的！

到目前为止，你在代码中使用的都是基本类型和数组。 另外，你使用简单语句、条件、`for/while`循环和函数来编写代码，这种编码方式的**过程化程度极高**，不完全是**面向对象**的。实际上，这根本就不是面向对象的。你确实偶尔在不知不觉间使用了一些对象，但从未编写过自己的对象。现在，该放弃这种枯燥的过程型编程方式，转而创建一些自己的**对象**了。在本章中，你将**了解**为何使用对象可让生活更美好，当然这是从**编程意义**上说的，因为本书只负责提高JavaScript技能，而不能让你变得更时尚。需要指出的是，到了对象镇，你会乐不思蜀，可别忘了给我们寄明信片。

对象

啊，终于到了我们最喜欢的主题！对象（object）将让你的JavaScript编程技能更上一层楼。它们是管理复杂代码、理解浏览器对象模型（这将在下一章介绍）和组织数据的关键，还是很多JavaScript库的基本组织方式（这将在本书后面更详细地介绍）。然而，对象是个不好理解的主题。我们马上就来介绍，不久后你就将使用它们。

不可思议的是，JavaScript对象不过是一系列属性（property）而已。就拿汽车来说吧，它有如下属性。

还有型号，这里为Bel Air。

汽车有品牌，如雪佛兰。

汽车有颜色。

有些汽车有可折叠车篷，但这辆没有。

汽车有核定载客人数。

汽车有生产年份，这里是1957年。

汽车有里程数，即已行驶多少英里。

汽车不仅有属性，还能做事情。稍后将讨论对象的行为，现在先来说说属性。

属性

当然，汽车有很多属性，不仅仅是前面说的那几个，但就编码而言，
我们只在软件中记录这几个属性。下面来看看这些属性的JavaScript
数据类型。

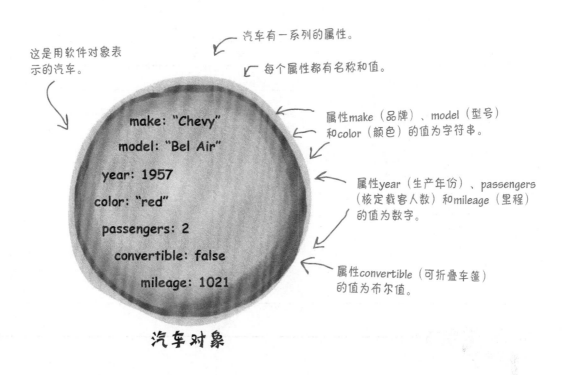

这是用软件对象表示的汽车。

汽车有一系列的属性。

每个属性都有名称和值。

属性make（品牌）、model（型号）和color（颜色）的值为字符串。

属性year（生产年份）、passengers（核定载客人数）和mileage（里程）的值为数字。

属性convertible（可折叠车篷）的值为布尔值。

make: "Chevy"

model: "Bel Air"

year: 1957

color: "red"

passengers: 2

convertible: false

mileage: 1021

汽车对象

考考你的脑力

你还希望汽车对象包含其他哪些属性呢？你还能想到汽车的哪些属性呢？将它们都写在下面吧。但别忘了，在软件中只有部分实际属性是有意义的。

那些汽车挂件也许很漂亮，但在对象中记录它们真的有意义吗？

磨笔上阵

我们要制作一个表格，在其中列出汽车属性的名称和值。你能帮助我们完成这项任务吗？请将你的答案与本章末尾的答案进行对比，再接着往下阅读。

在这里列出属性的名称。

在这里列出属性的值。

```
{
    make        : "Chevy"        ,
    model       : _____    ,
    year        : _____    ,
    color       : _____    ,
    passengers  : _____    ,
    convertible : _____    ,
    mileage     : _____    ,
    _____ : _____    ,
    _____ : _____
};
```

将答案写在这里。你可随意拓展这个列表，在其中添加你想到的其他属性。

请注意指定属性和值时使用的语法，后面可能考查你这方面的知识。

考考你的脑力

出租车有哪些属性和值与前述1957年产的雪佛兰相同？这种车可能有哪些不同之处？它们有哪些额外的属性？又有哪些属性是它们没有的？

如何创建对象

好消息是，在前一个"磨笔上阵"练习中，你已经差不多创建了一
个对象；唯一欠缺的工作是将其赋给一个变量，以便能够使用它来
做事情，如下所示：

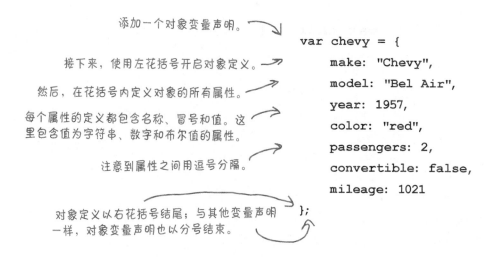

添加一个对象变量声明。

接下来，使用左花括号开启对象定义。

然后，在花括号内定义对象的所有属性。

每个属性的定义都包含名称、冒号和值。这
里包含值为字符串、数字和布尔值的属性。

注意到属性之间用逗号分隔。

对象定义以右花括号结尾；与其他变量声明
一样，对象变量声明也以分号结束。

```
var chevy = {
    make: "Chevy",
    model: "Bel Air",
    year: 1957,
    color: "red",
    passengers: 2,
    convertible: false,
    mileage: 1021
};
```

这样做的结果是什么呢？当然是一个全新的对象。对象将所有的
名称和值（即属性）组合在一起。

至此，你创建了一个包含一系列属性的对象，并将其赋给了
一个变量，以便使用它来访问和修改这个对象的属性。

我们根据对象的文本描述创建了一个货
真价实的JavaScript对象。

你可以传递这个对象、获取其中的值、修改其中的值、添加属性
或删除属性。这些将在稍后介绍，现在再来创建一些对象。

并非只能使用一个对象。稍后你将看到，对象的真正威力在于，你可以创建大量的对象，并编写代码来操作提供给它的对象。来练练手，从头开始创建另一个汽车对象，并将其代码写在下面。

```
var cadi = {


};
```

在这里定义对象的属性。

这是一辆通用1955年产的凯迪拉克。

车身为棕褐色。

它不是敞篷车，最多可乘坐5人（后排是一个超大的凹背座椅）。

里程为12 892英里。

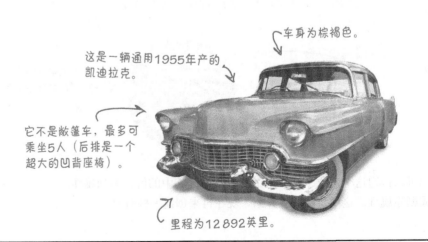

超速罚单

签发单位：*Web*镇 警察局

№ 10

说明

别担心，这次算你走运，我们不给你开罚单，只要求你温习下述有关对象创建方面的"交通规则"。

务必将对象定义放在花括号内：

```
var cat = {
    name: "fluffy"
};
```

用冒号分隔属性名和属性值：

```
var planet = {
    diameter: 49528
};
```

属性名可以是任何字符串，但通常遵循变量命名规则：

```
var widget = {
    cost$: 3.14,
    "on sale": true
};
```

> 请注意，将包含空格的字符串用作属性名时，必须用引号将其括起。

在同一个对象中，不能包含两个同名的属性：

```
var forecast = {
    highTemp: 82,
    highTemp: 56
};
```

> 不对！这行不通。

用逗号分隔属性名和属性值对：

```
var gadget = {
    name: "anvil",
    isHeavy: true
};
```

在最后一个属性值后面，不添加逗号：

```
var superhero = {
    name: "Batman",
    alias: "Caped Crusader"
};
```

> 不能在这里添加逗号！

何为面向对象呢

到目前为止，我们解决问题时，都使用一系列的变量声明、条件、for/while语句和函数调用。这是**过程型思维**：先这样做，再那样做，等等。在**面向对象编程**中，我们从对象的角度考虑问题，而对象有状态（例如，汽车可能有油位）和行为（例如，汽车可以启动、行驶、停放和停止）。

这是什么意思呢？面向对象编程让你能够解放思想，从更高的层次考虑问题。来看看手工烤面包和使用烤箱烤面包的差别吧。手工烤面包时，需要制作加热线圈，将线圈连接到电源并通电，手持面包放在离线圈很近的地方烤，然后耐心等待，等烤熟后再将线圈断电；使用烤箱时，只需将面包放入烤箱再按下按钮即可。第一种方式是过程型的，而第二种方式是面向对象的：你有一个烤箱对象，让你能够轻松地放入并烤好面包。

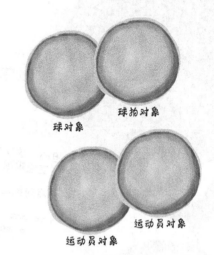

球对象

球拍对象

运动员对象

运动员对象

你喜欢面向对象的哪些方面？

"它让我能够以更自然的方式进行设计，给事物提供了演进空间。"

——Joy，27岁，软件架构师

"不会打乱已测试过的代码，只需添加新功能即可。"

——Brad，32岁，程序员

"将数据和操作数据的方法都组合到了对象中，我很喜欢。"

——Josh，22岁，游戏设计师

"在其他应用程序中重用代码。编写新对象时，我能让它足够灵活，从而在新应用程序中使用它。"

——Chris，39岁，项目经理

"真不敢相信Chris刚才说的，他都5年没编写过一行代码了。"

——Dary，44岁，Chris手下的雇员

考考你的脑力

假设你要编写一个经典的乒乓球街机电子游戏，你将创建哪些对象？你希望这些对象有哪些状态和行为？

乒乓球游戏！

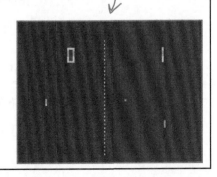

Web镇最小的汽车！

```
var fiat = {
    make: "Fiat",
    model: "500",
    year: 1957,
    color: "Medium Blue",
    passengers: 2,
    convertible: false,
    mileage: 88000
};
```

属性的工作原理

将属性都封装到对象中后，接下来该怎么做呢？你能查看这些属性的值、修改属性的值、添加属性、删除属性，还可使用它们来进行计算。下面来尝试做一些这样的事情——当然是使用JavaScript。

如何访问属性。 要访问对象的属性，可依次指定对象名、句点和属性名。这通常被称为句点表示法，看起来类似于下面这样：

句点就是一个点。

……然后是句点……

首先指定对象名……

……最后是属性名。

fiat.mileage

可在任何表达式中使用属性，如下所示：

```
var miles = fiat.mileage;
if (miles < 2000) {
    buyIt();
}
```

首先是存储对象的变量，然后是句点和属性名。

> **句点表示法**
>
> - 句点表示法（.）让你能够访问对象的属性。
>
> - 例如，`fiat.color`表示对象`fiat`的一个属性，这个属性的名称为`color`，值为`"Medium Blue"`。

如何修改属性。随时都可修改属性的值，只需将一个新值赋给它即可。例如，假设要将前述菲亚特的里程设置为10 000英里，可以这样做：

```
fiat.mileage = 10000;
```

只需指定要修改的属性，再将一个新值赋给它。
请注意，在有些地方，这样做是犯法的。

如何添加新属性。可随时扩展对象，给它们添加新属性。为此，只需指定新属性并给它赋值。例如，假设要给前述菲亚特添加一个布尔属性，用于指出是否该洗车了，可以像下面这样做：

```
fiat.needsWashing = true;
```

如果指定的属性在对象中不存在，将添加该属性；否则将修改该属性的值。

```
  make: "Fiat"
 model: "500"
  year: 1957
 color: "Medium Blue"
passengers: 2
convertible: false
 mileage: 88000
   needsWashing: true
```

这个新属性被添加到对象中。

如何将属性用于计算。将属性用于计算很简单，只需像使用其他变量（或值）一样使用它们。下面是几个示例：

可像使用变量一样使用对象的属性，不同点是需要使用句点表示法来访问对象的属性。

```
if (fiat.year < 1965) {
    classic = true;
}
for (var i = 0; i < fiat.passengers; i++) {
    addPersonToCar();
}
```

对象冰箱贴

下面的代码被胡乱地贴在冰箱上，请利用你的对象创建和句点表示法技能，将它们放在正确的位置。请注意，其中有些冰箱贴可能是多余的！

使用这些冰箱贴来补全
下面的代码。

```
name: "Fido"
weight: 20.2
age: 4
breed: "mixed"
activity: "fetch balls"
```

← 小狗对象

```
var dog = {
    name: _____
    _____: 20.2
    age: _____
    _____: "mixed",
    activity: _____
};
var bark;
if (_____ > 20) {
    bark = "WOOF WOOF";
} else {
    bark = "woof woof";
}
var speak = _____ + " says " + _____ + " when he wants to " + _____;
console.log(speak);
```

Fido渴望你将
其属性归位。

我知道，可随时添加新属性。还能将属性删除吗？

可以，你可随时增删属性。你知道，要给对象添加属性，只需指定一个新属性并给它赋值，如下所示：

```
fido.dogYears = 35;
```

从此之后，fido就有了新属性dogYears。非常简单。

要删除属性，可使用一个特殊的关键字delete。可以像下面这样使用关键字delete：

```
delete fido.dogYears;
```

删除属性时，不仅删除了属性的值，还删除了属性本身。因此，删除属性dogYears后，如果你试图使用fido.dogYears，结果将为undefined。

若成功删除了属性，delete表达式将返回true。仅当属性无法删除时，delete才返回false；这种情况是可能出现的，例如对象属于浏览器而受到保护。即便你要删除的属性在对象中不存在，delete也将返回true。

世上没有
愚蠢的问题

问: 一个对象最多可包含多少个属性？

答: 想要多少就可以有多少。对象可以没有任何属性，也可以有数百个属性，完全由你决定。

问: 如何创建没有属性的对象？

答: 像创建其他对象一样，只是不指定任何属性，就像下面这样：

```
var lookMaNoProps = { };
```

问: 我知道，我刚问了如何创建没有属性的对象，可为何要这样做呢？

答: 根据代码的逻辑，你可能想先创建一个空对象，再动态地添加属性。随着你不断使用对象，你将明白为何要采用这种创建对象的方式。

```
var lookMaNoProps = { };
lookMaNoProps.age = 10;
if (lookMaNoProps.age > 5) {
  lookMaNoProps.school = "Elementary";
}
```

问: 与使用一系列变量相比，使用对象有何优势？毕竟对于前述菲亚特对象的每个属性，都可将其作为独立的变量，不是吗？

答: 对象封装了数据的复杂性，让你能够专注于代码的高层次设计，而不是细枝末节。假设你要编写一个设计10辆车的交通模拟器，你肯定希望专注于汽车、路灯和马路，而不是数百个变量。对象还让你的工作更轻松，因为它们封装（隐藏）对象状态和行为的复杂性，让你无需操心这些东西。这些都是如何实现的呢？等你有了更多对象方面的经验后，就会明白得多。

问: 试图给对象添加既有的属性时，结果将如何？

答: 试图给对象添加既有属性（如needsWashing）时，将修改该属性的值。因此，如果你编写了代码：

```
fiat.needsWashing = true;
```

而fiat包含值为false的属性needsWashing，这将把这个属性的值改为true。

问: 试图访问不存在的属性时，结果将如何？例如，如果我编写了代码if (fiat.make) { ... }，而fiat没有属性make，结果将如何呢？

答: 如果fiat没有属性make，表达式fiat.make的结果将为undefined。

问: 如果在最后一个属性值后面加上了逗号，结果将如何？

答: 在大多数浏览器中，这不会导致错误。然而，在一些浏览器的旧版本中，这会导致JavaScript停止执行。因此，要确保代码能够在尽可能多的浏览器中运行，千万不要添加多余的逗号。

问: 可以使用console.log来将对象显示到控制台吗？

答: 可以，为此只需编写类似于下面的代码：

```
console.log(fiat);
```

这样，当你加载网页时，如果控制台打开了，你将在控制台中看到有关指定对象的信息。

JavaScript控制台

```
> console.log(fiat)
Object {make: "Fiat", model: "500", year: 1957,
color: "Medium Blue", passengers: 2…}
>
```

变量是如何存储对象的
爱寻根究底的人想知道……

你知道，变量像是容器，用于存储值。数字、字符串和布尔值都很小，对象怎么样呢？变量可存储任何规模的对象，不管它包含多少属性吗？

幕后花絮

■ 变量并不实际存储对象。

■ 变量存储指向对象的引用。

■ 引用就像指针，是对象的存储地址。

■ 换句话说，变量并不存储对象本身，而是存储类似于指针的东西。在JavaScript中，我们并不知道引用变量存储的到底是什么，但我们知道，不管它存储的是什么，它肯定指向相应的对象。

■ 当我们使用句点表示法时，JavaScript解释器将负责根据引用获取对象并访问其属性。

因此，虽然我们通常认为对象是被塞到变量中的，但这是不可能的，就像根本不存在可伸缩的庞大杯子，能够装下任何东西一样。相反，对象变量存储的是指向对象的引用。

你也可以这样想：基本类型变量表示的是实际**值**，而对象变量表示一种**获取对象**的途径。在实际工作中，你只需将对象视为像狗和汽车一样的东西（而不是引用），但知道变量存储的是指向对象的**引用**将在本书后面派上用场（再过几页你就会看到）。

另外，当你将句点表示法（.）用于引用变量时，相当于这样说：请使用句点**前**的引用来获取相应的对象，再访问句点**后**指定的属性。（请多念几遍，将其完全消化。）例如，下述代码的含义是，访问变量car引用的对象的属性color。

```
car.color;
```

比较基本类型和对象

可将对象引用视为另一个变量值，这意味着引用就像基本类型一样，也是可以放入杯子的。基本类型变量存储的是实际**值**，如5、26.7、"hi"或false；而引用变量存储的是**引用**：一种获取特定对象的途径。

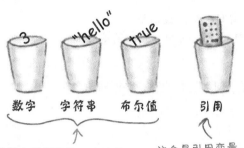

这些都是基本类型变量，存储着你赋给它们的值。

这个是引用变量，存储的是指向对象的引用。

我们不知道（也不关心）JavaScript解释器如何表示对象引用。

我们只知道可以使用句点表示法来访问对象的属性。

初始化基本类型变量

声明并初始化基本类型变量时，你赋给它一个值；这个值放在变量这个杯子中，如下所示：

var x = 3;

这个变量存储着数字3。

一个基本类型值（数字）。

初始化对象（引用）变量

声明并初始化对象变量时，你使用对象表示法创建一个对象，但这个对象在变量这个杯子中放不下，因此实际放到杯子里的是指向这个对象的引用。

var myCar = {...};

变量中存储的是指向汽车对象的引用。

汽车对象本身并没有存储到变量中。

汽车对象

引用值

myCar

你现在的位置 ▶ **187**

使用对象

假设你要物色一辆好车，供你在Web镇使用。你的要求是什么呢？下面的要求怎样？

❏ 1960年或更早生产。

❏ 里程不超过10 000英里。

你还想利用新学到的编码技能来简化挑选工作。因此你想编写一个函数，帮你对车辆进行预检，即如果车辆合乎要求，这个函数就返回true；如果车辆不值得你浪费时间，这个函数就返回false。

具体地说，你要编写一个**函数**，它**将一个汽车对象作为参数**，对其进行检查，并返回一个布尔值。这个函数可用于对任何汽车对象进行预检。

下面来尝试编写这个函数：

你将给它传递一个汽车对象。

这是所需的函数。

```
function prequal(car) {
    if (car.mileage > 10000) {
        return false;
    } else if (car.year > 1960) {
        return false;
    }
    return true;
}
```

将句点表示法用于形参car，以访问属性mileage和year。

检查每个属性的值，看它们是否符合要求。

只要有一项要求没有满足，就返回false；否则返回true，表示车辆通过了预检。

下面来尝试使用这个函数。为此，先得有一个汽车对象，下面这个怎样？

```
var taxi = {
    make: "Webville Motors",
    model: "Taxi",
    year: 1955,
    color: "yellow",
    passengers: 4,
    convertible: false,
    mileage: 281341
};
```

你觉得怎样？该考虑这辆黄色出租车吗？请说明理由。

进行预检

关于对象说得够多了，下面来创建一个，并使用函数prequal对其进行预检。在一个
简单的HTML页面（prequal.html）中，嵌入下面的代码，然后加载这个网页，看看这
辆出租车是否合乎要求：

```javascript
var taxi = {
    make: "Webville Motors",
    model: "Taxi",
    year: 1955,
    color: "yellow",
    passengers: 4,
    convertible: false,
    mileage: 281341
};

function prequal(car) {
    if (car.mileage > 10000) {
        return false;
    } else if (car.year > 1960) {
        return false;
    }
    return true;
}


var worthALook = prequal(taxi);

if (worthALook) {
    console.log("You gotta check out this " + taxi.make + " " + taxi.model);
} else {
    console.log("You should really pass on the " + taxi.make + " " + taxi.model);
}
```

这辆出租车合乎要求吗

这是我们得到的输出。下面来分步
查看这些代码，看看这辆出租车
没有通过预检的原因。

> **JavaScript控制台**
>
> You should really pass on the Webville Motors Taxi

分步进行预检

① 首先，我们创建了出租车对象，并将其赋给变量taxi。当然，变量taxi存储的是指向这个出租车对象的引用，而不是对象本身。

```
var taxi = { ... };
```

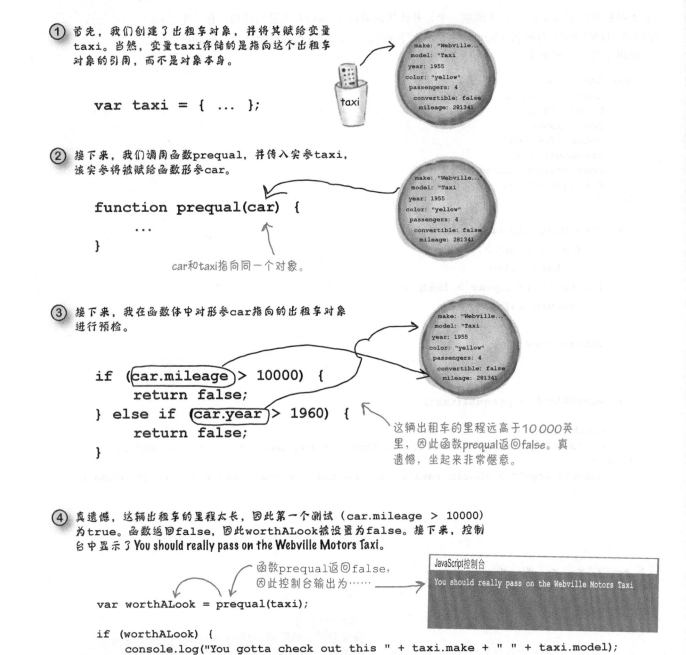

② 接下来，我们调用函数prequal，并传入实参taxi，该实参将被赋给函数形参car。

```
function prequal(car) {
    ...
}
```

car和taxi指向同一个对象。

③ 接下来，我在函数体中对形参car指向的出租车对象进行预检。

```
if (car.mileage > 10000) {
    return false;
} else if (car.year > 1960) {
    return false;
}
```

这辆出租车的里程远高于10 000英里，因此函数prequal返回false。真遗憾，坐起来非常惬意。

④ 真遗憾，这辆出租车的里程太长，因此第一个测试（car.mileage > 10000）为true。函数返回false，因此worthALook被设置为false。接下来，控制台中显示了 You should really pass on the Webville Motors Taxi。

函数prequal返回false，因此控制台输出为……

JavaScript控制台

You should really pass on the Webville Motors Taxi

```
var worthALook = prequal(taxi);

if (worthALook) {
    console.log("You gotta check out this " + taxi.make + " " + taxi.model);
} else {
    console.log("You should really pass on the " + taxi.make + " " + taxi.model);
}
```

磨笔上阵

轮到你了。这里还有三个汽车对象；将它们分别传递给函数prequal时，结果如何呢？请先通过心算来回答，再编写代码来检查你的答案是否正确。

```
var cadi = {
    make: "GM",
    model: "Cadillac",
    year: 1955,
    color: "tan",
    passengers: 5,
    convertible: false,
    mileage: 12892
};

prequal(cadi);
```

_____

在这里填写函数
prequal返回的值。

```
var fiat = {
    make: "Fiat",
    model: "500",
    year: 1957,
    color: "Medium Blue",
    passengers: 2,
    convertible: false,
    mileage: 88000
};

prequal(fiat);
```

_____

```
var chevy = {
    make: "Chevy",
    model: "Bel Air",
    year: 1957,
    color: "red",
    passengers: 2,
    convertible: false,
    mileage: 1021
};

prequal(chevy);
```

_____

更深入地讨论向函数传递对象的情况

前面简要地讨论了实参是如何传递给函数的：实参是**按值传递**的，这意味着传递的是实参的副本。因此，如果我们传递一个整数，相应的函数形参将获得该整数值的副本，以便在函数中使用它。传递对象时情况亦如此，但我们必须更深入地研究按值传递对对象来说意味着什么，这样才能明白向函数传递对象时发生的情况。

你知道，将对象赋给变量时，变量存储的是指向对象的**引用**，而不是对象本身。再次重申，可将引用视为指向对象的指针。

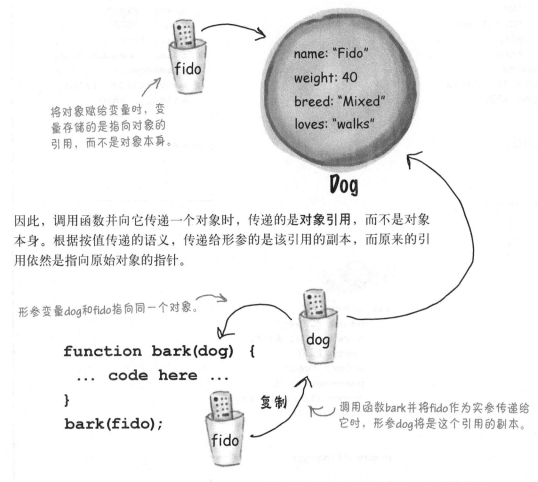

将对象赋给变量时，变量存储的是指向对象的引用，而不是对象本身。

name: "Fido"

weight: 40

breed: "Mixed"

loves: "walks"

Dog

因此，调用函数并向它传递一个对象时，传递的是**对象引用**，而不是对象本身。根据按值传递的语义，传递给形参的是该引用的副本，而原来的引用依然是指向原始对象的指针。

形参变量dog和fido指向同一个对象。

```
function bark(dog) {
  ... code here ...
}
bark(fido);
```

复制

调用函数bark并将fido作为实参传递给它时，形参dog将是这个引用的副本。

这意味着什么呢？一个最大的不同是，如果你在函数中修改对象的属性，修改的将是原始对象的属性。因此，函数结束时，在函数中对对象所做的修改都依然有效。下面通过一个示例来详细说明这一点。

让**fido**减减肥

假设我们要测试一种给小狗瘦身的新方法，并要在一个名为
loseWeight的函数中实现这种减肥方法。你只要将小狗对象传递给
函数loseWeight，并指定要减去多少，小狗的体重就会减下来，就
像变魔术一样。下面是其中的工作原理。

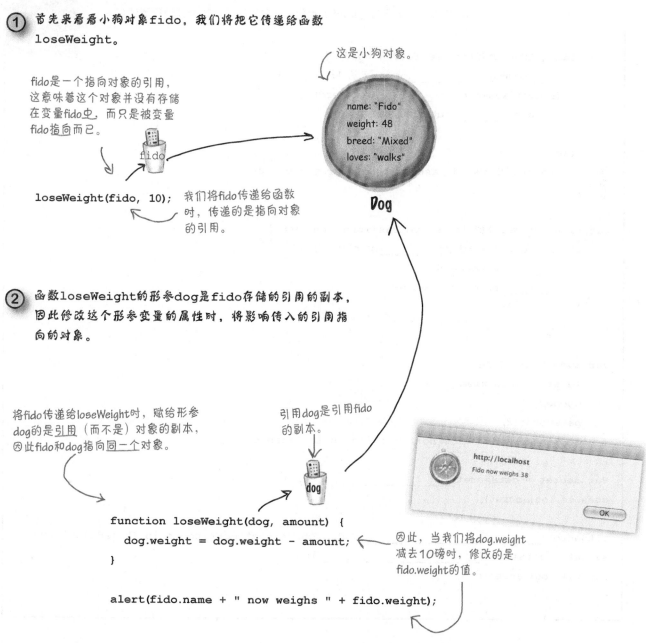

① 首先来看看小狗对象fido，我们将把它传递给函数
loseWeight。

这是小狗对象。

fido是一个指向对象的引用，
这意味着这个对象并没有存储
在变量fido中，而只是被变量
fido指向而已。

name: "Fido"
weight: 48
breed: "Mixed"
loves: "walks"

Dog

loseWeight(fido, 10);　我们将fido传递给函数
时，传递的是指向对象
的引用。

② 函数loseWeight的形参dog是fido存储的引用的副本，
因此修改这个形参变量的属性时，将影响传入的引用指
向的对象。

将fido传递给loseWeight时，赋给形参
dog的是引用（而不是）对象的副本，
因此fido和dog指向同一个对象。

引用dog是引用fido
的副本。

dog

http://localhost
Fido now weighs 38

OK

```
function loseWeight(dog, amount) {
    dog.weight = dog.weight - amount;
}

alert(fido.name + " now weighs " + fido.weight);
```

因此，当我们将dog.weight
减去10磅时，修改的是
fido.weight的值。

磨笔上阵 _____

有人给你提供了一个绝密文件，还有两个让你能够获取和设置该文件内容的函数，但要使用这两个函数，你必须知道正确的密码。第一个函数是 getSecret，它在密码正确时返回文件的内容，并将每次访问尝试都记录在案。第二个函数是 setSecret，它修改文件的内容，并将访问次数重置为零。你的任务是补全下面的JavaScript代码，并对完成后的函数进行测试。

```javascript
function getSecret(file, secretPassword) {
    _____.opened = _____.opened + 1;
    if (secretPassword == _____.password) {
        return _____.contents;
    }
    else {
        return "Invalid password! No secret for you.";
    }
}
function setSecret(file, secretPassword, secret) {
    if (secretPassword == _____.password) {
        _____.opened = 0;
        _____.contents = secret;
    }
}

var superSecretFile = {
    level: "classified",
    opened: 0,
    password: 2,
    contents: "Dr. Evel's next meeting is in Detroit."
};
var secret = getSecret(_____, _____);
console.log(secret);

setSecret(_____, _____, "Dr. Evel's next meeting is in Philadelphia.");
secret = getSecret(_____, _____);
console.log(secret);
```

> 我又来了，这次带来的是汽车自动制造机，这个家伙能够让你一天到晚不断地生产新汽车。

```html
<!doctype html>
<html lang="en">
<head>
  <title>Object-o-matic</title>
  <meta charset="utf-8">
  <script>
    function makeCar() {
        var makes = ["Chevy", "GM", "Fiat", "Webville Motors", "Tucker"];
        var models = ["Cadillac", "500", "Bel-Air", "Taxi", "Torpedo"];
        var years = [1955, 1957, 1948, 1954, 1961];
        var colors = ["red", "blue", "tan", "yellow", "white"];
        var convertible = [true, false];

        var rand1 = Math.floor(Math.random() * makes.length);
        var rand2 = Math.floor(Math.random() * models.length);
        var rand3 = Math.floor(Math.random() * years.length);
        var rand4 = Math.floor(Math.random() * colors.length);
        var rand5 = Math.floor(Math.random() * 5) + 1;
        var rand6 = Math.floor(Math.random() * 2);

        var car = {
            make: makes[rand1],
            model: models[rand2],
            year: years[rand3],
            color: colors[rand4],
            passengers: rand5,
            convertible: convertible[rand6],
            mileage: 0
        };
        return car;
    }

    function displayCar(car) {
        console.log("Your new car is a " + car.year + " " + car.make + " " + car.model);
    }

    var carToSell = makeCar();
    displayCar(carToSell);

  </script>
</head>
<body></body>
</html>
```

汽车自动制造器与第4章的自动造句应用程序类似，但其中的单词表示的是汽车属性，并且生成的是汽车对象，而不是广告语！

看看它的功能和工作原理吧。

汽车自动制造机

推销自动造句应用程序的那个家伙又来推销自动汽车制造机（Auto-O-Matic）了，这种机器可整天不间断地生产已停产的汽车。换句话说，它不生成广告语，而是生成品牌、型号、年份等汽车对象的属性，犹如汽车工厂。下面来详细看看其工作原理。

① 首先是一个makeCar函数，我们可随时调用它来生产新汽车。在这个函数中，有4个表示汽车品牌、型号、生产年份和颜色的数组，还有一个表示汽车是否有可折叠车篷的数组。我们生成5个随机数，以便从这5个数组中随机选择品牌、型号、生产年份、颜色以及是否有可折叠车篷。我们还生成了另一个随机数，用于表示核定载客人数。

我们可从这4个数组中选择多种品牌、型号、生产年份和颜色。

```
var makes = ["Chevy", "GM", "Fiat", "Webville Motors", "Tucker"];
var models = ["Cadillac", "500", "Bel-Air", "Taxi", "Torpedo"];
var years = [1955, 1957, 1948, 1954, 1961];
var colors = ["red", "blue", "tan", "yellow", "white"];
var convertible = [true, false];
```

我们将从这个数组中选择属性convertible的值（true或false）。

我们使用这4个随机数从数组中随机地选择值。

```
var rand1 = Math.floor(Math.random() * makes.length);
var rand2 = Math.floor(Math.random() * models.length);
var rand3 = Math.floor(Math.random() * years.length);
var rand4 = Math.floor(Math.random() * colors.length);
var rand5 = Math.floor(Math.random() * 5) + 1;
var rand6 = Math.floor(Math.random() * 2);
```

我们将这个随机数作为核定载客人数。将随机数加上1，确保汽车的核定载客人数不少于1。

我们根据这个随机数确定汽车是否有可折叠车篷。

② 这里不像自动造句应用程序那样将各种汽车属性拼接成一个字符串，而是使用它们来创建新对象car，它有你期望的所有属性。为了从数组中选择属性make、model、year和color的值，我们使用了第1步创建的随机数，我们还添加了passengers、convertible和mileage属性。

```
var car = {
    make: makes[rand1],
    model: models[rand2],
    year: years[rand3],
    color: colors[rand4],
    passengers: rand5,
    convertible: convertible[rand6],
    mileage: 0
};
```

我们创建一个新的汽车对象，其属性的值是从数组中选择出来的。

我们还将核定载客人数设置为前面创建的一个随机数，并使用数组convertible将属性convertible设置为true或false。

最后，将属性mileage设置为0（因为这是一辆新车）。

③ 函数makeCar的最后一条语句返回新对象car。

```
return car;
```

从函数返回对象与返回其他值没什么两样。下面来看看调用函数makeCar的代码：

```
function displayCar(car) {
  console.log("Your new car is a " + car.year + " " +
                car.make + " " + car.model);
}
var carToSell = makeCar();
displayCar(carToSell);
```

首先调用函数makeCar，并将它返回的值赋给变量carToSell。接下来，我们将makeCar返回的汽车对象传递给函数displayCar，它所做的只是在控制台中显示这个对象的一些属性。

别忘了，你返回了一个指向汽车对象的引用，并将其赋给了变量carToSell。

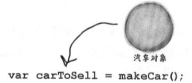

汽车对象

```
var carToSell = makeCar();
```

④ 请在浏览器中加载这个自动汽车制造机（autoomatic.html），让它运转起来。你将发现，你想生成多少新车就能生产多少，但别忘了，"每分钟都有笨蛋出生"。

这是你的新车。在我们看来，1957年产的菲亚特出租车很不错。

> **JavaScript控制台**
>
> Your new car is a 1957 Fiat Taxi
> Your new car is a 1961 Tucker 500
> Your new car is a 1948 GM Torpedo

像我们这样多次重新加载这个网页！

如何给对象添加行为

你不会认为对象只能用于存储数字和字符串吧？对象是**活动的，能够做事情**。小狗不会一直静静地坐着，它们还会叫、跑、玩接球游戏。小狗对象也如此！同理，我们可以开车、停车、倒车和刹车。利用本章介绍过的知识，你完全能够给对象添加行为，如下所示：

```
var fiat = {
    make: "Fiat",
    model: "500",
    year: 1957,
    color: "Medium Blue",
    passengers: 2,
    convertible: false,
    mileage: 88000,
    drive: function() {
        alert("Zoom zoom!");
    }
};
```

可以像这样直接给对象添加函数。

你需要做的只是将函数定义赋给属性。是的，属性也可以是函数！

注意到在函数定义中没有指定函数名，而只是在关键字function后面提供了函数体。属性名就是函数名。

稍微说说术语的问题：对于对象内的函数，我们通常称之为*方法*。在面向对象领域，将对象内的函数统称为方法。

要调用函数drive，准确地说是方法drive，也使用句点表示法：用句点将对象名（fiat）和属性名（drive）连接起来，并在属性名后面加上圆括号，就像调用其他函数一样。

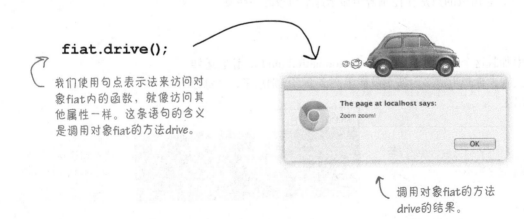

fiat.drive();

我们使用句点表示法来访问对象fiat内的函数，就像访问其他属性一样。这条语句的含义是调用对象fiat的方法drive。

调用对象fiat的方法drive的结果。

改进方法drive

下面来让fiat对象的行为更像汽车。对大多数汽车来说，只有启动发动机
后才能开动。如何模拟这种行为呢？为此，需要：

❏ 一个布尔属性，用于存储汽车的状态（发动机是否
开启）；

❏ 两个方法，分别用于启动和熄灭发动机；

❏ 在方法drive中检查条件，确保仅当发动机启动后
才能开动汽车。

下面首先添加了布尔属性started以及启动和熄灭发动机的方法start和
stop，再修改方法drive，使其根据属性started决定是否开动汽车。

```
var fiat = {
    make: "Fiat",
    model: "500",
    year: 1957,
    color: "Medium Blue",
    passengers: 2,
    convertible: false,
    mileage: 88000,
    started: false,
```

存储发动机当前状态的属性（true表示发
动机已启动，false表示发动机已熄灭）。

```
    start: function() {
        started = true;
    },
```

启动发动机的方法，当前它只是
将属性started设置为true。

```
    stop: function() {
        started = false;
    },
```

熄灭发动机的方法，它只是
将属性started设置为false。

```
    drive: function() {
        if (started) {
            alert("Zoom zoom!");
        } else {
            alert("You need to start the engine first.");
        }
    }
};
```

在这里实现了有趣的行为：当你试图开动汽车时，如果发动机
已启动，将显示Zoom zoom!，否则你将被告知要先启动发动机。

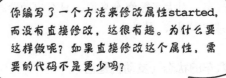

你编写了一个方法来修改属性started，而没有直接修改，这很有趣。为什么要这样做呢？如果直接修改这个属性，需要的代码不是更少吗？

好眼力。你说得对，要启动发动机，可使用代码`fiat.started = true;`而不是`fiat.start();`。这样就无需编写启动发动机的方法了。

为何不直接修改属性`started`，而要创建并调用方法`start`呢？使用方法来修改属性是另一种封装方式，它让对象决定如何完成工作，通常可改善代码的可维护性和可扩展性。通过让方法`start`负责启动发动机，你就无需知道如下细节：为启动发动机，需要获取属性`started`，并将其设置为`true`。

你可能还是会说，这有什么大不了的，为何不直接将这个属性设置为`true`来启动发动机呢？假设有一个非常复杂的`start`方法，需要确定安全带已系好、确保油料充足、检查电瓶、检查发动机温度等，然后再将`started`设置为`true`。你肯定不想在开车前考虑所有这些细节，而希望能够调用一个方法来完成这些工作。通过将这些细节都放在一个方法中，让你只需向对象发出指令，由对象去操心如何执行这些指令即可。

测试对象fiat

来测试一下改进后的对象fiat。我们将进行全面测试：在没有启动发动机的情况下尝试开动，再启动发动机、开车并熄火。为此，在一个简单的HTML页面（carWithDrive.html）中嵌入对象fiat的代码，再在这些代码后面输入如下代码：

```
fiat.drive();
fiat.start();
fiat.drive();
fiat.stop();
```

← 首先，我们尝试开动汽车，这将显示一条消息，让我们先启动发动机。然后，我们启动发动机，并开动汽车。最后，我们熄灭发动机。

在浏览器中加载这个网页，开始一次自驾游吧！

别着急

如果你开不动汽车对象fiat也很正常。实际上，如果打开JavaScript控制台，你很可能看到一条类似于后面的消息，指出started未定义。

到底是怎么回事呢？咱们来仔细研究方法drive，看看当我们使用fiat.drive()试图开动这辆汽车时发生的情况。

> **JavaScript控制台**
>
> ReferenceError: started is not defined

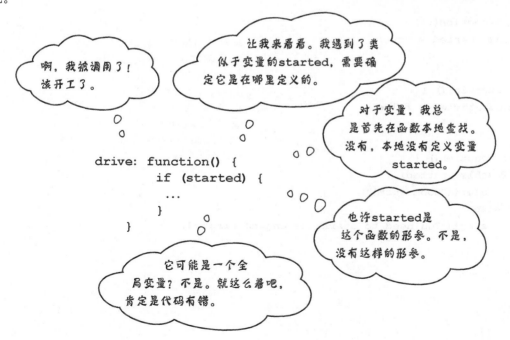

为何方法drive不知道属性started

原因如下：在对象fiat的方法中，我们原本要引用属性started，但函数中引用的变量通常被解析为局部变量、函数形参或全局变量。在方法drive中，started不属于上述任何一种变量，而是对象fiat的一个属性。

虽然如此，代码也该能正确地运行吧？换句话说，我们在对象fiat中定义了started，JavaScript应该足够聪明，知道我们指的是属性started吧？

正如你看到的，它不知道。怎么会这样呢？

情况是这样的：在方法drive中，看起来像变量的started实际上是对象的一个属性，但我们没有告诉JavaScript它是哪个对象的属性。你可能会说，我们说的显然是当前对象，这不是明摆着的吗！有什么不清楚的呢？是的，我们的本意是当前对象的属性。事实上，有一个JavaScript关键字this，可使用它来告诉JavaScript，你说的是**当前所处的对象**。

下面来加上关键字this，让这些代码能够正常运行：

> 要让我知道是哪个对象的属性started，你必须明确地指出这一点。

```
drive: function() {
    if (started) {
        ...
    }
}
```

```
var fiat = {
    make: "Fiat",
    // 其他属性。为节省篇幅，这里省略了它们
    started: false,

    start: function() {
        this.started = true;
    },

    stop: function() {
        this.started = false;
    },

    drive: function() {
        if (this.started) {
            alert("Zoom zoom!");
        } else {
            alert("You need to start the engine first.");
        }
    }
};
```

每次引用属性started时，都在它前面加上this和句点，告诉JavaScript解释器你说的是当前对象的属性started，以免JavaScript以为你引用的是一个变量。

测试关键字this

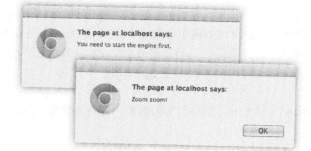

请修改你的代码，并尝试运行它们！
我们得到的结果如下。

变身浏览器

下面的JavaScript代码存在一些错误，你的任务是变身浏览器，将这些错误找出来。完成这个练习后，请翻到本章末尾，看看你是否找出了所有的错误。

在这里标出代码中的错误。

```javascript
var song = {
    name: "Walk This Way",
    artist: "Run-D.M.C.",
    minutes: 4,
    seconds: 3,
    genre: "80s",
    playing: false,

    play: function() {
        if (!playing) {
            this = true;
            console.log("Playing "
                + name + " by " + artist);
        }
    },

    pause: function() {
        if (playing) {
            this.playing = false;
        }
    }
};

this.play();
this.pause();
```

关键字this的工作原理

可将this视为一个变量，指向其方法被调用的对象。换句话说，如果你使用fiat.start()调用对象fiat的方法start，并在方法start中使用this，那么this将指向对象fiat。下面来更深入地研究调用对象fiat的方法start时发生的情况。

首先，我们有一个表示菲亚特汽车的对象，并将其赋给了变量fiat。

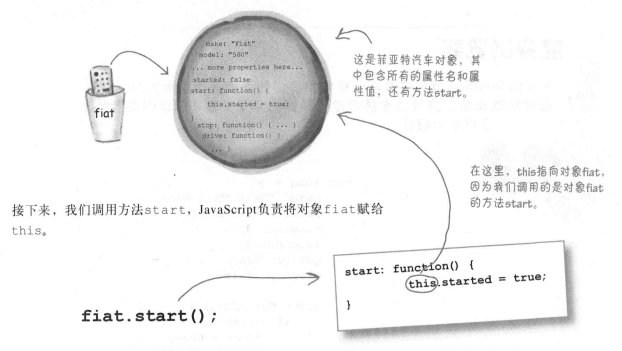

```
make: "Fiat"
model: "500"
... more properties here...
started: false
start: function() {
    this.started = true;
}
stop: function() { ... }
drive: function() {
    ... }
```

这是菲亚特汽车对象，其中包含所有的属性名和属性值，还有方法start。

在这里，this指向对象fiat，因为我们调用的是对象fiat的方法start。

接下来，我们调用方法start，JavaScript负责将对象fiat赋给this。

```
start: function() {
    this.started = true;
}
```

fiat.start();

每当我们调用对象的方法时，this都将指向这个对象。因此，在这里this指向对象fiat。

要理解关键字this，关键在于每当方法被调用时，在该方法体内都可使用this来引用**方法被调用的对象**。为了帮助你理解透彻，来尝试调用其他几个对象的方法。

如果你调用对象chevy的方法start，则在这个方法中，this指向的将是对象chevy。

```
start: function() {
        this.started = true;
}
```

`chevy.start();`

```
make: "Chevy"
model: "Bel Air"
... more properties here...
started: false
start: function() {
  this.started = true;
}
stop: function() { ... }
drive: function() {
  ... }
```

在对象taxi的方法start中，this指向的是对象taxi。

`taxi.start();`

```
start: function() {
        this.started = true;
}
```

```
make: "Webville..."
model: "Taxi"
... more properties here ...
started: false
start: function() {
  this.started = true;
}
stop: function() { ... }
drive: function() {...
```

磨笔上阵

请利用新学到的有关this的知识补全下面的代码，答案见本章末尾。

```
var eightBall = { index: 0,
            advice: ["yes", "no", "maybe", "not a chance"],
            shake: function() {
                    this.index = _____.index + 1;
                    if (_____.index  >= _____.advice.length) {
                            _____.index = 0;
                    }
            },
            look: function() {
                    return _____.advice[_____.index];
            }
};
eightBall.shake();
console.log(eightBall.look());
```

重复执行这些代码多次，对你补全的代码进行测试。

JavaScript控制台

no
maybe
not a chance

世上没有
愚蠢的问题

问: 方法和函数有何不同?

答: 方法是在对象中赋给了属性名的函数。你通过函数名来调用函数,而调用方法时,你使用对象句点表示法和属性名。在方法中,你还可使用关键字this来引用方法被调用的对象。

问: 我注意到在对象中使用关键字function时,没有显式地给函数指定名称。这种函数的名称是什么呢?

答: 是这样的。为调用方法,我们使用对象中相应的属性名,因此无需显式地给这种函数命名,以便用来调用它。就现在而言,将此视为一种约定即可,本书后面将深入探讨匿名函数,即未被显式命名的函数。

问: 函数可以有局部变量,方法也可以吗?

答: 可以。方法其实就是函数,将其称为方法只是因为它们位于对象中。

因此,函数能做的,方法都能做,因为方法就是函数。

问: 那么,也可以从方法返回值吗?

答: 可以。看看我们在上一个回答中是怎么说的!

问: 也可以向方法传递实参吗?

答: 可以! 难道你没有看前两个问题的答案吗?

问: 创建对象后,可以像添加属性一样添加方法吗?

答: 可以。可将方法视为被赋给属性的函数,因此可随时添加新方法:
```
// 添加方法engageTurbo
car.engageTurbo =
        function() { ... };
```

问: 在添加的方法(如前面的engageTurbo)中,也可以使用关键字this吗?

答: 可以。别忘了,调用方法时,将把方法被调用的对象赋给this。

问: this的值在什么时候被设置为相应的对象? 是在定义对象时还是调用方法时?

答: 在你调用方法时,this的值被设置为相应的对象。因此,当你调用fiat.start()时,this被设置为fiat,而当你调用chevy.start()时,this被设置为chevy。看起来好像this是在你定义对象时被设置的,因为在fiat.start中,this总是被设置为fiat,而在chevy.start中,this总是被设置为chevy,但你将在本书后面看到,有充分的理由表明this是在你调用方法而不是定义对象时设置的。这一点很重要,我们将反复讨论。

考考你的脑力

如果你将方法start、stop和drive复制到前面创建的对象chevy和cadi中,必须如何修改才能让它们正确地工作?

答案:根本不用修改!因为this的值是在运行阶段,即其方法被调用时设置的。

该把整个车队拉出来"遛遛"了。给每个汽车对象都添加方法drive，然后添加对它们进行发动、驾驶和熄火的代码。答案见本章末尾。

```
var cadi = {
    make: "GM",
    model: "Cadillac",
    year: 1955,
    color: "tan",
    passengers: 5,
    convertible: false,
    mileage: 12892
};
```

给每个汽车对象都添加属性started和下面的方法，再使用下面的代码来测试它们。

```
var chevy = {
    make: "Chevy",
    model: "Bel Air",
    year: 1957,
    color: "red",
    passengers: 2,
    convertible: false,
    mileage: 1021
};
```

```
started: false,

start: function() {
    this.started = true;
},

stop: function() {
    this.started = false;
},
```

我们稍微改进了方法drive，请你务必使用这些新代码。

```
drive: function() {
    if (this.started) {
        alert(this.make + " " +
              this.model + " goes zoom zoom!");
    } else {
        alert("You need to start the engine first.");
    }
}
```

```
var taxi = {
    make: "Webville Motors",
    model: "Taxi",
    year: 1955,
    color: "yellow",
    passengers: 4,
    convertible: false,
    mileage: 281341
};
```

添加新属性时，别忘了在属性mileage后面加上逗号！

在汽车对象定义后面添加这些代码，对所有对象都进行测试。

```
cadi.start();
cadi.drive();
cadi.stop();
chevy.start();
chevy.drive();
chevy.stop();
taxi.start();
taxi.drive();
taxi.stop();
```

我们将方法复制并粘贴到了各个汽车对象中，很多代码都是重复的。有没有更好的办法？

哇，好眼力。

是的，将方法start、stop和drive复制到每个汽车对象中，显然会导致大量的重复代码。在每个汽车对象中，其他属性的值都各不相同，但所有对象的方法都相同。

如果你认为这挺好，是在重用代码，请不要这么快下结论。我们确实是在重用这些代码，但这种重用是通过复制实现的：不是只编写一次，而是编写了很多次！如果要改变drive方法的工作方式，结果将如何呢？必须重新编写每个汽车对象的drive方法。这不好，不仅浪费时间，还容易出错。

还有一个比简单复制粘贴更严重的问题：我们假定给对象添加前述所有属性后，就能使其成为汽车对象。如果不小心在对象中遗漏了属性mileage，它还是汽车对象吗？

这些都是前述代码存在的问题，我们将在稍后的一章中处理这些问题，届时将讨论一些在对象中妥善重用代码的技巧。

> 我还想知道，如果有人给了我一个对象，
> 有办法知道它都包含哪些属性吗？

办法之一是迭代这个对象的属性。为此，可使用还未介绍过的一种迭代方式for in，这种迭代器以随机方式遍历对象的所有属性。下面演示了如何显示对象chevy的所有属性。

> for in以每次一个的方式遍历对象的属性，并依次将每个属性赋给变量prop。

```
for (var prop in chevy) {
    console.log(prop + ": " + chevy[prop]);
}
```

> 你可使用方括号表示法通过prop来访问当前属性。

这指出了另外一点：还有一种访问属性的方式。刚才访问对象chevy的属性时，我们使用了另一种语法，你注意到了吗？实际上，访问对象的属性时，有两种方式可供选择。一种是你已经知道的句点表示法：

```
chevy.color
```
> 使用对象名、句点和属性名。

另外一种方式是方括号表示法，类似于下面这样：

> 使用对象名以及用引号和方括号括起的属性名。

```
chevy["color"]
```

你需要知道的是，这两种方式是等价的，功能相同。唯一的差别在于，在有些情况下，方括号表示法更灵活些，因为可以像下面这样使用表达式来指定属性名：

```
chevy["co" + "lor"]
```
> 可将任何表达式放在方括号内，只要其结果为表示属性名的字符串即可。

JavaScript控制台

```
make: Chevy
model: Bel Air
year: 1957
color: red
passengers: 2
convertible: false
mileage: 1021
```

> 与访问数组元素的方式有点像。

行为如何影响状态
给车加点油

对象包含**状态**和**行为**。对象的属性让你能够记录对象的状态，如油位、当前温度或收音机当前播放的歌曲。对象的方法让你能够实现行为，如发动汽车、加热或快进。状态和行为会**相互影响**，你注意到了吗？例如，没有油就无法发动汽车，而开车时油量会逐渐减少。有点像现实生活，不是吗？

下面来进一步实现这种概念，给车加点油，然后就可以添加有趣的行为了。要给车加油，需要添加新属性fuel和新方法addFuel。方法addFuel有一个形参amount，我们使用它来增加属性fuel存储的油量。下面来给对象fiat添加这些属性：

```javascript
var fiat = {
    make: "Fiat",
    model: "500",
    // 其他属性。为节省篇幅，省略了它们
    started: false,
    fuel: 0,

    start: function() {
        this.started = true;
    },
    stop: function() {
        this.started = false;
    },
    drive: function() {
       if (this.started) {
          alert(this.make + " " + this.model + " goes zoom zoom!");
       } else {
          alert("You need to start the engine first.");
       }
    },
    addFuel: function(amount) {
        this.fuel = this.fuel + amount;
    }
};
```

我们添加了新属性fuel，用于存储汽车的油量。一开始，这辆汽车的油箱是空的。

我们还添加了方法addFuel，用于给汽车加油。想加多少就可以加多少，只需在调用这个方法时指定即可。

别忘了，fuel是一个属性，因此需要使用关键字this。

而amount是一个函数形参，因此不需要使用关键字this。

让状态来影响行为

添加属性fuel后，就可实现一些有趣的行为了。例如，如果没油，车就开不动！下面
首先来调整方法drive，在其中检查油量以确定油箱不是空的，并在每次开动时都将
fuel减1。实现这些行为的代码如下：

```javascript
var fiat = {
    // 其他属性和方法
    drive: function() {
        if (this.started) {
            if (this.fuel > 0) {
                alert(this.make + " " +
                    this.model + " goes zoom zoom!");
                this.fuel = this.fuel - 1;
            } else {
                alert("Uh oh, out of fuel.");
                this.stop();
            }
        } else {
            alert("You need to start the engine first.");
        }
    },
    addFuel: function(amount) {
        this.fuel = this.fuel + amount;
    }
};
```

现在可以在开动汽车前进行检查，确认油
箱不是空的。另外，如果能够开动汽车，
就应在每次开动时都减少余下的油量。

如果没油了，就现实一条消息
并熄灭发动机。要再次开动汽
车，你必须加油并启动发动机。

加点油以便试驾

请修改你的代码，并尝试运行它们！这是我们使用下
面的测试代码得到的结果：

```javascript
fiat.start();
fiat.drive();
fiat.addFuel(2);
fiat.start();
fiat.drive();
fiat.drive();
fiat.drive();
fiat.stop();
```

首先，我们尝试在没油的情况下
开动汽车；然后，我们加了点油，
再不断地开，直到油耗尽！请尝
试添加自己的测试代码，并确保
它们像你预期的那样工作。

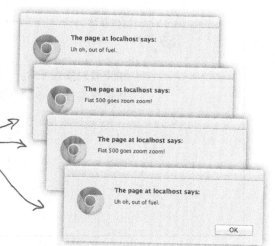

练习

要在汽车对象中完整地实现属性fuel，还有一些工作要做。例如，没油时能够启动发动机吗？请看方法start的代码：

```
start: function() {

        this.started = true;

}
```

显然是可以的。

请完善这个方法，在其中检查油位，并在没油时使用简单的提示（如The car is on empty, fill up before starting!）告知驾驶员。在下面重写方法start，将其加入你的代码中，并进行测试。继续往下阅读前，请查看本章末尾的答案。

在这里编写代码。

考考你的脑力

请查看对象fiat的代码，你还能在其他地方根据属性fuel来调整汽车的行为或创建修改属性fuel的行为吗？将你的想法记录在下面。

祝贺你熟悉了对象

你完成了有关对象的第一章，可以继续前行了。还记得你刚接触JavaScript时的情形吗？你眼里的编程领域就是数字、字符串、语句、条件、for循环等。现在大不相同了，你从更高的层次思考问题，眼里看到的是对象和方法。看看下面的代码就明白了：

```
fiat.addFuel(2);
fiat.start();
fiat.drive();
fiat.stop();
```

这些代码很容易理解，因为它使用包含状态和行为的对象来描绘世界。

这仅仅是开始，你可以走得更远，也确实会走得更远。熟悉对象后，接下来我们将继续提高你的技能，让你能够使用其他的JavaScript特性编写出真正的面向对象代码，并遵循众多至关重要的最佳实践。

结束本章前，还有一点你必须知道。

对象无处不在
（它们让你的生活更美好）

对对象略知一二后，通向一个全新世界的大门就向你打开了，因为JavaScript提供了很多对象（用于执行数学计算的对象、用于操作字符串的对象、用于创建日期和时间的对象，等等），你可在代码中使用它们。JavaScript还提供了一些编写浏览器代码时需要的重要对象，下一章将介绍其中的一个。现在花点时间来熟悉一些这样的对象，本书后面将经常用到它们。

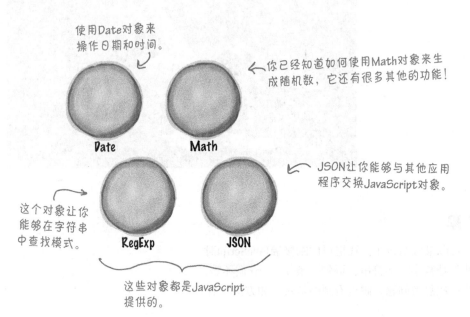

使用Date对象来操作日期和时间。

你已经知道如何使用Math对象来生成随机数，它还有很多其他的功能！

这个对象让你能够在字符串中查找模式。

JSON让你能够与其他应用程序交换JavaScript对象。

这些对象都是JavaScript提供的。

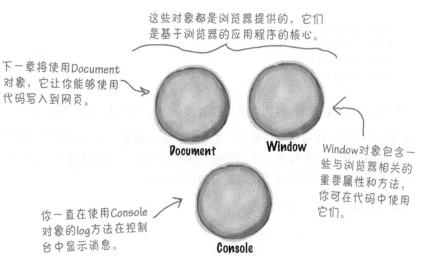

这些对象都是浏览器提供的，它们是基于浏览器的应用程序的核心。

下一章将使用Document对象，它让你能够使用代码写入到网页。

Window对象包含一些与浏览器相关的重要属性和方法，你可在代码中使用它们。

你一直在使用Console对象的log方法在控制台中显示消息。

起底对象

本周访谈：
且看对象自己怎么说

Head First：欢迎对象，这一章非常精彩。从对象的角度考虑代码，真是让人醍醐灌顶。

对象：哦，是吗？一切才刚刚开始。

Head First：何出此言？

对象：对象是一组属性，是吧？有些属性用于存储对象的状态，有些实际上是函数（准确地说是方法），赋予对象以行为。

Head First：这些我都明白。我实际上没有将方法也视为属性，但如果能够将函数也视为值的话，方法也是由名称和值组成的。

对象：可以将函数视为值！相信我，你可以。事实上，你可能没意识到，这种想法很有见地。先讲到这儿吧，我猜你还有很多问题要问。

Head First：但是你刚才说到……

对象：好吧，你见过很多包含属性的对象，还创建了很多对象，如各种汽车。

Head First：没错。

对象：但这些对象都太**随意**。真正的威力在于，你能够创建模板，用于生成统一的对象。

Head First：哦，你是说生成的对象都是相同的类型。

对象：大致是这个意思。类型是一个有趣的JavaScript概念。你将发现，当你能够编写处理相同类型对象的代码时，便能充分发挥对象的威力。例如，你可以编写处理车辆的代码，而无需关心它们是自行车、小汽车还是公交车。这就是对象的威力所在。

Head First：听起来很有意思。为此，我们还需要知道什么？

对象：你必须更深入地了解对象，还需要一种创建相同类型对象的方法。

Head First：我们已经这样做了，不是吗？所有汽车对象不都是相同类型的吗？

对象：它们确实差不多是相同类型的，但这是因为用来创建这些汽车的代码类似。换句话说，它们包含相同的属性和方法。

Head First：没错，事实上，我们提到过这些对象的很多代码都相同。从维护的角度说，这未必是件好事。

对象：接下来，你需要学习如何使用相同的代码创建完全相同的对象，而且这些代码只出现在一个地方。这将涉及如何设计面向对象的代码。你已经为此作好了充分准备，因为你已经掌握了基本的对象知识。

Head First：听到你这么说，读者一定很高兴。

对象：但还有一些有关对象的情况你必须知道。

Head First：是吗？

对象：你可在代码中直接使用很多现成的对象。

Head First：真的吗？这我倒是没有注意到，在哪里呢？

对象：注意到了`console.log`吗？你认为`console`是什么？

Head First：考虑到这里讨论的是对象，我猜它是一个对象。

对象：你猜对了。`log`呢？

Head First：属性……哦不，方法？

对象：你猜对了。`alert`呢？

Head First：不知道。

对象：它与对象有关，咱们以后再说。

Head First：关于对象，你真是让我们大长见识，期望你再次接受采访。

对象：一定。

Head First：太好了！咱们下次再见。

密码破解

在试图统治地球的过程中，Evel博士不小心将包含操作密码的内部网页放到了网上。如果能获得这个密码，我们就能占据上风。当然，发现这个网页被放在网上后，Evel博士马上就把它删除了。好在我们的特工人员将这个网页记录了下来，但问题是他们不懂HTML和JavaScript。你能根据下面的代码帮忙找出密码吗？别忘了，这关乎地球的存亡。

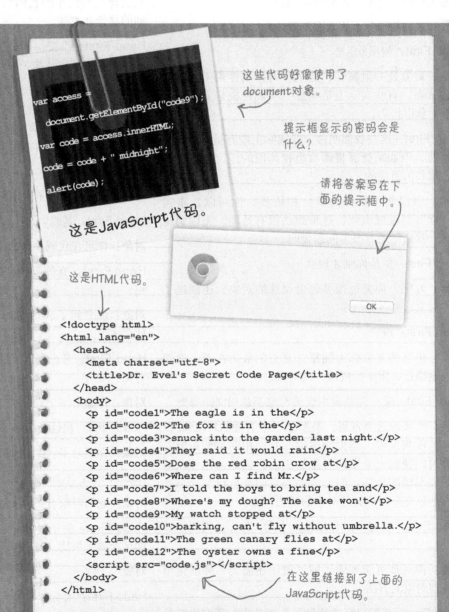

这些代码好像使用了document对象。

```javascript
var access =
    document.getElementById("code9");

var code = access.innerHTML;

code = code + " midnight";

alert(code);
```

这是JavaScript代码。

提示框显示的密码会是什么？

请将答案写在下面的提示框中。

OK

这是HTML代码。

```html
<!doctype html>
<html lang="en">
  <head>
    <meta charset="utf-8">
    <title>Dr. Evel's Secret Code Page</title>
  </head>
  <body>
    <p id="code1">The eagle is in the</p>
    <p id="code2">The fox is in the</p>
    <p id="code3">snuck into the garden last night.</p>
    <p id="code4">They said it would rain</p>
    <p id="code5">Does the red robin crow at</p>
    <p id="code6">Where can I find Mr.</p>
    <p id="code7">I told the boys to bring tea and</p>
    <p id="code8">Where's my dough? The cake won't</p>
    <p id="code9">My watch stopped at</p>
    <p id="code10">barking, can't fly without umbrella.</p>
    <p id="code11">The green canary flies at</p>
    <p id="code12">The oyster owns a fine</p>
    <script src="code.js"></script>
  </body>
</html>
```

在这里链接到了上面的JavaScript代码。

如果你跳过了前一页，请回过头去破解密码。这对第6章来说至关重要。

要点

- 对象是**一系列属性**。

- 要访问属性，可使用**句点表示法**：包含对象的变量名称、句点和属性名。

- 可随时给对象添加属性，为此只需给要添加的属性赋值。

- 你还可删除对象的属性，为此可使用 delete 运算符。

- 基本类型变量存储了字符串、数字或布尔值等实际值；对象变量不同，它存储的并不是对象本身，而是指向对象的引用。因此对象变量也被称为引用变量。

- 向函数传递对象时，函数获得的是指向该对象的引用的副本，而不是对象本身的副本。因此，如果在函数中修改属性的值，修改的将是原始对象的值。

- 对象的属性可以是函数。对象中的函数被称为方法。

- 使用**句点表示法**来调用方法：对象名、句点、方法的属性名和圆括号。

- 方法与函数没什么两样，只是位于对象中。

- 就像可以向常规函数传递实参一样，也可向方法传递实参。

- 调用对象的方法时，关键字 this 指向其方法被调用的对象。

- 要在对象的方法中访问对象的属性，必须使用句点表示法，但使用关键字 this 而不是对象名。

- 在面向对象编程中，我们从对象而不是过程的角度思考问题。

- 对象包含**状态和行为**。状态可能影响行为，而行为也可能影响状态。

- 对象**封装**（隐藏）了其状态和行为的复杂性。

- 设计良好的对象包含负责完成相关任务的方法，让你无需操心与完成这些任务相关的细节。

- 除了自己创建的对象外，JavaScript也提供了很多内置对象供你使用。本书后面将用到很多这样的内置对象。

JavaScript填字游戏

填字游戏对象是什么样的呢？它有很多线索属性，可帮助你明白要达成的目标。

横向

2. 方法赋予对象什么？

6. 方法log是哪个对象的一个属性？

8. this是一个_____，而不是常规变量。

10. 访问对象的属性时使用的表示法。

11. 它们像常规函数一样，可以有局部变量和形参。

13. 用于表示汽车对象品牌的属性。

14. 给汽车对象加油，进而影响其状态的方法。

纵向

1. 访问属性started时没有使用哪个关键字，导致菲亚特无法开动？

3. 对象引用是以什么方式传递给函数的，就像基本类型变量一样？

4. 将对象赋给变量时，变量存储的是指向对象的什么？

5. 通常将属性名指定为一个什么？

7. 在对象中，将属性的名称和值用什么分隔？

9. 在每个属性值（最后一个除外）的后面，都需要加上什么？

12. 汽车和小狗对象都可以有行为和什么？

磨笔上阵
答案

我们要制作一个表格，在其中列出汽车属性的名称和值。你能帮助我们完成这项任务吗？答案如下。

在这里列出属性的名称。　　在这里列出属性的值。

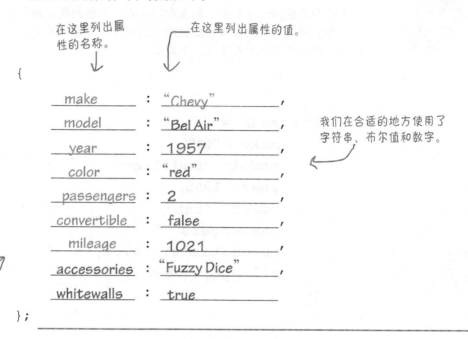

```
{
    make        : "Chevy"          ,
    model       : "Bel Air"        ,
    year        : 1957             ,
    color       : "red"            ,
    passengers  : 2                ,
    convertible : false            ,
    mileage     : 1021             ,
    accessories : "Fuzzy Dice"     ,
    whitewalls  : true
};
```

我们在合适的地方使用了字符串、布尔值和数字。

将答案写在这里。你可随意拓展这个列表，在其中添加你想到的其他属性。

磨笔上阵
答案

请利用新学到的有关this的知识补全下面的代码。答案如下。

```
var eightBall = { index: 0,
                advice: ["yes", "no", "maybe", "not a chance"],
                shake: function() {
                        this.index = this.index + 1;
                        if (this.index  >= this.advice.length) {
                            this.index = 0;
                        }
                },
                look: function() {
                        return this.advice[this.index];
                }
};
eightBall.shake();
console.log(eightBall.look());
```

重复执行这些代码多次，对你补全的代码进行测试。

JavaScript控制台

no
maybe
not a chance

并非只能使用一个对象。稍后你将看到，对象的真正威力在于，你可以创建大量的对象，并编写代码来操作提供给它的对象。来练练手，从头开始创建另一个汽车对象，并将其代码写在下面。答案如下。

```
var cadi = {
    make: "GM",
    model: "Cadillac",
    year: 1955,
    color: "tan",
    passengers: 5,
    convertible: false,
    mileage: 12892
};
```

在这里定义对象的属性。

车身为棕褐色。

这是一辆通用1955年产的凯迪拉克。

它不是敞篷车，最多可乘坐5人（后排是一个超大的凹背座椅）。

里程为12 892英里。

对象冰箱贴答案

请利用你的对象创建和句点表示法技能，使用冰箱贴将下面的代码
补全。请注意，其中有些冰箱贴可能是多余的！答案如下。

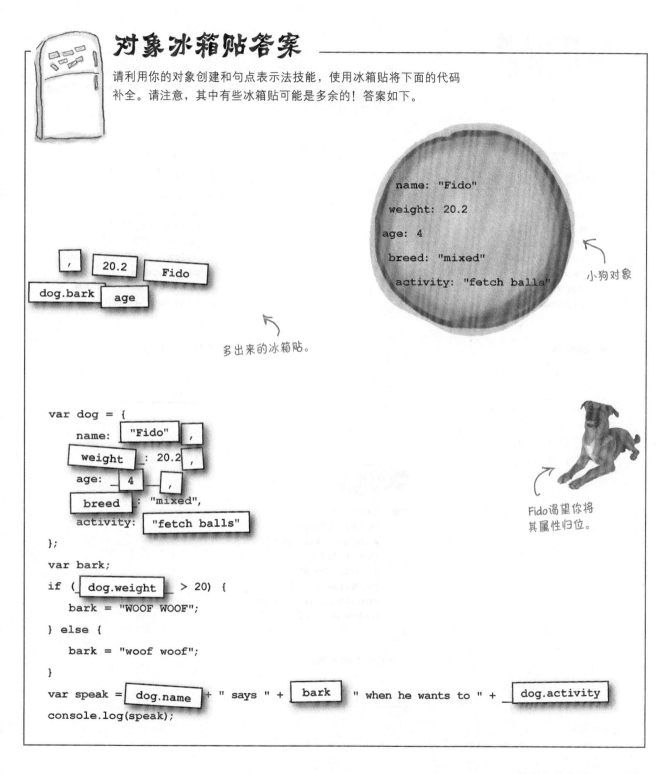

```
name: "Fido"
weight: 20.2
age: 4
breed: "mixed"
activity: "fetch balls"
```
小狗对象

| , | 20.2 | Fido |
| dog.bark | age | |

多出来的冰箱贴。

Fido渴望你将
其属性归位。

```
var dog = {
    name: "Fido" ,
    weight : 20.2 ,
    age: 4 ,
    breed : "mixed",
    activity: "fetch balls"
};
var bark;
if ( dog.weight > 20) {
    bark = "WOOF WOOF";
} else {
    bark = "woof woof";
}
var speak = dog.name + " says " + bark " when he wants to " + dog.activity
console.log(speak);
```

磨笔上阵
答案

轮到你了。这里还有三个汽车对象；将它们分别传递给函数prequal
时，结果如何呢？请先通过心算来回答，再编写代码来检查你的答案
是否正确。答案如下。

```
var cadi = {
    make: "GM",
    model: "Cadillac",
    year: 1955,
    color: "tan",
    passengers: 5,
    convertible: false,
    mileage: 12892
};

prequal(cadi);
```

_____*false*_____

↑
在这里填写
函数*prequal*
返回的值。

```
var fiat = {
    make: "Fiat",
    model: "500",
    year: 1957,
    color: "Medium Blue",
    passengers: 2,
    convertible: false,
    mileage: 88000
};

prequal(fiat);
```

_____*false*_____

```
var chevy = {
    make: "Chevy",
    model: "Bel Air",
    year: 1957,
    color: "red",
    passengers: 2,
    convertible: false,
    mileage: 1021
};

prequal(chevy);
```

_____*true*_____

磨笔上阵
答案

有人给你提供了一个绝密文件，还有两个让你能够获取和设置该文件内容的函数，但要使用这两个函数，你必须知道正确的密码。第一个函数是getSecret，它在密码正确时返回文件的内容，并将每次访问尝试都记录在案。第二个函数是setSecret，它修改文件的内容，并将访问次数重置为零。你的任务是补全下面的JavaScript代码，并对完成后的函数进行测试。

```javascript
function getSecret(file, secretPassword) {
    file .opened = file .opened + 1;
    if (secretPassword == file .password) {
        return file .contents;
    }
    else {
        return "Invalid password! No secret for you.";
    }
}
function setSecret(file, secretPassword, secret) {
    if (secretPassword == file .password) {
        file .opened = 0;
        file .contents = secret;
    }
}


var superSecretFile = {
    level: "classified",
    opened: 0,
    password: 2,
    contents: "Dr. Evel's next meeting is in Detroit."
};
var secret = getSecret( superSecretFile, 2 );
console.log(secret);

setSecret( superSecretFile , 2 , "Dr. Evel's next meeting is in Philadelphia.");
secret = getSecret( superSecretFile, 2 );
console.log(secret);
```

向函数getSecret传递了对象superSecretFile，该对象被赋给形参file。因此，使用句点表示法访问该对象的属性（如opened和password）时，必须将对象名指定为file。

道理与前面一样。

可将对象superSecretFile传递给函数getSecret和setSecret。

变身浏览器答案

下面的JavaScript代码存在一些错误，你的任务是变身浏览器，将这些错误找出来。答案如下。

```javascript
var song = {
    name: "Walk This Way",
    artist: "Run-D.M.C.",
    minutes: 4,
    seconds: 3,
    genre: "80s",
    playing: false,

    play: function() {
        if (!this.playing) {
            this.playing = true;
            console.log("Playing "
                + this.name + " by " + this.artist);
        }
    },

    pause: function() {
        if (this.playing) {
            this.playing = false;
        }
    }
};

this song.play();
this song.pause();
```

这里少了关键字this。

这里少了属性名playing。

访问这两个属性时，都需要使用关键字this。

访问属性playing时，也需要使用关键字this。

在方法外面引用对象时，不使用关键字this，而使用其变量名。

练习
答案

该把整个车队拉出来"遛遛"了。给每个汽车对象都添加方法drive，然后添加对它们进行发动、驾驶和熄火的代码。答案如下。

```javascript
var cadi = {
    make: "GM",
    model: "Cadillac",
    year: 1955,
    color: "tan",
    passengers: 5,
    convertible: false,
    mileage: 12892,
    started: false,
    start: function() {
        this.started = true;
    },
    stop: function() {
        this.started = false;
    },
    drive: function() {
        if (this.started) {
            alert(this.make + " " +
                this.model + " goes zoom zoom!");
        } else {
            alert("You need to start the engine first.");
        }
    }
};
var chevy = {
    make: "Chevy",
    model: "Bel Air",
    year: 1957,
    color: "red",
    passengers: 2,
    convertible: false,
    mileage: 1021,
    started: false,
    start: function() {
        this.started = true;
    },
    stop: function() {
        this.started = false;
    },
    drive: function() {
        if (this.started) {
            alert(this.make + " " +
                this.model + " goes zoom zoom!");
        } else {
            alert("You need to start the engine first.");
        }
    }
};
```

```javascript
var taxi = {
    make: "Webville Motors",
    model: "Taxi",
    year: 1955,
    color: "yellow",
    passengers: 4,
    convertible: false,
    mileage: 281341,
    started: false,
    start: function() {
        this.started = true;
    },
    stop: function() {
        this.started = false;
    },
    drive: function() {
        if (this.started) {
            alert(this.make + " " +
                this.model + " goes zoom zoom!");
        } else {
            alert("You need to start the engine first.");
        }
    }
};
```

务必在添加的每个属性后面加上逗号。

```javascript
cadi.start();
cadi.drive();
cadi.stop();

chevy.start();
chevy.drive();
chevy.stop();

taxi.start();
taxi.drive();
taxi.stop();
```

我们将代码复制并粘贴到每个对象中，让每个汽车对象都有相同的属性和方法。

现在可以使用相同的方法名对每个汽车对象进行发动、驾驶和熄火了。

要在汽车对象中完整地实现属性fuel，还有一些工作要做。例如，没油时能够启动发动机吗？请完善方法start，在其中检查油位，并在没油时使用简单的提示（如The car is on empty, fill up before starting!）告知驾驶员。在下面重写方法start，将其加入你的代码中，并进行测试。继续往下阅读前，请查看本章末尾的答案。答案如下。

```javascript
var fiat = {
    make: "Fiat",
    model: "500",
    year: 1957,
    color: "Medium Blue",
    passengers: 2,
    convertible: false,
    mileage: 88000,
    fuel: 0,
    started: false,

    start: function() {
        if (this.fuel == 0) {
            alert("The car is on empty, fill up before starting!");
        } else {
            this.started = true;
        }
    },

    stop: function() {
        this.started = false;
    },
    drive: function() {
        if (this.started) {
            if (this.fuel > 0) {
                alert(this.make + " " +
                    this.model + " goes zoom zoom!");
                this.fuel = this.fuel - 1;
            } else {
                alert("Uh oh, out of fuel.");
                this.stop();
            }
        } else {
            alert("You need to start the engine first.");
        }
    },
    addFuel: function(amount) {
        this.fuel = this.fuel + amount;
    }
};
```

The page at localhost says:
The car is on empty, fill up before starting!

OK

*JavaScript*填字游戏答案

填字游戏对象是什么样的呢？它有很多线索属性，可帮助你
明白要达成的目标。

6 与网页交互

了解DOM

你的JavaScript水平有了很大的提高。事实上，你从门外汉成了脚本编写人员，又成了**程序员**，但还有一些东西没学。要充分利用你的JavaScript技能，就**必须**知道如何与代码所属的**网页**交互。只有这样，你才能编写出**动态**网页：能够对用户操作作出响应的网页，能够在加载后自动更新的网页。那么，如何与网页交互呢？使用DOM，即**文档对象模型**（document object model）。本章将详细介绍DOM，看看如何使用它和JavaScript赋予网页新功能。

上一章的密码破解难题

在上一章的密码破解难题中，提供了如下HTML和位于外部文件中的
JavaScript代码，这些代码是从Evel博士的网站抓取的：

这是HTML。

```
<!doctype html>
<html lang="en">
  <head>
    <meta charset="utf-8">
    <title>Dr. Evel's Secret Code Page</title>
  </head>
  <body>
    <p id="code1">The eagle is in the</p>
    <p id="code2">The fox is in the</p>
    <p id="code3">snuck into the garden last night.</p>
    <p id="code4">They said it would rain</p>
    <p id="code5">Does the red robin crow at</p>
    <p id="code6">Where can I find Mr.</p>
    <p id="code7">I told the boys to bring tea and</p>
    <p id="code8">Where's my dough? The cake won't</p>
    <p id="code9">My watch stopped at</p>
    <p id="code10">barking, can't fly without umbrella.</p>
    <p id="code11">The green canary flies at</p>
    <p id="code12">The oyster owns a fine</p>
    <script src="code.js"></script>
  </body>
</html>
```

注意到给每个段落都
指定了一个id。

这是JavaScript
代码。

document是一个全局对象。

getElementById是一个方法。

方法名getElementById的大小写必
须正确无误，否则代码将不能正确
运行。

```
var access =
  document.getElementById("code9");
var code = access.innerHTML;
code = code + " midnight";
alert(code);
```

这里使用了句点表
示法，因此access
可能是一个包含
属性innerHTML的
对象。

你需要利用你的推理能力，根据这些代码破解出Evel博士的密码。

这些代码是做什么的呢

本章将全面介绍document和element对象。

下面来详细解读这些代码，搞清楚Evel博士是如何生成密码的。对每个步骤进行解读后，你将逐渐明白其中的工作原理。

① 上述JavaScript代码首先调用对象document的方法getElementById，并将"code9"传递给它，再将结果赋给变量access。这个方法返回的是一个element对象。

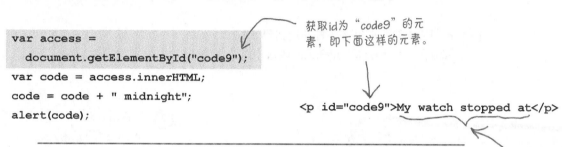

```
var access =
  document.getElementById("code9");

var code = access.innerHTML;

code = code + " midnight";

alert(code);
```

获取id为"code9"的元素，即下面这样的元素。

`<p id="code9">My watch stopped at</p>`

---

② 接下来，我们使用属性innerHTML获取这个元素（即id为"code9"的元素）的内容，并将其赋给变量code。

```
var access =
  document.getElementById("code9");

var code = access.innerHTML;

code = code + " midnight";

alert(code);
```

id为"code9"的元素是一个段落元素，其内容（即属性innerHTML）为文本My watch stopped at。

---

③ 在code包含的字符串（即"My watch stopped at"）末尾添加字符串"midnight"。然后创建一个提示框，在其中显示包含在变量code中的密码。

```
var access =
  document.getElementById("code9");

var code = access.innerHTML;

code = code + " midnight";

alert(code);
```

在"My watch stopped at"末尾加上"midnight"，得到密码"My watch stopped at midnight"，再弹出一个提示框来显示这个密码。

The page at localhost says:
My watch stopped at midnight

OK

简单总结一下

刚才我们都做了什么呢？我们使用了一些JavaScript代码，它们深入页面
（也叫**文档**），抓取一个元素（id为"code9"的元素），获取其内容（"My
watch stopped at"），在末尾加上"midnight"，再将结果作为密码
显示出来。

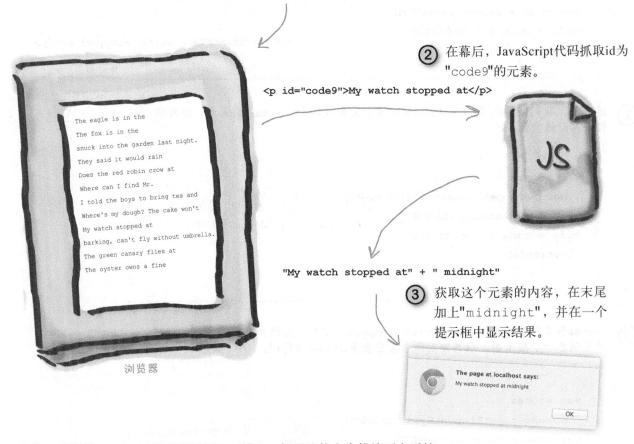

① Evel博士的网页包含各种候选密码，每个
都放在一个用HTML id标识的段落中。

② 在幕后，JavaScript代码抓取id为
"code9"的元素。

`<p id="code9">My watch stopped at</p>`

The eagle is in the
The fox is in the
snuck into the garden last night.
They said it would rain
Does the red robin crow at
Where can I find Mr.
I told the boys to bring tea and
Where's my dough? The cake won't
My watch stopped at
barking, can't fly without umbrella.
The green canary flies at
The oyster owns a fine

浏览器

`"My watch stopped at" + " midnight"`

③ 获取这个元素的内容，在末尾
加上"midnight"，并在一个
提示框中显示结果。

The page at localhost says:
My watch stopped at midnight

OK

现在，我们的JavaScript技能超过了Evel博士，但愿他的安全措施天衣无缝。
这里要说的重点是，网页是一个动态的**数据结构**，你可通过JavaScript与之
交互：你可以访问并读取网页中元素的内容，还可以修改网页的内容或结
构。为此，我们必须暂时回过头去更深入地了解JavaScript和HTML是如何协
同工作的。

JavaScript如何与网页交互

JavaScript和HTML是两样**不同的**东西：HTML是标记，而JavaScript是代码。它们
如何交互呢？这是通过网页的表示，即**文档对象模型**（DOM）实现的。DOM是
怎么来的呢？它是浏览器在加载网页时创建的。创建过程如下。

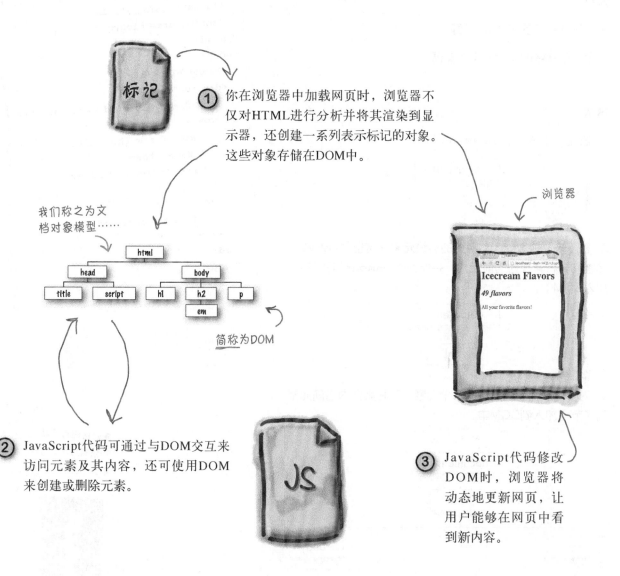

① 你在浏览器中加载网页时，浏览器不
仅对HTML进行分析并将其渲染到显
示器，还创建一系列表示标记的对象。
这些对象存储在DOM中。

我们称之为文
档对象模型……

简称为DOM

浏览器

② JavaScript代码可通过与DOM交互来
访问元素及其内容，还可使用DOM
来创建或删除元素。

③ JavaScript代码修改
DOM时，浏览器将
动态地更新网页，让
用户能够在网页中看
到新内容。

如何自己动手制作DOM

咱们来使用一些标记来制作DOM。下面是一个制作DOM的简单食谱。

原料

一个设计良好的HTML5网页

一个准备就绪的现代Web浏览器

做法

1. 首先,创建一个document节点。

2. 接下来,提取HTML网页的顶级元素(这里是`<html>`元素),将其视为当前元素,并作为document的子节点加入DOM中。

3. 对于嵌套在当前元素的每个元素,都将其作为当前元素的子节点加入到DOM中。

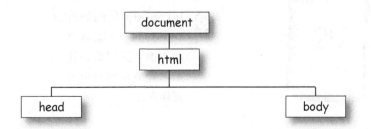

4. 对于刚添加的每个元素,都重复第3步,直到所有元素都加入到了DOM中。

```html
<!doctype html>
<html lang="en">
<head>
  <meta charset="utf-8">
  <title>My blog</title>
  <script src="blog.js"></script>
</head>
<body>
  <h1>My blog</h1>
  <div id="entry1">
    <h2>Great day bird watching</h2>
    <p>
      Today I saw three ducks!
      I named them
      Huey, Louie, and Dewey.
    </p>
    <p>
      I took a couple of photos...
    </p>
  </div>
</body>
</html>
```

我们已经为你把DOM做好了,详情见下一页。

初尝DOM

如果你按前面的DOM食谱做，最终将得到一个类似于下面的结构。每个
DOM顶部都是一个document对象，它下面是一棵树，其中包含由HTML
标记中各个元素构成的树枝和树叶。下面来仔细研究一下。

我们将这种结构比作一棵树，不
仅因为树是计算机科学领域的一
种数据结构，还因为它看起来
就像一棵倒立的树：最上面是
树根，最下面是树叶。

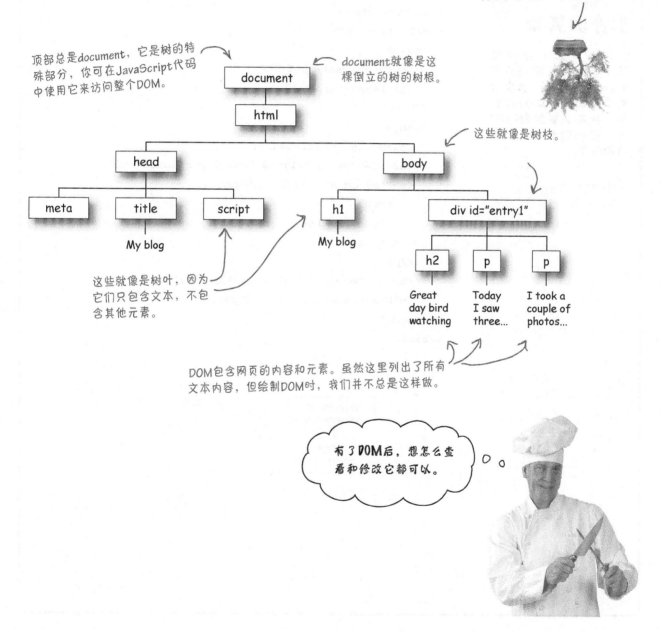

顶部总是document，它是树的特
殊部分，你可在JavaScript代码
中使用它来访问整个DOM。

document就像是这
棵倒立的树的树根。

这些就像是树枝。

这些就像是树叶，因为
它们只包含文本，不包
含其他元素。

DOM包含网页的内容和元素。虽然这里列出了所有
文本内容，但绘制DOM时，我们并不总是这样做。

有了DOM后，想怎么查
看和修改它都可以。

变身浏览器

你的任务是变身浏览器，亲自对HTML进行分析并制作DOM。现在就对右边的HTML进行分析，并在下面绘制DOM吧。开头部分已经为你绘制好了。

请将你绘制的DOM与本章末尾的答案进行比较，再接着往下阅读。

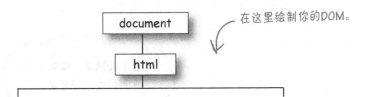

```
<!doctype html>
<html lang="en">
  <head>
    <meta charset="utf-8">
    <title>Movies</title>
  </head>
  <body>
    <h1>Movie Showtimes</h1>
    <h2 id="movie1">Plan 9 from Outer Space</h2>
    <p>Playing at 3:00pm, 7:00pm.
      <span>
        Special showing tonight at <em>midnight</em>!
      </span>
    </p>
    <h2 id="movie2">Forbidden Planet</h2>
    <p>Playing at 5:00pm, 9:00pm.</p>
  </body>
</html>
```

document

在这里绘制你的DOM。

html

两种截然不同的技术怎么能走到一起呢？

HTML和JavaScript肯定来自不同的星球。何出此言？HTML的DNA由声明式标记组成，让你能够描述一系列组成网页的嵌套元素；而JavaScript的DNA完全是由算法遗传物质组成的，用于对计算进行描述。

它们根本不是一路人，是不是就无法交流呢？当然不是，因为它们之间有座桥：DOM。通过DOM，JavaScript能够与网页交流，反之亦然。交流的途径有多种，这里只介绍其中一种：它就像一个小小的虫洞，让JavaScript能够访问网页中的任何元素。这个虫洞就是**getElementById**。

先来看一个DOM。这个DOM很简单，其中包含一些HTML段落，每个段落都由id标识为绿色星球、红色星球或蓝色星球。另外，每个段落都包含一些文本。当然，还有一个**\<head>**元素，但出于简化考虑，我们暂时不管这些细节。

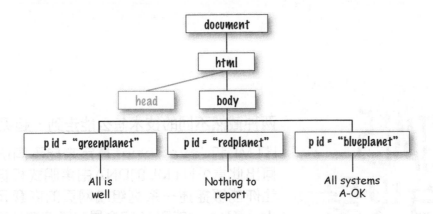

下面使用JavaScript来增加一些趣味。假设我们要将元素**greenplanet**的文本All is well改为Red Alert：hit by phaser fire！。将来你可能要根据用户的操作乃至来自Web服务的数据执行类似的操作，这些都将在本书后面介绍，但这里直接修改元素**greenplanet**的文本。为此，需要获取id为**greenplanet**的元素，如下面的代码所示：

*document*表示浏览器显示的整个网页，它包含完整的DOM，因此可以请它来完成查找id为指定值的元素等任务。

在这里，我们请*document*提供一个元素：查找id为指定值的元素。

document.getElementById("greenplanet");

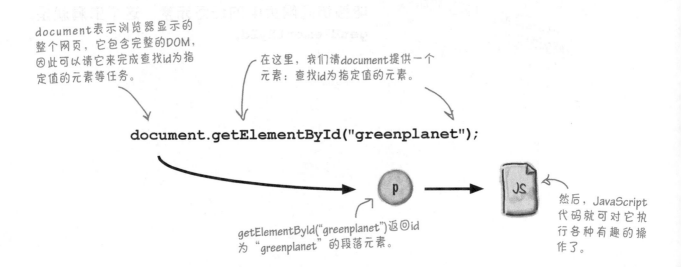

getElementById("greenplanet")返回id为"greenplanet"的段落元素。

然后，JavaScript代码就可对它执行各种有趣的操作了。

getElementById将元素提供给你后，你就可以对其执行操作了，如将其文本改为Red Alert：hit by phaser fire！。为此，通常将这个元素赋给一个变量，以便能够在任何地方引用它。下面就来这样做，并对元素的文本进行修改：

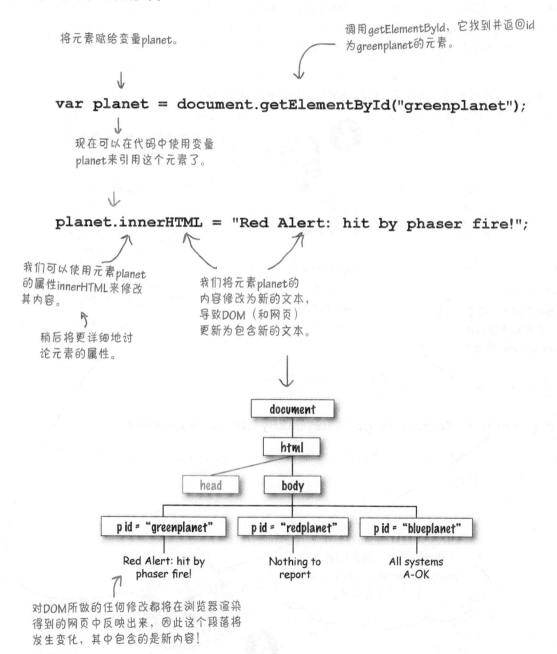

将元素赋给变量planet。

调用getElementById，它找到并返回id为greenplanet的元素。

```
var planet = document.getElementById("greenplanet");
```

现在可以在代码中使用变量planet来引用这个元素了。

```
planet.innerHTML = "Red Alert: hit by phaser fire!";
```

我们可以使用元素planet的属性innerHTML来修改其内容。

稍后将更详细地讨论元素的属性。

我们将元素planet的内容修改为新的文本，导致DOM（和网页）更新为包含新的文本。

document

html

head

body

p id = "greenplanet"

p id = "redplanet"

p id = "blueplanet"

Red Alert: hit by phaser fire!

Nothing to report

All systems A-OK

对DOM所做的任何修改都将在浏览器渲染得到的网页中反映出来，因此这个段落将发生变化，其中包含的是新内容！

使用getElementById获取元素

刚才我们都做什么了？下面更详细地说明。我们在代码中使用document对象来访问DOM，这是一个内置对象，有许多属性和方法，其中包括我们用来从DOM中获取一个元素的getElementById。方法getElementById接受一个id，并返回该id指定的元素。在CSS中，你可能使用过id来选择元素并设置其样式，但这里使用id从DOM中获取一个元素——id为greenplanet的<p>元素。

获得正确的元素后，就可对其进行修改了。这些将稍后介绍，现在的重点是跟踪这些步骤，以了解getElementById的工作原理。

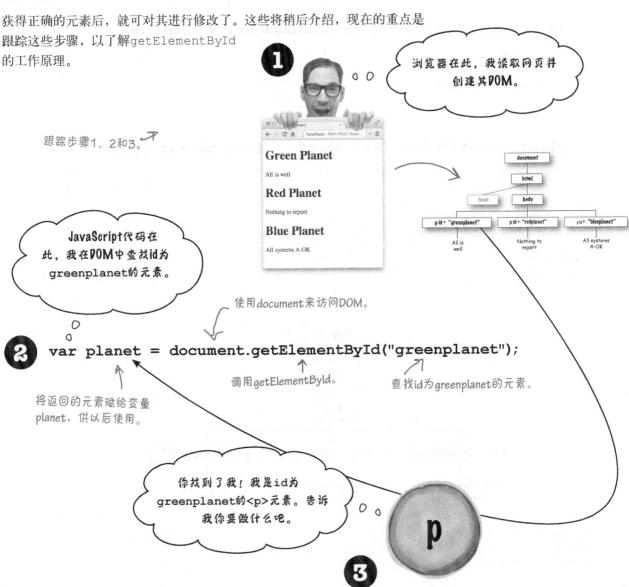

跟踪步骤1、2和3。

浏览器在此，我读取网页并创建其DOM。

JavaScript代码在此，我在DOM中查找id为greenplanet的元素。

使用document来访问DOM。

2 `var planet = document.getElementById("greenplanet");`

将返回的元素赋给变量planet，供以后使用。

调用getElementById。

查找id为greenplanet的元素。

你找到了我！我是id为greenplanet的<p>元素。告诉我你要做什么吧。

3

从DOM获取的到底是什么

使用getElementById从DOM获取元素时，得到的是一个元素对象，你可使用它来读取、修改或替换元素的内容和特性。神奇之处在于，当你修改元素时，**所做的修改也将反映到网页中**。

重要的事先办，咱们再来看看刚才从DOM获取的元素对象。我们知道，这个元素对象表示的是网页中id为greenplanet的<p>元素，该元素的文本内容为All is well。与其他JavaScript对象一样，元素对象也有属性和方法。就元素对象而言，我们可以使用其属性和方法来读取和修改元素。下面是你可对元素对象执行的一些操作。

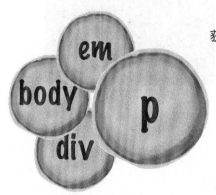

获取内容（文本或HTML）。

修改内容。

读取特性。

添加特性。

修改特性。

删除特性。

你可对元素对象执行的一些操作。

对于这个<p>元素（别忘了，它是id为greenplanet的<p>元素），我们要做的是，将其内容All is well改为Red Alert: hit by phaser fire!。我们已经将这个元素存储到了变量planet中，下面使用这个变量来修改该元素的属性之一——innerHTML：

变量planet包含一个元素对象——id为greenplanet的<p>元素。

```
var planet = document.getElementById("greenplanet");

planet.innerHTML = "Red Alert: hit by phaser fire!";
```

可使用元素对象的属性innerHTML来修改元素的内容。

查找内部HTML

innerHTML是个重要的属性，使用它可以读取或替换元素的内容。如果你查看innerHTML的值，看到的将是包含在元素中的内容（元素的HTML标签除外），"内部"HTML因此而得名。咱们来做个小实验，通过显示属性innerHTML，将元素对象planet的内容显示到控制台，如下所示：

```
var planet = document.getElementById("greenplanet");
console.log(planet.innerHTML);
```

将属性planet.innerHTML传递给console.log，从而将其值显示到控制台。

JavaScript控制台
```
All is well
```

属性planet.innerHTML的值是一个字符串，在控制台中的显示方式与其他字符串没什么两样。

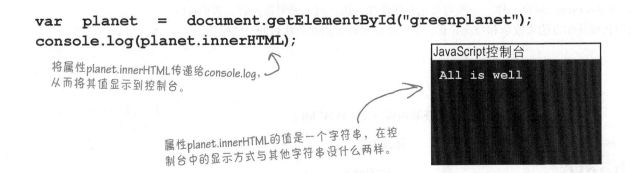

下面来尝试修改属性innerHTML的值。当我们这样做时，将修改网页中id为greenplanet的<p>元素的内容，因此你将看到网页也发生了变化。

```
var planet = document.getElementById("greenplanet");
planet.innerHTML = "Red Alert: hit by phaser fire!";
console.log(planet.innerHTML);
```

修改元素的内容：将其属性innerHTML设置为字符串"Red Alert: hit by phaser fire!"。

JavaScript控制台
```
Red Alert: hit by
phaser fire!
```

再次将属性innerHTML的值写入控制台时，我们看到的是新设置的值。

Green Planet

Red Alert: hit by phaser fire!

Red Planet

Nothing to report

Blue Planet

All systems A-OK

网页也发生了变化。

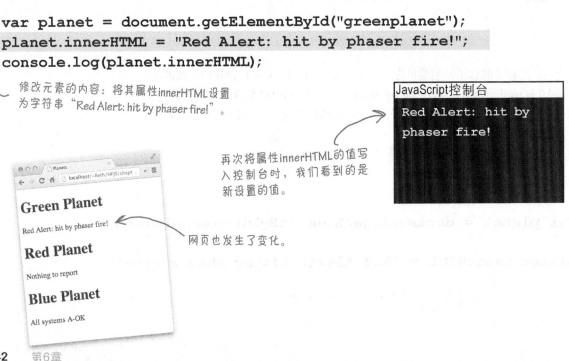

快速复习

请坐下来休息一会儿。你可能自言自语地说：等等，我对id和类还有点印象，但细节记不太清楚了，它们不是CSS中的东西吗？别担心，我们来简单复习一下，提供一点点背景知识，再重回正题。

在HTML中，id让我们能够唯一地标识元素；给元素指定独一无二的id后，就可在CSS中使用id来选择元素以设置其样式。另外，正如你已经看到的，在JavaScript中，可使用id来获取元素。

来看一个示例：

```
<div id="menu">
    ...
</div>
```

我们给这个<div>元素指定了一个独一无二的id——menu。在整个网页中，必须确保只有这个元素的id为menu。

指定id后，就可在CSS中使用它来选择元素以设置其样式了，如下所示：

div#menu 是一个id选择器。

```
div#menu {
    background-color: #aaa;
}
```

div#menu选择id为menu的<div>元素，这让我们能够给这个元素（也只有这个元素）设置样式。

在JavaScript中，也可通过id来访问这个元素：

```
var myMenu = document.getElementById("menu");
```

别忘了，还有另一种标识元素的方式：使用类（class）。类能够让我们标识一组元素，如下所示：

```
<h3 class="drink">Strawberry Blast</h3>
<h3 class="drink">Lemon Ice</h3>
```

这两个<h3>元素都属于drink类。类像编组，你可以将多个元素加入到同一个编组中。

在CSS和JavaScript中，都可根据类来选择元素，稍后将介绍如何在JavaScript中使用类。顺便说一句，如果你觉得这里复习的内容不够，可参阅《Head First HTML与CSS》的第7章，也可参阅你喜欢的其他HTML和CSS指南。

修改DOM的影响

使用innerHTML修改元素的内容时，到底会有什么样的影响呢？你实际上是在即时地修改网页的内容。因此，当你修改DOM的内容时，网页也将随之发生变化。

修改前

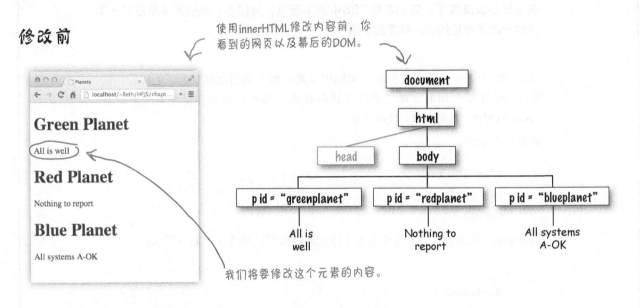

使用innerHTML修改内容前，你看到的网页以及幕后的DOM。

我们将要修改这个元素的内容。

修改后

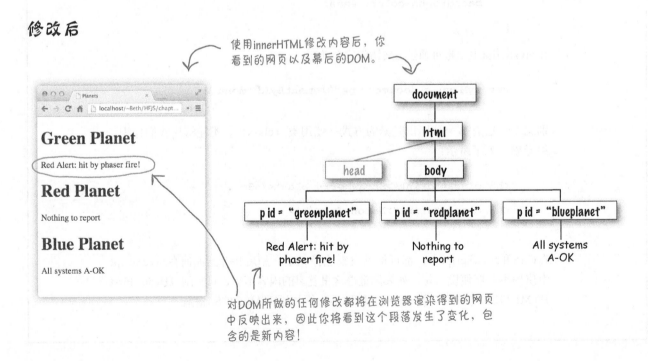

使用innerHTML修改内容后，你看到的网页以及幕后的DOM。

对DOM所做的任何修改都将在浏览器渲染得到的网页中反映出来，因此你将看到这个段落发生了变化，包含的是新内容！

世上没有愚蠢的问题

问： 调用document.getElementById时，如果传入的id不存在，结果将如何？

答： 根据id从DOM获取元素时，如果指定的id不存在，getElementById将返回null。调用getElementById时，检查返回的是否是null是个不错的主意，这样可确保只在返回了一个元素时才访问其属性。null将在下一章更详细地介绍。

问： 也可使用document.getElementById根据类来获取元素吗？例如，如果有很多属于planets类的元素，是否可以这样做？

答： 不能，但你的思路是对的。调用getElementById时，只能传入id。但有一个名为getElementsByClassName的DOM方法，可用来根据类名获取元素。调用这个方法时，返回的是一个元素集合，其中包括属于指定类的所有元素（因为可能有多个元素属于同一个类）。还有一个返回元素集合的方法——getElementsByTagName，它返回与指定标签名匹配的所有元素。getElementsByTagName将在稍后介绍，届时你将明白如何处理它返回的元素集合。

问： 元素对象到底是什么呢？

答： 问得好。在浏览器内部，使用元素对象来表示你在HTML文件中输入的内容，如<p>some text</p>。加载并分析HTML文件时，浏览器为网页中的每个元素创建一个元素对象，并将它们加入到DOM中。因此，DOM其实就是一棵由元素对象组成的大树。另外，别忘了，与其他对象一样，元素对象也有属性（如innerHTML）和方法，本书后面将介绍元素对象的其他一些属性和方法。

问： 我觉得元素对象应包含一个名为content或html的属性，为何将该属性命名为innerHTML呢？

答： 我也是这么认为的，这个属性名有点怪。属性innerHTML表示元素包含的所有内容，包括嵌套的元素（例如，段落元素除文本外，还可能包含<em>和<img>元素）。换句话说，它表示元素内部的HTML。是不是还有属性outerHTML呢？有！这个属性表示元素内部的HTML以及元素本身。实际上，outerHTML用得不多，但innerHTML常被用来修改元素的内容。

问： 也就是说，通过给innerHTML赋值，可替换任何元素的内容。是否也可使用innerHTML来修改<body>元素的内容呢？

答： 你说的没错，innerHTML能够让你方便地替换元素的内容。你也可以使用它来替换<body>元素的内容，这将导致整个网页被替换为新内容。

磨笔上阵

这个DOM中隐藏着一条秘密信息，请根据下面的代码破译出这条密电，答案在本页倒着列出来了。

```
document.getElementById("e7")
document.getElementById("e8")
document.getElementById("e16")
document.getElementById("e9")
document.getElementById("e18")
document.getElementById("e13")
document.getElementById("e12")
document.getElementById("e2")
```

写下每行代码选择的元素及其内容，将秘密信息破译出来。

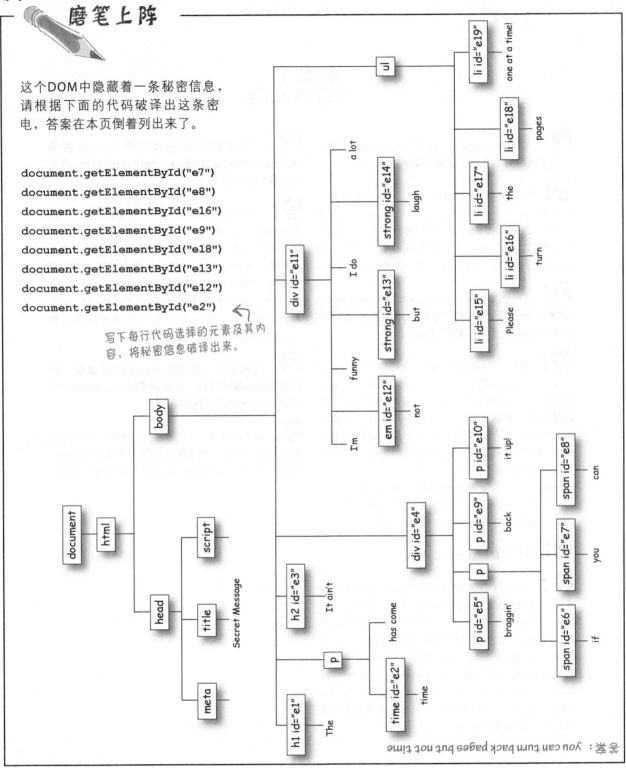

答案： you can turn back pages but not time

围绕星球进行试驾

你知道如何使用document.getElementById来访问元素，还知道如何使用innerHTML来修改元素的内容，来真刀真枪地尝试一下吧。

下面是显示星球的HTML。除了三个表示绿色星球、红色星球和蓝色星球的段落外，还在\<head\>元素中嵌入了一个用于放置JavaScript代码的\<script\>元素。请输入这些HTML以修改DOM的JavaScript代码——如果你还没有这样做的话：

```html
<!doctype html>
<html lang="en">
<head>
  <meta charset="utf-8">
  <title>Planets</title>
  <script>
    var planet = document.getElementById("greenplanet");
    planet.innerHTML = "Red Alert: hit by phaser fire!";
  </script>
</head>
<body>
  <h1>Green Planet</h1>
  <p id="greenplanet">All is well</p>
  <h1>Red Planet</h1>
  <p id="redplanet">Nothing to report</p>
  <h1>Blue Planet</h1>
  <p id="blueplanet">All systems A-OK</p>
</body>
</html>
```

包含代码的\<script\>元素。

像前面介绍的一样，获取id为greenplanet的\<p\>元素，并修改其内容。

你要使用JavaScript代码修改的\<p\>元素。

输入这些代码后，在浏览器中加载这个网页，看看绿色星球上发生的DOM奇迹。

哎呀！出问题了，绿色星球显示的还是All is well。到底是怎么回事呢？

> 标记和代码我都检查了三遍，就是不行，我没有看到网页有任何变化。

哦，对不起，有一点我们忘记说了。

处理DOM时，确保代码在网页**完全加载后**再执行至关重要；否则，代码执行时，DOM很可能还未创建。

来看看到底出了什么问题：我们将代码放在了网页的`<head>`元素中，因此它执行时浏览器尚未读取网页的其他部分。这是个大问题，因为此时还没有id为`greenplanet`的段落元素。

这将导致什么样的结果呢？调用`getElementById`时，将返回`null`而不是我们希望的元素，进而导致错误。但浏览器沉得住气，对此置若罔闻，依然对网页进行渲染，只是没有修改绿色星球的内容。

如何修复这种问题呢？可将代码移到`<body>`元素的末尾，但有一种更简单的办法可确保代码在正确的时候运行，它让浏览器在加载网页并创建DOM后再执行代码。下面就来看看如何做。

加载该网页时，如果查看控制台，你在大多数浏览器中都将看到错误消息。控制台是个很不错的调试工具。

```
JavaScript控制台

Uncaught TypeError:
Cannot set property
'innerHTML' of null
```

网页加载完毕前别想运行代码

怎么做呢？除了将代码移到<body>元素末尾外，还有一种办法，那就是通过**代码**（有些人认为这种办法更为干净利落）。

具体做法如下。首先，创建一个函数，在其中包含要在网页加载完毕后执行的代码。然后，将这个函数赋给对象window的属性onload。

> window是一个JavaScript内置对象，表示浏览器窗口。

这有何作用呢？对象window将调用你赋给其属性onload的函数，但仅在**网页加载完毕后**才这样做。这要感谢对象window的设计人员，是他们给你提供了一个途径，让你能够指定在网页加载完毕后将要执行的代码。请看下面的示例：

> 首先，创建一个名为init的函数，并将原来的代码加入到这个函数中。

> 可随便给这个函数命名，但根据约定通常将其命名为init。

> 这是原来的代码，现在放到了函数init中。

```
<script>
function init() {
    var planet = document.getElementById("greenplanet");
    planet.innerHTML = "Red Alert: hit by phaser fire!";
}

window.onload = init;
</script>
```

> 将函数init赋给属性window.onload。千万<u>不要</u>在函数名后添加括号，因为这里不是调用函数，而只是将函数作为一个值赋给属性window.onload。

再来试一试

重新加载改用了函数init和属性onload的网页。这次浏览器将加载网页、创建完整的DOM，然后才调用函数init。

> 这就对了，现在绿色星球显示了Red Alert，与我们希望的一样。

你说"事件处理程序"，我说"回调函数"

下面来更深入地研究一下onload的工作原理，因为它使用了一个很常见的JavaScript编码模式。

假设有重大的事件（如网页加载完毕）即将发生，而你必须在其发生后第一时间获悉。对于这种情形，一种常见的处理方式是使用回调函数［callback，也叫事件处理程序（event handler）］。

回调函数的工作原理如下：给了解事件的对象提供一个函数；事件发生后，这个对象将通过调用这个函数来通知你。在JavaScript中，对很多事件都采用了这种处理模式。

我是回调函数。如果你愿意，也可称我为事件处理程序。

浏览器，我等你加载完网页，好让我能够做些事情。

我是浏览器，更准确地说是对象window。

别坐等呀，给我提供一个回调函数好了，我完事就调用它。

没问题，这就给，它名为init。

收到！我已经将我的 onload 属性设置为 init，这样就不会忘记了。

不久后

总算把网页加载好了，真累。接下来该干什么呢？需要调用属性 onload 指向的函数。哦，它指向函数 init。调用这个函数！

方法 init 被调用并执行完毕

浏览器，谢谢你记得调用 init！一切都顺风顺水！

init 被调用后，我们看到网页更新了！

有意思。我可以将事件发生后要执行的代码放在函数中。还可以像这样使用函数来处理哪些其他的事件呢？

你说的没错。如果你愿意，还能使用这种方式处理很多事件。有些事件是浏览器生成的，如加载事件，有些事件是用户与网页交互时生成的，还有些事件是JavaScript代码生成的。

刚才的示例演示了"网页加载完毕"事件，我们通过设置对象window的属性onload来处理它。你还可编写这样的事件处理程序：每隔5秒钟调用一次；在有来自Web服务的数据需要处理时调用；在用户单击按钮后，需要从表单获取数据时调用；等等。创建更像应用程序而不是静态文档的网页（谁都希望自己的网页如此）时，将大量地使用上述事件。刚才简要地介绍了一下事件处理程序，鉴于它们在JavaScript编程中扮演着至关重要的角色，本书后面将花大量的篇幅讨论它们。

磨笔上阵

下面的HTML显示一个歌曲播放列表，但该列表是空的。请补全下述在该列表中添加歌曲的JavaScript代码，然后查看本章末尾的答案，再接着往下阅读。

```
<!doctype html>                    ← 这是网页的HTML。

<html lang="en">

<head>

  <title>My Playlist</title>

  <meta charset="utf-8">           脚本。这些代码在<ul>元素
                                   定义的列表中添加歌曲。
  <script>

  _____ addSongs() {
                                                     请补全这些代码，在播放列
    var song1 = document._____("_____");   表中添加歌曲。

    var _____ = _____("_____");

    var _____ = _____.getElementById("_____");


    _____.innerHTML = "Blue Suede Strings, by Elvis Pagely";

    _____ = "Great Objects on Fire, by Jerry JSON Lewis";

    song3._____ = "I Code the Line, by Johnny JavaScript";

  }

  window._____ = _____;

  </script>

</head>

<body>

  <h1>My awesome playlist</h1>

  <ul id="playlist">              空的歌曲列表。前述JavaScript
                                  代码将给播放列表中的每个<li>
    <li id="song1"></li>          元素添加内容。

    <li id="song2"></li>

    <li id="song3"></li>

  </ul>
                                  正确地补全JavaScript
</body>                           代码并加载该网页后，
                                  它应该类似于这样。
</html>
```

My awesome playlist

- Blue Suede Strings, by Elvis Pagely
- Great Objects on Fire, by Jerry JSON Lewis
- I Code the Line, by Johnny JavaScript

别停下，继续前进

来看看你刚才做的：你在一个静态网页中添加**代码**，从而动态地修改了一个段落的内容。这看似简单，却是创建真正**交互式**网页的第一步。

这正是我们的目标，第8章将全面实现这个目标。

下面来迈出第二步：知道如何获取DOM中的元素后，咱们来使用代码设置元素的特性。

这很有趣，为什么呢？继续前面简单的星球示例，在将段落的内容设置为Red Alert的同时，还可将其颜色设置为红色，这无疑将更清晰地传递信息。

具体做法如下。

1. 给redtext类定义一条**CSS规则**，将段落文本设置为红色。这样，被加入到这个类的元素的文本都将为红色。

2. 接下来，添加这样的代码：获取**id**为greenplanet的段落元素，并将其加入redtext类。

就这么简单。现在，我们只需学习如何设置元素的特性，就能够编写这样的代码了。

磨笔上阵

将大脑的另一部分也开动起来如何？请给redtext类定义CSS样式，将星球段落的文本设置为红色。如果你很久没有编写CSS，也不用担心，你完全可以试一试；如果你闭着眼睛都能编写出来，那就太好了。答案在本章末尾。

如何使用setAttribute设置特性

元素对象有一个setAttribute方法，你可调用它来设置HTML元素的特性。要调用这个方法，可像下面这样做：

获取的元素对象

planet.setAttribute("class", "redtext");

使用方法setAttribute添加新特性或修改既有特性。

这个方法接受两个实参：要添加或修改的特性的名称……

要设置的特性值。

请注意，如果指定的特性不存在，将在元素中创建它。

可对任何元素调用setAttribute来修改特性的值；如果指定的特性不存在，将在元素中添加它。例如，来看看执行上述代码将给DOM带来的影响：

执行前

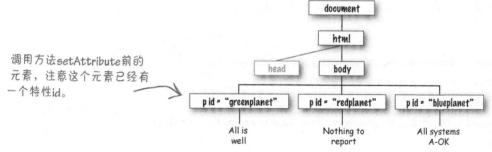

调用方法setAttribute前的元素，注意这个元素已经有一个特性id。

执行后

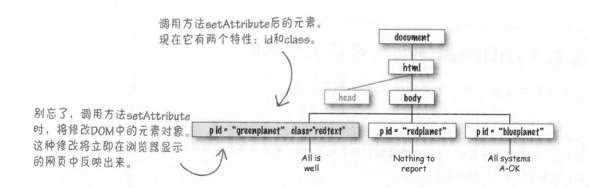

调用方法setAttribute后的元素。现在它有两个特性：id和class。

别忘了，调用方法setAttribute时，将修改DOM中的元素对象。这种修改将立即在浏览器显示的网页中反映出来。

获取特性

需要获取元素的特性值？没问题，有一个方法叫getAttribute，你可调用它来获取HTML元素的特性的值。

使用getElementById获取一个指向元素的引用，再使用方法getAttribute获取特性的值。

传入要获取其值的特性的名称。

```
var scoop = document.getElementById("raspberry");
var altText = scoop.getAttribute("alt");
console.log("I can't see the image in the console,");
console.log(" but I'm told it looks like: " + altText);
```

如果指定的特性不存在，结果将如何

还记得调用getElementById时指定的id在DOM中不存在的情形吗？将返回null。getAttribute亦如此。如果指定的特性不存在，将返回null。下面演示了如何检查这种情况：

```
var scoop = document.getElementById("raspberry");
var altText = scoop.getAttribute("alt");
if (altText == null) {
    console.log("Oh, I guess there isn't an alt attribute.");
} else {
    console.log("I can't see the image in the console,");
    console.log(" but I'm told it looks like " + altText);
}
```

检查是否返回了一个特性值。

如果没有返回特性值，就这样做。

如果返回了特性值，就可在控制台中显示其文本内容。

别忘了getElementById也可能返回null

每当你获取值时，都一定要确认获得了期望的值……

调用getElementById时，如果指定的元素id在DOM中不存在，它将返回null。为遵循最佳实践，试图获取元素时，也务必检查返回的是否是null。本书原本也应遵守这种规则，但如果这样做，篇幅将长得多。

回到星球示例

现在将这些代码整合到星球示例中，并最后一次试驾。

```html
<!doctype html>
<html lang="en">
<head>
  <meta charset="utf-8">
  <title>Planets</title>
  <style>
    .redtext { color: red; }
  </style>
  <script>
    function init() {
        var planet = document.getElementById("greenplanet");
        planet.innerHTML = "Red Alert: hit by phaser fire!";
        planet.setAttribute("class", "redtext");
    }
    window.onload = init;
  </script>
</head>
<body>
  <h1>Green Planet</h1>
  <p id="greenplanet">All is well</p>
  <h1>Red Planet</h1>
  <p id="redplanet">Nothing to report</p>
  <h1>Blue Planet</h1>
  <p id="blueplanet">All systems A-OK</p>
</body>
</html>
```

星球示例的完整HTML、CSS 和JavaScript代码。

我们定义了redtext类，这样在代码 中将元素的特性class设置为redtext 时，其文本将变成红色。

再来复习一下：获取 id为greenplanet的元 素，并将其存储到变 量planet中。然后，修 改这个元素的内容。 最后，给这个元素添 加一个class特性，将 这个元素的文本改成 红色。

网页加载完毕后再调用函数init。

最后一次试驾

在浏览器中加载这个网页，你将看到绿色星球被移相 武器（phaser）击中了，且消息为亮红色，相信你一定 会注意到!

DOM还有哪些功能

除了前面介绍的以外，DOM还有很多其他功能，本书后面将介绍其中的一些。下面简单地说说，让它们深深地刻在你脑海中。

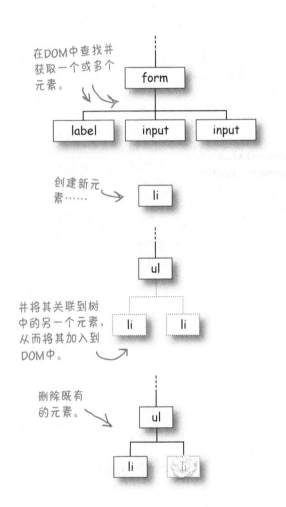

从DOM获取元素

这一点你早就知道了，因为我们一直在使用 **document.getElementById**，但还有其他获取元素的方式。事实上，你可以使用标签名、类名和特性来获取一系列元素（如所有归属于on_sale类的元素）。你还可获取用户输入的表单值，如input元素的文本。

创建元素并将其加入到DOM中

你可以创建新元素，并将它们加入到DOM中。当然，你对**DOM**所做的任何修改，都将在浏览器渲染**DOM**时立即反映出来。（这是件好事！）

从DOM删除元素

你还可以从**DOM**中删除元素，这将同时删除其所有子元素。同样，将元素从**DOM**删除后，它也将立即从浏览器窗口中消失。

遍历DOM中的元素

有了指向元素的句柄后，就可找到其所有子元素，可获取其兄弟元素（位于同一层级的所有元素），还可获取其父元素。**DOM**的结构类似于家谱！

要点

- 在**浏览器内部**，使用**文档对象模型**（DOM）来表示网页。

- 浏览器在加载并分析HTML时创建网页的DOM。

- 在JavaScript代码中，使用document对象来访问DOM。

- document对象包含你可用来访问和修改DOM的属性和方法。

- 方法document.getElementById根据id从DOM获取一个元素。

- 方法document.getElementById返回一个表示网页中元素的**元素对象**。

- 元素对象包含一些属性和方法，你可使用它们来读取和修改元素的内容。

- 属性innerHTML包含元素的文本内容和全部嵌套的HTML内容。

- 要修改元素的内容，可修改其属性innerHTML的值。

- 通过修改属性innerHTML来修改元素时，所做的修改将立即在网页中反映出来。

- 要获取元素的特性值，可使用方法getAttribute。

- 要设置元素的特性值，可使用方法setAttribute。

- 如果将包含JavaScript代码的<script>元素放在网页的<head>元素中，就必须确保在网页加载完毕后再修改DOM。

- 可使用window对象的onload属性给加载事件指定**事件处理程序**（回调函数）。

- 网页加载完毕后，将立即调用window对象的onload属性指向的事件处理程序。

- 在JavaScript中，可使用事件处理程序来处理很多不同类型的事件。

JavaScript填字游戏

请完成这个填字游戏，将DOM知识深深地刻在你的脑海中。

横向

5. 处理事件的函数被称为事件＿＿＿＿＿＿＿（复数形式）。

7. 为破解Evel博士的密码提供了线索的元素的id。

9. 为处理加载事件，可将一个什么赋给属性window.onload?

12. 要修改元素内部的HTML，可使用元素对象的哪个属性?

14. 方法setAttribute所属的对象。

15. DOM的形状像什么?

纵向

1. 被移相武器击中的星球。

2. 用于查看代码是否有错误的工具。

3. 使用代码来获取或修改网页的元素前，确保什么已加载完毕至关重要?

4. 方法getElementById根据什么来获取一个元素?

6. 要修改元素的属性class，可使用哪个方法?

8. 总是位于DOM树顶部的对象。

10. 使用getElementById时，务必检查它返回的是否是什么?

11. 在浏览器中加载网页时，浏览器创建一个什么来表示网页的所有元素和内容?

13. getElementById是document对象的一个什么?

变身浏览器 答案

你的任务是变身浏览器，亲自对HTML进行分析并制作DOM。现在就对右边的HTML进行分析，并在下面绘制DOM吧。开头部分已经为你绘制好了。

Movie Showtimes

Plan 9 from Outer Space

Playing at 3:00pm, 7:00pm. Special showing tonight at *midnight*!

Forbidden Planet

Playing at 5:00pm, 9:00pm.

```html
<!doctype html>
<html lang="en">
  <head>
    <meta charset="utf-8">
    <title>Movies</title>
  </head>
  <body>
    <h1>Movie Showtimes</h1>
    <h2 id="movie1" >Plan 9 from Outer Space</h2>
    <p>Playing at 3:00pm, 7:00pm.
      <span>
        Special showing tonight at <em>midnight</em>!
      </span>
    </p>
    <h2 id="movie2">Forbidden Planet</h2>
    <p>Playing at 5:00pm, 9:00pm.</p>
  </body>
</html>
```

这是我们绘制的DOM。

```
document
  └── html
        ├── head
        │     ├── meta
        │     └── title
        └── body
              ├── h1
              ├── h2 id="movie1"
              ├── p
              │     └── span
              │           └── em
              ├── h2 id="movie2"
              └── p
```

磨笔上阵
答案

下面的HTML显示一个歌曲播放列表，但该列表是空的。请补全下述在该列表中添加歌曲的JavaScript代码。答案如下。

```
<!doctype html>          ← 这是网页的HTML。

<html lang="en">

<head>

  <meta charset="utf-8">

  <title>My Playlist</title>       脚本。这些代码在<ul>元素
                                   定义的列表中添加歌曲。
  <script>

   __function__    addSongs() {                              请补全这些代码，在播放列表
                                                             中添加歌曲。
    var song1 = document._getElementById_ ("_song1_");

    var _song2_ = _document.getElementById_ ("_song2_");

    var _song3_ = _document_.getElementById("_song3_");


    _song1_.innerHTML = "Blue Suede Strings, by Elvis Pagely";

    _song2.innerHTML_ = "Great Objects on Fire, by Jerry JSON Lewis";

    song3._innerHTML_ = "I Code the Line, by Johnny JavaScript";

  }

  window._onload_ = _addSongs_ ;

  </script>

</head>

<body>

  <h1>My awesome playlist</h1>
                                  空的歌曲列表。前述JavaScript
  <ul id="playlist">             代码将给播放列表中的每个<li>
                                 元素添加内容。
    <li id="song1"></li>

    <li id="song2"></li>

    <li id="song3"></li>

  </ul>

</body>

</html>
```

加载该网页后，它类似于这样。

My awesome playlist

- Blue Suede Strings, by Elvis Pagely
- Great Objects on Fire, by Jerry JSON Lewis
- I Code the Line, by Johnny JavaScript

将大脑的另一部分也开动起来如何？请给redtext类定义CSS样式，将星球段落的文本设置为红色。如果你很久没有编写CSS，也不用担心，你完全可以试一试；如果你闭着眼睛都能编写出来，那就太好了。

```
.redtext { color: red; }
```

 **JavaScript填字游戏答案**

请完成这个填字游戏，将DOM知识深深地刻在你的脑海中。

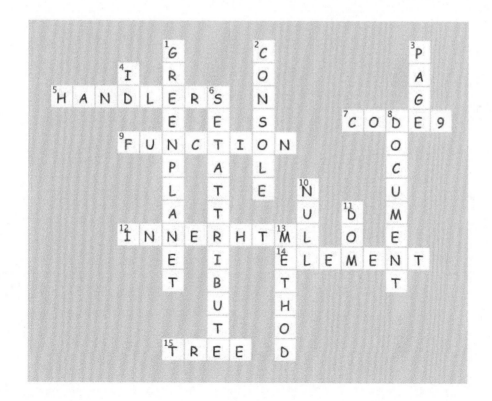

7 类型、相等、转换等

系统地讨论类型

该系统地讨论类型了。JavaScript的优点之一是，你无需知道这种语言的很多细节，就可以使用它来做很多事情。但要真正**掌握这门语言**、提升水平，做到人生中梦寐以求的事情，你必须对**类型**了如指掌。还记得本书前面是怎么说JavaScript的吗？是不是说它命不好，不是出生在高贵的学术殿堂，也未经同行审阅？确实如此，但非科班出身不妨碍史蒂夫·乔布斯和比尔·盖茨取得成功，对JavaScript来说亦如此。这确实意味着JavaScript的类型系统并不特别缜密，我们会发现它有一些**怪癖**。不过不用担心，本章将把这些怪癖解释得一清二楚，你很快就能避免各种与类型相关的难堪错误。

真相就摆在那里

你已经有丰富的JavaScript类型使用经验，你知道有数字、字符串和布尔值等基本类型，还知道有各种对象，其中有些是JavaScript提供的（如Math对象），有些是浏览器提供的（如document对象），还有些是你自己编写的。你不正沐浴在JavaScript简单、强大、一致的类型系统的光辉下吗？

数字、字符串和布尔值等低级基本类型。

用于表示问题空间中事物的高级对象。

基本类型

对象

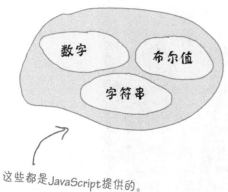

这些都是JavaScript提供的。

JavaScript还提供了大量有用的对象；你也可以创建自己的对象，或者使用其他开发人员编写好的对象。

有这样的Web镇官方语言，你还有什么不满足的呢？事实上，如果你只是脚本编写人员，可能考虑坐下来，喝杯Web镇生产的马提尼，放松一下早已疲惫不堪的身心……

但你不仅仅是脚本编写人员，总觉得还缺点什么。你隐隐地觉得，在Web镇尖桩篱栅的后面，有什么离奇的东西在起作用。你听人说字符串就像对象一样，你阅读过探讨null类型的博客，还有传言说JavaScript解释器近来一直在做一些怪异的类型转换。所有这一切都意味着什么呢？我们不知道，但真相就摆在那里，本章将把它揭示出来，这可能会完全颠覆你当前的看法。

猜猜我是谁

一大拨JavaScript值乔装打扮，正在玩一个"猜猜我是谁"的晚会游戏，其中还混入了一些不速之客。你需要根据它们对自己的描述猜测它们的身份——假设它们说的都是真话。请用箭头将每条描述连接到相应的参与者，我们已经猜出一个了。请将你的答案与本章末尾的答案对比，再继续往下阅读。

如果你发现这个练习很难，看看答案也没关系。

参与游戏的值：

我是没有**return**语句的函数返回的值。

我是未赋值的变量的值。

我是稀疏数组中不存在的数组元素的值。

我是不存在的属性的值。

我是已删除的属性的值。

零

空对象

null

⟶ undefined

NaN

infinity

area 51

...---...

{}

[]

小心，你可能意外遭遇undefined

正如你看到的，在任何不确定的情况下——使用未初始化的变量、访问不存在（或已删除）的属性、使用不存在的数组元素时——你都将遭遇undefined。

undefined到底是什么？它其实并不复杂。你可以这么认为：对于任何还没有值（即还未初始化）的东西，都会将undefined赋给它。

这样做有什么好处呢？undefined让你能够判断是否给变量（属性或数组元素）赋值了。来看两个示例，先从未赋值的变量着手：

可检查变量（如x）是否是未定义的。为此，只需将其与undefined进行比较。

```
var x;

if (x == undefined) {
    // x未定义！处理这种情况！
}
```

请注意，这里使用的是值undefined，请不要将其与字符串"undefined"混为一谈。

对象的属性呢？

可检查属性是否是未定义的。为此，也可将其与undefined进行比较。

```
var customer = {
    name: "Jenny"
};
if (customer.phoneNumber == undefined) {
    // 获取客户的电话号码
}
```

世上没有愚蠢的问题

问：在什么情况下，需要检查变量（属性或数组元素）是否是未定义的？

答：这取决于你的代码设计。在你编写的代码中，如果代码块执行时，属性或变量可能没有值，就需要检查它是否是undefined，避免在计算中使用未定义的值。

问：既然undefined是一个值，那它有类型吗？

答：有。undefined的类型是undefined。为什么？我们认为原因如下：它不是对象，不是数字、字符串或布尔值，也不是任何明确的东西。既然如此，为何不将这种类型也视为未定义的呢？这是JavaScript怪异的灰色地带之一，你不得不接受。

实验

在实验室，我们喜欢将东西拆开，看看里面的情况，接上诊断工具以搞清楚到底出了什么问题。今天，我们要研究的是JavaScript的类型系统，而我们已经找到了一个小小的诊断工具typeof，可用于检查变量。请你穿上实验服，戴上护目镜，进入实验室，与我们一道来做实验吧。

typeof是一个内置的JavaScript运算符，可用于探测其操作数（要对其进行操作的东西）的类型，如下例所示：

```
var subject = "Just a string";
```

运算符typeof接受一个操作数，并返回该操作数的类型。

```
var probe = typeof subject;
console.log(probe);
```

这里的类型是string。注意到typeof使用字符串来表示类型，如"string" "boolean" "number" "object" "undefined"等。

> JavaScript控制台
>
> string

该你了。请收集下述实验的结果。

```
var test1 = "abcdef";
var test2 = 123;
var test3 = true;
var test4 = {};
var test5 = [];
var test6;
var test7 = {"abcdef": 123};
var test8 = ["abcdef", 123];
function test9(){return "abcdef"};

console.log(typeof test1);
console.log(typeof test2);
console.log(typeof test3);
console.log(typeof test4);
console.log(typeof test5);
console.log(typeof test6);
console.log(typeof test7);
console.log(typeof test8);
console.log(typeof test9);
```

这些是实验数据，而这些是实验。

> JavaScript控制台

在这里列出实验结果。有什么让你惊讶的地方吗？

我记得前一章说过，指定的id不存在时，getElementById返回null，而不是undefined。null到底是什么？getElementById为何不返回undefined呢？

这确实让人感到迷惑。 在很多语言中，都有一个表示"无对象"的概念，这挺好。就拿方法document.getElementById来说吧，是不是要求它返回一个对象？如果它无法返回一个对象呢？在这种情况下，我们希望返回一个含义如下的值：要是有对象，我就会是一个对象，可当前没有。这正是null的含义。

你还可直接将变量设置为null：

```
var killerObjectSomeday = null;
```

将变量设置为null是什么意思呢？意思是说我原本要将一个对象赋给这个变量，但现在没有这样的对象。

你可能挠着头说，为何不使用undefined来表达这种意思呢？很多人都这么想。原因是JavaScript刚面世时是这么想的：用一个值表示变量还未初始化，用另一个值表示没有对象可赋给变量。这并不完美，而且显得有些多余，但现实情况就是如此。你只需牢记undefined和null各自的用途，并知道下面一点就行了：在应该提供一个对象，但无法创建或找到时，将提供null；在变量未初始化、对象没有指定属性或数组没有指定元素时，将返回undefined。

回到实验室

哎呀，刚才的实验数据遗漏了null。下面是遗漏的实验：

```
var test10 = null;

console.log(typeof test10);
```

将结果写在这里。

JavaScript控制台

如何使用null

很多函数和方法都返回对象，你需要确认获得的是货真价实的对象而不是
null，以防函数无法找到或创建要返回的对象。在上一章，你见过需要
进行这种检查的示例：

咱们来查找非常重要的
header元素。

```
var header = document.getElementById("header");

if (header == null) {
    // 如果没有header元素，肯定出了大问题
}
```

哎呀！它不存在，赶快弃船！

别忘了，返回null未必意味着出了问题。这可能只是意味着有什么东
西不存在，需要创建它或可以忽略它。假设你的网站有一个天气小部件，
用户可以打开它，也可以关闭它。如果用户打开了它，就会有一个id为
weatherDiv的<div>元素；否则，就没有这样的元素。突然之间，null
便可派上大用场：

看看是否有id为weatherDiv
的元素。

```
var weather = document.getElementById("weatherDiv");

if (weather != null) {
    // 为div元素weather创建内容
}
```

我们可以使用null来检
查对象是否存在。

如果getElementById返回的不是null，就说明网
页中有这样的元素，那么创建一个漂亮的天气
小部件（假定在其中显示当地的天气情况）。

别忘了，null用于表示对象不存在。

密苏里州布莱恩市
温度始终保持在
19°C，降雨概率为
40%。

信不信由你！！

不是数字的数字

信不信由你，有些数字值在JavaScript中无法表示！有鉴于此，JavaScript提供了一个替代值：

NaN

JavaScript使用NaN［通常被称为非数字（Not a Number）］来表示它无法表示的数值结果。就拿0/0来说吧，在计算机中无法表示其结果，因此JavaScript使用NaN来表示它。

可以很容易地编写JavaScript语句来生成含义不明确的数值。

下面就是几条这样的语句：

```
var a = 0/0;
```

↖ 在数学中，这没有明确的答案，因此不能要求JavaScript知道答案。

```
var b = "food" * 1000;
```

↖ 我们不知道结果是什么，但肯定不是数字！

```
var c = Math.sqrt(-9);
```

↖ 如果你的高中数学不是体育老师教的，肯定知道负数的平方根是虚数，在JavaScript中无法表示。

NaN可能是世上最怪异的值。它不仅用于表示所有无法表示的数值，还是JavaScript中唯一一个与自己不相等的值！

你没听错。如果你将NaN和NaN进行比较，结果是不相等！

NaN != NaN

处理NaN

你可能认为，需要处理NaN的情形很少，但只要你编写任何使用数字的代码，都将惊讶地发现它现身的频率非常频繁。你经常需要检查NaN。基于学到的JavaScript知识，你可能认为如何检查显而易见：

```
if (myNum == NaN) {
    myNum = 0;
}
```

你可能认为这样做可行，但实际上行不通。

错误的做法！

敏锐的读者会认为，这就是检查变量是否为NaN的方式，但实际上行不通。为什么呢？因为NaN与任何东西（包括它自己）都不相等，因此不能以任何方式检查变量与NaN是否相等。相反，需要使用特殊函数isNaN，如下所示：

```
if (isNaN(myNum)) {
    myNum = 0;
}
```

使用函数isNaN，它在传入的值不是数字时返回true。

正确的做法！

比想象的还要怪异

来更深入地考虑一下。既然NaN指的是"不是数字"，那它是什么呢？如果指出它是什么，而非它不是什么，是不是更容易理解呢？那你认为它是什么呢？为获得一点线索，可检查其类型：

```
var test11 = 0 / 0;

console.log(typeof test11);
```

这是我们得到的结果。

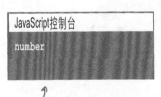

```
JavaScript控制台
number
```

如果你一点也不吃惊，那么本书对你来说唯一的用途也许就是拿来点火了。

到底是怎么回事？NaN的类型是数字？一个不是数字的东西，其类型怎么可能是数字呢？别急，沉住气，你可以这样想：NaN是一个糟糕的名称；与其称之为"不是数字"，还不如称之为"无法表示的数字"（必须承认，这样首字母缩写将不那么出色）。如果你这样想，就可认为NaN是一个数字，只是无法表示而已（至少对计算机来说如此）。

请将这一点加入到JavaScript灰色地带中。

世上没有愚蠢的问题

问： 向isNaN传递一个不能转换为数字的字符串时，它会返回true吗？

答： 那是肯定的，与你期望的完全一致。如果变量存储的是NaN或其他任何不是数字的值，将其传递给isNaN时，它都将返回true（否则，将返回false）。但有几点需要注意，这将在后面讨论类型转换时介绍。

问： 为何NaN与它自己不相等？

答： 如果你对这一点很感兴趣，可参阅IEEE浮点数规范。对于这个问题，简单的答案是，因为NaN指的是无法表示的数字，但并非所有无法表示的数字都相同。例如，sqrt(-1)和sqrt(-2)的结果都是NaN，但它们显然不相同。

问： 0 / 0的结果为 N a N，而1 0 / 0的结果为Infinity。Infinity与NaN不是一回事吗？

答： 好眼力。在JavaScript中，Infinity指的是任何超过浮点数上限1.7976931348623157E+10308（对-Infinity而言，是指超过浮点数下限−1.7976931348623157E+10308）的值。Infinity的类型为数字，怀疑某个值太大时，可检查它是否为Infinity：

```
if (tamale == Infinity) {
    alert("That's a big tamale!");
}
```

问： 得知NaN的类型是数字后，我确实很吃惊。还有其他令人吃惊的细节吗？

答： 这个问题真有趣。将Infinity与它自己相减时，结果为NaN；这令你吃惊吗？如果连这一点都能明白，说明你的数学非常出色。

问： 既然说到细节，null的类型是什么呢？

答： 要迅速获得答案，可对null使用运算符typeof。如果你这样做，结果将为"object"。这合情合理，因为null用于表示不存在的对象。不过这存在很大的争议，在最新的规范中，null的类型为null。你可能发现，浏览器的JavaScript实现没有遵守这种规范，但很少需要在代码中确定null的类型。

本章一直在讨论有趣的值，下面来看看一些有趣的行为。请将下面的代码添加到一个基本网页的<script>元素中，再加载该网页，看看控制台显示的是什么。为什么会出现这种情况呢？你能猜出其中的原因吗？

```
if (99 == "99") {
    console.log("A number equals a string!");
} else {
    console.log("No way a number equals a string");
}
```

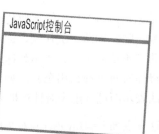

JavaScript控制台

将你看到的输出写在这里。

有一点我们必须告诉你

对于JavaScript，有一点我们一直故意瞒着没有说。这一点原本早就可以说，但现在说最合适。

这并不意味着我们一直在欺骗你，而只是意味着还有些事情需要补充而已。是什么事情呢？咱们来看看：

设置一个变量，这里将其设置为数字99。

```
var testMe = 99;
```

然后，在条件测试中将其与一个数字进行比较。

```
if (testMe == 99) {
    // 要执行的操作
}
```

简单易懂吧？确实如此，还有比这更简单的吗？然而，本书前面至少做了一次类似于下面的事情，只是你可能没有注意到：

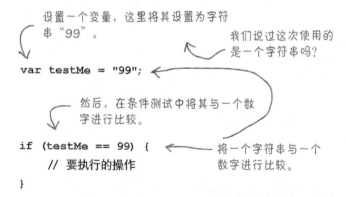

设置一个变量，这里将其设置为字符串"99"。

我们说过这次使用的是一个字符串吗？

```
var testMe = "99";
```

然后，在条件测试中将其与一个数字进行比较。

```
if (testMe == 99) {
    // 要执行的操作
}
```

将一个字符串与一个数字进行比较。

将数字与字符串进行比较时，结果将如何呢？太乱了？计算机崩溃？犹如大街上的骚乱？

非也，JavaScript很聪明，能够判断出99和"99"实际上是相等的。但它在幕后到底是如何作出这种判断的呢？咱们来看看。

要点

下面简单地复习一下赋值和相等的差别。

- `var x = 99;`
  =是赋值运算符，用于给变量赋值。

- `x == 99`
  ==是比较运算符，用于对两个值进行比较，看看它们是否相等。

理解相等运算符

你可能认为，相等运算符很容易理解，不就是1 == 1、"guacamole" == "guacamole"、true == true吗？然而，对于"99" == 99，显然需要做更多的工作。相等运算符到底是如何进行比较的呢？

实际上，进行比较时，运算符==会考虑其操作数（要比较的两个值）的类型。这存在下面两种情况。

如果两个值的类型相同，就直接进行比较

如果要比较的两个值的类型相同，如比较两个数字或两个字符串，将按你期望的方式进行比较：将这两个值进行比较，如果它们相同，结果为true。非常简单。

如果两个值的类型不同，则尝试将它们转换为相同的类型，再进行比较

这种情况更有趣。假设你要对两个类型不同的值进行比较，如一个数字和一个字符串，JavaScript将把字符串转换为数字，再进行比较，如下所示：　←—请注意，这种转换是临时性的，旨在方便比较。

99 == "99"　　你将一个数字和一个字符串进行比较时，JavaScript将字符串转换为数字（如果可能的话）。

99 == 99　　再尝试进行比较。如果它们相等，整个表达式的结果就为true，否则为false。

这让你有一定的直观感受，但其中的规则是什么呢？如果将布尔值和数字、null和undefined或其他值进行比较呢？我怎么知道将进行什么样的转换呢？为比较数字和字符串是否相等，为何不将数字转换为字符串，或采用其他转换方式呢？JavaScript规范包含一套非常简单的规则，指定了对两个不同类型的值进行比较时，将如何进行转换。你必须牢记这些规则，这样才能掌握JavaScript比较的工作原理。

这也将让你胜人一筹，在下次面试中脱颖而出。

相等运算符如何转换操作数
（听起来比实际上危险）

我们知道，将两个类型不同的值进行比较时，JavaScript会把一个值转换为另一个值的类型，再进行比较。你可能觉得这很奇怪，因为在其他语言中，这通常不是自动进行的，而需要编写代码显式地进行转换。不过，不用担心，JavaScript自动类型转换通常是件好事，**只要你明白转换是在何时以及如何进行的。** 下面就来了解这一点：转换是何时以及如何进行的。

来看4种简单的情形。

情形1：比较数字和字符串

比较字符串和数字时，都将把字符串转换为数字，再对两个数字进行比较。这并非总是可行，因为并非所有的字符串都可转换为数字。字符串不能转换为数字时，结果将如何呢？下面就来看看：

$$99 == \texttt{"vanilla"}$$

再次将一个数字和一个字符串进行比较，但这里无法将字符串转换为数字。

$$99 == \texttt{NaN}$$

试图将"vanilla"转换为数字时，结果为NaN，而它与什么东西都不相等，因此最终结果为false。

$$\texttt{false}$$

情形2：比较布尔值和其他类型

在这种情况下，将把布尔值转换为数字，再进行比较。这看起来有点怪，但只要记住 `true` 将被转换为1，而 `false` 将被转换为0，就容易理解了。另外，你必须明白，在有些情况下，需要做多次类型转换。下面是一个示例：

$$1 == \texttt{true}$$

将一个数字和一个布尔值进行比较。将true转换为数字1。

$$1 == 1$$

再将1和0进行比较，结果为true。

$$\texttt{true}$$

再看一个示例，这次将一个布尔值与一个字符串进行比较。注意这需要执行额外的步骤：

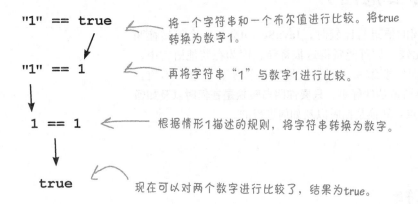

"1" == true   将一个字符串和一个布尔值进行比较。将true转换为数字1。

"1" == 1   再将字符串"1"与数字1进行比较。

1 == 1   根据情形1描述的规则，将字符串转换为数字。

true   现在可以对两个数字进行比较了，结果为true。

情形3：比较null和undefined

这两个值的比较结果为true。这好像有点怪，但规则就是这样的。你可以这么理解，它们其实表示的都是"没有值"（没有值的变量和没有值的对象），因此认为它们相等。

undefined == null

true   undefined和null相等。

情形4：其实只有三种情形。

这就是所有的情形，根据这些规则，可确定任何相等表达式的值。然而，还存在一些边界情况和需要注意的地方。一个需要注意的地方是对象的比较，这将在本书后面介绍。另一个需要注意的地方是，有些转换可能让你猝不及防，例如：

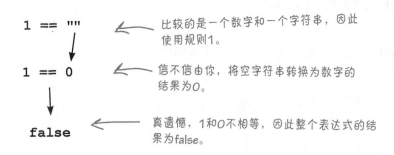

1 == ""   比较的是一个数字和一个字符串，因此使用规则1。

1 == 0   信不信由你，将空字符串转换为数字的结果为0。

false   真遗憾，1和0不相等，因此整个表达式的结果为false。

如果对两个值进行比较时，无需操心类型转换
的问题就好了；如果能够判断两个值是否相等
且类型相同就好了；如果不用操心所有这些规
则以及可能导致的错误就好了。我知道，这些
都是白日做梦。

严格相等

我对比较的要求更严格些。

还有一点需要告诉你：**相等运算符有两个**，而不是只有一个。我们已经介绍了==（相等），另一个是===（严格相等）。

没错，就是三个等号。在可以使用==的任何地方，都可使用===，但在这样做之前，一定要明白它们之间有何不同。

你知道，使用==对两个类型不同的操作数进行比较时，涉及很多有关如何对操作数进行转换的规则。使用===时，涉及的规则更复杂。

刚才是跟你开玩笑的，===涉及的规则实际上**只有一条**。

编辑提醒：请确保获得了Doug Crockford允许使用这张照片的书面授权。

当且仅当两个值的<u>类型</u>和<u>值</u>都相同时，它们才是严格相等的

请再读一遍。这意味着，如果两个值的类型相同，就对其进行比较；否则，不管它们是什么，结果都为false——不进行转换，也不考虑各种复杂的规则。你只需记住，**仅当两个值的类型和值都相同时，===才认为它们相等**。

磨笔上阵

对于下面的比较表达式，在运算符==和===下方分别写出它们的结果：

	==	===	
"42" == 42	true	_____	"42" === 42
"0" == 0	_____	_____	"0" === 0
"0" == false	_____	_____	"0" === false
"true" == true	_____	_____	"true" === true
true == (1 == "1")	_____	_____	true === (1 === "1")

难度极高！　　　　　　　　　　　　　　　　　　　难度极高！

世上没有 愚蠢的问题

问： 如果将数字（如99）同无法转换为数字的字符串（如"ninety-nine"）进行比较，结果将如何？

答： JavaScript尝试将"ninety-nine"转换为数字，但以失败告终，结果为NaN。因此，这两个值不相等，结果为false。

问： JavaScript如何将字符串转换为数字？

答： 它使用一种算法对字符串中的每个字符进行分析，并尝试将其转换为一个数字。因此，如果字符串为"34"，JavaScript将其中的字符"3"和"4"转换为3和4。你还可将类似于"1.2"这样的字符串转换为浮点数，因为JavaScript很聪明，知道这样的字符串可转换为数字。

问： 如果我编写类似于**"true" == true**这样的代码，结果将如何呢？

答： 这是对字符串和数字进行比较。根据相关的规则，JavaScript将首先把true转换为1，再对"true"和1进行比较。接下来，它将尝试将"true"转换为数字，但以失败告终，因此结果为false。

问： 既然有运算符==和===，是否意味着也有运算符<=和<==以及>=和>==呢？

答： 答案是否定的，没有运算符<==和>==，只有<=和>=。这些运算符只知道比较字符串和数字（true <= false没有意义），因此如果你使用它们来比较除数字和字符串外的其他值，JavaScript将尝试根据前面讨论的规则进行类型转换。

问： 如果我编写代码**99 <= "100"**，结果将如何呢？

答： 根据相关的规则，将把"100"转换为数字，再同99进行比较。因为99小于100，所以结果为true。

问： 有运算符!==吗？

答： 有。===比==严格，同样!==也比!=严格。有关===的规则也适用于!==，只是它检查是否不等，而非是否相等。

问： 使用<和>比较布尔值和数字（如0 < true）时，也会使用同样的规则吗？

答： 没错。就这个例子而言，将把true转换为1；因为0小于1，所以结果为true。

问： 两个字符串相等好理解，但如何确定两个字符串谁大谁小呢？

答： 问得好。说"banana"<"mango"是什么意思呢？比较两个字符串时，根据字母排列顺序来确定谁大谁小。由于"banana"以b打头，"mango"以m打头，而b在字母表中排在m前面，因此"banana"比"mango"小。"mango"比"melon"小，因为虽然它们的第一个字母相同，但比较第二个字母时，发现a排在e的前面。

然而，这种按字母排列顺序进行比较的方式可能让你犯错。例如，"Mango" < "mango"的结果为true，但你可能以为M比m大，因为前者是大写的。字符串的排列顺序取决于计算机中用于表示各个字符的Unicode值的排列顺序（Unicode是一种以数字方式表示字符的标准），而这种排列顺序并非总是与你的预期一致。想了解有关Unicode的详细信息，请使用关键字Unicode进行搜索。但在大多数情况下，你只需知道基本的字母排列顺序，就能判断两个字符串谁大谁小。

今晚主题：相等运算符和严格相等运算符争夺头把交椅。

==

跟我争，也不看看我是谁。

在现有的全部JavaScript代码中，我的使用量处于领先地位。你落后了，落后得还不是一星半点。

我不这么认为。我提供的服务非常重要，谁不需要时不时地将字符串格式的用户输入同数字进行比较呢？

上小学时，你每天上学和放学都必须爬雪坡吗？你做什么事情都避易就难？

现实情况是，你能做的比较我不仅都能做，还会进行类型转换。

难道不管三七二十一，都判断结果为`false`了事？

===

你别忘了，多位JavaScript大师都说了，开发人员应使用我，且只使用我。他们认为应将你从JavaScript中踢出去。

你说的也许没错，但开发人员逐渐醒悟过来了，这些统计数字正在发生变化。

要使用==，就必须牢记各种规则。使用===吧，这样生活和代码都更简单；如果要将用户输入转换为数字，有提供这种功能的方法。

真搞笑。行事严谨，确保比较语义清晰没有错；不牢记各种规则就可能出现意外才糟糕呢。

每次看到你那些规则，我都如鲠在喉。我是说要将布尔值同任何值比较，都得将其转换为数字吗？在我看来，这太不合理了。

==

到目前为止，这确实管用。看看既有的JavaScript代码吧，很多都是脚本编写人员编写的。

你是说谈话后洗个澡什么的？

这是要让我出局的节奏？我乐意躺在沙滩上，喝着玛格丽塔悠闲地消磨时光。

争论==和===谁才是老大是在浪费时间。我是说人生中还有更有趣的事情要做。

现实情况是，大家绝不会不再使用==，有时候它确实很方便。大家可以合理地使用它，在合适的情况下充分发挥其优势。就拿处理用户输入来说吧，为何不使用==呢？

我现在的看法是，如果大家愿意用你，那很好，而我随时待命；顺便说一句，不管大家怎么选择，都不影响我每月领薪水！还有很多使用==的遗留代码——我永远都不会失业。

===

当然不是，我是说你那些复杂的规则可能让人不堪重负。

没错，但网页越来越复杂、越来越精致，该遵守一些最佳实践了。

比如坚持只使用===什么的。这让代码更清晰，还避免了在比较中出现古怪的边界情况。

我看不像呀，还以为你要占着头号等号运算符的宝座不放，直到永远呢。出什么事了？

我都不知道说什么好了。

我说过，世事难料。

好像还不够令人迷惑似的，竟然有两个相等运算符。我该使用哪个呢？

沉住气。这方面存在很大的争论，专家也是见仁见智。我们的观点是，传统上，由于对这两个运算符及其差别认识不足，程序员通常使用==（相等运算符）。现在，大家的认识更深刻了，在大多数情况下，使用===（严格相等运算符）都可行；从某种程度上说，这也更安全，因为你知道结果会是什么。当然，使用==时，你也知道结果会是什么，但考虑到它可能进行各种转换，有时候很难考虑到所有的可能性。

在有些情况下，如比较数字和字符串时，==提供了很大的便利。在这些情况下，应大胆地使用==，特别是考虑到你与很多JavaScript程序员都不同，对==的作用已了如指掌，因此更应如此。讨论===后，本书改弦易辙，在大多数情况下都使用===，但我们会灵活处理，在==能够简化工作且不会引入问题的情况下，也会使用它。

有些开发人员将===（严格相等）称为等同运算符。

下面是对一些运算符的描述，你能将它们与相应的运算符连起来吗？请注意，每个运算符可能对应于0、1或多项描述。我们已经将一项描述与相应的运算符连起来了。

=

将两个值进行比较，看它们是否相等。它被称为相等运算符，必要时会对操作数进行类型转换，再进行比较。

==

将两个值进行比较，看它们是否相等；如果两个值的类型不同，将直接返回false。

===

给变量赋值。

====

比较两个对象引用；如果它们相同，就返回true，否则返回false。

深入探讨类型转换

并非只有条件语句会导致类型转换，其他几个运算符也可能会导致类型转换。这些转换旨在为程序员提供便利，通常也确实如此，但你必须准确地知道类型转换可能在什么情况下和什么地方发生。下面就来看一看。

再谈拼接和加法运算符

你可能知道了，用于数字时，运算符+表示加法运算，而用于字符串时，表示**拼接**（concatenation）。然而，如果+的操作数的类型不同，结果将如何呢？下面就来看看。

如果你试图将数字和字符串相加，JavaScript将把数字转换为字符串，再进行拼接。这与==运算符的情况大致相反。

```
var addi = 3 + "4";
```
将数字和字符串相加时，执行的是拼接，而不是加法运算。

变量被设置为"34"，而不是7。

```
var plusi = "4" + 3;
```
同理，结果为"43"。

将数字和字符串相加时，即便将字符串放在前面，结果也相同：将数字转换为字符串，再进行拼接。

其他算术运算符呢

对于其他算术运算符，如乘法、除法和减法运算符，JavaScript将认为你要执行的是算术运算，而不是字符串运算。

```
var multi = 3 * "4";
```
JavaScript将字符串"4"转换为数字4，再将其乘以3，结果为12。

```
var divi = 80 / "10";
```
将字符串"10"转换为数字10，再将80除以数字10，结果为8。

```
var mini = "10" - 5;
```
将字符串"10"转换为数字10，再将其减去5，结果为5。

世上没有愚蠢的问题

问： 只要有一个操作数为字符串，就会将+视为字符串拼接吗？

答： 是的。然而，由于+的结合性是从左到右的，如果你编写了下面的代码：

```
var order = 1 + 2 + " pizzas";
```

结果将为"3 pizzas"，而不是"12 pizzas"。这是因为从左往右计算时，先将1和2相加（因为它们都是数字），结果为3；接下来，将3与字符串"pizzas"相加，因此将3转换为字符串，再拼接这两个字符串。为确保得到想要的结果，可使用括号来指定先执行的运算。例如，下面的语句确保变量order存储的是"3 pizzas"：

```
var order = (1 + 2) + " pizzas";
```

而下面的语句确保变量order存储的是"12 pizzas"：

```
var order = 1 + (2 + " pizzas");
```

问： 就这些吗？换句话说，还有其他可能发生类型转换的情形吗？

答： 在其他一些情形下，也会导致类型转换。例如，运算符−对数字取负，将其用于true时，结果将为−1。另外，将布尔值与字符串相加时，结果为字符串。例如，true + "love"的结果为true love。这些情形很少出现，笔者在编写代码时从来不这样做，这里提及它们只是想让你知道而已。

问： 要让JavaScript将字符串转换为数字，并与另一个数字相加，该如何办呢？

答： 有一个将字符串转换为数字的函数，名为Number（没错，其中的N就是大写的）。可像下面这样使用它：

```
var num = 3 + Number("4");
```

这条语句导致变量num的值为7。函数Number接受一个实参，并将其转换为数字。如果指定的实参无法转换为数字，Number将返回NaN。

磨笔上阵

来检查一下你的类型转换知识吧。对于下面的表达式，在旁边的空白处写出其结果。我们已经完成了一个。请查看本章末尾的答案，再接着往下阅读。

```
Infinity - "1"      _____

"42" + 42           "4242"  _____

2 + "1 1"           _____

99 + 101            _____

"1" - "1"           _____

console.log("Result: " + 10/2)   _____

3 + " bananas " + 2 + " apples"  _____
```

还有一点没有讨论，那就是对象的相等性。例如，两个对象相等意味着什么呢？

很高兴你想到了这一点。说到对象相等性，可从简单的角度考虑，也可从复杂的角度考虑。从简单的角度考虑时，它指的是这个对象与那个对象是否相等，即如果有两个指向对象的变量，它们指向的是同一个对象吗？这将在下一页讨论。从复杂的角度考虑时，将涉及对象的类型，即如何判断两个对象的类型相同。你知道，可创建看起来是相同类型的对象，如两个汽车对象，但如何判断它们的类型确实相同呢？这个问题很重要，将在本书后面讨论。

如何判断两个对象是否相等

你可能会问：该使用==还是===呢？好消息是，比较两个对象时，使用哪个运算符都没有关系。换句话说，如果两个操作数都是对象，可使用==，也可使用===，因为在这种情况下，它们的工作原理完全相同。检查两个对象是否相等时，情况如下：

检查两个对象变量是否相等时，比较的是指向对象的引用

别忘了，对象变量存储的是指向对象的引用，因此比较两个对象变量时，实际上比较的是指向对象的引用。

```
if (var1 === var2) {
    // 哇，它们是同一个对象！
}
```

这里情况并非如此！

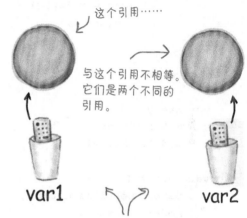

这个引用……

与这个引用不相等。它们是两个不同的引用。

var1   var2

请注意，这些对象包含什么不重要。只要两个引用指向的对象不同，它们就不相等。

仅当两个引用指向的是同一个对象时，它们才相等

检查两个包含对象引用的变量是否相等时，仅当它们指向同一个对象才会返回true。

```
if (var1 === var3) {
    // 哇，它们是同一个对象！
}
```

两个对象引用相等。

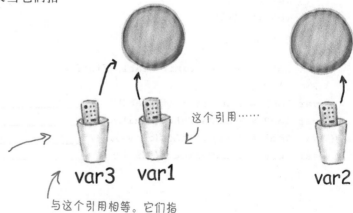

这个引用……

var3   var1   var2

与这个引用相等。它们指向同一个对象，因此相等。

磨笔上阵

下面的代码用于在Earl停车场寻找汽车，请据此写出loc1到loc4的值。

```
function findCarInLot(car) {
    for (var i = 0; i < lot.length; i++) {
        if (car === lot[i]) {
            return i;
        }
    }
    return -1;
}
var chevy = {
    make: "Chevy",
    model: "Bel Air"
};
var taxi = {
    make: "Webville Motors",
    model: "Taxi"
};
var fiat1 = {
    make: "Fiat",
    model: "500"
};
var fiat2 = {
    make: "Fiat",
    model: "500"
};

var lot = [chevy, taxi, fiat1, fiat2];

var loc1 = findCarInLot(fiat2);    _____
var loc2 = findCarInLot(taxi);     _____
var loc3 = findCarInLot(chevy);    _____
var loc4 = findCarInLot(fiat1);    _____
```

在这里写出你的答案。

Earl停车场的
工作人员

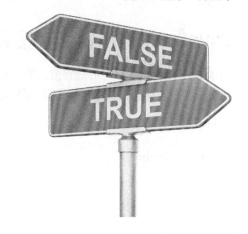

真值就摆在那里

没错，说的就是真值（truthy），而不是真相。我们还将谈到假值（falsey或falsy）。我们到底要说什么呢？在有些语言中，true和false的定义非常严格，但JavaScript没那么严格。事实上，JavaScript对true和false的定义比较宽松。怎么个宽松法呢？在JavaScript中，有些值并非true或false，但用于条件表达式中时，被视为true或false。我们将这些值称为真值和假值，因为严格地说它们并非true或false，但用于条件表达式时，它们的行为像true或false。

理解真值和假值的秘诀如下：**知道哪些值是假值后，就可将其他值就视为真值。**来看一些在条件表达式中使用假值的示例：

```javascript
var testThis;
if (testThis) {
    // 执行某种操作
}
```

> 这个条件测试有点怪，其中的变量为undefined。这可行吗？这是有效的JavaScript条件表达式吗？（答案是肯定的）。

```javascript
var element = document.getElementById("elementThatDoesntExist");
if (element) {
    // 执行某种操作
}
```

> element的值为null。这是要做什么呀？

```javascript
if (0) {
    // 执行另一种操作
}
```

> 检查0是否为true？

> 将一个空字符串用于条件测试。有人愿意猜猜结果吗？

```javascript
if ("") {
    // 这些代码会被执行吗？你猜猜。
}
```

> 现在要在布尔条件中使用NaN？那么结果会是什么呢？

```javascript
if (NaN) {
    // 在布尔测试中使用NaN的结果会是什么呢？
}
```

JavaScript将哪些值视为假值

再次重申，要知道哪些值是真值，哪些值是假值，只需知道哪些值是假值，余下的其他所有值就都是真值。

在JavaScript中，假值有5个：

undefined

null

0

空字符串

NaN

要记住哪些值是真值，哪些值是假值，只需记住5个假值：*undefined*、*null*、*0*、"" 和*NaN*，其他的值都是真值。

因此，前一页的每个条件测试都为`false`。前面说过，除假值外的其他值都是真值（当然，不包括`false`）。下面是一些真值示例：

这是一个数组。它不是undefined、null、0、""或NaN，因此结果必然为true。

```
if ([]) {
    // 将执行这些代码
}

var element = document.getElementById("elementThatDoesExist");
if (element) {
    // 将执行这些代码
}
```

这是一个*element*对象，它不是假值，因此必然为真值。

只有数字0是假值，其他数字都是真值。

```
if (1) {
    // 将执行这些代码
}
```

只有空字符串为假值，其他字符串都是真值。

```
var string = "mercy me";
if (string) {
    // 还将执行这些代码
}
```

磨笔上阵

该来用用测谎仪了。判断哪些值是真值，哪些值是假值，找出犯罪嫌疑人撒了多少次谎，进而判断指控的罪名是否成立。然后，查看本章末尾的答案，再接着往下阅读。当然，你也可以在浏览器中尝试这些测试。

```javascript
function lieDetectorTest() {
    var lies = 0;

    var stolenDiamond = { };
    if (stolenDiamond) {
        console.log("You stole the diamond");
        lies++;
    }
    var car = {
        keysInPocket: null
    };
    if (car.keysInPocket) {
        console.log("Uh oh, guess you stole the car!");
        lies++;
    }
    if (car.emptyGasTank) {
        console.log("You drove the car after you stole it!");
        lies++;
    }
    var foundYouAtTheCrimeScene = [ ];
    if (foundYouAtTheCrimeScene) {
        console.log("A sure sign of guilt");
        lies++;
    }
    if (foundYouAtTheCrimeScene[0]) {
        console.log("Caught with a stolen item!");
        lies++;
    }
    var yourName = " ";
    if (yourName) {
        console.log("Guess you lied about your name");
        lies++;
    }
    return lies;
}
var numberOfLies = lieDetectorTest();
console.log("You told " + numberOfLies + " lies!");
if (numberOfLies >= 3) {
    console.log("Guilty as charged");
}
```

一个只包含一个空格的字符串。

你认为这些代码是做什么的？根据你的基本类型知识，你觉得
这些代码有什么怪异的地方吗？

```
var text = "YOU SHOULD NEVER SHOUT WHEN TYPING";
var presentableText = text.toLowerCase();
if (presentableText.length > 0) {
    alert(presentableText);
}
```

字符串的神秘生活

每种类型都归属于两个阵营之一：要么是基本类型，要么是对象。基本
类型的生活非常简单，而对象记录了状态，还拥有行为（换句话说，它
们有属性和方法）。

这些说法都没错，但并不是故事的全部。事实上，字符串比较神秘，请
看下面的代码：

这好像是一个正常的字符串。

```
var emot = "XOxxOO";
var hugs = 0;
var kisses = 0;
```

等等，对字符串调用方法？

```
emot = emot.trim();
emot = emot.toUpperCase();
```

字符串还有属性？

```
for(var i = 0; i < emot.length ; i++) {
    if (emot.charAt(i) === "X") {
        hugs++;
    } else if (emot.charAt(i) == "O") {
        kisses++;
    }
}
```

还有其他方法？

为什么字符串既像基本类型又像对象

字符串是如何表现得既像基本类型又像对象的呢？因为JavaScript提供了这样的支持。换句话说，在JavaScript中，可创建作为基本类型的字符串，也可创建作为对象的字符串（支持大量的字符串操作方法）。本书前面从未谈及如何创建作为对象的字符串；在大多数情况下，你无需显式地这样做，因为JavaScript解释器会在需要时替你**创建字符串对象**。

JavaScript解释器会在什么情况下这样做呢？它为什么这样做呢？来看看字符串的生活：

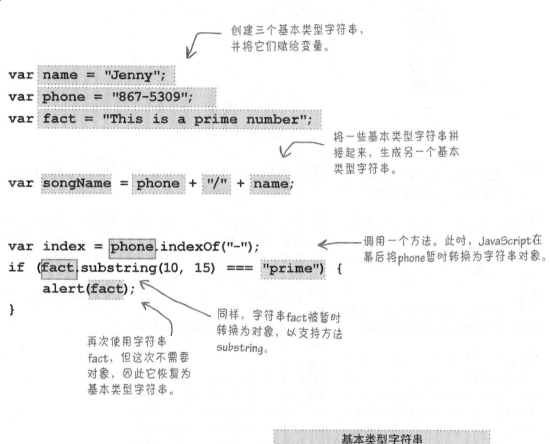

创建三个基本类型字符串，并将它们赋给变量。

```
var name = "Jenny";
var phone = "867-5309";
var fact = "This is a prime number";
```

将一些基本类型字符串拼接起来，生成另一个基本类型字符串。

```
var songName = phone + "/" + name;
```

```
var index = phone.indexOf("-");
if (fact.substring(10, 15) === "prime") {
    alert(fact);
}
```

调用一个方法。此时，JavaScript在幕后将phone暂时转换为字符串对象。

同样，字符串fact被暂时转换为对象，以支持方法substring。

再次使用字符串fact，但这次不需要对象，因此它恢复为基本类型字符串。

| 基本类型字符串 |
| 功能强大的对象 |

这看起来非常令人迷惑。字符串不断地在基本类型和对象之间转换？该如何跟踪字符串是基本类型还是对象呢？

你不需要这样做。一般而言，将字符串视为对象就好，其中包含大量帮助操作其文本的方法。JavaScript会负责处理所有的细节。因此，你可以这样想：你对JavaScript幕后的情况有更深入的认识，但在日常编码工作中，完全依赖JavaScript来做正确的事情（它不会辜负你的厚望）。

世上没有愚蠢的问题

问：我想确认一下，需要跟踪字符串何时是基本类型、何时是对象吗？

答：大多数情况下不需要，JavaScript解释器会为你处理所有的转换。你只管编写代码，假定字符串支持属性和方法，一切都将按期望的进行。

问：JavaScript为何支持字符串既可作为基本类型，又可作为对象呢？

答：你这样想想吧：只执行基本的字符串操作时，如比较、拼接、写入DOM等，可获得将字符串作为基本类型的效率；但需要做更复杂的字符串处理时，也有现成的字符串对象可用。

问：给定任意一个字符串，如何判断它是对象还是基本类型？

答：除非以特殊的方式（使用本书后面将讨论的对象构造函数）创建，否则字符串都是基本类型。可随时使用运算符typeof来判断一个变量是字符串还是对象。

问：其他基本类型也可以像对象一样吗？

答：是的，数字和布尔值也可以像对象一样，但它们不像字符串那样有那么多属性，你也不会像字符串那样经常将它们用作对象。别忘了，转换都是在幕后自动完成的，因此你真的不用考虑那么多；只管在需要时使用属性，让JavaScript替你处理临时转换就是了。

问：如何了解字符串对象的所有方法和属性？

答：这是优秀文档的用武之地。有很多很有用的在线文档，如果你更喜欢看书，可参阅《JavaScript权威指南》，其中介绍了JavaScript字符串的每个属性和方法。你还可以在网上进行搜索。

字符串方法和属性简明教程

考虑到我们正在讨论字符串，而你刚得知字符串也支持方法，下面就暂停对类型的讨论，介绍一些你可能用到的常见字符串方法。有几个字符串方法经常要用到，值得花时间来了解它们，现在就开始吧。

> 几句打气的话：我们原本可以专辟一章，详细介绍字符串支持的每个方法和属性。如果这样做，本书将长达2000页，重得像板砖；但当前这对你来说并非必不可少的——你已掌握了方法和对象的基本知识，如果你真的想深入了解字符串处理的细节，只需找一部优秀的参考指南即可。

属性length

属性length指出了字符串包含多少个字符，为迭代字符串中的字符提供了极大的便利。

> 使用属性length来迭代字符串中的每个字符。

```javascript
var input = "jenny@wickedlysmart.com";
for(var i = 0; i < input.length; i++) {
    if (input.charAt(i) === "@") {
        console.log("There's an @ sign at index " + i);
    }
}
```

> 方法charAt获取字符串中指定索引处的字符。

> JavaScript控制台
> There's an @ sign at index 5

方法charAt

方法charAt将一个整数作为参数（这个参数必须在0和字符串长度减1之间），并返回一个字符串，其中包含指定位置处的字符。可以认为字符串有点像数组，其中每个字符都有对应的索引，而索引从0开始（与数组一样）。如果指定的索引大于或等于字符串的长度，这个方法将返回一个空字符串。

> 请注意，JavaScript没有字符类型，因此通过返回一个字符串来返回字符，其中只包含指定的字符。

> charAt(0)返回 "a"。
> charAt(5)返回 "f"。

方法indexOf

这个方法将一个字符串作为参数，并在字符串中该参数首次出现的位置返回该参数中第一个字符的索引。

要对其调用indexOf的字符串。

```
var phrase = "the cat in the hat";
```

我们的目标是找到这条短语中的第一个"cat"。

```
var index = phrase.indexOf("cat");
console.log("There's a cat sitting at index " + index);
```

返回第一个"cat"中字符c的索引。

> **JavaScript控制台**
>
> There's a cat sitting at index 4

你还可指定第二个参数。它是一个索引，指定从什么位置开始查找。

```
index = phrase.indexOf("the", 5);
console.log("There's a the sitting at index " + index);
```

由于指定了从索引5开始查找，因此忽略了第一个"the"，找到的是第二个"the"。它位于索引11处。

> **JavaScript控制台**
>
> There's a the sitting at index 11

```
index = phrase.indexOf("dog");
console.log("There's a dog sitting at index " + index);
```

请注意，如果没有找到指定的字符串，将返回索引–1。

> **JavaScript控制台**
>
> There's a dog sitting at index -1

方法substring

方法substring将两个索引作为参数，提取并返回这两个索引之间的子串。

要对其调用substring的字符串。

```
var data = "name|phone|address";

var val = data.substring(5, 10);

console.log("Substring is " + val);
```

我们想要返回从索引5到索引10（不包括）的子串。

我们获得了一个新的字符串，其中包括从索引5到索引10的字符。

JavaScript控制台

Substring is phone

你可以省略第二个参数；在这种情况下，substring将提取从指定索引到字符串末尾的子串。

```
val = data.substring(5);

console.log("Substring is now " + val);
```

JavaScript控制台

Substring is now phone|address

方法split

方法split将一个用作分隔符的字符作为参数，并根据这个分隔符将字符串分成多个部分。

split根据分隔符将字符串分成多个部分，并返回一个包含这些部分的数组。

```
var data = "name|phone|address";

var vals = data.split("|");

console.log("Split array is ", vals);
```

注意到这里向console.log传递了两个用逗号分隔的实参。这样在控制台显示数组vals前，不会将其转换为字符串。

JavaScript控制台

Split array is ["name", "phone", "address"]

字符串方法群英谱

toLowerCase

将字符串中的所有大写字符都转换为小写，并返回结果。

replace

查找子串并将它们都替换为另一个字符串。

lastIndexOf

与indexOf类似，但查找最后一个（而不是第一个）子串。

删除字符串的一部分，并返回结果。

slice

将字符串拼接起来。

concat

match

在字符串中查找与正则表达式匹配的子串。

将字符串中的所有小写字符都转换为大写，并返回结果。

返回字符串的一部分。

substring

trim 删除字符串开头和末尾的空白字符，为处理用户输入提供了极大的便利。

toUpperCase

可对字符串执行的操作非常多，怎么学也学不完。这里列出了其他一些方法，你现在只需大致了解一下，等真的需要时再去了解详情。

座椅争夺战
(熟悉类型可能改变你的生活)

有一家软件公司要求两位程序员编写实现指定需求的代码。为让他们尽快交付代码，讨厌的项目经理承诺，谁先交付代码谁就将得到硅谷人手一把的Aeron座椅。公司的台柱子Brad是个脚本编写高手，而Larry刚大学毕业，他们都认为这是小菜一碟。

Larry坐在小隔间里想：代码必须做哪些事情呢？需要确认字符串足够长，需要确认中间是一个连字符，还需确认其他所有字符都是数字。为此，可使用属性length来获取字符串的长度，并使用方法charAt来访问每个字符。

与此同时，Brad悠闲地喝着咖啡并盘算着：代码必须做哪些事情呢？他首先想到的是，字符串是一个对象，有很多方法可用来帮助验证电话号码。我得研究这些方法，迅速将程序编写出来。毕竟，对象就是对象。

请接着往下看，看看Brad和Larry是如何编写程序的，并找到问题的答案：**谁得到了Aeron座椅？**

> 需求
>
> 编写代码，判断给定的电话号码是否符合如下格式：
>
> "123-4567"
>
> 即包含七个数字（取值范围为0～9），其中前三个数字和后四个数字之间用连字符分隔。

Aeron座椅

在Larry的小隔间里

Larry开始使用字符串方法编写代码，很快他就写出了下面的代码：

```
function validate(phoneNumber) {
    if (phoneNumber.length !== 8) {
        return false;
    }
    for (var i = 0; i < phoneNumber.length; i++) {
        if (i === 3) {
            if (phoneNumber.charAt(i) !== '-') {
                return false;
            }
        } else if (isNaN(phoneNumber.charAt(i))) {
            return false;
        }
    }
    return true;
}
```

Larry使用属性length来确定字符串包含多少个字符。

他使用方法charAt来检查字符串中的每个字符。

首先，他确认索引3处的字符为连字符。

然后，他确认索引0～2和4～6处的字符都是数字。

在Brad的小隔间里

Brad编写了如下代码，这些代码检查第一部分和第二部分是
否是数字，还检查中间是否是连字符：

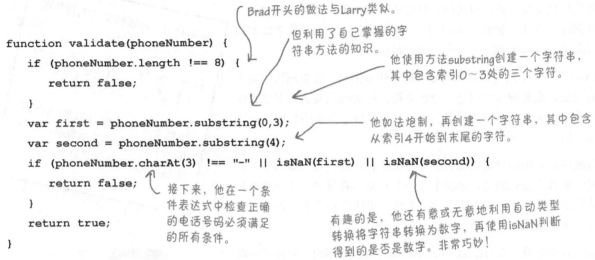

Brad开头的做法与Larry类似。

但利用了自己掌握的字
符串方法的知识。

他使用方法substring创建一个字符串，
其中包含索引0～3处的三个字符。

```
function validate(phoneNumber) {
    if (phoneNumber.length !== 8) {
        return false;
    }
    var first = phoneNumber.substring(0,3);
    var second = phoneNumber.substring(4);
    if (phoneNumber.charAt(3) !== "-" || isNaN(first) || isNaN(second)) {
        return false;
    }
    return true;
}
```

他如法炮制，再创建一个字符串，其中包含
从索引4开始到末尾的字符。

接下来，他在一个条
件表达式中检查正确
的电话号码必须满足
的所有条件。

有趣的是，他还有意或无意地利用自动类型
转换将字符串转换为数字，再使用isNaN判断
得到的是否是数字。非常巧妙！

等等，需求变了

项目经理说："Larry，严格地说先完成的是你，因为Brad花了一些时
间研究各种方法的用法，但我们需要轻微地修改一下需求。对你们两个
程序员高手来说，这根本不是问题。"

Larry知道这不过是漂亮的说辞，他心里想："如果每次听到这句话就
能得到一毛钱，我早就是富翁了。可Brad看起来非常平静，到底是怎么
回事呢。"Larry依然深信，Brad不过是故作镇定罢了，下一轮自己也
将先编写好代码，再次获胜。

考考你的
脑力

等等，你认为Brad这样使用
isNaN是否可能引入bug？

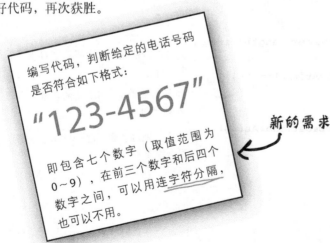

编写代码，判断给定的电话号码
是否符合如下格式：

"123-4567"

即包含七个数字（取值范围为
0～9），在前三个数字和后四个
数字之间，可以用连字符分隔，
也可以不用。

新的需求

回到Larry的小隔间

Larry认为，原来的大部分代码都可以接着用，只需再处理包不包含连字符的边界情况：电话号码要么只包含7位数字，要么在前三位和后四位之间还有一个连字符。很快，Larry就添加了额外的逻辑（并进行简单测试以确保正确无误）：

```javascript
function validate(phoneNumber) {
    if (phoneNumber.length  > 8 ||
            phoneNumber.length < 7) {
        return false;
    }
    for (var i = 0; i < phoneNumber.length; i++) {
        if (i === 3) {
            if (phoneNumber.length === 8 &&
                    phoneNumber.charAt(i) !== '-') {
                return false;
            } else if (phoneNumber.length === 7 &&
                    isNaN(phoneNumber.charAt(i))) {
                return false;
            }
        } else if (isNaN(phoneNumber.charAt(i))) {
            return false;
        }
    }
    return true;
}
```

Larry必须添加这些额外的逻辑。代码不多，但理解起来有点难。

海滩上，Brad坐在笔记本电脑前

Brad面带微笑，喝着玛格丽塔，很快就完成了修改。为获得电话号码的第二部分，他将电话号码的长度减去4，得到第二部分的起始索引（不再假定存在一个连字符），进而以硬编码的方式指定起始索引。这差不多就改好了，只是还需重新编写检查连字符的代码，因为仅当电话号码包含8个字符时，才需要检查连字符。

修改的数量与Larry几乎相同,但
Brad的代码依然更容易理解。

```javascript
function validate(phoneNumber) {
    if (phoneNumber.length > 8 ||
        phoneNumber.length < 7) {
        return false;
    }
    var first = phoneNumber.substring(0,3);
    var second = phoneNumber.substring(phoneNumber.length - 4);

    if (isNaN(first) || isNaN(second)) {
        return false;
    }
    if (phoneNumber.length === 8) {
        return (phoneNumber.charAt(3) === "-");
    }
    return true;
}
```

为获取第二部分,Brad根据电话号码的长度来计算起始索引。

仅当电话号码包含8个字符时,才检查第4个字符是否是连字符。

返回测试条件的结果——true或false。

考考你的脑力

我们认为Brad的代码依然存在bug,你能找出来吗?

考考你的脑力

要转而使用方法split,该如何重写Brad的代码呢?

Larry比Brad抢先一步进入项目经理的办公室

讨厌的项目经理说:"Brad,你的代码很容易理解和维护,干得好。"Larry脸上得意的笑容消失得无影无踪。

不过,Larry也不用太担心,因为我们都知道,代码漂亮与否并非唯一的考虑因素。Brad的代码需要详尽地测试,因为不确定它们在任何情况下都管用。你怎么认为呢?你认为谁该得到Aeron座椅呢?

急死我了,到底谁得到了座椅

二楼的Amy。

(大家都不知道,项目经理将需求交给了三位程序员。)

哇,只有一行代码!有关这些代码的工作原理,请参阅附录!

这是Amy编写的代码。

```javascript
function validate(phoneNumber) {
    return phoneNumber.match(/^\d{3}-?\d{4}$/);
}
```

继续实验

实验人员继续使用运算符typeof来研究JavaScript，发现了这门语言中另外一些有趣的地方。在实验过程中，他们发现了另一个运算符instanceof。有了这个运算符，他们就能跻身最前沿的行列。请穿上实验服，戴上护目镜，看看你能否帮忙破解下面的JavaScript代码及其结果。请注意，这些绝对是本书到目前为止最怪异的代码。

类型

代码如下。请阅读、运行、修改它们，看看它们是做什么的。

好怪异。有点像函数，又有点像对象。

```javascript
function Duck(sound) {
    this.sound = sound;
    this.quack = function() {console.log(this.sound);}
}

var toy = new Duck("quack quack");

toy.quack();

console.log(typeof toy);
console.log(toy instanceof Duck);
```

哇，new，以前没见过。估计是新建一个Duck，并将其赋给变量toy。

如果看起来像对象，走起来像对象，那它就是对象。下面来验证这一点。

这是运算符instanceof。

务必将你认为的输出与本章末尾的答案进行比对。这些代码到底是什么意思呢？两章后将全面介绍。你可能没有意识到，你已经在通往高级JavaScript程序员之路上走了很远。我可没开玩笑！

JavaScript控制台

↑ 将结果写在这里。有什么让你感到惊讶的地方吗？

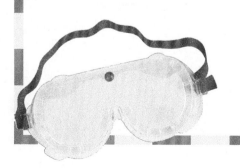

要点

- 在JavaScript中，类型分两组：**基本类型**和对象。不属于基本类型的值都是**对象**。

- 基本类型包括数字、字符串、布尔值、null和undefined；其他的值都是对象。

- undefined意味着变量（属性或数组元素）还未初始化。

- null表示"无对象"。

- NaN指的是"非数字"，但更准确地说，NaN指的是在JavaScript中无法表示的数字。NaN的类型为数字。

- NaN与包括它自己在内的任何值都不相等，因此要检查一个值是否是NaN，应使用函数isNaN。

- 要检查两个值是否相等，可使用==或===。

- 如果两个操作数的类型不同，相等运算符（==）尝试将一个操作数转换为另一个操作数的类型，再检查它们是否相等。

- 如果两个操作数的类型不同，严格相等运算符（===）将返回false。

- 要避免进行类型转换，可使用===，但在有些情况下，自动执行类型转换的==可提供极大的便利。

- 其他运算符也会自动执行类型转换，如算术运算符和字符串拼接运算符。

- 在JavaScript中总共有5个**假值**：undefined、null、0、" "（空字符串）和NaN；其他值都是**真值**。

- 在有些情况下，字符串的行为像对象。你使用基本类型字符串的属性或方法时，JavaScript将把它暂时转换为对象，使用指定的属性或方法，再将其转换为基本类型字符串。这是在幕后自动进行的，不用你操心。

- 字符串有很多执行字符串操作的方法。

- 仅当两个变量包含的对象引用指向同一个对象时，它们才相等。

JavaScript填字游戏

你在本章学到了大量的JavaScript技能，请完成下面的填字游戏，以充分理解这些知识。答案都可在本章找到。

横向

2. JavaScript中唯一一个与什么都不相等的值。

5. Infinity的类型。

7. JavaScript中有多少个假值。

8. 谁得到了Aeron座椅？

10. 仅当两个包含对象引用的变量_____同一个对象时，它们才相等。

12. 要求返回一个对象，但没有所需的对象时返回的值。

13. 返回一个数组的字符串方法。

16. 密苏里州的一个城市，温度始终保持在19°C。

17. JavaScript规范中null的类型。

18. 一个相等运算符，仅当两个操作数的类型和值都相同时才返回true。

纵向

1. 一个用来确定值的类型的运算符。

2. 世上最怪异的值。

3. 你的菲亚特停在哪个停车场？

4. 字符串有时伪装成什么？

6. 不存在的属性的值。

9. 字符串有很多可用于操作字符串的什么？

11. 将两个运算符转换为相同的类型，再比较它们是否相等的运算符。

14. null == undefined的结果。

15. 用来获取字符串中特定索引处字符的方法。

猜猜我是谁？

一大拨JavaScript值乔装打扮，正在玩一个"猜猜我是谁"的晚会游戏，其中还混入了一些不速之客。你需要根据它们对自己的描述猜测它们的身份——假设它们说的都是真话。请用箭头将每条描述连接到相应的参与者，我们已经猜出一个了。

答案如下。

参与游戏的值：

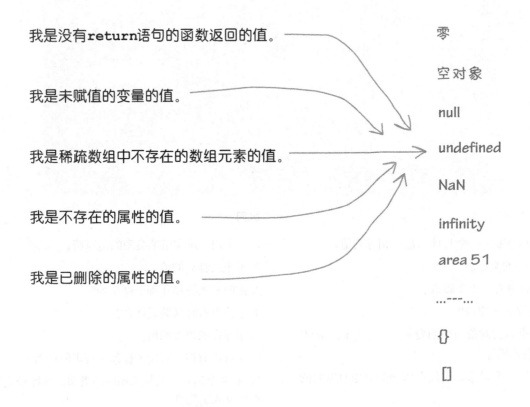

我是没有return语句的函数返回的值。

我是未赋值的变量的值。

我是稀疏数组中不存在的数组元素的值。

我是不存在的属性的值。

我是已删除的属性的值。

零

空对象

null

undefined

NaN

infinity

area 51

...---...

{}

[]

实验

在实验室，我们喜欢将东西拆开，看看里面的情况，接上诊断工具以搞清楚到底出了什么问题。今天，我们要研究的是JavaScript的类型系统，而我们已经找到了一个小小的诊断工具typeof，可用于检查变量。请你穿上实验服，戴上护目镜，进入实验室，与我们一道来做实验吧。

typeof是一个内置的JavaScript运算符，可用于探测其操作数（要对其进行操作的东西）的类型，如下例所示：

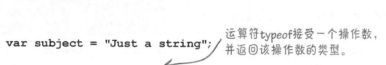

```javascript
var subject = "Just a string";
```
> 运算符typeof接受一个操作数，并返回该操作数的类型。

```javascript
var probe = typeof subject;
console.log(probe);
```
> 这里的类型是string。注意到typeof使用字符串来表示类型，如 "string" "boolean" "number" "object" "undefined" 等。

JavaScript控制台
string

该你了。请收集下述实验的结果。

```javascript
var test1 = "abcdef";
var test2 = 123;
var test3 = true;
var test4 = {};
var test5 = [];
var test6;
var test7 = {"abcdef": 123};
var test8 = ["abcdef", 123];
function test9(){return "abcdef"};

console.log(typeof test1);
console.log(typeof test2);
console.log(typeof test3);
console.log(typeof test4);
console.log(typeof test5);
console.log(typeof test6);
console.log(typeof test7);
console.log(typeof test8);
console.log(typeof test9);
```
> 这些是实验数据，而这些是实验。

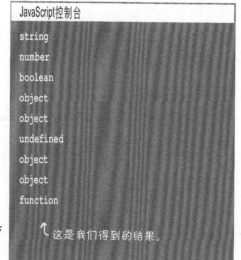

JavaScript控制台
string
number
boolean
object
object
undefined
object
object
function

> ↑ 这是我们得到的结果。

回到实验室　答案

哎呀，刚才的实验数据遗漏了null。下面是遗漏的实验：

```javascript
var test10 = null;

console.log(typeof test10);
```

这是我们得到的结果。

JavaScript控制台

object

本章一直在讨论有趣的值，下面来看看一些有趣的行为。请将下面的代码添加到一个基本网页的<script>元素中，再加载该网页，看看控制台显示的是什么。为什么会出现这种情况呢？你能猜出其中的原因吗？

```javascript
if (99 == "99") {
    console.log("A number equals a string!");
} else {
    console.log("No way a number equals a string");
}
```

这是我们得到的输出。

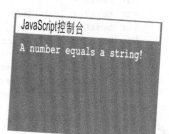

JavaScript控制台

A number equals a string!

磨笔上阵
答案

对于下面的比较表达式，在运算符==和===下方分别写出它们的结果。

	==	===	
"42" == 42	true	false	"42" === 42
"0" == 0	true	false	"0" === 0
"0" == false	true	false	"0" === false
"true" == true	false	false	"true" === true
true == (1 == "1")	true	false	true === (1 === "1")

难度极高！

将两个==都替换为===后，结果为false。

连连看
答案

下面是对一些运算符的描述，你能将它们与相应的运算符连起来吗？请注意，每个运算符可能对应于0、1或多项描述。答案如下。

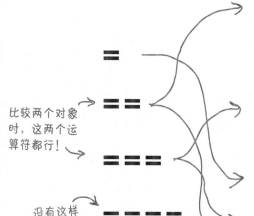

将两个值进行比较，看它们是否相等。它被称为相等运算符，必要时会对操作数进行类型转换，再进行比较。

比较两个对象时，这两个运算符都行！

将两个值进行比较，看它们是否相当；如果两个值的类型不同，将直接返回false。

给变量赋值。

没有这样的运算符。

比较两个对象引用；如果它们相同，就返回true，否则返回false。

磨笔上阵
答案

对于下面的表达式，在旁边的空白处写出其结果。我们已经完成了一个。
答案如下。

Infinity - "1"   Infinity ← "1"被转换为1，而
Infinity - 1的结果为
Infinity。

"42" + 42   "4242"

2 + "1 1"   "21 1"

99 + 101   200

"1" - "1"   0 ← 两个字符串都被转换为1，而1-1的结果为0。

console.log("Result: " + 10/2)   "Result: 5" ← 先计算10/2，再将结果转换为字符串，并与字符串"Result:"拼接。

3 + " bananas " + 2 + " apples"   "3 bananas 2 apples"

↑ 每个+都被视为字符串拼接运算符，因为至少有一个操作数为字符串。

该来用用测谎仪了。判断哪些值是真值，哪些值是假值，找出犯罪嫌疑人撒了多少次谎，进而判断指控的罪名是否成立。答案如下。你在浏览器中尝试了这些测试吗？

```javascript
function lieDetectorTest() {
    var lies = 0;

    var stolenDiamond = { };
    if (stolenDiamond) {
        console.log("You stole the diamond");
        lies++;
    }
    var car = {
        keysInPocket: null
    };
    if (car.keysInPocket) {
        console.log("Uh oh, guess you stole the car!");
        lies++;
    }
    if (car.emptyGasTank) {
        console.log("You drove the car after you stole it!");
        lies++;
    }
    var foundYouAtTheCrimeScene = [ ];
    if (foundYouAtTheCrimeScene) {
        console.log("A sure sign of guilt");
        lies++;
    }
    if (foundYouAtTheCrimeScene[0]) {
        console.log("Caught with a stolen item!");
        lies++;
    }
    var yourName = " ";
    if (yourName) {
        console.log("Guess you lied about your name");
        lies++;
    }
    return lies;
}
var numberOfLies = lieDetectorTest();
console.log("You told " + numberOfLies + " lies!");
if (numberOfLies >= 3) {
    console.log("Guilty as charged");
}
```

对象是真值，哪怕它是空对象。

犯罪嫌疑人没偷车，因为属性keysInPocket的值为假值null。

犯罪嫌疑人也没有将车开走，因为属性emptyGasTank的值为假值undefined。

[]（空数组）为真值，因此犯罪嫌疑人被当场抓住。

这个数组不包含任何元素，因此索引0处的数组元素为假值undefined。犯罪嫌疑人肯定将赃物藏起来了。

一个只包含一个空格的字符串。

任何非空字符串都是真值，哪怕它只包含一个空格！

犯罪嫌疑人撒了3次谎，因此我们认为他有罪。

JavaScript控制台

You stole the diamond
A sure sign of guilt
Guess you lied about your name
You told 3 lies!
Guilty as charged

磨笔上阵
答案

下面的代码用于在Earl停车场寻找汽车，请据此写出loc1到loc4的值。

```
function findCarInLot(car) {
    for (var i = 0; i < lot.length; i++) {
        if (car === lot[i]) {
            return i;
        }
    }
    return -1;
}
var chevy = {
    make: "Chevy",
    model: "Bel Air"
};
var taxi = {
    make: "Webville Motors",
    model: "Taxi"
};
var fiat1 = {
    make: "Fiat",
    model: "500"
};
var fiat2 = {
    make: "Fiat",
    model: "500"
};

var lot = [chevy, taxi, fiat1, fiat2];

var loc1 = findCarInLot(fiat2);     3
var loc2 = findCarInLot(taxi);      1
var loc3 = findCarInLot(chevy);     0
var loc4 = findCarInLot(fiat1);     2
```

这是我们的答案。

Earl停车场的
工作人员

类型

继续实验答案

实验人员继续使用运算符typeof来研究JavaScript，发现了这门语言中另外一些有趣的地方。在实验过程中，他们发现了另一个运算符instanceof。有了这个运算符，他们就能跻身最前沿的行列。请穿上实验服，戴上护目镜，看看你能否帮忙破解下面的JavaScript代码及其结果。请注意，这些绝对是本书到目前为止最怪异的代码。

代码如下。请阅读、运行、修改它们，
看看它们是做什么的。

好怪异。有点像函数，又有点像对象。

```javascript
function Duck(sound) {
    this.sound = sound;
    this.quack = function() {console.log(this.sound);}
}

var toy = new Duck("quack quack");

toy.quack();

console.log(typeof toy);
console.log(toy instanceof Duck);
```

哇，new，以前没见过。估计是新建一个Duck，
并将其赋给变量toy。

如果看起来像对象，走起来像对象，那它就是对象。下面来验证这一点。

这是运算符instanceof。

这些代码到底是什么意思呢？两章后将全面介绍。你已经可能没有意识到，你在通往高级JavaScript程序员之路上走了很远。我可没开玩笑！

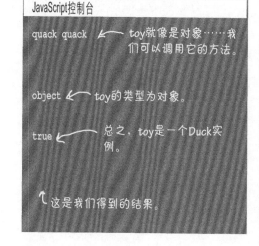

```
JavaScript控制台

quack quack      toy就像是对象……我
                 们可以调用它的方法。


object      toy的类型为对象。


true      总之，toy是一个Duck实
          例。


     这是我们得到的结果。
```

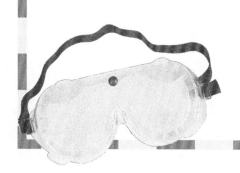

JavaScript填字游戏答案

你在本章学到了大量的JavaScript技能，请完成下面的填字游戏，以充分理解这些知识。答案都可在本章找到。答案如下。

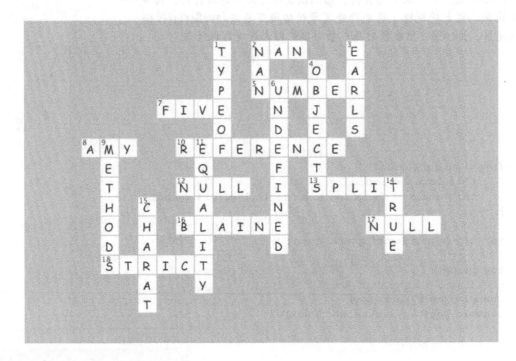

8 综合应用

编写一个应用程序

你真厉害，将各种食材搅拌在一起，就做出了美味的食物。

嘿！睁开眼吧！奶油蛋糕来了。

系上工具腰带，就是那个囊括你新学的所有编码技能、DOM知识甚至HTML和CSS知识的工具腰带。本章将结合使用这些知识打造第一个货真价实的Web应用。不再是只有一艘战舰和一行藏身之地的**小儿科游戏**，本章将提供**全面的体验**：又大又漂亮的游戏板、多艘战舰、获取用户输入……这些都包含在一个网页中。我们将使用HTML定义游戏网页的结构，使用CSS设置游戏的视觉样式，并使用JavaScript代码定义游戏的行为。坐好了，我们将全力以赴，将油门踩到底，编写一些正式的代码。

编写一个货真价实的战舰游戏

在第2章，你从零开始，编写了一款不错的战舰游戏。你完全可以因此感觉良好，但必须承认，这款游戏有点小儿科：它能够正常运行，玩起来也凑合，但根本无法给朋友留下深刻的影响；你也无法凭它来融得第一轮风险投资。要给人留下深刻影响，需要有看得见的游戏板、华丽的战舰，并让玩家能够直接在游戏中输入（而不是使用全能的浏览器对话框）。你还需改进前一个版本，使其支持三艘战舰。

换句话说，你希望游戏界面类似于下面这样。

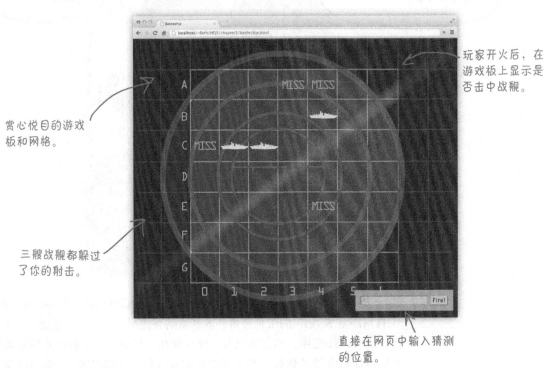

赏心悦目的游戏板和网格。

玩家开火后，在游戏板上显示是否击中战舰。

三艘战舰都躲过了你的射击。

直接在网页中输入猜测的位置。

考考你的脑力

请暂时忘记JavaScript，看看上面的战舰游戏模型。你将如何使用HTML和CSS创建这个网页的结构和视觉效果?

回顾HTML和CSS

要创建时髦的交互式网页（应用），需要使用三种技术：HTML、CSS和JavaScript。你知道，HTML用于定义结构，CSS用于设置样式，而JavaScript用于定义行为。不再纸上谈兵，本章要玩真的了。咱们先从HTML和CSS着手。

我们的第一个目标是创建前一页所示的游戏板。不仅如此，我们还需正确地设计其结构，以便能够在JavaScript中获取玩家输入以及显示击中、未击中等消息。

为此，我们将把网页的背景设置为一幅图像，以显示网格和雷达扫描图案。然后在背景图像上放置一个HTML表格，以便显示战舰等内容。我们还将使用一个HTML表单来获取玩家输入。

我们将网页背景设置为一幅描绘游戏网格的图像。

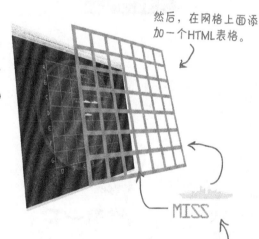

然后，在网格上面添加一个HTML表格。

这样就可以在需要时将战舰或MISS图像放到单元格中。

下面就来开发这个游戏。我们将先退一步，花几页的篇幅编写重要的HTML和CSS；完成这些工作后，就可以开始编写JavaScript代码了。

获取战舰游戏工具包

下面是让你能够开始编写新版本战舰游戏的工具包。

工具包括

board.jpg →

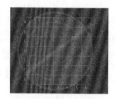

ship.png →

miss.png →

这个工具包中有三幅图像：board.jpg、ship.png和miss.png。board.jpg是主背景图像，用于显示带网格的游戏板。ship.png是一幅小战舰图像，将被放置到游戏板上；注意到它是一幅部分透明的PNG图像，这样可直接将其放在背景图像上面。最后，图像miss.png也将被直接放在游戏板上面。在这个游戏中，玩家击中战舰时，我们将在相应的位置显示战舰图像，而未击中时，就显示MISS图像。

可从http://wickedlysmart.com/hfjs下载这个游戏需要的所有素材。

创建HTML页面：大致轮廓

下面是创建HTML页面的进攻计划。

1 首先，我们将专注于游戏的背景，包括将背景设置为黑色，并在网页中添加雷达网格图像。

我们在背景中放置一幅图像，让游戏界面拥有正在进行雷达扫描的效果。

2 接下来，我们创建一个HTML表格，并将其放在背景图像上面。这个表格中的每个单元格都对应于游戏板的一个格子。

背景上面是一个HTML表格，它创建的游戏板指定了战舰所处的范围。

3 然后，我们将添加一个HTML表元素，让玩家能够输入其猜测，如A4。我们还将添加一个消息区域，用于显示诸如You sank my battleship!等消息。

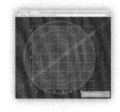

供玩家输入的HTML表单。

4 最后，我们将决定如何使用表格在游戏板上显示战舰图像（击中时）和MISS图像（未击中时）。

我们将在需要时将这些图像放置到表格中。

第1步： 基本HTML

咱们开始吧！首先需要一个HTML页面。我们将创建一个简单的HTML5页面，并使用样式指定背景图像。在这个网页中，我们将添加一个`<body>`元素，其中只包含一个`<div>`元素。这个`<div>`元素将用于放置游戏网格。

请看下一页，其中的网页包含基本的HTML和CSS。

觉得知识有点不够用？

如果你觉得自己的HTML和CSS知识有点不够用，请参阅与本书配套的《Head First HTML与CSS》。

```
<!doctype html>
<html lang="en">
  <head>
    <meta charset="utf-8">
    <title>Battleship</title>
    <style>
      body {
        background-color: black;
      }

      div#board {
        position: relative;
        width: 1024px;
        height: 863px;
        margin: auto;
        background: url("board.jpg") no-repeat;
      }
    </style>
  </head>
  <body>
    <div id="board">

    </div>
    <script src="battleship.js"></script>
  </body>
</html>
```

一个普通的HTML页面。

我们要将网页的背景设置为黑色。

我们要让游戏板位于网页中央，因此将 width（游戏板的宽度）设置为1024像素，并将margin（外边距）设置为auto。

将<div>元素"board"的背景设置为图像board.jpg，从而将该图像添加到网页中。我们对这个<div>元素进行相对定位，以便相对于这个<div>对下一步添加的表格进行定位。

我们将在这个<div>元素中添加表示游戏板的网格以及用于获取玩家输入的表单。

我们将把代码放在文件battleship.js中，因此要先为此创建一个空白文件。

试驾

在文件中输入上述代码，并将其保存为battleship.html（也可从本书配套网站http://wickedlysmart.com/hfjs下载所有的代码），再在浏览器中加载这个网页。下面是我们的测试情况。

当前，这个网页类似于这样。

第2步：创建表格

接下来需要创建表格。这个表格覆盖背景图像中的网格，并提供了显示击中和未击中图像的区域。每个单元格（即每个<td>元素）都正好在背景图像中的一个格子上面。这里的诀窍是，给每个单元格都指定一个id，以便能够在CSS和JavaScript中操作它。来看看如何创建这些id并添加定义表格的HTML。

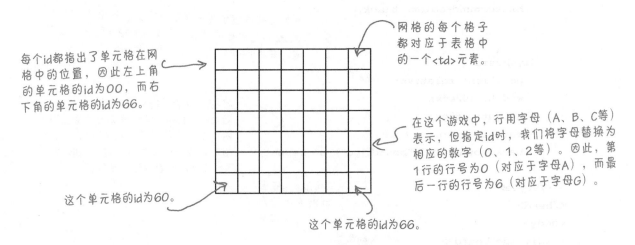

每个id都指出了单元格在网格中的位置，因此左上角的单元格的id为00，而右下角的单元格的id为66。

网格的每个格子都对应于表格中的一个<td>元素。

在这个游戏中，行用字母（A、B、C等）表示，但指定id时，我们将字母替换为相应的数字（0、1、2等）。因此，第1行的行号为0（对应于字母A），而最后一行的行号为6（对应于字母G）。

这个单元格的id为60。

这个单元格的id为66。

下面是定义这个表格的HTML，请将它们添加到<div>标签之间：

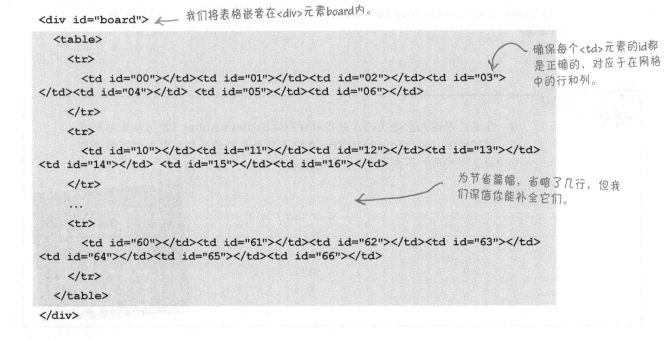

```
<div id="board">
  <table>
    <tr>
      <td id="00"></td><td id="01"></td><td id="02"></td><td id="03">
</td><td id="04"></td> <td id="05"></td><td id="06"></td>
    </tr>
    <tr>
      <td id="10"></td><td id="11"></td><td id="12"></td><td id="13"></td>
<td id="14"></td> <td id="15"></td><td id="16"></td>
    </tr>
    ...
    <tr>
      <td id="60"></td><td id="61"></td><td id="62"></td><td id="63"></td>
<td id="64"></td><td id="65"></td><td id="66"></td>
    </tr>
  </table>
</div>
```

我们将表格嵌套在<div>元素board内。

确保每个<td>元素的id都是正确的，对应于在网格中的行和列。

为节省篇幅，省略了几行，但我们深信你能补全它们。

第3步：与玩家交互

现在需要一个让玩家能够输入猜测位置（如A0或E4）的HTML元素，还需要一个用于向玩家显示消息（如You sank my battleship!）的元素。我们将使用一个\<form\>和一个\<input\>元素来让玩家能够输入猜测位置，并使用一个\<div\>元素来提供向玩家显示消息的区域。

玩家击沉战舰后，我们将在左上角显示一条消息，告知玩家这一点。

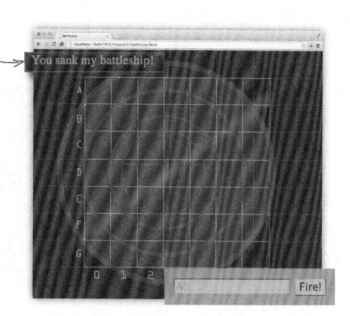

玩家可在这里输入其猜测的位置。

```
<div id="board">
  <div id="messageArea"></div>
  <table>
    ...
  </table>
  <form>
    <input type="text" id="guessInput" placeholder="A0">
    <input type="button" id="fireButton" value="Fire!">
  </form>
</div>
```

在代码中，将使用\<div\>元素messageArea来显示消息。

这个\<form\>元素包含两个\<input\>元素，其中一个用于输入猜测的位置（类型为text），另一个是一个按钮。注意到给这些元素指定了id，后面编写代码来获取玩家的猜测时将用到它们。

请注意，\<div\>元素messageArea、\<table\>元素和\<form\>元素都嵌套在\<div\>元素board中。这对下一页的CSS来说很重要。

再添加一些样式

如果你现在加载这个网页（去试试），大多数元素的位置和尺寸都不对。因此，我们需要编写一些CSS，让所有的元素都处于正确的位置，并确保所有元素（如单元格）的尺寸都与游戏板图像匹配。

为让每个元素都处于正确的位置，我们将使用CSS来给它们定位。我们已经以相对方式定位了<div>元素board，因此可以指定消息区域、表格和表单在<div>元素board内的具体位置，让它们出现在我们希望的地方。

首先来指定<div>元素messageArea的位置。它嵌套在<div>元素board内，我们希望它位于游戏板的左上角：

我们想把消息区域放在游戏板的左上角。

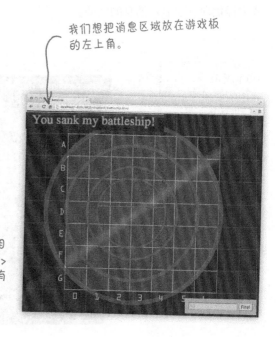

```css
body {
    background-color: black;
}
div#board {
    position: relative;
    width: 1024px;
    height: 863px;
    margin: auto;
    background: url("board.jpg") no-repeat;
}
div#messageArea {
    position: absolute;
    top: 0px;
    left: 0px;
    color: rgb(83, 175, 19);
}
```

<div>元素board的定位方式是相对的，因此能以相对于该<div>元素的方式定位它嵌套的所有元素。

我们将消息区域定位到游戏板的左上角。

<div>元素messageArea嵌套在<div>元素board中，因此以相对于<div>元素board的方式指定其位置。它将位于这样的位置：离<div>元素board的上边缘和左边缘都为0px。

要点

- position: relative按正常的网页排版方式定位元素。

- position: absolute基于父元素位置定位元素。

- 可使用属性top和left来指定元素相对于默认位置偏离多少像素。

我们也可以使用绝对定位方式指定表格和表单在\<div>元素board中的位置，从而将这些元素准确地放置到所需的位置。下面列出了所需的CSS：

```css
body {
    background-color: black;
}
div#board {
    position: relative;
    width: 1024px;
    height: 863px;
    margin: auto;
    background: url("board.jpg") no-repeat;
}
div#messageArea {
    position: absolute;
    top: 0px;
    left: 0px;
    color: rgb(83, 175, 19);
}
table {
    position: absolute;
    left: 173px;
    top: 98px;
    border-spacing: 0px;
}
td {
    width: 94px;
    height: 94px;
}
form {
    position: absolute;
    bottom: 0px;
    right: 0px;
    padding: 15px;
    background-color: rgb(83, 175, 19);
}
form input {
    background-color: rgb(152, 207, 113);
    border-color: rgb(83, 175, 19);
    font-size: 1em;
}
```

让\<table>元素离游戏板的左边缘和上边缘分别为173像素和98像素，从而确保它与背景图像中的网格对齐。

将每个\<td>元素的宽度和高度都指定为特定的值，让表格单元格与网格单元格对齐。

将\<form>元素放在游戏板的右下角。这将遮住右下角数字的一小部分，但玩家依然知道这些数字是什么，因此没有关系。我们还将\<form>元素设置为漂亮的绿色，使其匹配背景图像。

最后，稍微设置一下两个\<input>元素的样式，使其与游戏的主题匹配。就这些！

试驾

再来测试一下这款游戏。将所有的HTML和CSS代码都输入到你的HTML文件中，再在浏览器中加载这个页面，你应看到如下界面。

表格位于网格的上面，但你看不到它（因为它是不可见的）。

你可以在表单中输入猜测了，但在编写JavaScript代码前，游戏不会有任何反应。

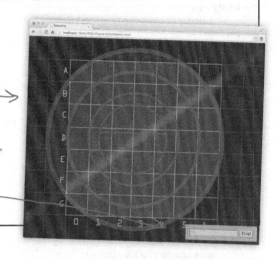

第4步：指出是否击中战舰

游戏板非常漂亮，但还需在玩家每次猜测后指出是否击中了战舰，即在游戏板的相应位置显示图像ship.png或miss.png。就目前而言，我们只考虑如何编写所需的标记或样式，后面将在代码中使用同样的技巧。

那么，如何在游戏板中显示图像ship.png或miss.png呢？一种简单的方法是，使用CSS将`<td>`元素的背景设置为合适的图像。为此，我们将创建`hit`和`miss`类，并在这两个类中将CSS属性`background`设置为相应的图像。这样，使用hit类设置元素的样式时，其背景将为图像ship.png，而使用miss类设置元素的样式时，其背景将为图像miss.png。这两个类类似于下面这样：

ship.png

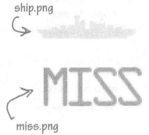

miss.png

如果元素归属于hit类，其背景将为图像ship.png；如果元素归属于miss类，其背景将为图像miss.png。

```css
.hit {
    background: url("ship.png") no-repeat center center;
}
.miss {
    background: url("miss.png") no-repeat center center;
}
```

这两条CSS规则都在元素内居中放置一幅图像。

使用hit和miss类

请务必将hit和miss类的定义添加到你的CSS中。你可能纳闷，如何使用这些类呢？下面通过一个小实验来演示这一点：假设有艘战舰隐藏在单元格B3、B4和B5处，而玩家猜测的位置为B3，这将击中战舰！因此你需要在B3处显示图像ship.png。为此，你首先将B转换为数字1（因为A对应于0，B对应于1，依此类推），进而找到表格中id为13的<td>元素。接下来，将该<td>元素的class属性设置为hit，如下所示：

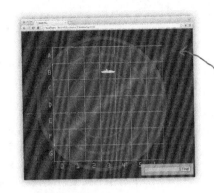

将<td>元素的属性class设置为hit。

```
<tr>

<td id="10"></td> <td id="11"></td> <td id="12"></td> <td id="13" class="hit"></td>
<td id="14"></td> <td id="15"></td> <td id="16"></td>

</tr>
```

务必在你的CSS中添加前一页的hit和miss类。

将id为13的<td>元素的class属性设置为hit后看到的结果。

现在重新加载网页时，你将在游戏板的B3格子内看到战舰图像。

实弹演习

在编写代码在游戏板上指出是否击中了战舰前，再来做一些练习，以明白CSS的工作原理。假设玩家作出如下猜测，请你在标记中手动添加hit或miss类。请务必与本章末尾的答案进行对比！

别忘了，需要将字母转换为数字（A对应于0……G对应于6）。

战舰 1：A6, B6, C6

战舰 2：C4, D4, E4

战舰 3：B0, B1, B2

玩家的猜测如下：

A0, D4, F5, B2, C5, C6

完成这个练习后，将你给<td>元素添加的class属性删除，确保编写代码时游戏板是空的。

请查看本章末尾的答案，再接着往下阅读。

世上没有
愚蠢的问题

问： 在我们的表格中，将id特性设置成了数字，这行吗？

答： 没问题。在HTML5中，可将数字用作元素id。只要id值不包含空格就没问题。就这个战舰游戏而言，将每个id都设置为数字非常合适。这可以跟踪表格中的每个位置，让我们能够快速而轻松地访问相应的元素。

问： 对于游戏板中的每个单元格，我们都使用一个<td>元素来表示，并通过属性class来指出玩家是否击中了战舰。我这样理解对吗？

答： 没错。界面由几部分组成：为吸引眼球，使用了一个显示网格的背景图像；在背景图像上面，放置了一个透明的HTML网格，并在需要时使用hit或miss类将单元格的背景设置为一幅图像。单元格背景设置都是在代码中完成的：动态地设置元素的class特性。

问： 我们好像需要将字母转换为数字，例如将A6转换为06。JavaScript会自动替我们完成这项工作吗？

答： 不会，我们必须自己做，但有一种简单的方式：利用你的数组知识快速进行转换。敬请期待。

问： 我不确定自己完全明白了CSS定位的工作原理。

答： 定位让你能够指定元素的准确位置。以相对方式定位时，将基于网页的正常排版方式来定位元素；以绝对方式定位时，元素将在最近的已定位祖先元素内处于特定的位置。有时候，要对整个页面进行绝对定位。在这种情况下，可指定它相对于Web浏览器左上角的位置。在这个战舰游戏中，我们以绝对方式定位表格和消息区域，但参考点为游戏板的左上角，因为对表格和消息区域来说，游戏板是最近的已定位祖先元素。如果你要更深入地复习CSS定位，请参阅《Head First HTML与CSS》的第11章。

问： 学习HTML元素<form>时，我得知它有一个提交表单的action特性。我们为何没有使用它？

答： 我们不需要设置<form>的action特性，因为不需要将表单提交给服务器端应用程序。在这个游戏中，我们将使用代码在浏览器中完成所有处理。因此，我们不提交表单，而为表单按钮实现一个单击事件处理程序，其中的代码将处理一切，包括从表单获取用户输入。请注意，需要将表单数据提交给服务器上运行的PHP程序或其他程序时，表单按钮的类型为submit，但我们的表单按钮的类型为button。这个问题问得好，本章后面将更深入地讨论。

如何设计这款游戏

编写好HTML和CSS后，来看看如何设计这款游戏。第2章编写战舰游戏的第一个版本时，还未学习函数、对象和封装，也未学习面向对象设计，因为我们采用了过程型设计，即将游戏设计为一系列包含决策逻辑和迭代的步骤。那时你也没有学习DOM，因此第一个版本的交互性不太强。这次，我们将把这款游戏设计为一系列各司其职的对象，并利用DOM来与用户交互。你将发现，这种设计让问题理解起来容易得多。

首先来介绍一下要设计并实现的对象，总共有3个：model、view和controller。model将存储游戏的状态，如每艘战舰的位置以及哪个部位被击中；view负责更新界面；controller将各个部分整合起来，用于处理用户输入、实现游戏逻辑并判断游戏是否结束。

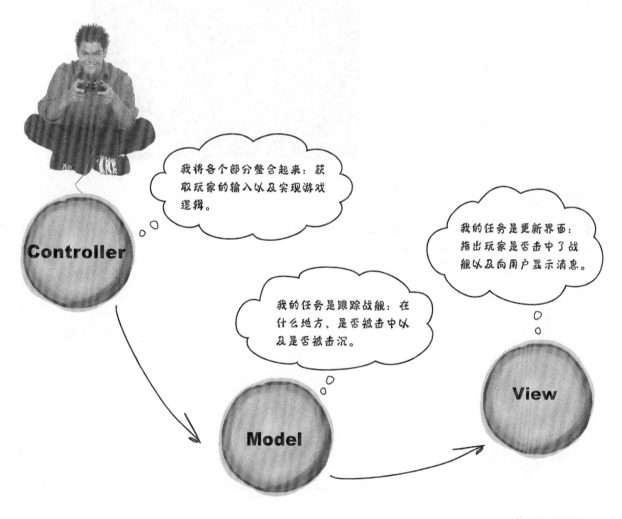

练习

来做一些对象设计工作吧。我们将从view对象着手。前面说过，view
对象负责更新视图。根据下面的视图，你能确定view对象需要实现哪些
方法吗？请在下面写出这些方法的声明（这里只考虑声明，方法体的代
码稍后再考虑），并使用一两条注释指出每个方法的功能。我们为你编
写了一个方法的声明。继续往下阅读前，务必查看本章末尾的答案。

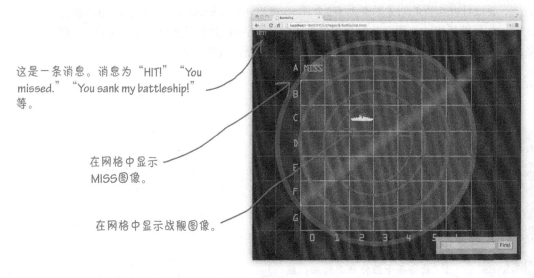

这是一条消息。消息为"HIT!" "You
missed." "You sank my battleship!"
等。

在网格中显示
MISS图像。

在网格中显示战舰图像。

定义一个对象，并将其赋给变量view。

```
var view = {

    // 这个方法将一个字符串作为参数，并在消息区域中显示它
    displayMessage: function(msg) {
        // 稍后将编写的代码
    }




};
```

在这里声明你认为需要提供
的方法！

实现view对象

如果你没有这样做，我真替你脸红。现在就去看看！

如果你查看了前一个练习的答案，就知道我们在view对象中定义了三个方法：displayMessage、displayHit和displayMiss。这绝非唯一正确的答案。例如，也可只定义displayMessage和displayPlayerGuess两个方法，并让displayPlayerGuess接受一个指出玩家是否猜对了的参数。这样的设计也无可挑剔。这里继续以我们的设计为例，看看如何实现第一个方法——displayMessage：

view对象

```
var view = {
    displayMessage: function(msg) {

    },
    displayHit: function(location) {
    },
    displayMiss: function(location) {
    }
};
```

我们将从这里着手。

displayMessage的工作原理

为实现方法displayMessage，请再看一眼HTML。你将发现其中有一个用于显示消息的<div>元素，其id为messageArea：

```
<div id="board">
  <div id="messageArea"></div>
    ...
</div>
```

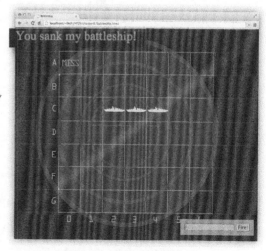

我们将使用DOM来获取这个<div>元素，再使用innerHTML来设置其文本。别忘了，每当你修改DOM时，所作的修改将立即在浏览器中反映出来。

等等，在没有获取玩家输入的情况下，怎么可能实现view对象呢？

这是对象的一大优点：可在不考虑程序的其他任何细节的情况下，确保对象履行其职责。在这里，视图只需知道如何更新消息区域以及如何在网格上放置击中和未击中标记。正确地实现了这些行为后，view对象就编写好了，可以接着处理程序的其他部分。

面向对象设计的另一个优点是，可独立地测试视图，确保它能够正确地运行。同时测试程序的多个方面时，出现问题的可能性更大，找出问题的难度也更高（因为要找出问题，必须研究更多的代码）。

要在程序的其他部分还未完成的情况下测试独立的对象，需要编写一些最后将被丢弃的测试代码，但这没有关系。

下面来实现并测试view对象，接着处理程序的其他部分！

实现displayMessage

咱们来编写displayMessage的代码。前面说过，它需要：

- 使用DOM来获取id为messageArea的元素；
- 将这个元素的innerHTML设置为传入的消息。

新建一个文件，将其命名为battleship.js，并在其中添加如下view对象。

```
var view = {
    displayMessage: function(msg) {
        var messageArea = document.getElementById("messageArea");
        messageArea.innerHTML = msg;
    },
    displayHit: function(location) {
    },
    displayMiss: function(location) {
    }
};
```

方法displayMessage接受一个参数——msg。

获取网页中的元素messageArea。

将元素messageArea的innerHTML设置为msg，以更新该元素的文本。

下面接着编写其他两个方法，再对这些代码进行测试。这些方法不太复杂，我们可同时测试整个对象。

displayHit和displayMiss的工作原理

前面说过，要在游戏板上显示图像，需要获取一个<td>元素，并将其class特性设置为hit或miss。将class特性设置为hit时，将在单元格中显示图像ship.png；而设置为miss时，将在单元格中显示图像miss.png。

可将<td>元素的class特性设置为hit或miss来影响其外观，现在需要在代码中这样做。

```
<tr>
<td id="10"></td> <td class="hit" id="11"></td> <td id="12"></td> ...
</tr>
```

在代码中，我们将使用DOM来获取一个<td>元素，再使用element对象的方法setAttribute将class特性设置为hit或miss。设置class特性后，相应的图像将立即出现在浏览器中。我们需要完成的工作如下。

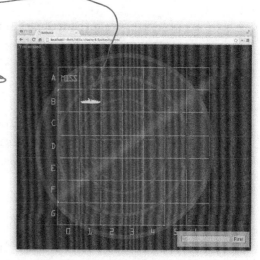

- 获取一个由两个数字组成的字符串id，它指出了要将哪个单元格的class特性设置为hit或miss。

- 使用DOM来获取id为指定值的元素。

- 在displayHit方法中，将该元素的class特性设置为hit；在方法displayMiss中，将该元素的id设置为miss。

实现 displayHit 和 displayMiss

方法displayHit和displayMiss都将一个射击位置作为参数,这个位置必须是表示游戏板HTML表格的单元格(<td>元素)之一的id。因此,我们首先需要做的是使用方法getElementById获取指向这个元素的引用。在方法displayHit中尝试这样做:

```
displayHit: function(location) {

    var cell = document.getElementById(location);

},
```

别忘了,location是根据行号和列号生成的,它是一个<td>元素的id。

下一步是将单元格的class特性设置为hit,为此可像下面这样使用方法setAttribute:

```
displayHit: function(location) {
    var cell = document.getElementById(location);
    cell.setAttribute("class", "hit");
},
```

接下来,我们将这个<td>元素的class特性设置为hit。这将立即在这个元素中显示战舰图像。

现在将这些代码加入到view对象中,并编写方法displayMiss:

```
var view = {
    displayMessage: function(msg) {
        var messageArea = document.getElementById("messageArea");
        messageArea.innerHTML = msg;
    },

    displayHit: function(location) {
        var cell = document.getElementById(location);
        cell.setAttribute("class", "hit");
    },

    displayMiss: function(location) {
        var cell = document.getElementById(location);
        cell.setAttribute("class", "miss");
    }
};
```

使用根据玩家猜测生成的id来获取要更新的元素。

然后将这个元素的class特性设置为hit。

在displayMiss中如法炮制,但将class特性设置为miss,在元素中显示MISS图像。

请将方法displayHit和displayMiss的代码都添加到你的文件battleship.js中。

再次试驾

处理程序的其他部分前，咱们来测试一下这些代码：使用代码实现前面"实弹演习"中的猜测，看看结果如何。我们要实现的猜测如下：

$$A0, \quad D4, \quad F5, \quad B2, \quad C5, \quad C6$$

未击中   击中   未击中   击中   未击中   击中

为了在代码中表示这些猜测，请在你的JavaScript文件battleship.js末尾添加如下代码：

```
view.displayMiss("00");      ← "A0"
view.displayHit("34");       ← "D4"
view.displayMiss("55");      ← "F5"
view.displayHit("12");       ← "B2"
view.displayMiss("25");      ← "C5"
view.displayHit("26");       ← "C6"
```

别忘了，displayHit和displayMiss将一个游戏板中的位置作为参数。这个参数对应于一个单元格的id，它是这样得到的：将一个字母和一个数字转换为由两个数字组成的字符串。

另外，别忘了测试一下方法 displayMessage：

```
view.displayMessage("Tap tap, is this thing on?");
```

这个测试很简单，使用任何消息都可以。

添加这些代码后，在浏览器中重新加载网页，看看视图有何变化。

将代码组织为对象并让每个对象只承担一项职责的好处之一是，可分别对每个对象进行测试，确保它能正确地完成自己的任务。

消息"Tap tap……"显示在视图的左上角。

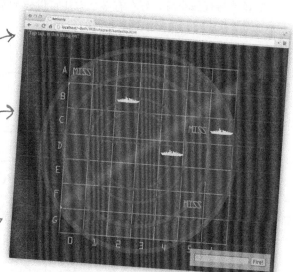

使用view对象显示的战舰图像和MISS图像位于游戏板中。

请核实每幅图像都显示在正确的单元格中。

模型

view对象编写好后，接着来处理模型。模型用于存储游戏的**状态**，通常还包含一些有关如何修改状态的**逻辑**。在这个游戏中，状态包括战舰的位置、战舰的哪些部位被击中以及有多少艘战舰已被击沉。就目前而言，需要实现的唯一逻辑是：判断玩家是否击中了战舰；如果击中了，将战舰的相应部位标记为被击中。

下面说明了model对象是什么样的。

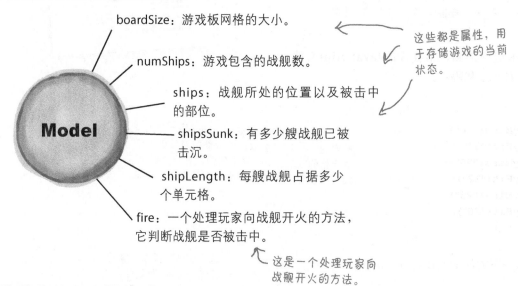

boardSize：游戏板网格的大小。

numShips：游戏包含的战舰数。

ships：战舰所处的位置以及被击中的部位。

这些都是属性，用于存储游戏的当前状态。

shipsSunk：有多少艘战舰已被击沉。

shipLength：每艘战舰占据多少个单元格。

fire：一个处理玩家向战舰开火的方法，它判断战舰是否被击中。

这是一个处理玩家向战舰开火的方法。

模型如何与视图交互

游戏的状态发生变化，即玩家击中或未击中战舰时，视图需要更新界面。为此，模型必须与视图交流，好在有多个方法可供模型来完成这项任务。我们将先实现模型中的游戏逻辑，再添加更新视图的代码。

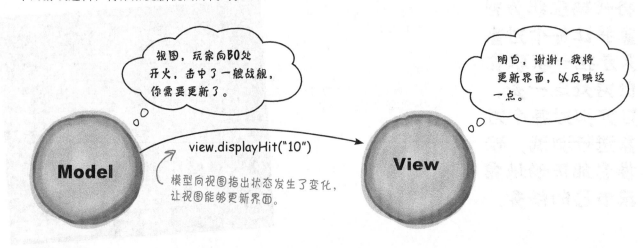

视图，玩家向B0处开火，击中了一艘战舰，你需要更新了。

明白，谢谢！我将更新界面，以反映这一点。

view.displayHit("10")

模型向视图指出状态发生了变化，让视图能够更新界面。

你需要更多战舰和更大的游戏板

编写模型代码前，需要考虑如何在模型中表示战舰的状态。在第2章的简单战舰游戏中只有一艘战舰，它隐藏在一个1×7的游戏板中。现在的情况更复杂一些：有3艘战舰，它们隐藏在一个7×7的游戏板中，如下所示。

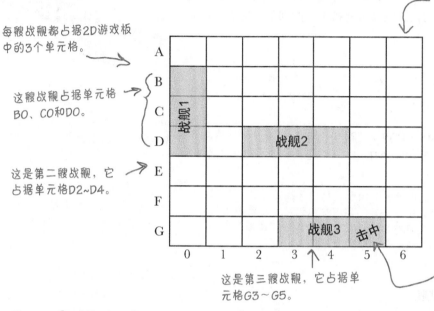

每艘战舰都占据2D游戏板中的3个单元格。

这艘战舰占据单元格B0、C0和D0。

这是第二艘战舰，它占据单元格D2~D4。

在现实世界，战舰不可能叠在一起；如果在游戏中出现这种情况，玩家将感到很怪异。后面讨论在游戏板中随机地放置战舰时，将介绍如何避免战舰叠在一起。

我们还需要跟踪被击中的部位。每艘战舰都占据三个单元格，因此对于每艘战舰，都需要存储三个可能被击中的部位。

这是第三艘战舰，它占据单元格G3~G5。

磨笔上阵

根据前面对新游戏板的描述，你将如何在模型中表示战舰呢？（只考虑它们的位置，击中的部位以后再说。）请从下面选择最佳的解决方案。

❏ 像第2章那样处理战舰，使用9个变量来存储战舰占据的位置。

❏ 使用一个包含49个元素的数组，每个元素对应于游戏板的一个单元格，其中存储了占据了该单元格的战舰的编号。

❏ 使用一个包含9个元素的数组，其中元素0~2存储了第一艘战舰的位置，元素3~5为第二艘战舰的位置，元素6~8为第三艘战舰的位置。

❏ 使用三个数组，每个数组都包含3个元素，指出了一艘战舰占据的位置。

❏ 使用包含三个位置属性的对象ship，并将所有的战舰都存储在数组ships中。

❏ _____
   _____
   _____

你也可以在这里列出你的解决方案。

如何表示战舰

前面列出了很多表示战舰的方式，你还可能想出了其他方式。不管是什么样的数据，存储的方式都有很多，你在选择时必须进行权衡：有些方式可节省存储空间，有些可优化运行时间，有些更容易理解，等等。

我们选择了一种非常简单的战舰表示方式：将每艘战舰分别用一个对象表示。这个对象存储了战舰占据的位置以及可能被击中的部位。来看看如何表示每艘战舰：

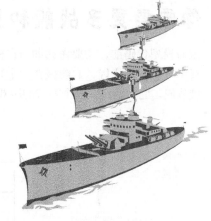

每艘战舰都是一个对象。

这个对象包含属性locations和hits。

```
var ship1 = {
        locations: ["10", "20", "30"],
        hits: ["", "", ""]
};
```

属性locations是一个数组，其中存储了战舰占据的游戏板单元格。

属性hits也是一个数组，指出了战舰的各个部位是否被击中。我们将该数组的每个元素都初始化为空字符串，并在战舰的某个部位被击中时将相应的元素改为"hit"。

注意到我们使用两个数字来表示战舰占据的单元格，其中0对应于A，1对应于B，依此类推。

下面演示了如何表示全部三艘战舰：

每艘战舰都用两个数组表示，分别指出了战舰占据的位置以及被击中的部位。

```
var ship1 = { locations: ["10", "20", "30"], hits: ["", "", ""] };
var ship2 = { locations: ["32", "33", "34"], hits: ["", "", ""] };
var ship3 = { locations: ["63", "64", "65"], hits: ["", "", "hit"] };
```

我们不使用三个变量来存储这些战舰，而是使用一个数组来存储它们，如下所示：

将一个数组赋给变量ships，这个数组存储了全部三艘战舰。

注意到变量名ships为复数形式。

```
var ships = [{ locations: ["10", "20", "30"], hits: ["", "", ""] },
             { locations: ["32", "33", "34"], hits: ["", "", ""] },
             { locations: ["63", "64", "65"], hits: ["", "", "hit"] }];
```

这是第一艘战舰。

这是第二艘。

这是第三艘。

这艘战舰位于游戏板单元格65的部位被击中。

战舰冰箱贴

假设玩家向下面的位置开火。请根据表示战舰的数据结构，将战舰和
MISS冰箱贴放置到游戏板的正确位置。玩家击沉了所有的战舰吗？我
们指出了玩家第一次开火后的效果。

玩家向下面的位置开火：

A6, B3, C4, D1, B0, D4, F0, A1, C6, B1, B2, E4, B6 ⟵ ————————— 在游戏板上指出玩家这
样开火的效果。

```
var ships = [{ locations: ["06", "16", "26"], hits: ["hit", "", ""] },
            { locations: ["24", "34", "44"], hits: ["", "", ""] },
            { locations: ["10", "11", "12"], hits: ["", "", ""] }];
```

这是表示战舰的数
据结构。请在其中
指出玩家开火后，
各艘战舰的哪些部
位被击中。

这是游戏板和冰箱贴。

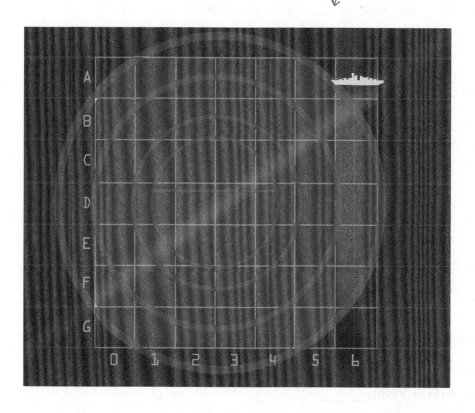

可能不会用完所有的冰箱贴。

磨笔上阵

下面练习使用数据结构ships来模拟开火的效果。假设数据结构ships如下，请据此回答下面的问题并补全代码。这是游戏工作原理的重要组成部分，请务必查看本章末尾的答案，再继续往下阅读。

```
var ships = [{ locations: ["31", "41", "51"], hits: ["", "", ""] },
             { locations: ["14", "24", "34"], hits: ["", "hit", ""] },
             { locations: ["00", "01", "02"], hits: ["hit", "", ""] }];
```

哪些战舰已被击中？_____ 被击中的是哪些部位？_____

假设玩家向D4处开火，会击中战舰吗？_____ 如果会，击中的是哪艘？_____

假设玩家向B3处开火，会击中战舰吗？_____ 如果会，击中的是哪艘？_____

请补全下面的代码，访问第二艘战舰的中间部位，并使用console.log打印其值：

```
var ship2 = ships[_____];
var locations = ship2.locations;
console.log("Location is " + locations[_____]);
```

请补全下面的代码，检查第三艘战舰的第一个部位是否被击中：

```
var ship3 = ships[_____];
var hits = ship3._____;
if (_____ === "hit") {
    console.log("Ouch, hit on third ship at location one");
}
```

请补全下面的代码，指出第一艘战舰的第三个部位被击中：

```
var _____ = ships[0];
var hits = ship1._____;
hits[_____] = _____;
```

实现model对象

知道如何表示战舰及其被击中的部位后，来编写一些代码。首先，创建model对象，并将前面创建的ships数据结构作为它的一个属性。说到属性，model对象还需包含其他一些属性，如存储战舰数量的属性numShips。你可能会问，我们都知道总共有三艘战舰，为何还需要属性numShips呢？也许你以后要提高游戏的难度，在其中包含4艘或5艘战舰。通过使用一个属性来表示战舰数，而不是使用硬编码值（并在代码中始终使用这个属性，而不是硬编码值），可避免给以后需要修改战舰数时带来麻烦，因为这样只需修改一个地方。

说到硬编码，我们将暂时以硬编码的方式指定战舰的位置。知道战舰的位置后，游戏测试起来将更容易，并可将重点放在游戏的核心逻辑上。后面将编写在游戏板上随机放置战舰的代码。

下面来创建model对象：

boardSize：游戏板网格的大小。

numShips：游戏包含的战舰数。

ships：战舰所处的位置以及被击中的部位。

shipSunk：有多少艘战舰已被击沉。

shipLength：每艘战舰占据多少个单元格。

fire：一个处理玩家向战舰开火的方法，它判断战舰是否被击中。

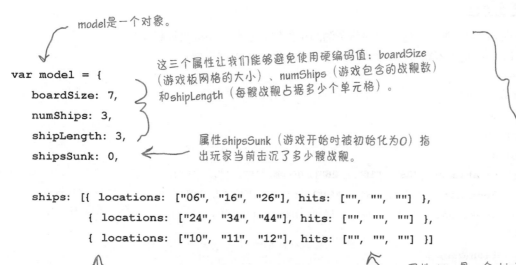

model是一个对象。

这三个属性让我们能够避免使用硬编码值：boardSize（游戏板网格的大小）、numShips（游戏包含的战舰数）和shipLength（每艘战舰占据多少个单元格）。

现在已经有不少状态了！

```
var model = {
    boardSize: 7,
    numShips: 3,
    shipLength: 3,
    shipsSunk: 0,

    ships: [{ locations: ["06", "16", "26"], hits: ["", "", ""] },
           { locations: ["24", "34", "44"], hits: ["", "", ""] },
           { locations: ["10", "11", "12"], hits: ["", "", ""] }]

};
```

属性shipsSunk（游戏开始时被初始化为0）指出玩家当前击沉了多少艘战舰。

稍后将随机地生成战舰占据的单元格，现在暂时以硬编码的方式指定它们，以简化游戏测试工作。

属性ships是一个ship对象数组，其中每个元素都存储了一艘战舰的位置和被击中的部位。注意到我们将ships从变量改成了model对象的属性。

另外，对于数组locations和hits，我们以硬编码的方式指定其长度。本书后面将讨论如何动态地生成数组。

规划方法 fire

方法 fire 判断玩家猜测的位置是否击中了战舰。你知道，显示结果的工作由 view 对象负责，但方法 fire 必须提供判断是否击中了战舰的游戏逻辑。

判断是否击中了战舰很容易：给定玩家猜测的位置，你只需如下这样做。

- 检查每艘战舰，看它是否占据了这个位置。

- 如果是，就说明击中了，因此需要设置数组 hits 的相应元素，并让视图知道击中了。为指出击中了战舰，还需从方法 fire 返回 true。

- 如果没有战舰位于猜测的位置，就没有击中。我们将让视图知道这一点，并从方法 fire 返回 false。

击中了一艘战舰时，方法 fire 还需判断该战舰是否被击沉。我们将在编写好其他逻辑后再处理这一点。

boardSize：游戏板网格的大小。

numShips：游戏包含的战舰数。

ships：战舰所处的位置以及被击中的部位。

Model

shipsSunk：有多少艘战舰已被击沉。

shipLength：每艘战舰占据多少个单元格。

fire：一个处理玩家向战舰开火的方法，它判断战舰是否被击中。

实现方法 fire

下面来建立方法 fire 的基本框架。这个方法将猜测的位置作为参数，并迭代每艘战舰以确定是否击中了它。这里先不编写击中检测代码，而只是建立大致的框架：

```
var model = {
    boardSize: 7,
    numShips: 3,
    shipsSunk: 0,
    shipLength: 3,
    ships: [{ locations: ["06", "16", "26"], hits: ["", "", ""] },
            { locations: ["24", "34", "44"], hits: ["", "", ""] },
            { locations: ["10", "11", "12"], hits: ["", "", ""] }],

    fire: function(guess) {


        for (var i = 0; i < this.numShips; i++) {
            var ship = this.ships[i];
        }
    }
};
```

别忘了在这里加上一个逗号。

这个方法接受一个参数——guess。

迭代数组 ships，每次检查一艘战舰。

获得一艘战舰，接下来需要检查 guess 是否是该战舰占据的位置之一。

判断是否击中了战舰

在每次循环中，都需要判断guess是否是当前战舰占据的位置之一：

遍历每艘战舰。

```
for (var i = 0; i < this.numShips; i++) {
    var ship = this.ships[i];
    var locations = ship.locations;


}
```

获取战舰占据的位置，这是战舰的一个数组属性。

需要编写判断guess是否位于数组locations中的代码。

当前面临的情形如下：我们有一个字符串guess，需要在数组locations中查找它。如果在数组中找到它，就说明击中了战舰：

```
guess = "16";

locations = ["06", "16", "26"];
```

我们需要判断guess的值是否包含在战舰的位置数组中。

为此，可再编写一个循环来遍历数组locations的每个元素，并将其与guess进行比较；如果它们相同，就说明击中了战舰。

这里不这样做，而是使用另一种更简单的方式：

```
var index = locations.indexOf(guess);
```

方法indexOf在数组中查找指定的值；如果找到，就返回相应的索引，否则返回-1。

通过使用indexOf，可像下面这样编写代码来判断是否击中了战舰：

```
for (var i = 0; i < this.numShips; i++) {
    var ship = this.ships[i];
    locations = ship.locations;
    var index = locations.indexOf(guess);
    if (index >= 0) {
        // 击中了战舰!
    }
}
```

注意到数组的方法indexOf与字符串的方法indexOf类似。它将一个值作为参数，并返回这个值在数组中的索引（如果没有找到这个值，就返回-1）。

因此，如果返回的索引大于或等于零，就意味着玩家猜测的值包含在数组locations中，因此击中了战舰。

相比于使用循环，使用indexOf并不能提高效率，但需要编写的代码更少，而且代码的意图也更清晰：使用indexOf时，更容易明白要在数组中查找什么值。总之，你的编程工具腰带上又多了一个工具。

整合起来

为完成方法 `fire`，还需作出一个判断：如果击中了，该怎么办呢？就目前而言，我们只需在模型中进行标记，即将数组 `hits` 的相应元素设置为 `"hit"`。下面来将这些整合起来：

```
var model = {
    boardSize: 7,
    numShips: 3,
    shipsSunk: 0,
    shipLength: 3,
    ships: [ { locations: ["06", "16", "26"], hits: ["", "", ""] },
             { locations: ["24", "34", "44"], hits: ["", "", ""] },
             { locations: ["10", "11", "12"], hits: ["", "", ""] } ],


    fire: function(guess) {
        for (var i = 0; i < this.numShips; i++) {
            var ship = this.ships[i];
            var locations = ship.locations;
            var index = locations.indexOf(guess);
            if (index >= 0) {
                ship.hits[index] = "hit";
                return true;
            }
        }
        return false;
    }
};
```

对于每艘战舰……

如果 guess 包含在数组 locations 中，就说明击中了该战舰。

因此，将数组 hits 的相应元素设置为"hit"。

由于击中了战舰，需要返回 true。

如果遍历所有战舰后，也没有发现被击中的战舰，就说明没有击中任何战舰，因此返回 false。

这为实现 `model` 对象开了一个好头，余下的工作还有两项：判断是否有战舰被击沉；让视图知道模型发生了变化，以便将最新的情况告知玩家。下面就来处理这两项任务。

别这么啰嗦好不好

不好意思，我们不得不旧话重提。前面使用对象和数组时，代码有点啰嗦，再来看一眼这些代码：

```
for (var i = 0; i < this.numShips; i++) {
  var ship = this.ships[i];
  var locations = ship.locations;
  var index = locations.indexOf(guess);
  ...
}
```

← 首先获取战舰。

← 然后，获取战舰的位置（数组locations）。

← 再获取guess在数组locations中的索引。

在有些人看来，这些代码太啰嗦了。为什么呢？因为可使用**串接**（chaining）来简化这些引用。串接让我们能够将对象引用连接起来，从而避免创建临时变量，如上述代码中的locations。

你可能会问，为何说locations是临时变量呢？因为我们只将locations用来临时存储ship.locations，以便对其调用方法indexOf来获取guess的索引；在这个方法的其他任何地方，都不需要locations。通过使用串接，可避免使用临时变量locations，如下所示：

```
var index = ship.locations.indexOf(guess);
```

← 将上面标出的两行代码合并成了一行。

串接的工作原理

串接只是一种快捷方式，可避免使用多个步骤来访问对象（和数组）的属性和方法。下面来详细地看看前面使用串接将两条语句合而为一的做法：

← 这是一个ship对象。

```
var ship = { locations: ["06", "16", "26"], hits: ["", "", ""] };
var locations = ship.locations;
var index = locations.indexOf(guess);
```

← 获取ship对象中的数组locations。

← 再通过这个数组来访问方法indexOf。

通过将表达式串接起来，可将最后两条语句合而为一，并避免使用变量locations：

$$\text{ship.locations.indexOf(guess)}$$

❶ ship对象

❷ 这个对象包含数组属性locations

❸ 这个数组包含方法indexOf

回到战舰

现在需要编写判断战舰是否被击沉的代码。判断准则你已经知道了：
当所有部位都被击中时，战舰就被击沉。我们可添加一个小小的辅助
方法来检查战舰是否被击沉：

我们将这个方法命名为isSunk。它接受一艘战舰作为参数，
在该战舰被击沉时返回true，在它还浮在水面上时返回false。

这个方法将一艘战舰作为参数，并检查是否其每个部位都被击中。

```
isSunk: function(ship) {
    for (var i = 0; i < this.shipLength; i++)   {
        if (ship.hits[i] !== "hit") {
            return false;
        }
    }
    return true;
}
```

只要有任何部位未被击中，战舰就还浮在水面上，因此返回false。

否则，战舰已被击沉，因此返回true。

请将这个方法添加到对象model中——紧跟在方法fire后面。

现在，可以在方法fire中调用这个方法来判断战舰是否被击沉了：

```
fire: function(guess) {
    for (var i = 0; i < this.numShips; i++) {
        var ship = this.ships[i];
        var index = ship.locations.indexOf(guess);
        if (index >= 0) {
            ship.hits[index] = "hit";
            if (this.isSunk(ship)) {
                this.shipsSunk++;
            }
            return true;
        }
    }
    return false;
},
isSunk: function(ship) { ... }
```

确定战舰被击中后，执行这个检查。如果战舰被击沉，就将击沉的战舰数（存储在model对象的属性shipsSunk中）加1。

紧跟在方法fire的后面添加新方法isSunk。务必在model对象的属性和方法之间加上逗号，千万别忘了！

最后一击

model对象就要实现好了。模型存储游戏状态，并包含判断猜测的位置是否击中了战舰的逻辑。现在唯一缺失的是将判断结果告诉视图的代码，下面就来编写它们：

```javascript
var model = {
    boardSize: 7,
    numShips: 3,
    shipsSunk: 0,
    shipLength: 3,
    ships: [ { locations: ["06", "16", "26"], hits: ["", "", ""] },
             { locations: ["24", "34", "44"], hits: ["", "", ""] },
             { locations: ["10", "11", "12"], hits: ["", "", ""] } ],
    fire: function(guess) {
        for (var i = 0; i < this.numShips; i++) {
            var ship = this.ships[i];
            var index = ship.locations.indexOf(guess);
            if (index >= 0) {
                ship.hits[index] = "hit";
                view.displayHit(guess);
                view.displayMessage("HIT!");
                if (this.isSunk(ship)) {
                    view.displayMessage("You sank my battleship!");
                    this.shipsSunk++;
                }
                return true;
            }
        }
        view.displayMiss(guess);
        view.displayMessage("You missed.");
        return false;
    },
    isSunk: function(ship) {
        for (var i = 0; i < this.shipLength; i++) {
            if (ship.hits[i] !== "hit") {
                return false;
            }
        }
        return true;
    }
};
```

这里列出了完整的model对象，旨在让你在一个地方看到它。

告诉视图，玩家的猜测击中了战舰。

并让视图显示消息 "HIT!"。

让玩家知道他击沉了一艘战舰！

告诉视图，玩家的猜测没有击中战舰。

让视图显示消息 "You missed."。

前面说过，view对象的这些方法将一个元素的属性class设置为 "hit" 或 "miss"，这个元素的id由字符串guess指定的行号和列号组成。换句话说，view对象将数组hits中的 "hit" 转换为HTML中的 "hit"。但别忘了，HTML中的 "hit" 只影响界面显示，而model对象中的 "hit" 表示的是实际状态。

试驾

要获得这里所示的结果，需要删除或注释掉前面测试视图的代码。文件*battleship_tester.js*演示了如何这样做。

将model对象的所有代码都添加到battleship.js中，再通过调用model对象的方法fire来进行测试——每次调用时都传入由行号和列号组成的猜测位置。战舰位置是以硬编码方式指定的，要击中战舰的所有部位很容易。请尝试自己编写一些调用方法fire的代码（一些未击中战舰的猜测位置）。要查看我们的测试代码文件，请下载battleship_tester.js。

```
model.fire("53");

model.fire("06");
model.fire("16");
model.fire("26");

model.fire("34");
model.fire("24");
model.fire("44");

model.fire("12");
model.fire("11");
model.fire("10");
```

重新加载battleship.html，你将在游戏板上看到战舰和MISS图像。

世上没有 愚蠢的问题

问： 使用串接将语句合并一定胜过让语句分开吗？

答： 不一定。串接并不能极大地提高效率（可节省一个变量），但确实让代码更简短。我们认为，串接链条不长（最多两三层）时，阅读起来比分为多行代码更容易，但这只是我们的喜好。如果你想让语句分开，也完全可以。如果你要使用串接，一定不要让串接链条太长；否则阅读和理解起来都更难。

问： 在这里，数组（ships）里面有对象（ship），而对象又包含数组（locations）。像这样嵌套对象和数组时，最多可嵌套多少层？

答： 从理论上说，想嵌套多少层都可以，但实际上，嵌套层数不会太多。如果你发现嵌套层数超过了三四层，可能说明你的数据结构太复杂，需要重新考虑组织方式。

问： 我注意到，model对象包含属性boardSize，但从未使用过它。这个属性是做什么用的？

答： 在后面编写的代码中，将使用boardSize以及model对象的其他属性。model的职责是管理游戏的状态，而boardSize绝对是一个不可或缺的状态。控制器将通过访问model对象的属性来了解游戏的状态，后面还将给model对象添加其他使用这些属性的方法。

实现控制器

实现好视图和模型后，下面来实现控制器，将这个应用程序的各个部分整合起来。从较高的层次看，控制器获取和处理猜测，并将其交给模型，从而将各个部分整合起来。它还跟踪一些管理型细节，如已猜测多少次以及游戏的进度。为此，控制器依赖于模型来跟踪游戏状态，并依赖于视图来显示游戏界面。

具体地说，我们将把如下职责交给控制器。

- 获取并处理玩家的猜测（如A0或B1）。

- 记录猜测次数。

- 让模型根据当前猜测更新自己。

- 判断游戏是否结束（即是否击沉了所有的战舰）。

为实现控制器，首先在controller对象中定义一个属性guesses。然后实现一个方法processGuess，它接受一个由字母和数字组成的猜测位置，对其进行处理，并将结果交给模型。

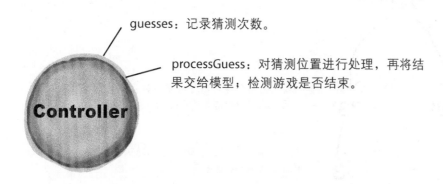

guesses：记录猜测次数。

processGuess：对猜测位置进行处理，再将结果交给模型；检测游戏是否结束。

controller对象的基本框架如下，接下来的几页将填充其代码：

```
var controller = {
    guesses: 0,

    processGuess: function(guess) {
        // 其他代码
    }
};
```

这里定义了controller对象，它包含一个属性guesses，这个属性被初始化为0。

这是方法processGuess的方法头，它将一个格式为"A0"的猜测位置作为参数。

处理玩家的猜测

控制器的职责是获取玩家的猜测，确认猜测的位置是有效的，再将其交给model 对象。但它从哪里获取玩家的猜测呢？现在不要考虑这一点，稍后将介绍。就目前而言，我们只需这样假设：在某个地方，有代码调用 `controller` 对象的方法 `processGuess`，并给它提供一个格式如下的字符串。

这是一个很有用的编程技巧——专注于当前要编写的代码的需求。同时考虑整个问题通常更难成功。

"A3"

你现在已经知道了战舰位置的格式，它由一个字母和一个数字组成。

获得这种格式的猜测位置（一个字母和一个数字组成的字符串，如"A3"）后，你需要将其转换为模型能够理解的格式（两个数字组成的字符串，如"03"）。下面简要地演示了如何将有效的输入转换为只包含数字的格式。

当然，玩家不会输入一个无效的猜测，对吗？我们最好确保输入是有效的。

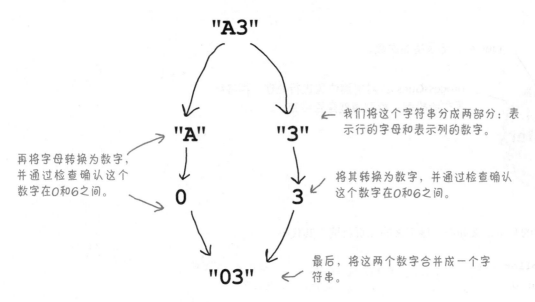

假设我们获得了一个字符串，它由一个字母和一个数字组成：

"A3"

"A"　　**"3"**

我们将这个字符串分成两部分：表示行的字母和表示列的数字。

再将字母转换为数字，并通过检查确认这个数字在0和6之间。

0　　　3

将其转换为数字，并通过检查确认这个数字在0和6之间。

"03"

最后，将这两个数字合并成一个字符串。

重要的事情先做。我们必须先检查输入是有效的。编写代码前，我们先来进行规划。

规划代码

我们不将处理猜测的代码都放在方法processGuess中，而是编写一个小小的辅助函数（因为可能需要重用这些代码），并将其命名为parseGuess。

编写代码前，先来看看它将如何工作。

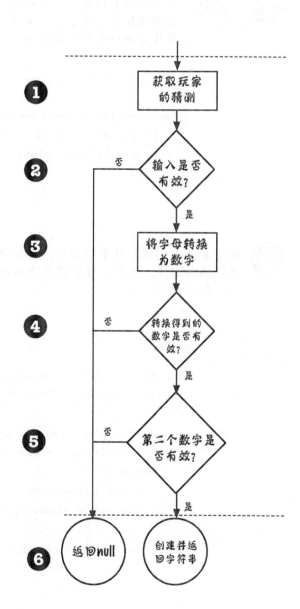

1 获取由一个字母和一个数字组成的玩家猜测。

2 对输入进行检查，确认它是有效的（不为null，且不太长也不太短）。

3 将其中的字母转换为数字：A转换为0，B转换为1，依此类推。

4 检查第3步转换得到的数字是否有效（在0和6之间）。

5 检查第二个数字是否有效（也在0和6之间）。

6 如果任何检查失败，都返回null；否则，将这两个数字拼接成一个字符串并将其返回。

实现parseGuess

制订可靠的编码计划后，来动手编写代码吧。

①—② 咱们先来完成第1步和第2步。我们只需将玩家的猜测作为参数，并通过检查确认它是有效的。当前，我们只需这样定义有效性：一个不为null且包含两个字符的字符串。

将猜测的位置赋给形参guess。
↓

然后检查guess不为null且长度为2。

```
function parseGuess(guess) {
    if (guess === null || guess.length !== 2) {
        alert("Oops, please enter a letter and a number on the board.");
    }
}
```

如果不是这样的，就提醒玩家。

③ 接下来，我们获取其中的字母，并使用一个包含字母A～G的辅助数组将其转换为数字。为此，可使用方法indexOf获取这个字母在数组中的索引，如下所示。

一个数组，它包含可出现在有效猜测中的所有字母。

```
function parseGuess(guess) {
    var alphabet = ["A", "B", "C", "D", "E", "F", "G"];

    if (guess === null || guess.length !== 2) {
        alert("Oops, please enter a letter and a number on the board.");
    } else {
        firstChar = guess.charAt(0);
        var row = alphabet.indexOf(firstChar);
    }
}
```

获取guess中的第一个字符。

再使用indexOf获取一个0～6的数字，它是这个字母在数组中的位置。为明白其中的工作原理，请尝试几个这样的示例。

④—⑤ 检查组成猜测位置的两个字符，看看它们是否都是0~6的数字，即确认它们都是有效的游戏板位置。

```
function parseGuess(guess) {
    var alphabet = ["A", "B", "C", "D", "E", "F", "G"];

    if (guess === null || guess.length !== 2) {
        alert("Oops, please enter a letter and a number on the board.");
    } else {
        firstChar = guess.charAt(0);
        var row = alphabet.indexOf(firstChar);
        var column = guess.charAt(1);

        if (isNaN(row) || isNaN(column)) {
            alert("Oops, that isn't on the board.");
        } else if (row < 0 || row >= model.boardSize ||
                   column < 0 || column >= model.boardSize) {
            alert("Oops, that's off the board!");
        }
    }
}
```

获取字符串中的第二个字符，它表示列号。

使用函数isNaN检查row和column是否都是数字。

我们还确认这些数字都在0和6之间。

这里大量利用了自动类型转换！column是一个字符串，检查它的值是否在0和6之间时，我们利用了自动类型转换来将其转换为数字，以便进行比较。

实际上，这里的做法更通用。我们没有以硬编码的方式指定数字6，而是让模型告诉我们游戏板有多大，并同这个数字进行比较。

考考你的脑力

这里没有以硬编码的方式将row和column可存储的最大值指定为6，而是使用了model对象的属性boardSize。从长远看，你认为这样做有何优点？

6 现在来编写函数parseGuess的最后一部分代码。如果前述有效输入
检查失败，就返回null；否则将猜测的行号和列号合并成一个字符
串，并将其返回。

```
function parseGuess(guess) {
    var alphabet = ["A", "B", "C", "D", "E", "F", "G"];

    if (guess === null || guess.length !== 2) {
        alert("Oops, please enter a letter and a number on the board.");
    } else {
        firstChar = guess.charAt(0);
        var row = alphabet.indexOf(firstChar);
        var column = guess.charAt(1);

        if (isNaN(row) || isNaN(column)) {
            alert("Oops, that isn't on the board.");
        } else if (row < 0 || row >= model.boardSize ||
                   column < 0 || column >= model.boardSize) {
            alert("Oops, that's off the board!");
        } else {
            return row + column;
        }
    }
    return null;
}
```

← 至此，row和column都有效，因此返回它们。

注意到我们将row和column拼接成了一个字符串，并将其返回。这里再次利用了自动类型转换：row是一个数字，而column是一个字符串，因此结果是一个字符串。

如果执行到了这里，说明有检查是失败的，因此返回null。

试驾

请在battleship.js中输入这些代码，再添加类似下面的函数调用代码：

```
console.log(parseGuess("A0"));
console.log(parseGuess("B6"));
console.log(parseGuess("G3"));
console.log(parseGuess("H0"));
console.log(parseGuess("A7"));
```

重新加载battleship.html，并确保打开了控制台窗口。你将在控制台窗口中看到parseGuess的结果，还可能有一两条提示消息。

```
JavaScript控制台
00
16
63
null
null
```

回到控制器

辅助函数parseGuess编写好后，接着来实现控制器。首先，将函数
parseGuess与既有的控制器代码整合起来：

```
var controller = {
    guesses: 0,

    processGuess: function(guess) {
        var location = parseGuess(guess);
        if (location) {

        }
    }
};
```

使用*parseGuess*来验证
玩家猜测的有效性。

只要返回的不是null，就说明
获得的位置是有效的。

别忘了，null是
一个假值。

将在这里添加其他控制器代码。

这就实现了控制器的第一项职责，来看看还有哪些职责需要实现。

- 获取并处理玩家的猜测（如A0或B1）。
- 记录猜测次数。
- 让模型根据当前猜测更新自己。
- 判断游戏是否结束（即是否击沉了所有的战舰）。

我们将处理
这些工作。

记录猜测并开火的次数

下一项任务很简单：为记录猜测次数，只需在玩家每次猜测时都将
属性guesses加1。你将看到，我们决定在玩家的猜测无效时，不
增加猜测次数。

接下来，我们将调用model对象的方法fire，让模型根据当前猜测
更新自己。毕竟，玩家进行猜测的目的是要开火，并希望击中战舰。
别忘了，方法fire将一个字符串作为参数，其中包含行号和列号，
而要获得这个字符串，可调用parseGuess。非常方便。

下面将这些整合起来，以实现下一项职责：

```
var controller = {
    guesses: 0,

    processGuess: function(guess) {
        var location = parseGuess(guess);
        if (location) {
            this.guesses++;
            var hit = model.fire(location);
        }
    }
};
```

如果玩家的猜测有效，就将guesses加01。

别忘了，this.guesses++将属性guesses加01，其工作原理与循环中的i++完全相同。

请注意，如果玩家输入的游戏板位置无效，我们不会惩罚玩家——不计入猜测次数。

接下来，我们以字符串的方式将行号和列号传递给model对象的方法fire。别忘了，仅当击中了战舰时，方法fire才返回true。

判断游戏是否结束

现在余下的全部工作就是判断游戏是否结束。如何判断呢？我们知道，三艘战舰都被击沉时，游戏便结束了。因此，每次击中战舰时，我们都使用属性model.shipsSunk确定击沉的战舰数是否为三艘。为让代码更通用些，我们不将这个属性与数字3进行比较，而是将其与model对象的属性numShips进行比较。这样，当你以后决定修改战舰数（如改为2或4）时，就无需修改这些代码了。

```
var controller = {
    guesses: 0,

    processGuess: function(guess) {
        var location = parseGuess(guess);
        if (location) {
            this.guesses++;
            var hit = model.fire(location);
            if (hit && model.shipsSunk === model.numShips) {
                view.displayMessage("You sank all my battleships, in " +
                                            this.guesses + " guesses");
            }
        }
    }
};
```

如果击中了战舰，且击沉的战舰数与游戏包含的战舰数相等，就向玩家显示一条消息，指出他击沉了所有的战舰。

我们还向玩家指出，他经过多少次猜测就击沉了所有的战舰。其中的guesses是this对象（即controller对象）的一个属性。

试驾

请在文件battleship.js中输入控制器的所有代码，再添加一些对控制器进行测试的函数调用代码。然后，重新加载网页battleship.html，注意到游戏板上将显示战舰和MISS图像。这些图像所处的位置正确吗？要查看我们使用的测试代码，请下载battleship_tester.js。

同样，要获得这里所示的结果，你必须删除或注释掉以前的测试代码。battleship_tester.js演示了如何这样做。

```
controller.processGuess("A0");

controller.processGuess("A6");
controller.processGuess("B6");
controller.processGuess("C6");

controller.processGuess("C4");
controller.processGuess("D4");
controller.processGuess("E4");

controller.processGuess("B0");
controller.processGuess("B1");
controller.processGuess("B2");
```

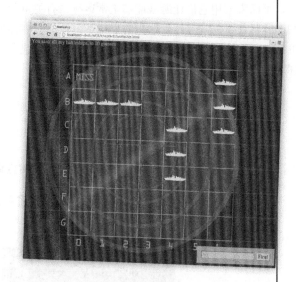

调用controller对象的方法processGuess，并传入由一个字母和一个数字组成的猜测位置。

考考你的脑力

玩家击沉全部三艘战舰后，我们会通过消息区域告诉玩家游戏结束了，但玩家还可以接着猜测。该如何在玩家击沉全部战舰后禁止输入猜测，从而修复这个问题呢？

获取玩家的猜测

实现游戏的核心逻辑和显示功能后，需要让玩家输入猜测并获取玩家的猜测，这样玩家才能真正地玩这个游戏。你可能还记得，我们已经在HTML中包含了一个用于输入猜测的`<form>`元素，但如何将其与游戏关联起来呢？

为此，需要一个**事件处理程序**。本书前面简要地讨论了事件处理程序，下面来使用它们让游戏能够正常运行；有关事件处理程序的详细内容将在下一章介绍。这里的目标是，让你对事件处理程序和表单元素如何协同工作有大致的认识，而不要求你现在就对事件处理程序了如指掌。

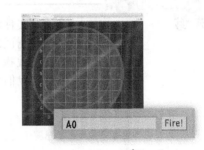

这是我们的HTML表单元素，可用于获取用户输入。

情况大致是这样的：

① 玩家输入猜测并单击**Fire!**按钮；

② **Fire!**按钮被单击时，将调用一个预先指定的事件处理程序；

③ 这个事件处理程序获取表单中的玩家输入，并将其交给控制器。

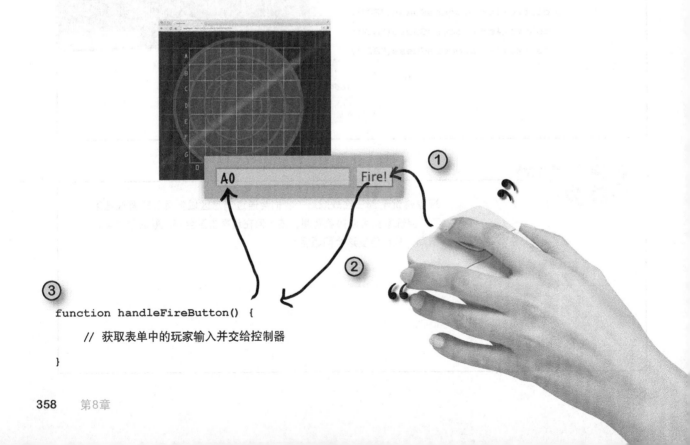

```
function handleFireButton() {

    // 获取表单中的玩家输入并交给控制器

}
```

如何给Fire!按钮添加事件处理程序

为实现这些功能，需要给Fire!按钮添加一个事件处理程序。为此，首先需要根据这个按钮的id获得一个指向它的引用。再来看看HTML，你将发现Fire!按钮的id为fireButton。知道按钮的id后，只需调用document.getElementById就可获得指向它的引用。有了指向按钮的引用后，就可将其属性onclick设置为一个事件处理程序，如下所示：

需要将这些代码放在一个地方，因此我们创建一个名为init的函数。

首先，使用Fire!按钮的id获取一个指向它的引用。

```
function init() {
    var fireButton = document.getElementById("fireButton");
    fireButton.onclick = handleFireButton;
}
```

然后，给这个按钮添加单击事件处理程序handleFireButton。

别忘了定义函数handleFireButton。

这是函数handleFireButton。每当玩家单击Fire!按钮时，都将调用这个函数。

```
function handleFireButton() {
    // 从表单中获取值的代码
}
```

我们马上就会编写这些代码。

```
window.onload = init;
```

第6章介绍过，我们希望浏览器在网页加载完毕后执行函数init。

获取表单中玩家的猜测

开火是通过单击Fire!按钮发起的，但玩家的猜测包含在表单元素guessInput中。要获取这个表单元素中的值，可访问其属性value，如下所示：

首先，使用这个表单元素的id（guessInput）来获取一个指向它的引用。

```
function handleFireButton() {
    var guessInput = document.getElementById("guessInput");
    var guess = guessInput.value;
}
```

然后，从这个表单元素中获取猜测，它存储在这个表单元素的属性value中。

获取猜测后，就可以使用它了。我们已经编写了大量使用它的代码，下面就将它交给这些代码。

将输入交给控制器

下面来将代码关联起来。我们有一个控制器，它急不可耐地想获取玩家的猜测。我们只需将玩家的猜测交给控制器即可，如下所示：

```
function handleFireButton() {
    var guessInput = document.getElementById("guessInput");
    var guess = guessInput.value;
    controller.processGuess(guess);   ← 我们将玩家的猜测交给控制器，然后
                                        一切就像魔术一样发生了！

    guessInput.value = "";            ← 这行代码将表单输入元素的值重置为空字符
}                                       串。这样，玩家再次猜测时，就无需选择并
                                        删除前一次的猜测了，否则将让玩家很恼火。
```

试驾

这不仅仅是试驾，终于可以好好地玩这款游戏了！请将所有的代码都添加到battleship.js中，再在浏览器中重新加载battleship.html。当前，战舰的位置是以硬编码的方式指定的，因此你很清楚如何在游戏中获胜。下面列出了获胜的招式，但务必对代码进行详尽的测试：输入不能击中战舰的猜测、无效的猜测以及显然是错误的猜测。

A6
B6
C6

C4
D4
E4

B0
B1
B2

← 这些是获胜的招式，它们是按战舰排列的，但不必完全按这样的顺序进行猜测。请尝试输入其他的猜测：在这些猜测之间输入无效的猜测以及无法击中战舰的猜测。这对质量保证测试来说不可或缺。

A6   Fire!

编码技巧

每次猜测时，玩家都必须单击Fire!按钮，是不是很傻？单击确实管用，但这种做法既不快捷也不方便。如果玩家只需按回车键就行，是不是容易得多？下面是处理按回车键事件的代码：

```
function init() {
    var fireButton = document.getElementById("fireButton");
    fireButton.onclick = handleFireButton;
    var guessInput = document.getElementById("guessInput");
    guessInput.onkeypress = handleKeyPress;
}
```

添加一个新的处理程序，用于处理HTML输入字段的按键事件。

这是按键事件处理程序。每当用户在这个表单输入字段中按键时，都将调用这个处理程序。

浏览器向事件处理程序传递一个事件对象，其中包含有关用户按下了哪个键的信息。

```
function handleKeyPress(e) {
    var fireButton = document.getElementById("fireButton");
    if (e.keyCode === 13) {
        fireButton.click();
        return false;
    }
}
```

如果用户按下的是回车键，事件对象的属性keyCode将为13。在这种情况下，我们希望Fire!按钮就像自己被单击一样行事。为此，我们调用fireButton的方法click，让它以为自己被单击了。

我们返回false，让表单不做其他任何事情（如提交）。

请更新你的init函数，并在代码中添加函数handleKeyPress（任何地方都可以）。重新加载网页，开始游戏吧！

还有哪些地方要处理呢？哦，讨厌，战舰位置是以硬编码方式指定的

至此，你创建了一个基于浏览器的游戏。它虽然只包含少量的 HTML、几幅图像和100行左右的JavaScript代码，却非常惊艳。然而，这款游戏有一个地方不太令人满意，那就是每次玩游戏时，战舰都位于相同的位置。你还需要编写一些代码，在每次开始新游戏时随机地放置战舰，否则这款游戏就太无趣了。

这样做之前，我们想让你知道，介绍这些代码时，我们将稍微加快点步伐，因为你阅读和理解代码的能力更强了，而且这些代码也没有太多新东西。下面就开始吧。需要考虑的因素如下。

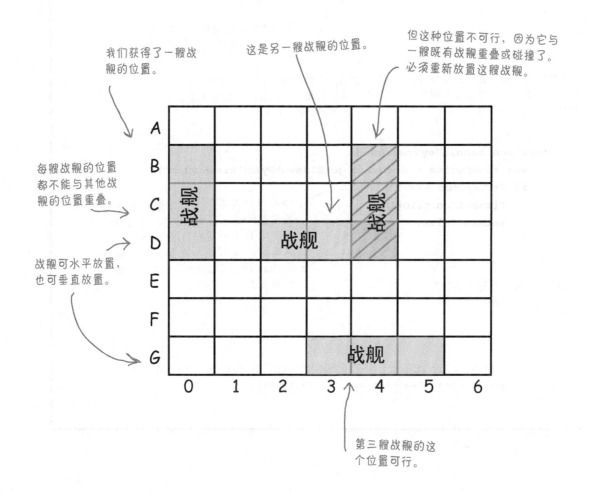

我们获得了一艘战舰的位置。

这是另一艘战舰的位置。

但这种位置不可行，因为它与一艘既有战舰重叠或碰撞了。必须重新放置这艘战舰。

每艘战舰的位置都不能与其他战舰的位置重叠。

战舰可水平放置，也可垂直放置。

第三艘战舰的这个位置可行。

代码冰箱贴

下面是一系列散乱的冰箱贴，请将它们按照正确的顺序放置，组成一个生成战舰位置的算法。继续往下阅读前，请查看本章末尾的答案。

算法不过是一种花哨的说法，其实指的就是一系列解决问题的步骤。

为新战舰生成随机位置。

执行循环，循环次数等于要创建的战舰数。

为新战舰生成随机方向（垂直或水平）。

将新战舰加入到ships数组中。

检查新战舰的位置是否与既有战舰的位置冲突。

如何放置战舰

在游戏板上放置战舰时，需要考虑的因素有两个。首先，战舰可水平放置，也可垂直放置。其次，战舰在游戏板上不能彼此重叠。我们将编写处理这两种约束的代码。前面说过，我们不会详尽地介绍这些代码，但你具备理解这些代码所需的全部知识。只要花足够的时间，你就能理解这些代码的每个细节，因为其中设计的所有内容都在本书前面介绍过（有一项例外，我们将详细讨论）。我们开始吧。

我们将把这些代码组织为model对象的三个方法。

- **generateShipLocations**：这是主方法，它创建model对象中的ships数组，其中包含的战舰数由model对象的属性numShips指定。

- **generateShip**：这个方法创建一艘战舰，并指定其在游戏板中的位置。指定的位置可能与其他战舰重叠，也可能不重叠。

- **collision**：这个方法将一艘战舰作为参数，并判断它是否与游戏板中既有的战舰重叠。

方法generateShipLocations

首先来实现方法generateShipLocations。这个方法使用循环不断地创建战舰，直到在model对象的数组ships中添加足够数量的战舰。在每次循环中，都使用方法generateShip生成一艘新战舰，并使用方法collision来确保不与其他战舰重叠。如果发生重叠，就将战舰扔掉，并接着尝试。

需要注意的一点是，在这些代码中，我们将使用一种新的迭代器——do while循环。do while循环的工作原理与while循环几乎相同，只是先执行循环体中的语句，再检查循环条件。对于有些逻辑条件，使用do while循环比使用while循环更合适，但是这样的情况很少见。

我们将在model对象中添加这个方法。

```
generateShipLocations: function() {
    var locations;
    for (var i = 0; i < this.numShips; i++) {
        do {
            locations = this.generateShip();
        } while (this.collision(locations));
        this.ships[i].locations = locations;
    }
},
```

循环次数与要为其生成位置的战舰数相同。

生成战舰占据的一系列位置

并检查这些位置与游戏板中既有战舰的位置是否重叠。如果重叠，就需要再次尝试，不断地生成新位置，直到不重叠为止。

这里使用了do while循环！

生成可行的位置后，将其赋给数组model.ships中相应战舰的属性locations。

编写方法generateShip

方法generateShip创建一个数组，其中包含一艘战舰的随机位置，而不关心战舰是否与游戏板中的其他战舰重叠。我们将用分两步来实现这个方法。第一步为战舰随机地选择方向：水平还是垂直的？我们将用一个随机数来决定这一点：如果这个随机数为1，战舰将是水平的；如果为0，战舰将是垂直的。我们将使用老朋友Math.random和Math.floor像以前一样来完成这项任务。

> 生成随机数0或1有点像抛硬币。

> 这个方法也将添加到model对象中。

```
generateShip: function() {
    var direction = Math.floor(Math.random() * 2);
    var row, col;①

    if (direction === 1) {
        // 生成水平战舰的起始位置
    } else {
        // 生成垂直战舰的起始位置
    }

    var newShipLocations = [];
    for (var i = 0; i < this.shipLength; i++) {
        if (direction === 1) {
            // 在水平战舰的位置数组中添加位置
        } else {
            // 在垂直战舰的位置数组中添加位置
        }
    }
    return newShipLocations;
},
```

> 使用Math.random来生成一个0~1的随机数，再将结果乘以2，得到一个0~2（但不包括2）的随机数。然后，使用Math.floor将这个随机数转换为0或1。

> 如果direction为1，就意味着要创建一艘水平放置的战舰。

> 如果direction为0，就意味着要创建一艘垂直放置的战舰。

> 我们将首先生成新战舰的起始位置，如row = 0和column = 3。我们需要根据战舰的方向使用不同的规则来生成起始位置（其中的原因将在稍后介绍）。

> 为创建新战舰的locations属性，我们首先创建一个空数组，再在其中逐一添加位置。

> 我们使用一个循环，其循环次数为战舰占据的单元格数。

> 在每次循环中，都在数组newShipLocations中添加一个单元格。同样，需要根据战舰的方向使用稍微不同的代码来生成单元格。

> 生成所有的位置后，返回这个数组。

> 我们将从下一页开始补全余下的代码。

① 一行可以声明多个变量，以逗号隔开。——译者注

生成新战舰的起始位置

知道战舰的方向后，就可以为其生成位置了。我们将首先生成起始位置（战舰占据的第一个单元格）：如果战舰是水平的，余下的位置将为下两列相应的单元格；如果战舰是垂直的，余下的位置将为下两行相应的单元格。

为此，需要生成两个表示战舰起始位置的随机数：一个为行号，另一个为列号。这两个随机数都必须在0和6之间，这样才能确保战舰位于游戏板内。但别忘了，如果战舰是水平放置的，那么起始列号必须在0和4之间，这样才能确保整个战舰都在游戏板内。

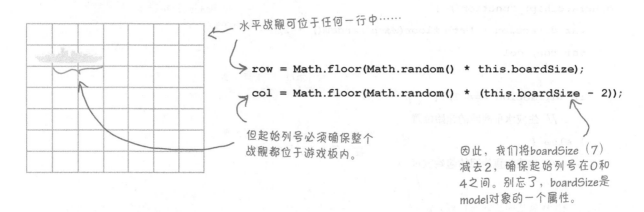

水平战舰可位于任何一行中……

```
row = Math.floor(Math.random() * this.boardSize);
col = Math.floor(Math.random() * (this.boardSize - 2));
```

但起始列号必须确保整个战舰都位于游戏板内。

因此，我们将boardSize（7）减去2，确保起始列号在0和4之间。别忘了，boardSize是model对象的一个属性。

同理，如果战舰是垂直放置的，起始行号就必须在0和4之间，这样才能确保整个战舰都在游戏板内。

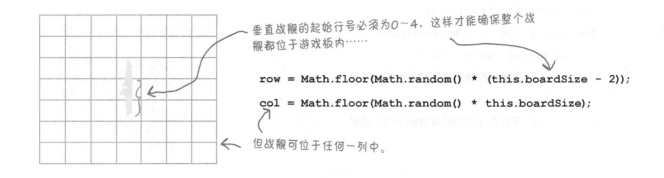

垂直战舰的起始行号必须为0~4，这样才能确保整个战舰都位于游戏板内……

```
row = Math.floor(Math.random() * (this.boardSize - 2));
col = Math.floor(Math.random() * this.boardSize);
```

但战舰可位于任何一列中。

完成方法generateShip的编写工作

插入前一页所示的代码后，余下的唯一工作就是将起始位置和接下来的两个单元格添加到数组newShipLocations中。

```javascript
generateShip: function() {
    var direction = Math.floor(Math.random() * 2);
    var row, col;

    if (direction === 1) {
        row = Math.floor(Math.random() * this.boardSize);
        col = Math.floor(Math.random() * (this.boardSize - this.shipLength + 1));
    } else {
        row = Math.floor(Math.random() * (this.boardSize - this.shipLength + 1));
        col = Math.floor(Math.random() * this.boardSize);
    }

    var newShipLocations = [];
    for (var i = 0; i < this.shipLength; i++) {
        if (direction === 1) {
            newShipLocations.push(row + "" + (col + i));
        } else {
            newShipLocations.push((row + i) + "" + col);
        }
    }
    return newShipLocations;
},
```

这些代码生成战舰在游戏板中的起始位置。

将前一页的数字2替换成了用this.shipLength表示，让代码更通用，支持任何战舰长度。

这里使用圆括号确保先将i和col相加，再将结果转换为字符串。

这是生成水平战舰位置的代码。下面来分别阐述其各个部分……

将一个新位置压入数组newShipLocations。

这个位置是一个字符串，它由行号（刚才计算得到的起始行号）……

……和列号（起始列号+i）组成。第一次循环时，i为0，因此列号为起始列号；第二次循环时，为下一列；而第三次循环时，为再下一列。因此，这个数组将存储类似于"01""02"和"03"的数据。

执行的操作与前面类似，只是针对的是垂直战舰。

因此，每次循环时，都将行号（而不是列号）加i。

对于垂直战舰，这个数组将存储类似于"31""41"和"51"的数据。

别忘了，将字符串和数字相加时，+表示拼接而不是加法运算，因此结果为一个字符串。

使用战舰的位置填充这个数组后，将其返回给调用方法generateShipLocations。

避免碰撞

方法collision将战舰的位置作为参数，并检查这些位置是否与游戏板中既有的战舰重叠（或碰撞）。

要知道我们在什么地方调用了方法collision，请回过头去看第364页。

为实现这种功能，我们使用了两个嵌套循环。外部循环迭代模型（属性model.ships）中所有的战舰；而内部循环迭代新战舰的所有位置（存储在数组locations中），并检查这些位置是否被游戏板中既有的战舰占据。

locations是一个数组，存储了我们要放置到游戏板中的新战舰的位置。

```
collision: function(locations) {
    for (var i = 0; i < this.numShips; i++) {
        var ship = this.ships[i];
        for (var j = 0; j < locations.length; j++) {
            if (ship.locations.indexOf(locations[j]) >= 0) {
                return true;
            }
        }
    }
    return false;
}
```

迭代游戏板中既有的每艘战舰……

检查新战舰的locations数组中的位置是否包含在既有战舰的locations数组中。

从内部循环返回，这将立即终止两个循环，退出函数并返回true。

为检查位置是否被既有战舰占据，我们使用了indexOf。如果返回的索引大于或当等于0，就说明这个位置已被既有战舰占据，因此返回true（这意味着发生了碰撞）。

如果执行到了这里，就说明我们检查的所有位置都未被占据，因此返回false（这意味着没有发生碰撞）。

考考你的脑力

上述代码包含两个循环：外部循环和内部循环。前者迭代模型中的所有战舰，而后者迭代要检查冲突的所有位置。在外部循环中，我们使用了循环变量i，而在内部循环中，我们使用了循环变量j。为何要使用两个不同的循环变量呢？

最后两项修改

为战舰生成随机位置的代码都编写好了，余下的唯一工作就是整合它们。完成
最后两项代码修改后，就可对这款新战舰游戏进行试驾了！

```
var model = {
    boardSize: 7,
    numShips: 3,
    shipLength: 3,
    shipsSunk: 0,
    ships: [ { locations: ["06", "16", "26"], hits: ["", "", ""] },
            { locations: ["24", "34", "44"], hits: ["", "", ""] },
            { locations: ["10", "11", "12"], hits: ["", "", ""] } ],
    ships: [ { locations: [0, 0, 0], hits: ["", "", ""] },
            { locations: [0, 0, 0], hits: ["", "", ""] },
            { locations: [0, 0, 0], hits: ["", "", ""] } ],
    fire: function(guess) { ... },
    isSunk: function(ship) { ... },
    generateShipLocations: function() { ... },
    generateShip: function() { ... },
    collision: function(locations) { ... }
};

function init() {
    var fireButton = document.getElementById("fireButton");
    fireButton.onclick = handleFireButton;
    var guessInput = document.getElementById("guessInput");
    guessInput.onkeypress = handleKeyPress;

    model.generateShipLocations();
}
```

删除以硬编码方式指定
战舰位置的代码。

将位置数组的元素
都初始化为0。

当然，需要调用生成战舰
位置的函数。这个函数将
修改模型中的空数组。

我们在函数init中调用model.generateShipLocations，
以便在网页加载完毕后修改这些数组。这样，当
你开始玩游戏时，所有战舰的位置已准备就绪。

别忘了，你可前往http://wickedlysmart.com/hfjs下载这款
战舰游戏的完整代码。

最后一次试驾

在最后一次试驾中，测试的是真正的游戏，其中的战舰位置是随机的。将所有代码都添加到battleship.js中，在浏览器中重新加载battleship.html，并开始游戏！请进行详尽的测试：多玩几次，每次都重新加载网页，以生成不同的战舰位置。

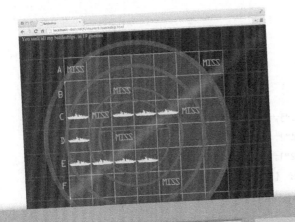

如何作弊

要作弊，可打开开发控制台，输入`model.ships`并按回车。你将看到三个战舰对象，它们都包含数组`locations`和`hits`。这样你就有了内幕消息，知道战舰都位于游戏板的什么地方。不过，这种内部消息可不是我们透露出来的！

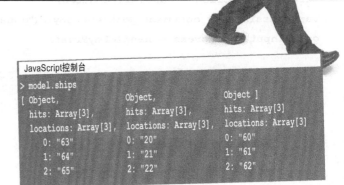

每次都能打败计算机。

祝贺你，该创业了

你创建了一个出色的Web应用程序，它包含大约150行代码，还有一些HTML和CSS。我们说过，这些代码都是你的；现在只要制作一份漂亮的商业计划书，你就能拿到风险投资了。有这样的好事，谁愿意错过呢？

经过一番艰苦努力，你该放松一下，玩几盘战舰游戏了。很是引人入胜，不是吗？

不过，这才刚刚开始，还有一些强大的JavaScript功能需要学习。它们能让你编写的应用程序与使用其他语言编写的应用程序媲美。

在本章中，你编写了大量的代码，现在美美地吃一顿，好好地休息一下，让这些知识都沉入脑海中。不过在此之前，还有一些要点需要复习，还有一个填字游戏需要完成。千万不要跳过它们，重复是充分理解知识的良方！

QA记录

我认为找到了一个bug：击中战舰后，如果再次输入这个位置，将再次击中战舰的这个部位。试试你就明白了！

这是bug吗？换句话说，正确的行为应该是什么样的？如果这是bug，该如何修复？请在下面写下你的解决方案。

要点

- 我们使用HTML来定义战舰游戏的结构，使用CSS来设置其样式，并使用JavaScript定义其行为。

- 表格中每个`<td>`元素的**id**都被用来更新该元素的背景图像，以指出是否击中了战舰。

- 表单包含一个类型为`button`的输入（**input**）元素。我们给这个按钮指定了一个**事件处理程序**，以便玩家输入猜测后，我们能够知道这一点。

- 要获取表单中输入文本元素中的值，可使用其`value`属性。

- 使用CSS定位可精确地指定元素在网页中的位置。

- 我们使用了三个对象来组织代码：`model`、`view`和`controller`。

- 游戏中的每个对象都有一项**主要职责**。

- `model`的职责是存储游戏的状态以及实现状态修改逻辑。

- `view`的职责是在`model`存储的状态发生变化时更新界面。

- `controller`的职责是将游戏的各个部分整合起来，将玩家的猜测交给`model`以更新状态以及判断游戏是否结束了。

- 通过将游戏设计为**各司其职**的对象，可独立地创建和测试游戏的每个部分。

- 为简化创建和测试`model`的工作，我们一开始以硬编码的方式指定战舰的位置。确定`model`没有问题后，我们将这些硬编码位置替换为代码生成的随机位置。

- 在`model`中，我们定义了`numShips`和`shipLength`等属性，避免了在方法中使用以后可能需要修改的硬编码值。

- 数组有一个`indexOf`方法，它类似于字符串的`indexOf`方法。数组的`indexOf`方法将一个值作为参数，并返回这个值在数组中的索引；如果这个值不包含在数组中，就返回-1。

- 使用**串接**，可利用句点运算符将对象引用连接起来，从而将多条语句合而为一，并避免使用临时变量。

- `do while`循环类似于`while`循环，只是先执行一次循环体中的语句，再检查条件。

- **质量保证**（QA）是代码开发过程的重要组成部分。它不仅要求测试输入有效时的情形，还要求测试输入无效时的情形。

JavaScript填字游戏

本章的编码难题让你的大脑备受煎熬。请完成下面的填字游戏，将这种煎熬推向高潮。

横向

2. 我们使用哪个方法来设置元素的class特性？

4. 为在游戏板上显示战舰或MISS图像，我们将这幅图像放在\<td>元素的什么地方？

6. 哪种循环的循环体中的语句至少会执行一次？

8. 时髦的交互式网页使用HTML、CSS和什么？

10. 我们使用什么来表示游戏中的每艘战舰？

11. \<td>元素的id对应于游戏板的一个什么？

12. 函数collision的职责是确保战舰不会彼此_____。

15. 为让模型根据玩家猜测来更新游戏的状态，我们调用哪个方法？

17. 谁负责存储状态？

18. 你可使用什么来作弊，以获取战舰的位置？

纵向

1. 为获取表单输入元素中的猜测位置，我们给这个元素添加了一个单击事件_____。

3. 串接用于指向什么的引用？

5. 谁擅长将程序的各个部分整合起来？

7. 为在游戏板中显示战舰图像，我们将相应\<td>元素的class特性设置为什么？

9. 数组也有一个_____方法。

13. 本章的游戏包含三个对象：model、controller和什么？

14. 13是哪个键的键码？

16. 谁在其状态发生变化时通知视图？

实弹演习答案

稍后你将学习如何使用JavaScript在游戏板中添加MISS和战舰图像，但这样做之前，你需要在HTML模拟器中进行练习。我们创建了两个供你练习的CSS类，请将这些规则添加到CSS中，再假设战舰隐藏在下面的位置：

战舰 1: A6, B6, C6

战舰 2: C4, D4, E4

战舰 3: B0, B1, B2

玩家依次输入了下面的猜测：

A0, D4, F5, B2, C5, C6

你需要让表格中相应的<td>元素归属于下面两个类之一，从而在正确的网格单元格中显示MISS或战舰图像：

务必下载这个练习所需的一切，包括下面两幅图像。

```css
.hit {
    background: url("ship.png") no-repeat center center;
}
.miss {
    background: url("miss.png") no-repeat center center;
}
```

答案如下：你应让id为00、25和55的<td>元素归属于miss类，让id为12、26和34的<td>元素归属于hit类。要指定元素归属的类，可像下面这样设置class特性：

```html
<td class="miss" id="55">
```

给正确的元素指定其所属的类后，游戏板应类似于这样。

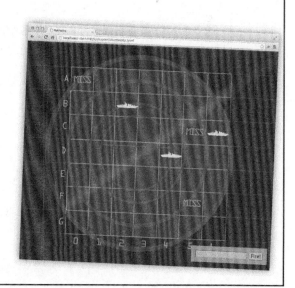

来做一些对象设计工作吧。我们将从view对象着手。前面说过，view对象负责更新视图。根据下面的视图，你能确定view对象需要实现哪些方法吗？请在下面写出这些方法的声明（这里只考虑声明，方法体的代码稍后再考虑），并使用一两条注释指出每个方法的功能。我们为你编写了一个方法的声明。答案如下。

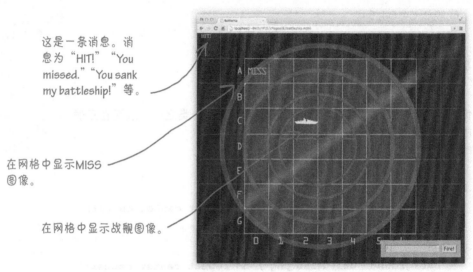

这是一条消息。消息为 "HIT!" "You missed." "You sank my battleship!" 等。

在网格中显示MISS图像。

在网格中显示战舰图像。

```
var view = {          定义一个对象，并将其赋给变量view。

    // 这个方法将一个字符串作为参数，并在消息区域中显示它
    displayMessage: function(msg) {
        // 稍后将编写的代码
    },

    displayHit: function(location) {
        // 这个方法的代码
    },

    displayMiss: function(location) {
        // 这个方法的代码
    }
};
```

在这里声明你认为需要提供的方法！

根据前面对新游戏板的描述，你将如何在模型中表示战舰呢？（只考虑它们的位置，击中的部位以后再说。）请从下面选择最佳的解决方案。

❑ 像第2章那样处理战舰，使用9个变量来存储战舰占据的位置。

❑ 使用一个包含49个元素的数组，每个元素对应于游戏板的一个单元格，其中存储了占据了该单元格的战舰的编号。

❑ 使用一个包含9个元素的数组，其中元素0～2存储了第一艘战舰的位置，元素3～5为第二艘战舰的位置，元素6～8为第三艘战舰的位置。

你也可以在这里列出你的解决方案。

❑ 使用三个数组，每个数组都包含3个元素，指出了一艘战舰占据的位置。

☑ 使用包含三个位置属性的对象ship，并将所有的战舰都存储在数组ships中。

❑ _____

这些解决方案都可行！（事实上，在寻找最佳解决方案的过程中，我们尝试过所有这些解决方案。）但本章使用的是这个解决方案。

JavaScript
填字游戏
答案

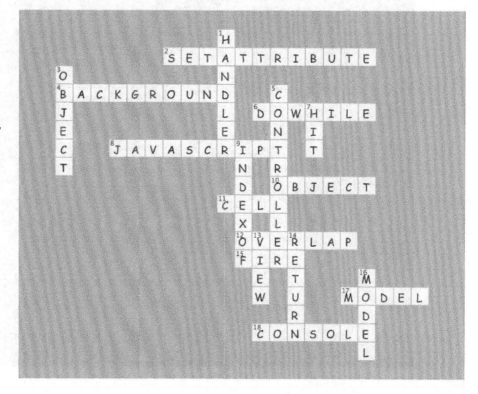

战舰冰箱贴答案

假设玩家向下面的位置开火。请根据表示战舰的数据结构，将战舰和
MISS冰箱贴放置到游戏板的正确位置。玩家击沉了所有的战舰吗？我
们指出了玩家第一次开火后的效果。

玩家向下面的位置开火：

在游戏板上指出玩家
这样开火的效果。

A6, B3, C4, D1, B0, D4, F0, A1, C6, B1, B2, E4, B6

答案如下：

```
var ships = [{ locations: ["06", "16", "26"], hits: ["hit", "hit", "hit"] },
             { locations: ["24", "34", "44"], hits: ["hit", "hit", "hit"] },
             { locations: ["10", "11", "12"], hits: ["hit", "hit", "hit"] }];
```

三艘战舰都被击沉！

这是游戏板和冰箱贴。

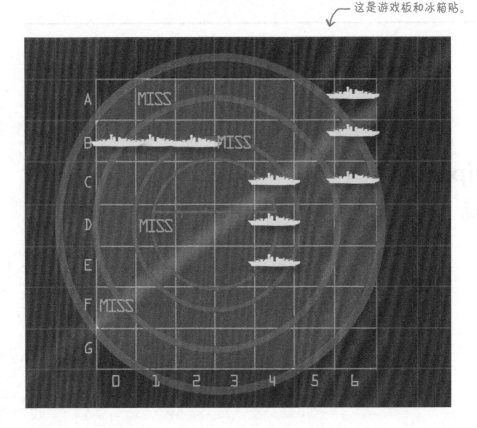

余下的冰箱贴。

磨笔上阵
答案

下面练习使用数据结构ships来模拟开火的效果。假设数据结构ships如下，请据此回答下面的问题并补全代码。这是游戏工作原理的重要组成部分，请务必查看本章末尾的答案，再继续往下阅读。

```
var ships = [{ locations: ["31", "41", "51"], hits: ["", "", ""] },
             { locations: ["14", "24", "34"], hits: ["", "hit", ""] },
             { locations: ["00", "01", "02"], hits: ["hit", "", ""] }];
```

哪些战舰已被击中？ <u>战舰2和战舰3</u> 被击中的是哪些部位？ <u>C4、A0</u>

假设玩家向D4处开火，会击中战舰吗？ <u>会</u> 如果会，击中的是哪艘？ <u>战舰2</u>

假设玩家向B3处开火，会击中战舰吗？ <u>不会</u> 如果会，击中的是哪艘？ _____

请补全下面的代码，访问第二艘战舰的中间部位，并使用console.log打印其值：

```
var ship2 = ships[ 1 ];
var locations = ship2.locations;
console.log("Location is " + locations[ 1 ]);
```

请补全下面的代码，检查第三艘战舰的第一个部位是否被击中：

```
var ship3 = ships[ 2 ];
var hits = ship3. hits ;
if ( hits[0] === "hit") {
    console.log("Ouch, hit on third ship at location one");
}
```

请补全下面的代码，指出第一艘战舰的第三个部位被击中：

```
var ship1 = ships[0];
var hits = ship1. hits ;
hits[ 2 ] = "hit" ;
```

代码冰箱贴答案

下面是一系列散乱的冰箱贴，请将它们按照正确的顺序放置，组成一个生成战舰位置的算法。答案如下。

> 执行循环，循环次数
> 等于要创建的战舰数。

> 为新战舰生成随机方向
> （垂直或水平）。

> 为新战舰生成随机位置。

> 检查新战舰的位置是否
> 与既有战舰的位置冲突。

> 将新战舰加入到ships数组中。

9 异步编码

处理事件

阅读完本章，你的编程方式再不似从前[①]。到目前为止，你编写的代码通常都是按从上到下的顺序执行的。虽然你的代码要复杂些，还使用了一些函数、对象和方法，但从某种程度上说，它们都是按部就班地执行的。然而，JavaScript代码通常不是这样编写的，大多数JavaScript代码都是**事件响应式**的。很抱歉到现在才告诉你这一点。那么都是什么样的事件呢？用户单击网页、通过网络收到数据、定时器到期、DOM发生变化等。事实上，在浏览器中，幕后始终有各种事件在**不断**发生。本章将反思我们的编码方式，学习如何编写响应事件的代码以及为何要这样做。

① 原文为"you aren't in kansas anymore"，出自1939年电影《绿野仙踪》。——编者注

考考你的脑力

你知道浏览器是做什么的，不是吗？它获取网页及其所有内容，再渲染网页。然而，浏览器所做的远不止这些。它还做什么呢？你认为浏览器还在幕后执行下面哪些任务呢？如果你没有把握，就尽力猜一猜吧。

☐ 知道网页已加载并显示完毕。

☐ 监视所有的鼠标移动。

☐ 跟踪用户在网页上执行的所有单击操作，无论单击的是按钮、链接还是其他地方。

☐ 监视时钟并管理定时器和定时事件。

☐ 知道用户提交了表单。

☐ 获取网页所需的额外数据。

☐ 知道用户按下了键盘按键。

☐ 跟踪用户缩放或滚动网页的操作。

☐ 知道元素获得了用户界面焦点。

☐ 知道Cookie已创建完毕。

磨笔上阵

挑选上面列出的两个事件。如果浏览器能够在这些事件发生时发出通知，你能编写哪些有趣的代码来响应这些事件？

当然，你不能选择与Cookie相关的事件。

事件是什么

你现在肯定知道，浏览器不会在获取并显示页面后就甩手不管了。在幕后，有很多事情在不断发生：用户单击按钮、鼠标位置发生变化、通过网络收到数据、窗口大小发生变化、定时器到期、浏览器位置发生变化等。这些都会触发**事件**。

每当有事件发生时，你都可以在代码中**处理**它，即提供将在事件发生时调用的代码。你不必处理所有的事件，而只需处理自己关心的事件。例如，发生按钮单击事件时，你可能想在播放列表中添加一首歌曲；收到新数据时，你可能想对其进行处理并显示到网页中；定时器到期时，你可能想告诉用户，他手上的音乐会前排门票就要过期了；等等。

> 想了解有关浏览器定位和众多其他的高级事件，请参阅《Head First HTML5 Programming中文版》。本书只介绍你必须知道的重要事件。

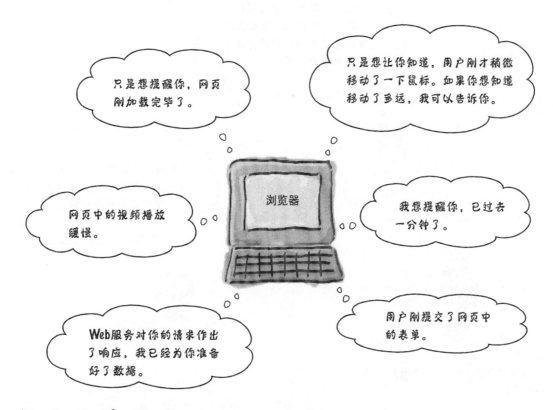

每当有事件发生时，你都可以在代码中处理它。

事件处理程序是什么

我们编写**处理程序**来处理事件。处理程序通常是一小段代码，知道事件发生时该如何做。从代码的角度说，处理程序就是一个函数。事件发生时，其处理程序函数将被调用。

你也许会听到开发人员称其为回调函数或监听器，而非处理程序。

为让处理程序在事件发生时得以调用，你首先需要**注册**它。你将看到，注册的方式有多种，具体采用哪种取决于事件的类型。后面将深入探讨所有这些注册方式，现在先来看一个简单的示例。这个示例你以前见过，它就是网页加载完毕后触发的事件。

浏览器，我有一个处理程序，它包含一些代码，要在你加载网页后执行。我跟你说过吧，我挺着急的。

千万别着急。放心吧，我让你的处理程序准备就绪了，加载好整个网页后，就一定会调用它的。

浏览器

处理程序，即网页加载完毕后将执行的代码。

如何创建第一个事件处理程序

要理解事件，最佳方式是编写一个处理程序，并将其关联到一个事件。别忘了，你见过多个事件处理示例，其中包括网页加载事件，但我们还未全面地阐述事件处理的工作原理。网页加载事件的触发时间点是：浏览器加载完网页、显示网页的所有内容并生成了表示网页的DOM。

下面来详细介绍如何编写这种处理程序并确保在网页加载事件发生时调用它。

1 首先，需要编写一个处理网页加载事件的函数。在这里，这个函数将在网页加载完毕时显示 "I'm alive!"。

处理程序其实就是一个函数。

```
function pageLoadedHandler() {
    alert("I'm alive!");
}
```

这是我们的函数。我们将其命名为 *pageLoadedHandler*，但你可以根据自己的喜好随意命名。

别忘了，我们通常称之为处理程序或回调函数。

这个事件处理程序的功能有限，它只是显示一个提示框。

2 处理程序编写好后，需要建立关联，让浏览器知道有这么一个函数，应在加载事件发生时调用它。为此，我们这样使用window对象的属性onload：

为将这个处理程序关联到加载事件，我们将window对象的属性onload设置为它。

```
window.onload = pageLoadedHandler;
```

这样，网页加载事件发生时，将调用函数*pageLoadedHandler*。

你将看到，指定处理程序的方式随事件的类型而异。

3 就这些！编写这些代码后，我们就知道网页加载完毕后，浏览器将调用赋给属性window.onload的函数。

测试事件处理程序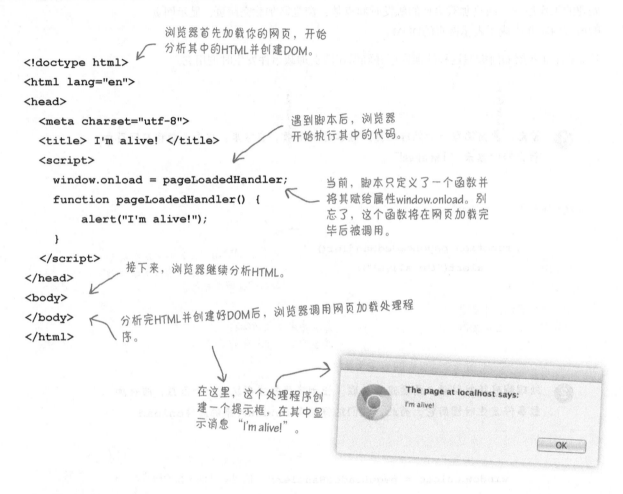

请新建一个文件，将其命名为event.html，并添加对加载事件处理程序进行测试的代码。在浏览器中加载这个网页，并确定你看到了提示框。

浏览器首先加载你的网页，开始分析其中的HTML并创建DOM。

```
<!doctype html>
<html lang="en">
<head>
  <meta charset="utf-8">
  <title> I'm alive! </title>
  <script>
    window.onload = pageLoadedHandler;
    function pageLoadedHandler() {
        alert("I'm alive!");
    }
  </script>
</head>
<body>
</body>
</html>
```

遇到脚本后，浏览器开始执行其中的代码。

当前，脚本只定义了一个函数并将其赋给属性window.onload。别忘了，这个函数将在网页加载完毕后被调用。

接下来，浏览器继续分析HTML。

分析完HTML并创建好DOM后，浏览器调用网页加载处理程序。

在这里，这个处理程序创建一个提示框，在其中显示消息"I'm alive!"。

> **The page at localhost says:**
> I'm alive!
>
> OK

考考你的脑力

在不编写函数的情况下，能否指定事件处理程序?

但凡你想成为真正的JavaScript开发人员，就必须学习如何处理事件。

前面说过，到目前为止，你编写代码的方式都是线性的（linear）：你根据要解决的问题，如找出最佳的泡泡配方或生成歌曲 99 *Bottles of Beer* 的歌词，按从上到下的顺序逐步编写代码。

还记得战舰游戏吗？其代码的执行方式不完全是线性的：你确实编写了一些设置游戏、初始化模型等的代码，但这个游戏的主要部分并非是以线性方式执行的。每次要射击战舰时，玩家都在表单的输入元素中输入猜测，再单击Fire!按钮。这将引发一系列操作，导致游戏接着往下进行。换句话说，你编写的代码对用户输入作出响应。

以响应事件的方式组织代码是另一种代码编写方式。要以这种方式编写代码，需要考虑可能发生的事件以及代码应如何响应这些事件。在计算机科学中，通常说这种代码是**异步**（asynchronous）的，因为我们编写的代码仅在相应的事件发生时才会被调用。这种编码方式也改变了我们看待问题的角度，不再逐步地编写代码来实现算法，而是将处理各种事件的众多处理程序整合起来，构成一个应用程序。

通过创建一个游戏来理解事件

理解事件的最佳方式是实践，下面通过编写一个简单的游戏来获取更多的实践经验。这个游戏是这样的：你加载一个网页，它显示一幅图像。这幅图像不是普通的图像，而是一幅非常模糊的图像。你的任务是猜出图像是什么。要核实你是否猜对了，可单击图像，让它不再模糊不清。

过程如下所示。

这是图像的模糊版本，它到底是什么呢？

你一边哼着益智问答节目《危险边缘》的主题曲，一边尝试盘算着这是什么图像。

认为自己猜到后，你单击图像，让清晰版本显示出来。

下面先来编写HTML标记。我们将使用两幅JPG图像，其中一幅是模糊的，另一幅是清晰的。我们将它们分别命名为zeroblur.jpg和zero.jpg。HTML标记如下：

```html
<!doctype html>
<html lang="en">
<head>
  <meta charset="utf-8">
  <title> Image Guess </title>
  <style> body { margin: 20px; } </style>
  <script>  </script>
</head>
<body>
    <img id="zero" src="zeroblur.jpg">
</body>
</html>
```

这些HTML代码非常简单，其中有一个准备就绪的<script>元素，在其中添加JavaScript代码。出于简化考虑，我们不打算使用独立的JavaScript文件，而是直接在这里添加脚本。你将看到，实现这个游戏需要的代码很少。

这是网页默认显示的模糊图像。我们把它的id指定为zero，稍后你将看到如何使用这个id。

实现游戏

在浏览器中加载这些标记，你将看到模糊的图像。为实现这个游戏，需要在用户单击这幅图像时作出响应，将图像的清晰版本显示出来。

好在每当网页中的HTML元素被单击（在移动设备上是触摸）时，都将触发一个事件。你只需为这个事件创建一个处理程序，并在其中编写显示图像清晰版本的代码，如下所示。

1 访问DOM中的这个图像对象，并将其属性`onclick`设置为一个处理程序。

2 在这个处理程序中编写代码，将图像的`src`属性从模糊图像改为清晰图像。

下面就来按步骤编写代码。

第1步：访问DOM中的图像

访问图像对你来说已经不新鲜了，只需使用老朋友方法`getElementById`就能获得指向它的引用。

```
var image = document.getElementById("zero");
```

> 获取指向图像元素的引用，并将其赋给变量image。

哦，还需确保这些代码在网页的DOM创建好之后再运行；为此，可使用`window`对象的属性`onload`。我们将这些代码放在函数`init`中，并将属性`onload`设置为这个函数。

> 别忘了，只有网页加载完毕后，我们才能从DOM中获取这幅图像。

> 我们创建函数init，并将其赋给属性onload，从而确保这些代码在网页加载完毕后才执行。

```
window.onload = init;
function init() {
    var image = document.getElementById("zero");
}
```

> 在函数init中，我们获取一个引用，它指向id为zero的图像元素。

> 别忘了，在JavaScript中，定义函数的顺序无关紧要。因此可先将init赋给属性onload，再定义它。

第2步：添加更新图像的处理程序

要添加一个响应图像单击事件的处理程序，只需将一个函数赋给图像的属性onclick。下面将这个函数命名为showAnswer并定义它。

```
window.onload = init;
function init() {
    var image = document.getElementById("zero");
    image.onclick = showAnswer;
}
```

将一个处理程序赋给从DOM中获取的图像对象的onclick属性。

接下来需要编写函数showAnswer，它将图像元素的scr属性改为清晰的图像，让图像变清晰：

首先，必须再次从DOM获取该图像元素。

```
function showAnswer() {
    var image = document.getElementById("zero");
    image.src = "zero.jpg";
}
```

别忘了，模糊版名为zeroblur.jpg，而清晰版名为zero.jpg。

获得图像元素后，就可修改它了——将其src属性设置为清晰的图像。

试驾

来测试一下这个简单的游戏。将所有的HTML、CSS和JavaScript都输入一个文件中，并命名为image.html。再从http://wickedlysmart.com/hfjs下载所需的图像，并将它们存储到image.html所在的文件夹。然后，在浏览器中加载这个HTML文件。

单击图像的任何地方都将导致处理程序showAnswer被调用，它修改这个图像元素的src，揭晓答案。

> 等等，为何需要在showAnswer中再次调用getElementById呢？我不确定这里的执行流程是什么样的。

啊哈，代码包含大量事件处理程序时，有时很难搞清楚其执行流程。别忘了，函数init在网页加载完毕后被调用，但函数showAnswer要等到用户单击图像时才被调用。因此，这两个事件处理程序被调用的时间不同。

另外，别忘了作用域规则。在函数init中，我们将getElementById返回的对象存储在**局部变量**image中。这意味着函数结束时，这个变量不在作用域内，进而被销毁。因此，等函数showAnswer被调用时，我们必须再次从DOM获取这个图像对象。诚然，我们可以将这个对象存储在一个全局变量中，但滥用全局变量可能导致代码难以理解，还容易出现bug。这正是我们要避免的。

世上没有愚蠢的问题

问： 设置图像的属性src与使用setAttribute设置特性src相同吗？

答： 就这里而言，效果是相同的。使用getElementById从DOM获取HTML元素时，获得的是包含多个方法和属性的元素对象。所有的元素对象都包含属性id，其值为相应HTML元素的id（如果在HTML中设置了）。表示图像的元素对象还有一个src属性，其值为相应<img>元素的scr特性指定的图像文件。

然而，并非所有HTML特性都有对应的对象属性，因此对于这些特性，必须使用setAttribute和getAttribute来设置和获取。就src和id而言，要设置和获取，可使用元素对象的相应属性，也可使用getAttribute和setAttribute，而且这两种方法的效果相同。

问： 前面在一个处理程序中调用了另一个处理程序？

答： 其实并非如此。网页加载完毕后，将调用加载事件处理程序。在这个处理程序中，我们将一个处理程序赋给了图像的属性onclick，但要等到用户单击图像时才会调用它。用户单击图像时（这可能是在网页加载完毕的很久之后），才会调用单击事件处理程序showAnswer。因此，这两个处理程序是在不同的时间调用的。

变身浏览器

下面是猜图游戏的代码，你的任务是变身浏览器，搞清楚每个事件发生后该如何做。完成这个练习后，请查看本章末尾的答案，看看你是否都明白了。我们已为你完成了第一部分。

```javascript
window.onload = init;
function init() {
    var image = document.getElementById("zero");
    image.onclick = showAnswer;
}

function showAnswer() {
    var image = document.getElementById("zero");
    image.src = "zero.jpg";
}
```

↖ 这是你要执行的代码……

网页加载时……	定义函数init和showAnswer
网页加载事件发生时……	
图像单击事件发生时……	

↖ 在这里列出你的答案。

如果网页包含多幅图像，要求单击每幅图像时都显示清晰版，该如何用代码来处理这种情形呢？实现这种目标的傻办法是什么？能否对既有代码进行少量修改来实现这个目标呢？

Judy：大家好！到目前为止，猜图游戏运行得很好，但我们应对其进行扩展，在网页中包含更多图像。

Jim：确实如此，我也是这样想的。

Joe：我准备了很多图像，就差编写代码了。前面将两幅图像命名为zero.jpg和zeroblur.jpg。我给新增的图像命名时遵循了这种约定，将它们命名成了one.jpg和oneblur.jpg等。

Jim：需要给每幅图像都编写一个新的单击事件处理程序吗？如果这样做，将有大量重复的代码。毕竟，每个事件处理程序所做的事情都完全相同：将模糊版替换为清晰版，不是吗？

Joe：确实如此，但我不知道如何将同一个事件处理程序用于多幅图像。这可能吗？

Judy：我们可将同一个处理程序（就是同一个函数）赋给游戏中每幅图像的属性onclick。

Joe：这样做的话，用户单击任何图像时，都将调用同一个函数？

Judy：没错。我们将把showAnswer用作每幅图像的单击事件处理程序。

Jim：但我们如何知道要让哪幅图像变清晰呢？

Joe：你的意思是说单击事件处理程序不知道这一点？

Jim：它怎么知道？当前，函数showAnswer假定用户单击的是id为zero的图像。如果对于每幅图像的单击事件都调用showAnswer，就必须让其代码适用于任何图像。

Joe：哦，没错。那么我们如何确定用户单击的是哪幅图像呢？

Judy：实际上，我一直在仔细研究事件，我想单击事件处理程序有办法确定用户单击的是哪个元素。现在暂时不管这一点，先在游戏中添加一些图像，看看如何为它们指定相同的事件处理程序，再考虑如何确定用户单击的是哪幅图像。

Joe和Jim：有道理！

再添加一些图像

我们有一系列新图像，先来将它们添加到网页中。我们再添加5幅图像，这样网页将总共包含6幅图像。我们还将修改CSS，让图像之间有一定的间距。

获取图像

从http://wickedlysmart. com/hfjs下载压缩文件，可在文件夹chapter9中找到所有这些图像。

```
<!doctype html>
<html lang="en">
<head>
  <meta charset="utf-8">
  <title> Image Guess </title>
  <style>
    body { margin: 20px; }
    img { margin: 20px; }
  </style>
  <script>
     window.onload = init;
     function init() {
        var image = document.getElementById("zero");
        image.onclick = showAnswer;
     }
     function showAnswer() {
        var image = document.getElementById("zero");
        image.src = "zero.jpg";
     }
  </script>
</head>
<body>
    <img id="zero" src="zeroblur.jpg">
    <img id="one" src="oneblur.jpg">
    <img id="two" src="twoblur.jpg">
    <img id="three" src="threeblur.jpg">
    <img id="four" src="fourblur.jpg">
    <img id="five" src="fiveblur.jpg">
</body>
</html>
```

使用这个CSS属性将图像的外边距指定为20像素。

在这里又添加了5幅图像。注意到对于每幅图像，都使用了相同的id、src和文件命名方案。稍后你将看到这样做的好处。

如果你对这个网页进行测试，结果将类似于这样。

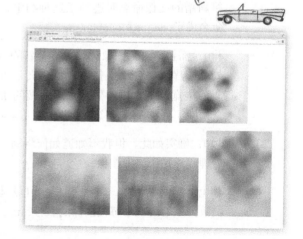

将同一个事件处理程序赋给每幅图像的属性onclick

在网页中包含更多图像后，需要做的工作也更多。当前，你可单击第一幅图像（即《蒙娜丽莎》）以显示其清晰版，但其他图像呢？

我们可以为每幅图像编写一个处理程序，但从前面的讨论可知，这样做既麻烦又浪费，如下所示：

```
window.onload = init;
function init() {
    var image0 = document.getElementById("zero");
    image0.onclick = showImageZero;
    var image1 = document.getElementById("one");
    image1.onclick = showImageOne;
    ...
}
function showImageZero() {
    var image = document.getElementById("zero");
    image.src = "zero.jpg";
}
function showImageOne() {
    var image = document.getElementById("one");
    image.src = "one.jpg";
}
...
```

← 可以获取网页中的每幅图像，并给它们指定不同的单击处理程序。如果这样做，将需要重复6次，但这里只显示了其中的两次。

← 其他四次。

← 我们还需要编写6个单击处理程序，每幅图像一个。

← 需要的其他四个处理程序。

考考你的脑力

为每幅图像编写不同的处理程序存在哪些缺点？请勾选所有符合的选项。

☐ 每个处理程序都包含大量重复的代码。

☐ 如果需要修改代码，可能需要修改所有的处理程序。

☐ 需要的代码很多。

☐ 难以跟踪所有的图像和处理程序。

☐ 难以以通用的方式处理任意数量的图像。

☐ 代码更难维护。

如何将同一个处理程序用于所有图像

显然，为每幅图像编写不同的处理程序不是解决这个问题的好办法。那么如何将既有处理程序showAnswer用于处理所有图像的单击事件呢？为此，显然需要对showAnswer稍作修改。要将showAnswer用于所有图像，需要做如下两项工作。

① 将函数showAnswer指定为网页中每幅图像的单击事件处理程序。

② 修改函数showAnswer，使其能够显示任何图像的清晰版，而不仅仅是zero.jpg。

我们将以通用的方式完成这两项任务，使得在网页中再添加其他图像时，函数showAnswer依然适用。换句话说，如果代码编写正确，在网页中添加或删除图像后，也无需对代码作任何修改。下面就来这样做。

将这个单击处理程序赋给网页中的每幅图像

我们要克服的第一个障碍如下：在当前的代码中，我们使用方法getElementById来获取指向图像zero的引用，并将函数showAnswer赋给它的属性onclick。我们将采用一种更简单的方式，而不是使用getElementById来分别获取指向每幅图像的引用：一次性获取所有图像，再通过迭代来设置每幅图像的单击事件处理程序。为此，我们将使用一个以前没有介绍过的DOM方法：document.getElementsByTagName。这个方法将一个标签名（如img、p或div）作为参数，并返回一个列表，其中包含所有匹配的元素。下面就来使用它：

```
function init() {
    var image = document.getElementById("zero");
    image.onclick = showAnswer;

    var images = document.getElementsByTagName("img");
    for (var i = 0; i < images.length; i++) {
        images[i].onclick = showAnswer;
    }
};
```

删除获取图像zero并设置其单击事件处理程序的代码。

使用标签名img来获取网页中的元素。这将查找并返回网页中的所有图像。我们将返回的图像存储在变量images中。

然后，迭代images，依次将每幅图像的单击处理程序设置为showAnswer。这样就将每幅图像的属性onclick都设置成了处理程序showAnswer。

聚焦document.getElementsByTagName

方法document.getElementsByTagName的工作原理与document.getElementById很像，但不是根据id来获取元素，而是根据标签名（这里是img）来获取元素。当然，HTML中可能包含很多<img>元素，所以这个方法可能返回很多或一个元素，也可能不返回任何元素；具体返回多少元素取决于网页包含多少幅图像。在这个猜图游戏中，网页包含6个<img>元素，因此返回的列表中将包含6个图像对象。

我们获取的是一个element对象列表，其中的对象都与指定标签名匹配。

```
var images = document.getElementsByTagName("img");
```

返回的是类似于数组的对象列表。它类似于数组，但与数组又不完全相同。

注意到这里有个s，这意味着可能获取很多元素。

用引号将标签名括起，但不包含<和>！

世上没有愚蠢的问题

问：你说过，getElementsByTag-Name返回一个列表。这指的是数组吗？

答：实际上返回的是一个NodeList对象，但你可像处理数组一样处理它。NodeList是一个Node集合，而Node指的其实就是DOM树中的element对象。你可以像数组一样迭代这种集合：使用length属性来获取其长度，再通过用方括号括起的索引来访问NodeList的每个项目。然而，数组和NodeList的相似之处仅此而已，因此处理NodeList对象时必须小心。除非需要在DOM中添加或删除元素，否则不必对NodeList有更深入的了解。

问：可以给任何元素指定单击处理程序吗？

答：差不多是这样的。对于网页中的任何元素，只需获取它，再将其onclick属性设置为一个函数即可。正如你看到的，处理程序可能是某个元素专用的，也可将其用于很多元素。当然，不会在网页中显示出来的元素（如<script>和<head>）不支持单击等事件。

问：会给处理程序传递参数吗？

答：这个问题问得好，也问得正是时候。会给处理程序传递参数，我们马上将讨论传递给一些处理程序的事件对象。

问：除单击事件外，元素还支持其他事件吗？

答：还有很多其他的事件。实际上，你在战舰游戏中见过其中的一个：按键事件。在这个游戏中，每当用户在表单的输入元素中按回车键时，都将调用一个事件处理程序。本章后面将介绍其他几种事件。

Judy，我们现在有一个事件处理程序showAnswer，它处理所有图像的单击事件。你是不是说过，showAnswer被调用时，你知道如何判断用户单击的是哪幅图像吗？

Judy：我说过。每次调用单击事件处理程序时，都将向它传递一个事件对象，你可使用这个对象来获取有关事件的细节。

Joe：比如用户单击的是哪幅图像？

Judy：更准确地说是触发事件的元素，这被称为**目标**（target）

Joe：什么是目标呢？

Judy：我说过，它是触发事件的元素。例如，用户单击特定的图像时，目标就是这幅图像。

Joe：因此，如果用户单击id为zero的图像，目标将被设置为这幅图像？

Judy：更准确地说，是表示这幅图像的元素对象。

Joe：又绕回来了？

Judy：可将这个元素对象视为使用值zero调用document.getElementById得到的东西。它表示DOM中id为zero的图像。

Joe：明白，那么如何获取这个目标呢？好像有了它就能确定用户单击的是哪幅图像。

Judy：target就是事件对象的一个属性。

Joe：太好了，这正是showAnswer梦寐以求的，马上就能达成目标了。等等，向showAnswer传递了一个事件对象？

Judy：没错。

Joe：当前，函数showAnswer的代码是什么样的呢？虽然给它传递了一个事件对象，可它没有接受这个对象的形参！

Judy：别忘了，JavaScript允许你省略形参。

Joe：哦，是这样的。

Judy：Joe，你别忘了，现在需要搞清楚的是，如何将图像的src设置为清晰版图像。当前，我们假定清晰版图像名为zero.jpg，但这种假设不再成立。

Joe：也许可以使用图像的id特性来确定清晰版图像的名称，因为所有图像元素的id都是其清晰版图像的名称。

Judy：听起来好像行得通！

事件对象的工作原理

单击事件处理程序被调用时，将向它传递一个事件对象。事实上，大多数文档对象模型（DOM）事件发生时，都会向相应的处理程序传递一个事件对象。事件对象包含一些有关事件的常规信息，如事件是哪个元素触发的以及事件是何时发生的。另外，你还将获得有关事件的特有信息。例如，用户单击鼠标时，你将获得单击位置的坐标。

> 除DOM事件外，还有其他的事件，你将在本章后面看到这样的示例。

下面来说明事件对象的工作原理。

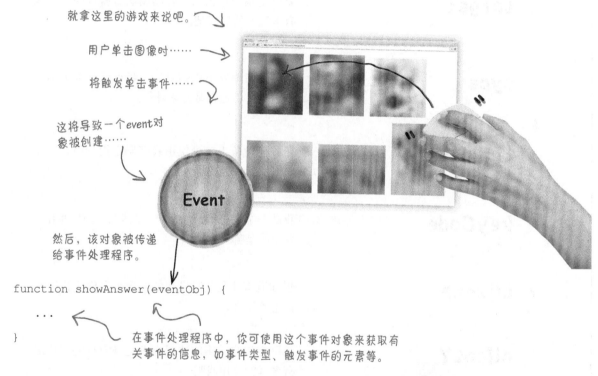

就拿这里的游戏来说吧。

用户单击图像时……

将触发单击事件……

这将导致一个event对象被创建……

Event

然后，该对象被传递给事件处理程序。

```
function showAnswer(eventObj) {
    ...
}
```

在事件处理程序中，你可使用这个事件对象来获取有关事件的信息，如事件类型、触发事件的元素等。

那么，事件对象都包含哪些信息呢？有关事件的常规信息和具体信息。具体信息取决于事件的类型，将在稍后介绍。常规信息包括属性`target`，它存储了一个引用，指向触发事件的元素。因此，如果用户单击网页中的元素（如图像），该元素就将是`target`。我们可以像下面这样来访问它：

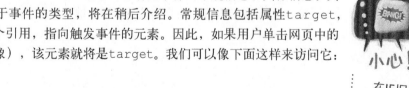

如果你运行的是IE8或更低版本的浏览器，请参阅附录。

在IE旧版本中，需要以稍微不同的方式获取事件对象。

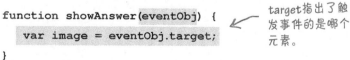

```
function showAnswer(eventObj) {
    var image = eventObj.target;
}
```

`target`指出了触发事件的是哪个元素。

前面说过，表示DOM事件的事件对象包含一些属性，它们提供了有关事件的额外信息。下面是事件对象可能包含的其他一些属性，请将每个属性及其用途连接起来。

target　　　　　　　　　　　要确定用户单击的位置离浏览器窗口的上边缘有多远？使用我吧。

type　　　　　　　　　　　　我存储着触发事件的对象。我可以是各种不同的对象，但通常是元素对象。

timeStamp　　　　　　　　　在触摸设备上，可使用我来确定用户使用了多少根手指来触摸屏幕。

keyCode　　　　　　　　　　我是一个字符串，如"click"或"load"，指出了发生的是哪种事件。

clientX　　　　　　　　　　想知道事件是何时发生的？我可向你提供这种信息的属性。

clientY　　　　　　　　　　要确定用户单击的位置离浏览器窗口的左边缘有多远？使用我吧。

touches　　　　　　　　　　我能告诉你用户刚按下了哪个键。

使用事件对象

对事件有了更深入的了解（具体地说是向单击处理程序传递了事件对象）后，咱们来看看如何利用事件对象中的信息让网页上相应的图像变清晰。为此，我们再来看看HTML标记：

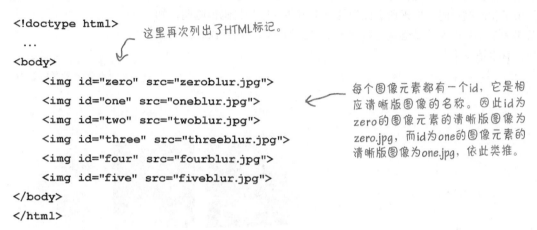

```
<!doctype html>
    ...
<body>
    <img id="zero" src="zeroblur.jpg">
    <img id="one" src="oneblur.jpg">
    <img id="two" src="twoblur.jpg">
    <img id="three" src="threeblur.jpg">
    <img id="four" src="fourblur.jpg">
    <img id="five" src="fiveblur.jpg">
</body>
</html>
```

这里再次列出了HTML标记。

每个图像元素都有一个id，它是相应清晰版图像的名称。因此id为zero的图像元素的清晰版图像为zero.jpg，而id为one的图像元素的清晰版图像为one.jpg，依此类推。

注意到每个图像元素的id都对应清晰版图像的名称（不包括扩展名.jpg）。如果能够获取这个id，则加上扩展名.jpg后，就能得到相应清晰版图像的名称，从而将图像元素的scr属性改为清晰版图像的名称了，如下所示：

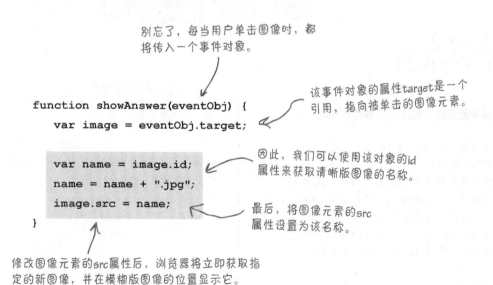

别忘了，每当用户单击图像时，都将传入一个事件对象。

```
function showAnswer(eventObj) {
    var image = eventObj.target;

    var name = image.id;
    name = name + ".jpg";
    image.src = name;
}
```

该事件对象的属性target是一个引用，指向被单击的图像元素。

因此，我们可以使用该对象的id属性来获取清晰版图像的名称。

最后，将图像元素的src属性设置为该名称。

修改图像元素的src属性后，浏览器将立即获取指定的新图像，并在模糊版图像的位置显示它。

测试事件对象和target属性

请更新文件image.html的代码，再对其进行测试。猜测图像、单击它并查看显示的清晰版。想想这个程序吧，它并没有被设计成从头到尾运行的，而是完全由一系列操作组成，这些操作是用户单击图像时触发的事件引起的。另外，你使用了相同的代码来处理所有图像的单击事件。这些代码很聪明，知道用户单击的是哪幅图像。请尝试运行这个游戏。如果你单击两次，结果如何呢？是否有事情发生？

现在，单击任何图像时，都将看到其清晰版。真棒！

世上没有愚蠢的问题

问： 也会给加载事件处理程序传递一个事件对象吗？

答： 是的。这个事件对象包含目标（window对象）、事件发生的时间、事件类型（"load"）等信息。在加载事件处理程序中，通常很少使用事件对象，因为对这种事件来说，它没有提供什么有用的信息。你将发现，事件对象在有些情况下很有用，在其他情况下又毫无用处。这完全取决于事件类型。如果你不确定事件对象包含哪些有关事件的具体信息，请参阅JavaScript的参考手册。

考考你的脑力

如果你要在答案揭晓后，让图像几秒钟后又变模糊，该如何实现呢？

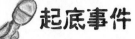

起底事件

本周访谈：浏览器说事件

Head First：浏览器，你好，很高兴你能接受采访。我们知道你有多忙。

浏览器：很荣幸接受你的采访。你说的没错，有各种事件需要我去管理，真是忙得不可开交。

Head First：你是如何管理这些事件的呢？让我们也知道知道这种奇迹背后的情况。

浏览器：你知道，事件几乎是在不间断地发生：用户移动鼠标或在移动设备上执行手势，通过网络收到数据，定时器到期……我就像纽约中心车站，需要管理的东西实在太多了。

Head First：我还以为除了调用为事件指定的处理程序外，你需要做的其他事情不多呢。

浏览器：即便是没有指定处理程序的事件，我也需要处理。我需要捕获事件，对其进行解读，并检查是否有处理程序等待它发生。如果有，我就必须调用处理程序。

Head First：事件这么多，你如何跟踪它们呢？如果有很多事件同时发生，该怎么办呢？毕竟负责处理事件的人只有你一个。

浏览器：确实，可能在很短的时间内发生很多事件，有时我忙不过来，无法实时地处理它们。有鉴于此，我把事件都放入队列，再遍历这个队列，并在必要时调用相应的处理程序。

Head First：这像极了我做快餐店厨师的日子。

浏览器：确实如此，如果快餐店每隔一秒左右就有一个订单的话。

Head First：你必须按顺序一个一个地去处理？

浏览器：是的，明白这一点对理解JavaScript至关重要：只有一个队列和一个控制线程。这意味着只有我独自去逐个处理事件。

Head First：对学习JavaScript的读者来说，这意味着什么呢？

浏览器：假设你编写了一个处理程序，而它需要执行大量的计算，即需要占用大量的计算时间。只要该处理程序在执行计算，我就得等待，直到它执行完毕，才能接着处理队列后面的事件。

Head First：哇，等待代码长时间执行的情况多吗？

浏览器：这样的情况时有发生，但如果网页或应用程序因处理程序执行时间过长而响应缓慢，Web开发人员很快就会发现。因此，只要Web开发人员知道事件队列的工作原理，这种问题就不会太常见。

Head First：我们的读者现在都知道事件队列的工作原理了！回到事件，有很多不同类型的事件吗？

浏览器：很多。有基于网络的事件、定时器事件、与网页相关的DOM事件等。有些事件（如DOM事件）会生成事件对象，其中包含很多有关事件的细节。例如，鼠标单击事件包含有关单击位置的信息，按键事件包含有关按下的是哪个键的信息，等等。

Head First：你的很多时间都花在处理事件上，这是你利用时间的最佳方式吗？毕竟，你还需负责检索、分析和渲染网页等工作。

浏览器：花时间来处理事件非常重要。这年头，你必须编写代码来让网页与用户互动并引人入胜，为此必须使用事件。

Head First：确实如此，简单网页的时代一去不复返了。

浏览器：太对了。噢，天啊，事件队列就要溢出了，我得赶紧走！

Head First：好的，下次再会！

事件和队列

你知道，浏览器维护着一个事件队列。在幕后，浏览器不断地从这个队列中取出事件，并调用相应的事件处理程序来处理它们——如果有的话。

浏览器

请注意，我逐个处理这些事件。对于每个事件，我都调用其处理程序——如果有的话。

事件队列

网页加载完毕

用户单击

一个定时器到期

用户提交表单

用户单击

用户再次单击

另一个定时器到期

用户提交表单

通过网络收到数据

浏览器遍历这个队列，按先后顺序处理每个事件。

请注意，又有一个事件到来了。用户刚单击了另一个元素。

另一个用户单击事件

浏览器逐个处理这些事件，明白这一点很重要。因此，应尽可能让处理程序简短而高效，否则事件队列可能包含大量等待处理的事件，导致浏览器无法及时地处理它们。这会带来什么糟糕的后果呢？界面的响应速度可能非常缓慢。

如果情况变得极其糟糕，将出现一个对话框，指出脚本运行缓慢。这表明浏览器承认它已无能为力！

练习

海盗船长得到了一张藏宝图，需要你帮忙找出宝藏的坐标。为此，你将编写一些代码，使在地图上移动鼠标时显示其坐标。下一页提供了部分代码，但需要你帮忙补全。

这是地图，其中X是宝藏所处的位置！

等你补全代码后，将鼠标指向X时，将看到宝藏所处位置的坐标。

补全后的代码将在地图下方显示坐标。

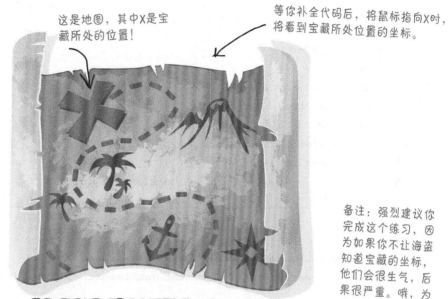

COORDINATES: 10, 20

备注：强烈建议你完成这个练习，因为如果你不让海盗知道宝藏的坐标，他们会很生气，后果很严重。哦，为补全这些代码，你需要具备如下知识。

mousemove事件

当鼠标在特定元素上移动时，mousemove事件通知相应的处理程序；要指定处理程序，可使用元素的属性onmousemove。这样会给这种事件处理程序传递一个event对象，其中包含如下属性。

clientX和clientY：鼠标相对于浏览器窗口左边缘和上边缘的距离，单位为像素。

screenX和screenY：鼠标相对于设备屏幕左边缘和上边缘的距离，单位为像素。

pageX和pageY：鼠标相对于网页左边缘和上边缘的距离，单位为像素。

下面就是所需的代码。它们在网页中包含了地图，并创建了
一个用于显示坐标的段落元素。你需要补全处理事件的代码。
祝你好运，我们可不想看到你葬身海底！

```html
<!doctype html>
<html lang="en">
<head>
  <meta charset="utf-8">
  <title>Pirates Booty</title>
  <script>
      window.onload = init;
      function init() {
          var map = document.getElementById("map");

          _____
      }                                       在这里指定处理程序。


      function showCoords(eventObj) {
          var coords = document.getElementById("coords");

          _____
          _____                  在这里获取坐标。
          coords.innerHTML = "Map coordinates: "
                             + x + ", " + y;
      }
  </script>
</head>
<body>
      <img id="map" src="map.jpg">
      <p id="coords">Move mouse to find coordinates...</p>
</body>
</html>
```

补全代码后，加载这个网页，
并将宝藏的坐标记录在这里。

其他事件

到目前为止，我们介绍了三种事件：加载事件（浏览器加载网页完毕时发生）、单击事件（用户单击网页元素时发生）和鼠标移动事件（用户在元素上移动鼠标时发生）。你可能会遇到很多其他的事件，如与通过网络收到数据相关的事件、浏览器地理定位事件、基于时间的事件等。

对于前面介绍过的所有事件，为将它们关联到处理程序，你总是将处理程序赋给某个属性，如onload、onmousemove或onclick。但这种做法并非适用于所有事件。例如，对于基于时间的事件，不是将处理程序赋给属性，而是调用函数setTimeout并向它传递处理程序。

来看一个示例：假设你要在5秒后执行某种操作，可像下面这样使用setTimeout和处理程序。

首先，编写一个事件处理程序。这个处理程序将在时间事件发生时被调用。

```
function timerHandler() {
    alert("Hey what are you doing just sitting there staring at a blank screen?");
}
```

这个事件处理程序只是显示一个提示框。

```
setTimeout(timerHandler, 5000);
```

在这里，我们调用setTimeout。它接受两个参数：事件处理程序和时间间隔（单位为毫秒）。

setTimeout的用法与设置秒表类似。

在这里，我们让定时器等待5000毫秒（5秒）。

然后调用处理程序timerHandler。

测试定时器

别袖手旁观，该动手测试这些代码了！将这些代码放在一个简单的HTML网页中，再加载这个网页。一开始你什么都看不到，但5秒后你将看到提示框。

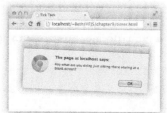

请耐心等待，5秒后你将看到这里所示的提示框。如果几分钟后还没有看到提示框，你也许该踢计算机一脚。开个玩笑而已，正确的做法是检查你的代码。

考考你的脑力

如何让提示框没完没了地每隔5秒显示一次呢？

setTimeout的工作原理

下面了详细研究刚才发生的情况。

好了，该开始了。我有一个定时器，它将在**5000**毫秒后到期，届时我必须调用一个处理程序。

定时器由浏览器管理。

① 在网页加载过程中，我们做了两件事情：定义了一个名为timerHandler的处理程序；调用setTimeout创建了一个将在5000毫秒后发生的时间事件。这个事件发生时，将执行处理程序timerHandler。

浏览器跟踪所有的定时器（可以同时有多个定时器）及其需要调用的处理程序。

② 在定时器以毫秒为单位进行倒计时的同时，浏览器继续完成其常规工作。

5000, 4999, 4998...

..., 6, 5, 4, 3, 2, 1, 0.

5000毫秒过去，定时器已到期，该调用处理程序了。

③ 倒计时到零后，浏览器调用处理程序。

倒计时结束，触发了时间事件。浏览器调用你传入的函数，以执行相应的事件处理程序。

④ 处理程序被调用，它创建一个提示框并在浏览器中显示出来。

已调用处理程序，对定时器的处理到此结束。

```
function timerHandler() {
    alert("Hey what are you doing just sitting there staring at a blank screen?");
}
```

浏览器执行事件处理程序，你看到了这个提示框。

The page at localhost says:
Hey what are you doing just sitting there staring at a blank screen?

OK

使用 setTimeout 时，向一个函数传递了另一个函数，我这样理解对吗？

好眼力！你还记得本章前面说过再不似从前的话吗？在电影《绿野仙踪》中，这句台词（you aren't in Kansas anymore）过后，画面就从黑白变成了彩色的。回到你的问题，我们定义了一个函数，再将它传递给 setTimeout（它实际上是个方法）。

```
setTimeout(timerHandler, 5000);
```

在这里，将一个指向函数的引用传递给了 setTimeout（另一个函数）。

我们为何这样做呢？这样做意味着什么呢？从本质上说，函数 setTimeout 创建一个倒计时的定时器，并将其关联到一个处理程序。当定时器倒计时到零后，将调用这个处理程序。为告诉 setTimeout 应调用哪个定时器，需要向它传递一个**指向处理程序函数的引用**。setTimeout 将这个引用存储起来，供定时器到期后使用。

如果你说"这合乎情理"，那就太好了。但是，你也可能说："将一个函数传递给另一个函数？你脑子没进水吧？"如果你这样说，你很可能以前使用过 C 或 Java 等语言。在这些语言中，**像这样将一个函数传递给另一个函数根本行不通**；但在 JavaScript 中，这行得通。事实上，能够传递函数提供了一种强大的功能，在编写响应事件的代码时尤其如此。

此时你很可能说："我好像有点明白了，但不太确定。"如果是这样，也不用担心。就目前而言，这样想就可以了：向 setTimeout 传递了一个指向处理程序的引用，定时器到期后，将调用该处理程序。下一章将更详细地讨论函数以及如何使用它们（如将它们传递给其他函数），因此现在只需这样理解就可以了。

练习

请看下面的代码，你能搞清楚setInterval是做什么的吗？它类似于setTimeout，但存在细微的差别。答案见本章末尾。

这是代码。

```
var tick = true;
function ticker() {
    if (tick) {
        console.log("Tick");
        tick = false;
    } else {
        console.log("Tock");
        tick = true;
    }
}
setInterval(ticker, 1000);
```

请在这里记录你的分析。

JavaScript控制台
Tick
Tock
Tick
Tock
Tick
Tock
Tick
Tock

这是输出。

世上没有 愚蠢的问题

问： 有办法停止setInterval吗？

答： 有。setInterval返回一个timer对象。要停止该定时器，可将其传递给另一个函数clearInterval。

问： 你说过，setTimeout是一个方法，但它看起来像是一个函数。它是哪个对象的方法呢？

答： 好眼力。严格地说，它应写作window.setTimeout，但由于window是全局对象，可省略对象名，直接写作setTimeout。实际编写代码时经常这样做。

问： 引用属性window.onload时，也可省略window吗？

答： 可以，但大多数人都不会这样做，因为onload是一个常见的属性名（其他元素也可能有属性onload）。如果省略window，将让人不知道指的是哪个对象的onload属性。

问： 通过给onload赋值，我们将一个处理程序关联到了相应的事件。但通过使用setTimeout，好像可以给任意数量的定时器指定处理程序，是这样的吗？

答： 没错。调用setTimeout时，实际上是创建了一个定时器，并指定了与之相关联的处理程序。你可以创建任意数量的定时器，浏览器将跟踪每个定时器及其相关联的处理程序。

问： 还有其他向函数传递函数的示例吗？

答： 这样的例子很多。实际上，你将发现，在JavaScript中传递函数的情形非常普遍。不仅很多内置函数（如setTimeout和setInterval）都将函数作为参数，你编写的很多函数也会将函数作为参数。但这不是故事的全部，下一章将深入探讨这个主题。届时你将发现，在JavaScript中，可以以各种有趣的方式使用函数。

大家好，我想完成这个猜图游戏，目标是在用户单击图像2秒后，让图像重新变模糊。

Joe：这听起来很棒。我肯定你会使用set-Timeout。

Frank：我确实打算这样做，但不知道该如何确定要让哪幅图像重新变模糊。

Jim：我没听明白。

Frank：在用户单击图像后，我要设置一个两秒钟后到期的定时器。该定时器到期后，将调用我编写的处理程序reblur。

Joe：在reblur中，你需要确定该让哪幅图像重新变模糊？

Frank：没错。我没有向这个处理程序传递任何参数，它只是在定时器到期后被浏览器调用，因此我没法告诉处理程序，该让哪幅图像重新变模糊。我好像卡壳了。

Jim：你查看了setTimout API吗？

Frank：没有，我只知道Judy告诉我的：setTimeout将一个函数和一个时间间隔（单位为毫秒）作为参数。

Jim：调用setTimeout时，你还可以传入第三个参数；触发时间事件时，这个参数将被传递给处理程序。

Frank：哦，那太好了。我可以传入一个引用，它指向要重新变模糊的图像。那么调用处理程序时，将把这个引用传递给它？

Jim：没错

Frank：Joe，你听明白了吗？

Joe：听明白了，咱们来试一试。

完成猜图游戏

来完成猜图游戏的最后一道工序。我们要实现的目标如下：在图像的清晰版显示几秒之后，让它自动重新变模糊。刚才说过，调用setTime-out时，可指定一个要传递给事件处理程序的参数，如下所示：

```javascript
window.onload = int;
function init() {
    var images = document.getElementsByTagName("img");
    for (var i = 0; i < images.length; i++) {
        images[i].onclick = showAnswer;
    }
};


function showAnswer(eventObj) {
    var image = eventObj.target;
    var name = image.id;
    name = name + ".jpg";
    image.src = name;

    setTimeout(reblur, 2000, image);
}

function reblur(image) {
    var name = image.id;
    name = name + "blur.jpg";
    image.src = name;
}
```

这些代码与前面相同，没有任何变化。

但现在向用户显示清晰版图像时，同时调用setTimeout来创建一个将在2秒后触发的事件。

我们将处理程序指定为reblur，将时间间隔设置为2000毫秒（2秒），并将第三个参数指定为要重新变模糊的图像。

这样，这个处理程序被调用时，将把要重新变模糊的图像传递给它。

这个处理程序获取图像的id，据此得到模糊版图像的名称。将属性src设置为该名称后，将用模糊版图像替换清晰版图像。

小心!

在IE8和更早版本的浏览器中，set-Timeout不支持额外的参数。

没错，这些代码 不适用于IE8和更早的版本，但阅读本书时，你使用的应该不是IE8。本书后面将介绍另一种处理方式，让代码适用于IE8和更早版本的浏览器。

测试定时器

添加的代码虽然不多，却让这个猜图游戏大不相同。现在，用户单击图像时，浏览器将通过定时器事件在幕后跟踪何时需要调用处理程序reblur，让图像重新变模糊。这给人以**异步**的感觉：何时单击图像由用户决定，但在幕后，将根据单击事件和定时器事件异步地调用代码。这里并没有任何高深的算法控制该在何时调用哪些代码，有的只是一系列设置、创建和响应事件的代码。

现在当你单击图像时，将显示其清晰版，并在2秒后重新变模糊。

请快速单击大量的图像，对这个游戏进行详尽的测试。效果始终如你期望的那样吗？请参阅前面的代码，想想浏览器是如何跟踪所有需要重新变模糊的图像的。

世上没有 愚蠢的问题

问：调用setTimeout时，只能向指定的处理程序传递一个参数吗？

答：不是这样的。实际上，你可以向处理程序传递任意数量的参数：0个、1个或更多。

问：setTimeout为何不向事件处理程序传递一个事件对象？

答：事件对象主要用于DOM事件处理程序。setTimeout不向处理程序传递事件对象，因为时间事件并非由特定的元素触发。

问：showAnswer是一个处理程序，并且在其代码中创建了另一个处理程序reblur。是这样的吗？

答：没错。实际上，在JavaScript中，这样的做法很常见：在处理程序中，创建其他事件处理程序再正常不过了。这就是本章开头所说的编程风格——异步编程。为创建猜图游戏，我们并没有编写按从头到尾的顺序执行的算法，而是创建了一些在事件发生时执行的事件处理程序。它们跟踪被单击的图像，显示其清晰版，再让图像重新变模糊。

问：有基于DOM的事件、定时器事件等。是不是有很多不同类型的事件？

答：在JavaScript中，你处理的很多事件都是DOM事件（如单击元素触发的事件）或定时器事件（使用setTimeout或setInterval创建的事件）。还有与API相关的事件，如Geolocation、LocalStorage、Web Worker等JavaScript API触发的事件。有关这些API的详细信息，请参阅《Head First HTML5 Programming中文版》。最后，还有一系列与I/O相关的事件，如使用XmlHttpRequest向Web服务请求数据时引发的事件以及使用Web套接字引发的事件。同样，有关XmlHttpRequest的详细信息，请参阅《Head First HTML5 Programming中文版》。

大家好，台式机用户希望将鼠标指向图像时不单击就能显示其清晰版。我们能够实现这种功能吗？

Judy：为实现这种功能，需要使用鼠标移动事件。要给元素的这种事件指定处理程序，可使用属性onmouseover：

```
myElement.onmouseover = myHandler;
```

Judy：另外，鼠标移出元素时，mouseout事件将指出这一点。要为这种事件指定处理程序，可使用属性onmouseout。

请重新编写前面的代码，使得在用户将鼠标指向图像元素和将鼠标移出图像元素时，分别显示清晰版图像以及让图像重新变模糊。务必对你编写的代码进行测试，并查看本章末尾的答案。

在这里编写JavaScript代码。

练习

编写好图像猜测游戏后，Judy又编写了一些代码，在每周团队例会中要求大家进行审核。实际上，她发起了一个小小的竞赛：谁能第一个正确地指出这些代码的功能，就奖励谁一顿午餐。谁将获胜呢？Jim、Joe、Frank还是你？

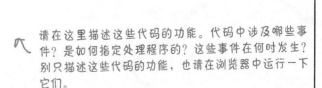

```html
<!doctype html>
<html lang="en">
<head>
<meta charset="utf-8">
<title>Don't resize me, I'm ticklish!</title>
<script>
    function resize() {
        var element = document.getElementById("display");
        element.innerHTML = element.innerHTML + " that tickles!";
    }
</script>
</head>
<body>
<p id="display">
    Whatever you do, don't resize this window! I'm warning you!
</p>
<script>
    window.onresize = resize;
</script>
</body>
</html>
```

请在这里描述这些代码的功能。代码中涉及哪些事件？是如何指定处理程序的？这些事件在何时发生？别只描述这些代码的功能，也请在浏览器中运行一下它们。

代码实验室

我们发现了一些极度可疑的代码，需要你帮忙测试。我们对这些代码进行了基本分析，它们看起来是完全标准的JavaScript代码，但有些地方有点怪。下面是两段代码，你需要找出每段中怪异的地方，通过测试确认它们管用，再尝试分析它们到底是做什么的，并将这些记录在本页中。要查看我们的分析，请参阅下一页。

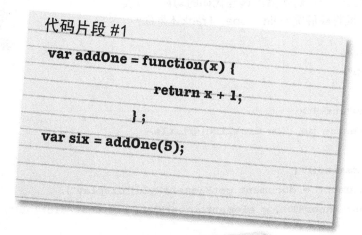

代码片段 #1

```
var addOne = function(x) {
            return x + 1;
    } ;
var six = addOne(5);
```

代码片段 #2

```
window.onload = function() {
    alert("The page is loaded!");

}
```

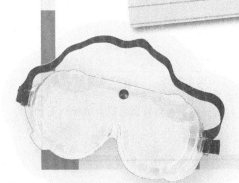

代码实验室：分析

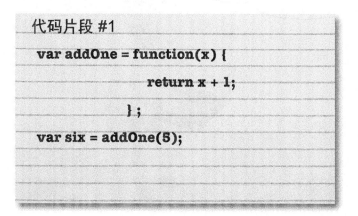

代码片段 #1

```
var addOne = function(x) {

                    return x + 1;

            };
var six = addOne(5);
```

乍一看，这些代码好像只是定义了一个函数。这个函数将传入的参数加1，再返回结果。

但仔细观察后发现，这不是普通的函数定义，而是声明了一个变量，并将一个没有名称的函数赋给它。

接下来调用了这个函数。调用是通过变量名，而不是函数定义中指定的名称进行的。

确实很奇怪，虽然这让我们想起在对象中定义方法的方式。

代码片段 #2

```
window.onload = function() {

    alert("The page is loaded!");

}
```

这里的情况看起来与前面类似。不是定义函数后，再将其名称赋给属性window.onload，而是直接将函数赋给这个属性。同样，这里也没有指定函数的名称。

我们将这些代码添加到HTML页面中，并进行测试。它们的作用看起来与预期的相同。对于代码片段#1，调用赋给了变量addOne的函数时，得到的结果比传入的数字大1，好像完全正确。对于代码片段#2，网页加载后显示了一个提示框，其中包含消息"The page is loaded!"。

这些测试表明，定义函数时好像可以不指定名称，而这样的函数定义可放在任何需要表达式的地方。

所有这些都意味着什么呢？请继续往下阅读，下一章将全面阐述这些怪异的函数。

要点

- 大多数JavaScript代码都是用来响应**事件**的。

- 可编写代码来响应的事件类型众多。

- 要响应事件，可以编写并注册一个**事件处理程序**。例如，要指定单击事件处理程序，可将事件处理程序赋给元素的onclick属性。

- 并非必须响应所有的事件，可以只处理你感兴趣的事件。

- 我们将**函数**用作事件处理程序，因为它们让我们能够编写在事件发生时再执行的代码。

- 编写用于处理事件的代码不同于从头到尾执行的代码。事件处理程序的运行时间和运行顺序都是不确定的，它们是**异步**的。

- 发生在DOM元素上的事件（DOM事件）导致一个event被传递给事件处理程序。

- event对象包含一些属性，这些属性提供了有关事件的额外信息，其中包括事件的类型（"click"或"load"）和目标（触发事件的对象）。

- 在较旧的IE版本（IE8和更早的版本）中，使用的事件模型不同于其他浏览器。有关这方面的详细信息，请参阅附录。

- 可能在短时间内发生很多事件。发生的事件太多，浏览器无法实时地处理时，这些事件将按发生的顺序存储到**事件队列**中，让浏览器能够依次调用每个事件的处理程序。

- 如果事件处理程序执行的计算非常复杂，将导致队列中的其他事件无法得到及时处理，因为浏览器每次只能执行一个事件处理程序。

- 函数setTimeout和setInterval都用于创建在指定时间过后发生的事件。

- 方法getElementByTagName返回一个NodeList，其中包含0个、1个或更多的element对象。NodeList类似于数组，你可以对其进行迭代。

事件群英谱

click
在网页中单击（或轻按）时将触发这个事件。

load
浏览器加载网页完毕后触发的事件。

mousemove
在元素上移动鼠标时，将触发这个事件。

keypress
用户按下任何键都将触发这个事件。

unload
用户关闭浏览器窗口或切换到其他网页时，将触发这个事件。

mouseover
用户将鼠标指向元素时，将触发这个事件。

mouseout
用户将鼠标从元素上移开时将触发这个事件。

resize
每当用户调整浏览器窗口的大小时，都将触发这个事件。

dragstart
用户拖曳网页中的元素时，将触发这个事件。

touchstart
在触摸设备上，用户触摸并按住元素时，将触发这个事件。

play
用户单击网页中<video>元素的播放按钮时，将触发这个事件。

drop
用户放下拖曳的元素时，将触发这个事件。

touchend
用户停止触摸时，将触发这个事件。

pause
用户单击<video>元素的暂停按钮时，将触发这个事件。

我们介绍了**load**、**click**、**mousemove**、**mouseover**、**mouseout**、**resize**事件以及定时器事件，这些只是全部事件的冰山一角。这里的事件群英谱列出了你肯定会遇到且在学习Web编程时必须探索的事件。

JavaScript填字游戏

请利用你掌握的事件知识，完成这个填字游戏。

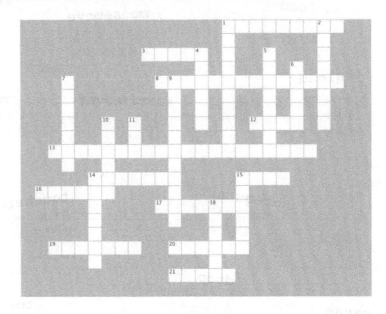

横向

1. 使用事件对象的这个属性，可获取事件发生的时间。

3. 用户单击鼠标时触发的事件。

8. 事件是以什么方式处理的？

12. 5000毫秒相当于多少秒？

13. 根据标签名从DOM中获取多个元素的方法。

14. 设计用于响应事件的函数被称为事件_____。

15. 方法setTimeout用于创建什么事件？

16. 浏览器只有一个控制_____。

17. 浏览器每次只执行一个事件_____。

19. 在传递给mouseover事件处理程序的事件对象中，包含的表示鼠标X坐标的属性。

20. 对于DOM事件处理程序，将向它传递一个事件_____。

21. 要向时间事件处理程序传递参数，可通过setTimeout的第几个参数进行传递？

纵向

1. 用户在触摸屏设备上触摸时，将触发的事件。

2. zero.jpg是谁的画像？

4. 电影《绿野仙踪》中的台词"you're not in _____ anymore"，用来说明开始事件编程后的情形非常贴切。

5. 在JavaScript中，可以向函数传递_____。

6. 如果短时间内发生的事件太多，浏览器将把这些事件存储在事件_____中。

7. 很多操作都会触发事件，但创建_____时不会。

9. 要让时间事件反复地发生，可使用哪个函数？

10. 要指定网页加载事件处理程序，可使用window对象的哪个属性？

11. 本章一个参与讨论如何编写代码的人物。

14. 要给时间事件指定事件处理程序，可将_____作为第一个参数传递给setTimeout。

15. 事件对象的一个属性，让你能够确定图像猜测游戏用户单击的是哪幅图像。

18. 一种程序执行方式，包含事件处理代码的程序不是以这种方式执行的。

挑选上面列出的两个事件。如果浏览器能够在这些事件
发生时发出通知，你能编写哪些有趣的代码来响应这些
事件？

以用户提交表单时触发的事件为例。如果发生这种事件时会通知
你，你可获取用户在表单中填写的所有数据，并通过检查确认它们
都是有效的。（例如，在电话号码文本框中输入的东西像电话号
码，或者所有必须填写的文本框都不为空。）执行这种检查后，就
可以将表单提交给服务器了。

鼠标移动事件呢？如果用户移动鼠标时你会得到通知，你就可以创
建直接在浏览器中运行的绘图应用程序。

如果用户滚动网页时你会得到通知，你就可以做一些有趣的事件，
如滚动到图像所处的位置时显示它们。

变身浏览器答案

下面是猜图游戏的代码，你的任务是变身浏览器，搞清楚每个事件发生后该如何做。完成这个练习后，请查看本章末尾的答案，看看你是否都明白了。答案如下。

```javascript
window.onload = init;
function init() {
    var image = document.getElementById("zero");
    image.onclick = showAnswer;
}

function showAnswer() {
    var image = document.getElementById("zero");
    image.src = "zero.jpg";
}
```

网页加载时……	定义函数init和showAnswer。
	将init指定为加载事件处理程序。
网页加载事件发生时……	调用加载事件处理程序init。
	获取id为zero的图像元素。
	将该图像元素的单击事件处理程序设置为showAnswer。
图像单击事件发生时……	调用showAnswer。
	获取id为zero的图像元素。
	将其src属性设置为"zero.jpg"。

前面说过，表示DOM事件的事件对象包含一些属性，它们提供了有关事件的额外信息。下面是事件对象可能包含的其他一些属性，请将每个属性及其用途连接起来。

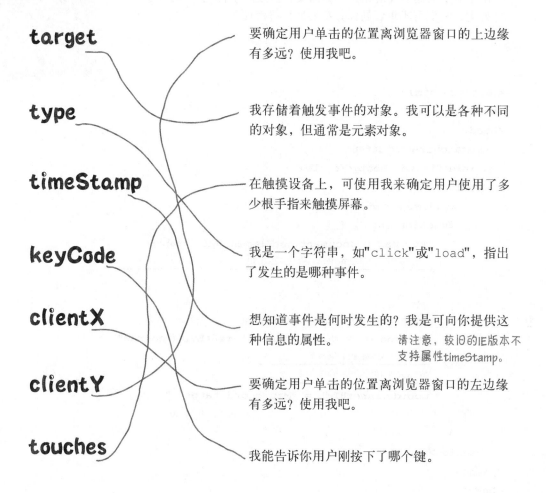

target

type

timeStamp

keyCode

clientX

clientY

touches

要确定用户单击的位置离浏览器窗口的上边缘有多远？使用我吧。

我存储着触发事件的对象。我可以是各种不同的对象，但通常是元素对象。

在触摸设备上，可使用我来确定用户使用了多少根手指来触摸屏幕。

我是一个字符串，如"click"或"load"，指出了发生的是哪种事件。

想知道事件是何时发生的？我是可向你提供这种信息的属性。

请注意，较旧的IE版本不支持属性timeStamp。

要确定用户单击的位置离浏览器窗口的左边缘有多远？使用我吧。

我能告诉你用户刚按下了哪个键。

海盗船长得到了一张藏宝图，需要你帮忙找出宝藏的坐标。为此，你将编写一些代码，使在地图上移动鼠标时显示其坐标。

下面就是所需的代码。它们在网页中包含了地图，并创建了一个用于显示坐标的段落元素。你需要补全处理事件的代码。祝你好运，我们可不想看到你葬身海底！答案如下。

```html
<!doctype html>
<html lang="en">
<head>
  <meta charset="utf-8">
  <title>Pirates Booty</title>
  <script>
      window.onload = init;
      function init() {
          var map = document.getElementById("map");
          map.onmousemove = showCoords;

      }

      function showCoords(eventObj) {
          var coords = document.getElementById("coords");
          var x = eventObj.clientX;
          var y = eventObj.clientY;
          coords.innerHTML = "Map coordinates: "
                             + x + ", " + y;
      }
  </script>
</head>
<body>
      <img id="map" src="map.jpg">
      <p id="coords">Move mouse to find coordinates...</p>
</body>
</html>
```

我们将鼠标指向X时，显示的
坐标为： 200,190

练习
答案

请看下面的代码，你能搞清楚setInterval是做什么的吗？它类似于setTimeout，但存在细微的差别。

答案如下。

这是代码。

```
var tick = true;

function ticker() {
    if (tick) {
        console.log("Tick");
        tick = false;
    } else {
        console.log("Tock");
        tick = true;
    }
}

setInterval(ticker, 1000);
```

JavaScript控制台

```
Tick
Tock
Tick
Tock
Tick
Tock
Tick
Tock
```

这是输出。

请在这里记录你的分析。

与setTimeout一样，setInterval的第一个参数也是事件处理程序，第二个参数也是时间间隔。

但不同于setTimeout，setInterval执行事件处理程序多次；实际上是不断地执行，没完没了。（实际上，可以让它停止执行事件处理程序，如下所示。）在前面的示例中，setInterval每隔1000毫秒（1秒）调用处理程序ticker一次，而处理程序ticker根据变量tick的值决定在控制台中显示Tick还是Tock。

也就是说，setInterval在定时器到期时触发事件，并重启定时器。

可将setInterval返回的结果
存储在一个变量中……

```
var t = setInterval(ticker, 1000);

clearInterval(t);
```

在要停止间隔定时器时调用clearInterval，
并将这个变量传递给它。

请重新编写前面的代码，使得在用户将鼠标指向图像元素和将鼠标移出图像元素时，分别显示清晰版图像以及让图像重新变模糊。务必对你编写的代码进行测试。答案如下：

```
window.onload = function() {

    var images = document.getElementsByTagName("img");

    for (var i = 0; i < images.length; i++) {

        images[i].onclick = showAnswer;

        images[i].onmouseover = showAnswer;

        images[i].onmouseout = reblur;

    }

};

function showAnswer(eventObj) {

    var image = eventObj.target;

    var name = image.id;

    name = name + ".jpg";

    image.src = name;


    setTimeout(reblur, 2000, image);

}


function reblur(eventObj) {

    var image = eventObj.target;

    var name = image.id;

    name = name + "blur.jpg";

    image.src = name;

}
```

首先，删除将事件处理程序showAnswer赋给属性onclick的语句。

然后，将这个事件处理程序赋给图像元素的属性onmouseover。

接下来，需要将reblur用作mouseout事件处理程序（而不是定时器事件处理程序）。为此，我们将reblur赋给图像元素的属性onmouseout。

我们不再利用定时器来让图像重新变模糊，而是在用户将鼠标移出图像元素时让图像重新变模糊。

鉴于reblur现在被用作mouseout事件处理程序，为确定应让哪幅图像重新变模糊，必须使用事件对象。与showAnswer中一样，我们使用属性target来获取要重新变模糊的图像。获得该图像元素后，使图像重新变模糊的代码与以前相同。

编写好猜图游戏后，Judy又编写了一些代码，在每周团队例会中要求大家进行审核。实际上，她发起了一个小小的竞赛：谁能第一个正确地指出这些代码的功能，就奖励谁一顿午餐。谁将获胜呢？Jim、Joe、Frank还是你？

```
<!doctype html>
<html lang="en">
<head>
<meta charset="utf-8">
<title>Don't resize me, I'm ticklish!</title>
<script>
    function resize() {
        var element = document.getElementById("display");
        element.innerHTML = element.innerHTML + " that tickles!";
    }
</script>
</head>
<body>
<p id="display">
    Whatever you do, don't resize this window! I'm warning you!
</p>
<script>
    window.onresize = resize;
</script>
</body>
</html>
```

事件处理程序名为resize，它只是在id为display的段落元素中添加一些文本。

这里要响应的是resize事件，因此我们创建一个名为resize的处理程序，并将其赋给window对象的属性onresize。

我们在网页末尾的<script>元素中指定resize事件处理程序。别忘了，我们希望仅当网页加载完毕后才运行这个脚本，因此不能过早地指定resize事件处理程序。

当你调整浏览器窗口的大小时，将调用事件处理程序resize。它这样更新网页：在id为display的段落元素中添加新文本内容that tickles。

练习答案

JavaScript填字游戏答案

请利用你掌握的事件知识，完成这个填字游戏。

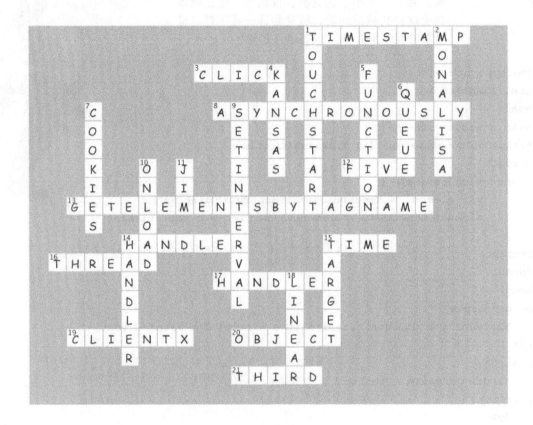

10 函数是一等公民

自由的函数

函数让你的脑子进水了吧。咱们不过是在一片空地中央，我是你的邻居，只是一身服务生的打扮而已。

对函数了如指掌后，我们过上了富裕的生活，天天在乡村俱乐部里泡着。

熟知函数你就能成为明星。 无论在什么行业和学科，都存在让大师有别于芸芸众生的重要分水岭；就JavaScript而言，这个分水岭就是熟知**函数**。在JavaScript中，函数不可或缺，很多**设计和组织代码**的技巧都要求你精通并熟练地使用函数。通往精通函数的学习道路很有趣，但常常会让人迷惑不解，因此你一定要有心理准备。本章将更深入地介绍JavaScript函数，你将像刘姥姥进了大观园，见到一些奇异、古怪而神奇的东西。

关键字function神秘的双面人生

到目前为止，我们都像下面这样声明函数：

```javascript
function quack(num) {
    for (var i = 0; i < num; i++) {
        console.log("Quack!");
    }
}

quack(3);
```

一个标准的函数声明，由关键字function、函数名、形参和代码块组成。

我们可以这样调用这个函数：在函数名后加上用圆括号括起的实参。

这里没有什么令人惊讶的地方，下面来详细阐述相关的术语：上述第一条语句是一个**函数声明**，它创建一个函数。这个函数的名称为quack，可用于**引用**和**调用**这个函数。

然而，正如你在上一章末尾看到的，关键字function还有另一种用法，这让情况变得扑朔迷离：

看起来不那么标准：这个函数没有名称，而且位于一条赋值语句右边，被赋给一个变量。

```javascript
var fly = function(num) {
    for (var i = 0; i < num; i++) {
        console.log("Flying!");
    }
};

fly(3);
```

我们也可以调用这个函数，但必须使用变量fly来调用。

在语句（如赋值语句）中以这样的方式使用关键字function时，创建的是**函数表达式**。请注意，不同于函数声明，上述函数没有名称。另外，该表达式的结果是一个值，这个值被赋给变量fly。这是一个什么样的值呢？我们将它赋给变量fly，然后调用了它，因此它肯定是一个**指向函数的引用**。

编码技巧

顾名思义，函数引用是指向函数的引用。你可以使用函数引用来调用函数，还可以将它们赋给变量、存储在对象中、传递给函数或从函数返回它们（就像对象引用一样）。

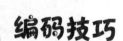

函数声明和函数表达式

无论你使用函数声明还是函数表达式，得到的都是函数。那么它们的区别何在呢？仅仅是函数声明更方便，还是函数表达式有些独特之处使其很有用？抑或它们只是两种做相同事情的不同方式而已？

乍一看，函数声明和函数表达式差别不大，但实际上它们存在根本性差别。要明白这种差别，首先需要研究一下浏览器在运行阶段如何处理代码。下面就来看看浏览器如何分析并执行网页中的代码。

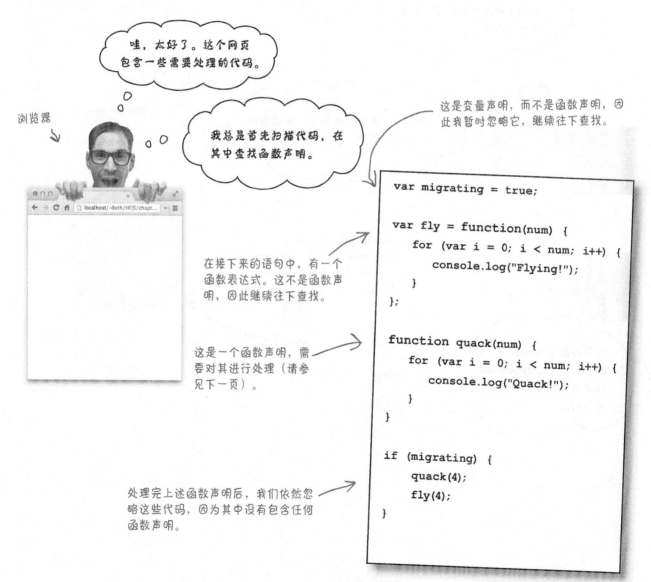

哇，太好了。这个网页包含一些需要处理的代码。

浏览器

我总是首先扫描代码，在其中查找函数声明。

这是变量声明，而不是函数声明，因此我暂时忽略它，继续往下查找。

在接下来的语句中，有一个函数表达式。这不是函数声明，因此继续往下查找。

这是一个函数声明，需要对其进行处理（请参见下一页）。

处理完上述函数声明后，我们依然忽略这些代码，因为其中没有包含任何函数声明。

```javascript
var migrating = true;

var fly = function(num) {
    for (var i = 0; i < num; i++) {
        console.log("Flying!");
    }
};

function quack(num) {
    for (var i = 0; i < num; i++) {
        console.log("Quack!");
    }
}

if (migrating) {
    quack(4);
    fly(4);
}
```

分析函数声明

在分析网页期间（执行任何代码之前），浏览器查找函数声明。找到函数声明时，浏览器创建相应的函数，并将得到的函数引用赋给与函数同名的变量，如下所示。

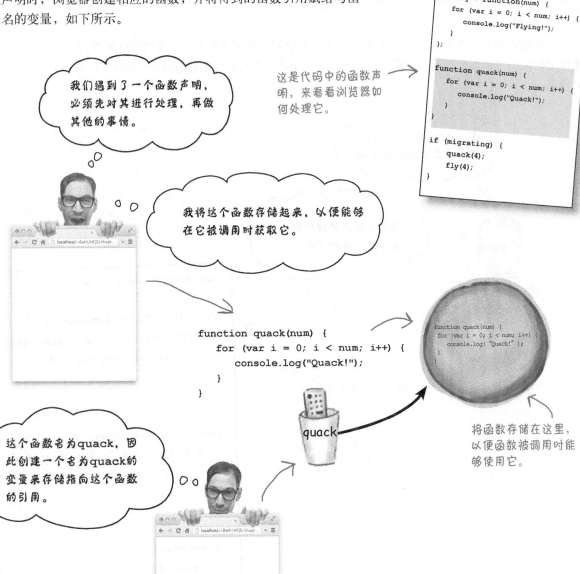

接下来呢? 浏览器执行代码

处理所有的函数声明后,浏览器回到代码开头,开始按从头到尾的顺序
执行代码。我们来看看浏览器是如何做的。

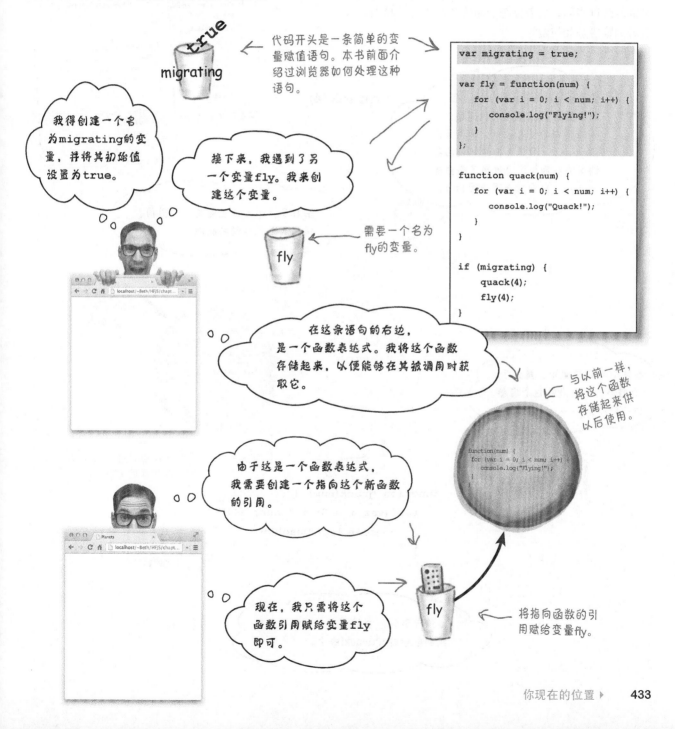

代码开头是一条简单的变量赋值语句。本书前面介绍过浏览器如何处理这种语句。

```javascript
var migrating = true;

var fly = function(num) {
    for (var i = 0; i < num; i++) {
        console.log("Flying!");
    }
};

function quack(num) {
    for (var i = 0; i < num; i++) {
        console.log("Quack!");
    }
}

if (migrating) {
    quack(4);
    fly(4);
}
```

我得创建一个名为migrating的变量,并将其初始值设置为true。

接下来,我遇到了另一个变量fly。我来创建这个变量。

需要一个名为fly的变量。

在这条语句的右边,是一个函数表达式。我将这个函数存储起来,以便能够在其被调用时获取它。

与以前一样,将这个函数存储起来供以后使用。

```
function(num) {
    for (var i = 0; i < num; i++) {
        console.log("Flying!");
    }
}
```

由于这是一个函数表达式,我需要创建一个指向这个新函数的引用。

现在,我只需将这个函数引用赋给变量fly即可。

将指向函数的引用赋给变量fly。

继续往下执行

处理完变量fly后，浏览器继续往下执行。接下来的语句是函数quack的声明，因为已经处理过了，所以浏览器跳过声明，接着执行后面的条件语句。我们来看看浏览器是如何做的。

处理完函数表达式后，继续往下执行。

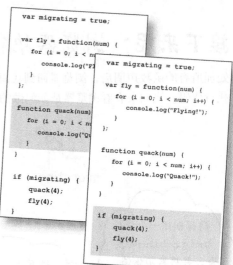

```
var migrating = true;

var fly = function(num) {
    for (i = 0; i < num; i++) {
        console.log("Flying!");
    }
};

function quack(num) {
    for (i = 0; i < num; i++) {
        console.log("Quack!");
    }
}

if (migrating) {
    quack(4);
    fly(4);
}
```

变量migrating为true，因此需要执行if语句的代码块。在if语句的语句块中，调用了函数quack。我怎么知道这是函数调用呢？因为这里使用了函数名quack，且它后面跟着圆括号。

quack(4);

别忘了，quack变量是一个引用，指向我之前存储的函数。

这是根据函数quack的函数声明创建的函数。

```
function quack(num) {
    for (var i = 0; i < num; i++) {
        console.log("Quack!");
    }
}
```

quack

在这个函数调用中，指定了一个实参，因此我将这个实参传递给函数……

为调用函数，我们将实参的副本传递给形参……

4

```
function quack(num) {
    for (var i = 0; i < num; i++) {
        console.log("Quack!");
    }
}
```

再执行函数体。

再执行函数体中的代码，这些代码在控制台中打印Quack!四次。

```javascript
var migrating = true;

var fly = function(num) {
    for (var i = 0; i < num; i++) {
        console.log("Flying!");
    }
};

function quack(num) {
    for (var i = 0; i < num; i++) {
        console.log("Quack!");
    }
}

if (migrating) {
    quack(4);
    fly(4);
}
```

结束

余下的全部工作是调用根据函数表达式创建的函数 fly。我们来看看浏览器是如何处理这一点的。

> 看，另一个函数调用。我怎么知道这是一个函数调用呢？因为这里使用了变量名 fly，而且后面跟着圆括号。

fly(4);

> 别忘了，变量 fly 是一个引用，指向我之前存储的函数。

这是变量 fly 指向的函数。

```
function(num) {
    for (vari = 0; i < num;
    i++) {
        console.log("Flying!");
    }
}
```

fly

> 在这个函数调用中，指定了一个实参，因此我将这个实参传递给函数……

4

为调用函数，我们将实参的副本传递给形参……

```javascript
function(num) {
    for (var i = 0; i < num; i++) {
        console.log("Flying!");
    }
}
```

再执行函数体。

> 再执行函数体中的代码，这些代码在控制台中打印 Flying! 四次。

磨笔上阵

基于前述浏览器处理函数quack和fly的代码的方式，你能得出哪些有关函数声明和函数表达式的结论呢？请选择你认为正确的所有说法。继续往下阅读前，务必查看本章末尾的答案。

❏ 在处理其他代码之前，先处理函数声明。

❏ 函数表达式随其他代码一起被处理。

❏ 函数声明不返回指向函数的引用；而是创建一个与函数同名的变量，并将指向函数的引用赋给它。

❏ 函数表达式返回一个引用，该引用指向函数表达式创建的函数。

❏ 可在变量中存储指向函数的引用。

❏ 函数声明是完整的语句，而函数表达式只是语句的一部分。

❏ 对于函数声明和函数表达式创建的函数，用相同的方式处理调用它们的语句。

❏ 函数声明是一种屡试不爽的函数创建方式。

❏ 应尽可能使用函数声明，因为它们首先被处理。

世上没有
愚蠢的问题

问：我们见过像3+4和Math.random() * 6等这样的表达式，但函数怎么可能是表达式呢？

答：结果为一个值的任何东西都是表达式。3+4的结果为7，Math.random() * 6的结果是一个随机数，而函数表达式的结果是一个函数引用。

问：函数声明为何不是表达式呢？

答：函数声明是一条语句。可以认为它包含一条隐藏的赋值语句，这条语句将函数引用赋给一个变量。函数表达式不自动将函数引用赋给任何变量，你必须显式地这样做。

问：让变量指向一个函数能带来什么好处？

答：一个好处是，你可以使用它来调用相应的函数：

```
myFunctionReference();
```

另外，还可以将函数引用传递给函数或从函数返回函数引用，这将在稍后几页介绍。

问：函数表达式只能出现在赋值语句右边吗？

答：根本不是这样的。函数表达式和其他表达式一样，可出现在很多不同的地方。这个问题问得很好，稍后将详细讨论，敬请期待。

问：变量可存储指向函数的引用，这种变量指向的是什么呢？仅仅是函数体中的代码吗？

答：这是一种看待函数的不错方式，但你可以更进一步，将函数视为经过简单包装的代码，可随时调用。在本章后面你将看到，这种经过简单包装的函数中还有其他一些东西，而不仅仅是函数体的代码。

> 我们刚才看到了，对于函数声明和函数表达式创建的函数，调用方式完全相同。函数声明和函数表达式到底有何不同呢？我感觉自己好像遗漏了一些细微的差别。

存在细微的差别。首先，你说的没错，无论是使用函数声明还是函数表达式，最终都将得到一个函数。但它们之间存在一些重要的差别。一个差别是，使用函数声明时，函数将在**执行代码前**创建；而使用函数表达式时，函数将在**运行阶段**执行代码时创建。

另一个差别与函数命名相关：使用函数声明时，将创建一个与函数同名的变量，并让它指向函数；而使用函数表达式时，通常不给函数指定名称，因此你要么在代码中将函数赋给一个变量，要么以其他方式使用函数表达式。

本章后面将讨论这些使用函数表达式的方式。

请将这些差别牢记在心，稍后这些差别的重要性将显现出来。就目前而言，你只需记住函数声明和函数表达式的处理方式以及函数名是如何处理的即可。

变身浏览器

下面是一些JavaScript代码。你的任务是像浏览器那样执行它们，并在每个函数被创建时，在右边将其记录下来。别忘了分两遍处理这些代码：第一遍处理函数声明，第二遍处理函数表达式。

请按顺序列出所创建函数的名称。对于根据函数表达式创建的函数，列出它被赋给的变量的名称。我们已经写出了创建的第一个函数。

```javascript
var midi = true;
var type = "piano";
var midiInterface;

function play(sequence) {
    // 函数体的代码
}
var pause = function() {
    stop();
}
function stop() {
    // 函数体的代码
}


function createMidi() {
    // 函数体的代码
}


if (midi) {
    midiInterface = function(type) {
        // 函数体的代码
    };
}
```

play

函数怎么也是值呢

确实，我们都将函数视为调用的东西，但也可将函数视为值。这个值实际上是指向函数的引用。正如你看到的，无论是使用函数声明还是函数表达式来定义函数，得到的都是指向这个函数的引用。

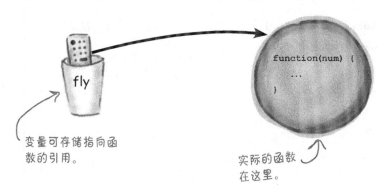

变量可存储指向函数的引用。

实际的函数在这里。

对于函数，可执行的最简单的操作之一是将其赋给变量，如下所示：

这里再次列出了前面的两个函数。别忘了，quack是使用函数声明定义的，而fly是使用函数表达式定义的。这些做法得到的都是函数引用，而这些引用分别存储在变量quack和fly中。

```javascript
function quack(num) {
    for (var i = 0; i < num; i++) {
        console.log("Quack!");
    }
}
var fly = function(num) {
    for (var i = 0; i < num; i++) {
        console.log("Flying!");
    }
}
```

函数声明自动将引用赋给与函数同名的变量，这里是quack。

使用函数表达式时，你必须显式地将得到的引用赋给一个变量。这里将引用存储到了变量fly中。

```javascript
var superFly = fly;
superFly(2);
```

将fly赋给变量superFly后，superFly存储了相应的函数引用，因此可在这个变量后面加上圆括号和实参来调用相应的函数！

```javascript
var superQuack = quack;
superQuack(3);
```

虽然quack是由函数声明创建的，但它存储的也是一个函数引用，因此可以将它赋给变量superQuack，进而通过这个变量来调用相应的函数。

换句话说，引用就是引用，不管是以什么方式创建的（使用函数声明或者函数表达式创建）！

JavaScript控制台

Flying!
Flying!
Quack!
Quack!
Quack!

磨笔上阵

为牢牢地记住函数是值的概念，咱们来玩一个碰运气取胜的游戏。请尝试下面这个猜豆子游戏，你会赢还是输呢？请试一试，并找出结果。

```javascript
var winner = function() { alert("WINNER!") };

var loser = function() { alert("LOSER!") };

// 咱们来热热身

winner();

// 将函数引用赋给其他变量

var a = winner;

var b = loser;

var c = loser;

a();

b();

// 来玩一个猜豆子游戏，看看你的运气怎样

c = a;

a = b;

b = c;

c = a;

a = c;

a = b;

b = c;

a();
```

← 别忘了，这些变量分别存储了指向函数winner和loser的引用。我们可以像其他任何值一样，将这些引用赋给其他变量。

← 别忘了，随时都可以调用指向函数的引用。

← 手动执行这些代码，看看你会赢还是输。

请将函数视为值，就像数字、字符串、布尔值和对象一样。相比于上述其他值，函数值的不同之处在于我们可以<u>调用它</u>。

起底函数

本周访谈：理解函数

Head First：函数，很高兴你又来到了我们的节目。你非常神秘，我们的读者渴望更深入地了解你。

函数：确实，我晦涩难懂。

Head First：咱们先来说说这个概念吧：你既可以使用声明来创建，也可以使用表达式来创建。为何要提供两种定义方式呢？难道一种方式不够吗？

函数：别忘了，这两种函数定义方式的功能存在细微的差别。

Head First：但结果都一样，就是一个函数，不是吗？

函数：你说的没错，但函数声明在幕后为你做了一些工作：它在创建函数的同时，还创建了一个用于创建函数引用的变量。函数表达式也创建函数，结果为一个引用，但如何使用它由你决定。

Head First：无论在哪种何情况下，我们不是都将函数表达式创建的引用存储到变量中吗？

函数：绝对不是。事实上，我们通常不这样做。别忘了，函数引用是一个值。想想吧，对于其他类型的值，如对象引用，你都能做哪些事情呢？对于函数引用，也可以做这些事情。

Head First：这怎么可能呢？我声明函数、调用函数，这些差不多就是语言允许我对函数做的所有事情，不是吗？

函数：大错特错。你需要将函数视为值，就像对象和基本类型值一样。获得函数后，你就可以对它做各种事情了。不过，函数和其他类型的值之间存在一个重要差别：可以调用函数来执行函数体内的代码。正是这一点让函数与众不同。

Head First：这听起来了不得，但除了定义和调用外，我不知道还能对函数做什么。

函数：这就是年收入达六位数的程序员和脚本编写人员的区别。能够像其他值一样看待函数后，便能使用各种有趣的编程结构。

Head First：你能举例说明吗？一个就可以。

函数：没问题。假设你要编写一个排序函数。为此，可让它接受两个参数：一个需要排序的集合；一个知道如何对集合中的任意两个条目进行比较的函数。使用JavaScript，你可轻而易举地编写这样的代码。编写一个可用于对各种集合进行排序的函数，并向它传递一个知道如何进行比较的函数，让它比较集合中的条目。

Head First：哦……

函数：我说过，这就是年收入达六位数的程序员和脚本编写人员的区别。再说一遍，我们**将一个知道如何进行比较的函数传递给另一个函数**。换句话说，我们将函数视为值，从而将其**作为值传递给函数**。

Head First：除了让人感到迷惑外，这能带来什么好处？

函数：好处包括工作更轻松、代码更少、更可靠、更灵活、更易于维护，还有更高的薪水。

Head First：听起来很不错，但我不知道怎么得到这些好处。

函数：要得到这些好处，你需要做些工作。这绝对是需要你扩展思路的地方。

Head First：函数，我的脑袋已经很乱，都快要爆炸了。我得去躺一会儿。

函数：请便。谢谢你的采访！

我们提到过函数在JavaScript中是一等公民吗

如果你学习JavaScript前使用的是传统的编程语言，你可能认为函数就是函数，可以声明和调用它们，仅此而已。

你现在知道，在JavaScript中，函数是值，是可赋给变量的值。你还知道，对于其他类型的值，如数字、布尔值、字符串和对象，可对其做各种事情。例如将它们传递给函数，从函数返回它们，甚至将它们存储在对象或数组中。

实际上，对于这些类型的值，计算机科学家使用了一个术语——**一等值**。对于一等值，你可以做如下事情。

- ❑ 将其赋给变量或存储在数组和对象等数据结构中。
- ❑ 将其传递给函数。
- ❑ 从函数中返回它们。

你猜怎么着？对于函数，也可以做上述所有事情。事实上，在JavaScript中，对其他值可以做的事情，也都可以对函数做。因此，在JavaScript中，函数与你知道的各种值（数字、字符串、布尔值和对象）一样，也是一等值。

下面以更正规的方式定义了一等值。

> **一等值**：在编程语言中，可像对待其他任何值一样对待的值，包括赋给变量、作为实参传递给函数以及从函数中返回。

你将看到，JavaScript函数完全具备一等值所需的资质。接下来咱们花点时间看看在上述各种情况下，函数作为一等值到底意味着什么。在此之前，先提一个小小的建议：不要再认为函数是特殊的，有别于JavaScript中的其他值。将函数视为值可带来很大的好处，本章余下的篇幅将说明其中的原因。

我们始终认为，称之为"可进入任何地方的VIP"更合适，但人家不接受这个名字，所以我们还是采用一等的说法吧。

乘坐头等舱

下次面试时若被问及"是什么让JavaScript函数成为一等公民",你将凯旋而归。但在庆祝获得新工作前,别忘了到目前为止,你对函数是一等公民的认识都只是**纸上谈兵**。诚然,你知道对于作为一等公民的函数可以做哪些事情。

如果你凭借前面的答案获得了好工作,可别忘了我们!巧克力、比萨、比特币什么的,这些礼物我们都很喜欢。

☑ 可以将函数赋给变量。 ← 这一点你已经看到过。

❏ 可以将函数传递给函数。 ← 这一点即将介绍。

❏ 可以从函数返回函数。 ← 这点稍后介绍。

但你知道如何以及何时在代码中使用这些技巧吗?不用担心,下面以向函数传递函数为例来说明这一点。我们将从简单的地方着手。事实上,我们将从一个表示航班乘客的简单数据结构着手:

表示乘客的数据结构:

所有乘客都存储在一个数组中。

总共有4名乘客(你可在这个列表中添加朋友和家人)。

```
var passengers = [  { name: "Jane Doloop", paid: true },
                    { name: "Dr. Evel", paid: true },
                    { name: "Sue Property", paid: false },
                    { name: "John Funcall", paid: true } ];
```

每位乘客都由一个包含属性name和paid的对象表示。

属性name为简单的文本字符串。

属性paid是一个布尔值,表示乘客是否已买票。

我们的目标是,编写一些代码来检查这个乘客列表,确保满足特定条件后才允许航班起飞。例如,确保没有乘客在禁飞名单上;确保所有乘客都已买票。我们还想将航班的乘客名单打印出来。

⚛ **考考你的脑力**

请想想如何编写代码来完成这三项任务:确保没有乘客在禁飞名单上;确保乘客都已买票;打印乘客名单。

编写处理和检查乘客的代码

对于上述每项任务，通常做法是各编写一个相应的函数：一个检查禁飞名单的
函数，一个检查乘客都已买票的函数以及一个打印乘客名单的函数。但如果这
样做，你将发现这些函数都大致相同，如下所示。

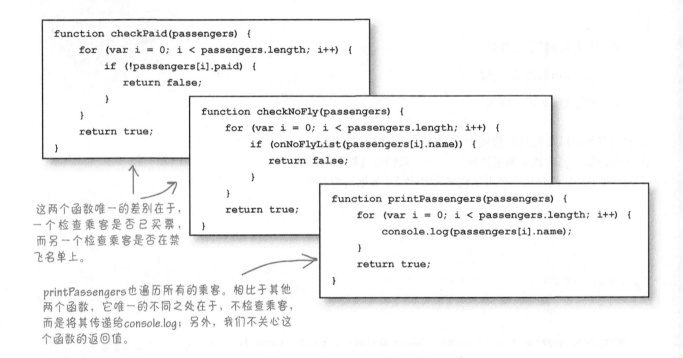

```
function checkPaid(passengers) {
    for (var i = 0; i < passengers.length; i++) {
        if (!passengers[i].paid) {
            return false;
        }
    }
    return true;
}
```

```
function checkNoFly(passengers) {
    for (var i = 0; i < passengers.length; i++) {
        if (onNoFlyList(passengers[i].name)) {
            return false;
        }
    }
    return true;
}
```

```
function printPassengers(passengers) {
    for (var i = 0; i < passengers.length; i++) {
        console.log(passengers[i].name);
    }
    return true;
}
```

这两个函数唯一的差别在于，
一个检查乘客是否已买票，
而另一个检查乘客是否在禁
飞名单上。

printPassengers也遍历所有的乘客。相比于其他
两个函数，它唯一的不同之处在于，不检查乘客，
而是将其传递给console.log；另外，我们不关心这
个函数的返回值。

有很多代码是重复的：这些函数都遍历所有的乘客，并对每位乘客进行处理。如
果以后需要做其他的检查，结果将如何呢？如果要检查乘客是否关闭了笔记本电
脑、是否要从经济舱调到头等舱、是否身体有恙等呢？这将编写大量重复的代码。

更糟糕的是，如果将存储乘客的数据结构从简单的对象数组改成了其他东西呢？
在这种情况下，可能必须重新编写每个函数。这不太好。

鉴于函数是一等公民，这个小问题很容易解决。解决方法如下：编写一个知道如
何遍历乘客的函数，并向它传递一个知道如何执行检查的函数（即检查乘客是否
在禁飞名单上、检查乘客是否已买票等）。

下面来做一些准备工作：编写两个函数。第一个函数将一名乘客作为参数，检查他是否在禁飞名单上；如果在，就返回true，否则返回false。第二个函数也将一名乘客作为参数，检查他是否已买票；如果已买票，就返回true，否则返回false。我们编写好了这些函数的函数头，你只需编写它们的代码即可。答案见下一页，可别偷看哦！

```javascript
function checkNoFlyList(passenger) {



}



function checkNotPaid(passenger) {



}
```

提示：假设禁飞名单上只有一个人，他就是Evel博士。

下面来热热身，尝试将一个函数传递给另一个函数。请在心中执行下面的代码，看看它们的结果是什么。继续往下阅读前，务必查看本章末尾的答案。

```javascript
function sayIt(translator) {
    var phrase = translator("Hello");
    alert(phrase);
}

function hawaiianTranslator(word) {
    if (word === "Hello") return "Aloha";
    if (word === "Goodbye") return "Aloha";
}

sayIt(hawaiianTranslator);
```

迭代所有的乘客

我们需要编写一个函数，它将所有乘客作为参数，还将另一个知道如
何判断乘客是否满足特定条件（如是否在禁飞名单上）的函数作为参
数，如下所示：

> 函数processPassengers有两个
> 形参，其中第一个为乘客数组。

> 第二个形参是一个知道
> 如何判断乘客是否满足
> 特定条件的函数。

```
function processPassengers(passengers, testFunction) {
    for (var i = 0; i < passengers.length; i++) {
        if (testFunction(passengers[i])) {
            return false;
        }
    }
    return true;
}
```

> 以每次一位的方式
> 迭代所有的乘客。

> 对于每位乘客，都
> 调用传入的函数。

> 如果这个函数返回的结果为true，就返回false。换
> 而言之，如果乘客未通过测试（例如，还没有买票
> 或者在禁飞名单上），就不允许航班起飞！

> 如果执行到了这里，就说明所有乘客
> 都通过了测试，因此返回true。

现在，只需编写一些检查乘客的函数就大功告成了。所幸的是，你在
前面的"磨笔上阵"练习中编写了这些函数，如下所示：

> 请注意，这是一位乘客（一个对象）
> 而不是所有乘客（一个对象数组）。

> 这个函数检查乘客是否在禁飞名单上。我
> 们的禁飞名单很简单：除Evel博士外，其他
> 人都可乘坐。如果乘客为Evel博士，就返回
> true，否则返回false（即乘客不在禁飞名
> 单上）。

```
function checkNoFlyList(passenger) {
    return (passenger.name === "Dr. Evel");
}
```

```
function checkNotPaid(passenger) {
    return (!passenger.paid);
}
```

> 这个函数检查乘客是否已买票。为此，只需检查
> 乘客的属性paid。如果乘客没买票，就返回true。

向函数传递函数

至此，我们编写了一个将函数作为参数的函数（processPassengers），还编写了两个可作为实参传递给processPassengers的函数（checkNoFlyList和checkNotPaid）。

现在该将它们整合起来了。音乐响起……

向函数传递函数很容易，只需将函数名用作实参即可。

这里传入的是函数*checkNoFlyList*，因此*processPassengers*将检查每位乘客，看看他们是否在禁飞名单上。

```javascript
var allCanFly = processPassengers(passengers, checkNoFlyList);
if (!allCanFly) {
    console.log("The plane can't take off: we have a passenger on the no-fly-list.");
}
```

只要有乘客在禁飞名单上，这个函数就将返回false，因此我们将在控制台中看到这条消息。

这里传入的是函数*checkNotPaid*，因此*processPassengers*将检查每位乘客，看看他们是否买了票。

```javascript
var allPaid = processPassengers(passengers, checkNotPaid);
if (!allPaid) {
    console.log("The plane can't take off: not everyone has paid.");
}
```

只要有乘客没买票，这个函数就将返回false，因此我们将在控制台中看到这条消息。

> 一等公民就是好！当然我说的是函数。

试驾航

为对这些JavaScript代码进行测试，只需将它们添加到一个简单的HTML页面中，再在浏览器中加载该页面。

```
JavaScript控制台

The plane can't take off: we have a passenger
on the no-fly-list.
The plane can't take off: not everyone has paid.
```

看起来航班根本就不能起飞，因为乘客有问题！幸亏进行了检查。

又轮到你了：编写一个函数，将乘客姓名以及是否已买票的信息打印到控制台。将这个函数传递给processPassengers，对其进行测试。我们编写了这个函数的函数头，你只需编写其代码即可。继续往下阅读前，务必查看本章末尾的答案。

```
function printPassenger(passenger) {


```

← 在这里编写这个函数的代码。

```

    }

processPassengers(passengers, printPassenger);
```

← 将这个函数传递给 *processPassengers* 时，它将打印乘客名单。

世上没有 愚蠢的问题

问：难道不能将这些代码都放在processPassengers中吗？我们可以在一次迭代中执行所有检查，从而一次性完成所有的检查并打印乘客清单。这样效率不是更高吗？

答：如果代码很简短，这样做也许可行。然而，我们追求的是灵活性。如果以后要在既有的函数中不断地添加检查（如乘客是否都关闭了笔记本电脑）或需求，结果将如何呢？在这种情况下，前面采用的设计可降低修改或增添的复杂性，减少在代码中引入bug的可能性。

问：向函数传递函数时，传递的到底是什么呢？

答：传递的是指向函数的引用。可将这种引用视为指针，它指向函数本身的内部表示。引用本身可存储在变量中，可赋给变量，还可作为实参传递给函数。另外，在函数引用后面加上圆括号，将调用相应的函数。

磨笔上阵

下面的代码创建了一个函数，并将其赋给变量fun。

```
function fun(echo) {
    console.log(echo);
}
```

请执行下面的代码，并将其输出写在右边。请先在心中执行这些代码；如果看不懂，再在计算机中执行它们。

```
fun("hello");
```
_____

```
function boo(aFunction) {
    aFunction("boo");
}
```

```
boo(fun);
```
_____

```
console.log(fun);
```
_____

```
fun(boo);
```
_____

```
var moreFun = fun;
```

```
moreFun("hello again");
```
_____

选做题（这涉及接下来要介绍的内容）
```
function echoMaker() {
    return fun;
}
```

```
var bigFun = echoMaker();
bigFun("Is there an echo?");
```
_____

继续往下阅读前，务必查看并理解本章末尾的答案，这非常重要！

从函数返回函数

至此，我们演示了作为一等公民的函数的两个特征：将函数赋给变量以及将函数传递给函数，但还未演示如何从函数返回函数。

☑ 可以将函数赋给变量。

☑ 可以将函数传递给函数。

下面就来这样做。

❑ 可以从函数返回函数。

我们来扩展航班示例，探索为何以及在什么情况下要从函数返回函数。为此，我们将给每位乘客添加一个属性ticket，并根据乘客购买的机票类型，将这个属性设置为coach或firstclass。

```
var passengers = [  { name: "Jane Doloop", paid: true, ticket: "coach" },
                    { name: "Dr. Evel", paid: true, ticket: "firstclass" },
                    { name: "Sue Property", paid: false, ticket: "firstclass" },
                    { name: "John Funcall", paid: true, ticket: "coach" } ];
```

添加这个属性后，我们将编写一些代码，来处理空乘人员需要做的各种事情：

我将根据机票类型提供不同的饮料。头等舱供应葡萄酒和鸡尾酒；经济舱供应可乐和开水。

这是空乘人员需要向乘客提供的所有服务。

```
function serveCustomer(passenger) {
    // 让乘客点饮料
    // 让乘客点餐
    // 清理垃圾
}
```

我们首先从点饮料开始实现。

你可能知道，相比于经济舱，为头等舱提供的服务通常有所不同。头等舱乘客可以点鸡尾酒或葡萄酒，而经济舱可能只供应可乐和开水。

至少在电影中是这样的……

编写让乘客点饮料的代码

你编写的代码可能类似于下面这样：

```javascript
function serveCustomer(passenger) {
    if (passenger.ticket === "firstclass") {
        alert("Would you like a cocktail or wine?");
    } else {
        alert("Your choice is cola or water.");
    }

    // 让乘客点餐
    // 清理垃圾
}
```

> 如果乘客乘坐的是头等舱，就显示一个提示框，询问他要喝葡萄酒还是鸡尾酒。

> 如果乘客乘坐的是经济舱，就询问他要喝可乐还是开水。

不错。对于简单的代码，这样做挺好：将乘客的属性 ticket 作为参数，并根据乘客购买的机票类型显示一个提示框。来看看这种代码可能存在的一些缺点。确实，让乘客点饮料的代码很简单，但如果问题更复杂时，函数 serveCustomer 将如何呢？例如，可能需要为三类乘客提供服务（头等舱、商务舱和经济舱，而且还可能有第4类乘客——豪华经济舱）。如果提供的饮料种类更复杂呢？如果可选择的饮料随启程或目的机场而异呢？

> 例如，在前往夏威夷的航班上，头等舱通常只供应麦台鸡尾酒。

如果必须处理这些复杂的因素，函数 serveCustomer 将变得很大。它除让乘客点饮料外，还需处理很多与供应的饮料类型相关的问题。然而，设计函数时有一个不错的经验规则，那就是只让每个函数做一件事，并把这件事做好。

考考你的脑力

请再次阅读前面两个段落列出的潜在问题，再想想该如何设计代码，让 serveCustomer 只专注于做一件事情，同时让我们能够轻松地扩展饮料供应功能。

编写让乘客点饮料的代码：另一种方式

前面编写的代码不赖，但正如你看到的，饮料供应方式变得更复杂时，这些代码可能出现问题。下面采用另一种方式来重新编写代码：将让乘客点饮料的逻辑放在一个独立的函数中。这样可将所有相关的逻辑放在一个地方，在需要修改这些逻辑时，只需要修改这个地方即可：

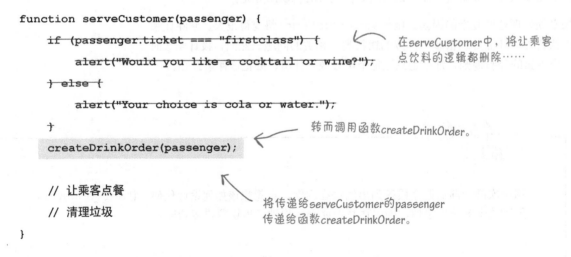

我们创建一个新函数createDrinkOrder，并将一位乘客传递给这个函数。

```
function createDrinkOrder(passenger) {
    if (passenger.ticket === "firstclass") {
        alert("Would you like a cocktail or wine?");
    } else {
        alert("Your choice is cola or water.");
    }
}
```

我们将在这个函数中实现让乘客点饮料的所有逻辑。

这样，函数serveCustomer就不再包含大量让乘客点饮料的逻辑。

现在回到函数serveCustomer，将所有让乘客点饮料的逻辑都删除，转而调用这个新函数。

```
function serveCustomer(passenger) {
    if (passenger.ticket === "firstclass") {
        alert("Would you like a cocktail or wine?");
    } else {
        alert("Your choice is cola or water.");
    }
    createDrinkOrder(passenger);

    // 让乘客点餐
    // 清理垃圾
}
```

在serveCustomer中，将让乘客点饮料的逻辑都删除……

转而调用函数createDrinkOrder。

将传递给serveCustomer的passenger传递给函数createDrinkOrder。

不内嵌让乘客点饮料的逻辑，转而调用一个函数后，代码可读性无疑要好得多。另外，通过将让乘客点饮料的逻辑都放在一个易于找到的地方，修改起来也更方便。然而，别着急对这些代码进行测试，我们又发现了一个问题。

等等，我们需要多次供应饮料

等等，我们刚刚得知，在航班上只供应一次饮料不够。事实上，航班空乘人员提供的服务更像是下面这样的：

别逗了，只供应一次饮料？这是什么航班，廉价航班吗？

```
function serveCustomer(passenger) {
    createDrinkOrder(passenger);
    // 让乘客点餐
    createDrinkOrder(passenger);
    createDrinkOrder(passenger);
    // 播放电影
    createDrinkOrder(passenger);
    // 清理垃圾
}
```

我们修改了函数serveCustomer的代码，以反映在整个飞行中将多次调用createDrinkOrder这一事实。

一方面，我们的代码设计得很好，只需多次调用createDrink-Order即可；另一方面，每次调用createDrinkOrder让乘客点饮料时，都需要重新确定乘客的类型，这是不必要的。

你可能会说，不过是几行代码而已。确实如此，但这只是一个简单示例。在实际程序中，如果需要在移动设备中与Web服务通信，以检查机票类型，结果将如何呢？这将是耗时而昂贵的。

不过别担心，作为一等公民的函数正骑着白马来拯救我们。你知道，通过利用从函数返回函数的功能，可解决这种问题。

磨笔上阵

你认为下面的代码是做什么的？你能通过几个示例来说明如何使用这个函数吗？

```
function addN(n) {
    var adder = function(x) {
                    return n + x;
                };
    return adder;
}
```

↑ 请把答案写在这里。

利用作为一等公民的函数让乘客点饮料

下面来看看在这种情况下，作为一等公民的函数将如何提供帮助。具体的计划如下：对于每位乘客，不多次调用createDrinkOrder，而是只调用它一次，并让它返回一个知道如何让这位乘客点饮料的函数。这样，每当需要让乘客点饮料时，都只需调用这个函数即可。

下面首先来重新定义createDrinkOrder，使其创建一个让乘客点饮料的函数，再返回这个函数，供我们在需要时使用。

这是函数createDrinkOrder的新版本，它返回一个知道如何让乘客点饮料的函数。

接下来，执行检查乘客机票类型的条件代码。（这些代码只会执行一次。）

```javascript
function createDrinkOrder(passenger) {
    var orderFunction;

    if (passenger.ticket === "firstclass") {
        orderFunction = function() {
            alert("Would you like a cocktail or wine?");
        };
    } else {
        orderFunction = function() {
            alert("Your choice is cola or water.");
        };
    }
    return orderFunction;
}
```

首先，创建一个变量，用于存储要返回的函数。

如果乘客乘坐的是头等舱，就创建一个知道如何让头等舱乘客点饮料的函数。

否则，就创建一个知道如何让经济舱乘客点饮料的函数。

返回创建的函数。

下面来重新编写函数serveCustomer。我们首先调用createDrinkOrder来获取一个知道如何给乘客点饮料的函数，再反复调用这个函数来让乘客点饮料。

函数createDrinkOrder现在返回一个函数，我们将这个函数存储在变量getDrinkOrderFunction中。

```javascript
function serveCustomer(passenger) {
    var getDrinkOrderFunction = createDrinkOrder(passenger);
    getDrinkOrderFunction();
    // 让乘客点餐
    getDrinkOrderFunction();
    getDrinkOrderFunction();
    // 播放电影
    getDrinkOrderFunction();
    // 清理垃圾
}
```

每当需要让乘客点饮料时，我们都调用createDrinkOrder返回的那个函数。

试驾航 ✈

咱们来测试一下这些新代码。为此需要编写一个简单的函数，在其中迭代所有的乘客，并对每位乘客调用`serveCustomer`。将这些代码加入HTML文件后，在浏览器中加载这个文件，让乘客点饮料。

```
function servePassengers(passengers) {
    for (var i = 0; i < passengers.length; i++) {
        serveCustomer(passengers[i]);
    }
}

servePassengers(passengers);
```

在这里，我们只需迭代数组passengers中的乘客，并对每位乘客调用serveCustomer。

当然，我们还需调用servePassengers以执行其中的代码。这将显示大量的提示框，一定要有心理准备！

世上没有 愚蠢的问题

问：调用`createDrinkOrder`时，我们获得了一个函数；要让乘客点饮料，我们必须调用这个返回的函数。我这样理解正确吗？

答：没错。我们首先调用`create-DrinkOrder`来获得函数`getDrink-OrderFunction`，它知道如何让乘客点饮料。然后，每当要让乘客点饮料时，我们都调用这个函数。请注意，`getDrinkOrderFunction`比`createDrinkOrder`简单得多。它只是显示一个提示框，询问乘客要点哪种饮料。

问：`getDrinkOrderFunction`怎么知道该显示哪种提示框呢？

答：因为它是我们根据乘客购买的机票类型创建的。再来看一眼`create-`DrinkOrder，它根据乘客购买的机票类型返回相应的函数：如果是头等舱，创建的`getDrinkOrderFunction`显示的提示框将询问乘客要喝头等舱供应的哪种饮料；如果是经济舱，创建的`getDrinkOrderFunction`显示的提示框将询问乘客要喝经济舱供应的哪种饮料。通过根据乘客购买的机票类型返回相应的函数，使得每次需要让乘客点饮料时，都可轻松地调用简单、快速的点饮料函数。

问：这些代码让一位乘客点饮料、为其播放电影等，可空乘人员通常会让所有乘客点饮料、为他们播放电影等，不是吗？

答：我们是在考验你！你通过了考验。你说的一点都没错，这些代码每次对一位乘客调用函数`serveCustomer`。在实际程序中，情况完全不是这样的。这只是一个演示复杂主题（返回函数）的简单示例，并非十全十美。既然你指出了我们的错误，就请拿出一张纸，完成下面的"考考你的脑力"吧。

⚛ 考考你的 脑力

如果要重写这些代码，让所有的乘客都点饮料、点餐并给他们播放电影，同时避免没完没了地根据乘客购买的机票类型来确定他可以点哪些饮料和餐食，你会如何做呢？你会使用作为一等公民的函数吗？

你的任务是修改前面的代码，以支持第三类乘客：豪华经济舱乘客。对于豪华经济舱乘客，除了可乐和开水外，还可以点葡萄酒。另外，请实现支持下述菜单的getDinnerOrderFunction。

头等舱：鸡肉或意大利面。

豪华经济舱：快餐或芝士拼盘。

经济舱：花生饼或椒盐脆饼。

请务必查看本章末尾的答案。另外，别忘了对你编写的代码进行测试。

务必使用作为一等公民的函数来
实现这些功能！

Web镇可乐公司

Web镇可乐公司需要有人帮忙管理其产品线代码。为施以援手，我们来看看其用来存储碳酸饮料产品的数据结构：

他们将产品存储在一个对象数组中，其中每个对象都表示一款产品。

```
var products = [ { name: "Grapefruit", calories: 170, color: "red", sold: 8200 },
                 { name: "Orange", calories: 160, color: "orange", sold: 12101 },
                 { name: "Cola", calories: 210, color: "caramel", sold: 25412 },
                 { name: "Diet Cola", calories: 0, color: "caramel", sold: 43922 },
                 { name: "Lemon", calories: 200, color: "clear", sold: 14983 },
                 { name: "Raspberry", calories: 180, color: "pink", sold: 9427 },
                 { name: "Root Beer", calories: 200, color: "caramel", sold: 9909 },
                 { name: "Water", calories: 0, color: "clear", sold: 62123 }
];
```

在每款产品中，都存储了产品名、卡路里数、颜色以及每月销售了多少瓶。

> 我们亟需有人对这些产品进行排序。我们需要按每种属性对这些产品进行排序：名称、卡路里数、颜色和销量。当然，我们希望以尽可能高的效率完成这些工作，同时提供足够的灵活性，以便能够以众多不同的方式进行排序。

Web镇可乐公司的分析师

Frank：大家好，我接到了Web镇可乐公司的电话，让我们帮忙对他们的产品数据进行排序。他们希望能够按任意属性对产品进行排序，如名称、销售的瓶数、饮料颜色、每瓶的卡路里数等，同时希望排序方案足够灵活，以便未来也能够按其他属性进行排序。

Joe：当前他们是如何存储产品数据的呢？

Frank：每款产品都是一个存储在数组中的对象，包含表示名称、销量、卡路里数等信息的属性。

Joe：明白。

Frank：我首先想到的是实现一种简单的排序算法。Web镇可乐公司的产品不多，因此要求排序算法简单。

Jim：哦，我想到了一种更简单的办法，但这要求你具备作为一等公民的函数的知识。

Frank：只要简单我就喜欢！但这与作为一等公民的函数有什么关系呢？听起来好像很复杂。

Jim：一点都不复杂。只需编写一个知道如何对两个值进行比较的函数，再将它传递给另一个实际进行排序的函数即可。

Joe：这个函数的工作原理到底是什么样的呢？

Jim：你不用管排序的问题，只需编写一个知道如何对两个值进行比较的函数。例如，假设要根据销量这个产品属性进行排序，可这样编写这个函数：

```
function compareSold(product1, product2) {

    // 执行比较的代码

}
```

 这个函数将两款产品作为参数，并对它们进行比较。

详细的代码细节稍后再说。这里的关键是，有了这样的函数后，你只需将其传递给一个排序函数，这个排序函数将为你完成其他所有的工作——它只要求你让它知道如何对产品进行比较。

Frank：等等，这样的排序函数在哪里呢？

Jim：它实际上是一个可对任何数组调用的方法。你可以对数组products调用方法sort，并将上述比较函数传递给它。这样，当方法sort执行完毕后，数组products便排好序了，而排序标准就是compareSold使用的排序标准。

Joe：也就是说，如果要按销量排序，由于销量都是数字，函数compareSold只需确定哪个值更大或更小即可？

Jim：没错。下面来更深入地了解一下数组排序的工作原理。

数组方法sort的工作原理

JavaScript数组包含一个sort方法，它根据一个知道如何对两个数组元素进行比较的函数对数组进行排序。这大致说明了sort方法的工作原理以及比较函数在其中的作用。排序算法为大家所熟知并被广泛地实现，更重要的是，排序代码可重用于任何数据集。但有一点需要注意：要对特定的数据集进行排序，排序代码必须知道如何对这些数据进行比较。就拿数字列表、名称列表和对象列表来说吧。对它们进行排序时，比较方式取决于列表项的类型：对于数字，我们使用<、>和==进行比较；对于字符串，我们按字母顺序进行比较（在JavaScript中，也可以使用<、>和==进行比较）；而对于对象，我们必须采用自定义的方式根据对象的属性进行比较。

对Web镇可乐公司的产品数组进行排序之前，咱们先来看一个简单的示例。在这个示例中，我们将使用方法sort将一个简单的数字数组按升序排列。这个数组如下：

```
var numbersArray = [60, 50, 62, 58, 54, 54];
```

为此，我们需要编写一个函数，它知道如何比较这个数组的两个值。这是一个数字数组，因此我们的函数需要比较两个数字。假设要按升序排列，sort方法要求我们的函数在第一个数字大于第二个数字时返回一个大于0的值，在它们相等时返回0，并在第一个数字小于第二个数字时返回一个小于0的值，如下所示：

上述数组包含的是数字，因此我们需要每次对两个数字进行比较。

```
function compareNumbers(num1, num2) {
    if (num1 > num2) {
        return 1;
    } else if (num1 === num2) {
        return 0;
    } else {
        return -1;
    }
}
```

我们首先检查num1是否大于num2；如果是，就返回1。

如果它们相等，就返回0。

最后，如果num1小于num2，就返回-1。

提示

JavaScript数组提供了很多方法，可用来以各种方式操作数组。要全面了解这些方法及其用法，David Flanagan所著的《JavaScript权威指南》是不错的参考。

磨笔上阵

你知道，传递给sort的比较函数需要根据比较结果返回一个大于0、等于0或小于0的数字：如果第一项大于第二项，就返回一个大于0的值；如果第一项等于第二项，就返回0；如果第一项小于第二项，就返回一个小于0的值。

利用这些知识，你能够重写对两个数字进行比较的compareNumbers，让其包含更少的代码吗？

继续往下阅读前，请务必查看本章末尾的答案。

整合起来

编写好比较函数后，只需对numbersArray调用方法sort，并将这个函数
传递给它即可，如下所示：

```
var numbersArray = [60, 50, 62, 58, 54, 54];

numbersArray.sort(compareNumbers);    ← 对数组调用方法sort，并
                                        将函数compareNumbers传
console.log(numbersArray);              递给它。
```

方法sort执行完毕后，这个数组将按
升序排列。为验证这一点，我们将这
个数组显示到控制台。

按升序排列的数组。

请注意，方法sort是破坏性的，因为它就地修改
数组，而不是返回一个排序后的新数组。

JavaScript控制台

[50, 54, 54, 58, 60, 62]

练习

方法sort为何按升序排列数组numbersArray呢？因为我们在比较函数中返回1、0
和-1时，实际上是在这样告诉sort方法：

如果返回值为1，就将第一项放在第二项后面；

如果返回值为0，就说明两项相等，可保留它们的位置不变；

如果返回值为-1，就将第一项放在第二项前面。

要修改代码，以便按降序排列，只需反转上述逻辑，让返回值1表示将第二项放在
第一项后面，返回值-1表示将第二项放在第一项前面（返回值0表示保持位置不变）。
请编写一个按降序排列的新比较函数：

```
function compareNumbersDesc(num1, num2) {
    if (_____ > _____) {
        return 1;
    } else if (num1 === num2) {
        return 0;
    } else {
        return -1;
    }
}
```

回到Web镇可乐公司

该利用新学到的数组排序知识帮助Web镇可乐公司了。当然，我们需要做的只是为它们编写一个比较函数，但这样做之前，再来看一眼数组products：

但我们没必要让它们知道这一点。

```
var products = [ { name: "Grapefruit", calories: 170, color: "red", sold: 8200 },
                 { name: "Orange", calories: 160, color: "orange", sold: 12101 },
                 { name: "Cola", calories: 210, color: "caramel", sold: 25412 },
                 { name: "Diet Cola", calories: 0, color: "caramel", sold: 43922 },
                 { name: "Lemon", calories: 200, color: "clear", sold: 14983 },
                 { name: "Raspberry", calories: 180, color: "pink", sold: 9427 },
                 { name: "Root Beer", calories: 200, color: "caramel", sold: 9909 },
                 { name: "Water", calories: 0, color: "clear", sold: 62123 }
              ];
```

别忘了，数组products的每个元素都是一个对象。我们要比较的不是这些对象，而是它们的特定属性，如sold。

那么我们按什么排序呢？首先来按销量以升序排列，为此需要比较每个对象的属性sold。需要注意的一点是，这是一个产品对象数组，因此需要向比较函数传递两个对象，而不是两个数字：

compareSold将两个可乐产品对象（colaA和colaB）作为参数，并对它们的属性sold进行比较。

```
function compareSold(colaA, colaB) {
    if (colaA.sold > colaB.sold) {
        return 1;
    } else if (colaA.sold === colaB.sold) {
        return 0;
    } else {
        return -1;
    }
}
```

这个函数将导致方法sort根据销量升序排列可乐产品。

如果你愿意，完全可以像前面的练习中那样简化这些代码！

当然，要使用函数compareSold来对数组products进行排序，只需调用该数组的方法sort：

```
products.sort(compareSold);
```

别忘了，可对任何数组（数字数组、字符串数组、对象数组）调用方法sort来按任何顺序（升序或降序）排序。通过传入一个比较函数，我们获得了灵活性，还可重用代码。

测试排序代码

该来测试我们为Web镇可乐公司编写的代码了。下面整合了前几页的所有代码，
并新增了一些测试代码。因此你只需创建一个简单的HTML页面（cola.html），
将这些代码加入其中，再进行测试：

```javascript
var products = [ { name: "Grapefruit", calories: 170, color: "red", sold: 8200 },
                 { name: "Orange", calories: 160, color: "orange", sold: 12101 },
                 { name: "Cola", calories: 210, color: "caramel", sold: 25412 },
                 { name: "Diet Cola", calories: 0, color: "caramel", sold: 43922 },
                 { name: "Lemon", calories: 200, color: "clear", sold: 14983 },
                 { name: "Raspberry", calories: 180, color: "pink", sold: 9427 },
                 { name: "Root Beer", calories: 200, color: "caramel", sold: 9909 },
                 { name: "Water", calories: 0, color: "clear", sold: 62123 }
               ];

function compareSold(colaA, colaB) {
    if (colaA.sold > colaB.sold) {
        return 1;
    } else if (colaA.sold === colaB.sold) {
        return 0;
    } else {
        return -1;
    }
}
```

这是将传递给方法sort的比较函数。

```javascript
function printProducts(products) {
    for (var i = 0; i < products.length; i++) {
        console.log("Name: " + products[i].name +
                    ", Calories: " + products[i].calories +
                    ", Color: " + products[i].color +
                    ", Sold: " + products[i].sold);
    }
}
```

这是一个新增的函数，它以漂亮的格式将数组products打印到控制台。如果只是编写代码console.log(products)，你也能看到输出，但不那么漂亮。

我们首先使用compareSold来对数组products进行排序。

```javascript
products.sort(compareSold);
printProducts(products);
```

然后将排序后的数组打印出来。

这是我们运行上述代码得到的输出，注意到数组products是按销量排序的。

JavaScript控制台

```
Name: Grapefruit, Calories: 170, Color: red, Sold: 8200
Name: Raspberry, Calories: 180, Color: pink, Sold: 9427
Name: Root Beer, Calories: 200, Color: caramel, Sold: 9909
Name: Orange, Calories: 160, Color: orange, Sold: 12101
Name: Lemon, Calories: 200, Color: clear, Sold: 14983
Name: Cola, Calories: 210, Color: caramel, Sold: 25412
Name: Diet Cola, Calories: 0, Color: caramel, Sold: 43922
Name: Water, Calories: 0, Color: clear, Sold: 62123
```

编写按属性sold对可乐产品进行排序的函数后，该来编写用于按其他各种属性
(name、calories和color) 进行排序的比较函数了。请仔细查看控制台输出，
确认按每个属性排序时，可乐产品的排列顺序都是正确的。答案见本章末尾。

请补全下面的三个比较函数。

```
function compareName(colaA, colaB) {
```

提示：比较字符串时，
也可使用<、>和==。

```
}
function compareCalories(colaA, colaB) {




}

function compareColor(colaA, colaB) {
```

你真棒！

```
}
products.sort(compareName);
console.log("Products sorted by name:");
printProducts(products);

products.sort(compareCalories);
console.log("Products sorted by calories:");
printProducts(products);

products.sort(compareColor);
console.log("Products sorted by color:");
printProducts(products);
```

对于每个新的比较函
数，我们将其传递给
sort方法，再在控制
台中显示结果。

要点

- 定义函数的方式有两种：使用**函数声明**和使用**函数表达式**。

- **函数引用**是一个指向函数的值。

- 函数声明在执行代码前处理。

- 函数表达式在运行阶段随其他代码一起执行。

- 处理函数声明时，浏览器创建一个函数以及一个与函数同名的变量，并将指向函数的引用存储到变量中。

- 处理函数表达式时，浏览器创建一个函数，但你必须显式地处理指向这个函数的引用。

- 可将作为**一等公民**的值赋给变量，包含在数据结构中，传递给函数或从函数返回。

- 函数引用是作为一等公民的值。

- 数组的 sort 方法将一个函数作为参数，这个函数知道如何对两个数组元素进行比较。

- 传递给 sort 方法的函数必须返回下面的其中一个值：大于0的数字、0或小于0的数字。

练习答案

磨笔上阵
答案

基于前述浏览器处理函数quack和fly的代码的方式，你能得出哪些有关
函数声明和函数表达式的结论呢？请选择你认为正确的所有说法。继续
往下阅读前，务必查看本章末尾的答案。

✓ 在处理其他代码之前，先处理函数声明。

✓ 函数表达式随其他代码一起被处理。

✓ 函数声明不返回指向函数的引用；而是创建一个与函数同名的变量，并将指向函数的引用赋给它。

✓ 函数表达式返回一个引用，该引用指向函数表达式创建的函数。

✓ 可在变量中存储指向函数的引用。

✓ 函数声明是完整的语句，而函数表达式只是语句的一部分。

✓ 对于函数声明和函数表达式创建的函数，用相同的方式处理调用它们的语句。

❑ 函数声明是一种屡试不爽的函数创建方式。

❑ 应尽可能使用函数声明，因为它们首先被处理。

这两种说法
不一定正确！

变身浏览器答案

下面是一些**JavaScript**代码。你的任务是像浏览器那样执行它们，并在每个函数被创建时，在右边将其记录下来。别忘了分两遍处理这些代码：第一遍处理函数声明，第二遍处理函数表达式。

请按顺序列出所创建函数的名称。对于根据函数表达式创建的函数，列出它被赋给的变量的名称。我们已经写出了创建的第一个函数。

```javascript
var midi = true;
var type= "piano";
var midiInterface;

function play(sequence) {
    // 函数体的代码
}
var pause = function() {
    stop();
}
function stop() {
    // 函数体的代码
}

function createMidi() {
    // 函数体的代码
}

if (midi) {
    midiInterface = function(type) {
        // 函数体的代码
    };
}
```

play
stop
createMidi
pause
midiInterface

磨笔上阵
答案

为牢牢地记住函数是值的概念，咱们来玩一个碰运气取胜的游戏。请尝试下面这个猜豆子游戏，你会赢还是输呢？请试一试，并找出结果。答案如下。

```
var winner = function() { alert("WINNER!") };
var loser = function() { alert("LOSER!") };
// 咱们来热热身
winner();
// 将函数引用赋给其他变量
var a = winner;
var b = loser;
var c = loser;
a();
b();
// 来玩一个猜豆子游戏，看看你的运气怎样
c = a;
a = b;
b = c;
c = a;
a = c;
a = b;
b = c;
a();
```

别忘了，这些变量分别存储了指向函数winner和loser的引用。我们可以像其他任何值一样，将这些引用赋给其他变量。

别忘了，随时都可以调用指向函数的引用。

c指向函数winner
a指向函数loser
b指向函数winner
c指向函数loser
a指向函数loser
a指向函数winner
b指向函数loser
调用a，即函数winner!!

The page at localhost says:

WINNER!

OK

磨笔上阵
答案

下面来热热身，尝试将一个函数传递给另一个函数。请在心中执行下面的代码，看看它们的结果是什么。答案如下。

```javascript
function sayIt(translator) {
    var phrase = translator("Hello");
    alert(phrase);
}

function hawaiianTranslator(word) {
    if (word == "Hello") return "Aloha";
    if (word == "Goodbye") return "Aloha";
}

sayIt(hawaiianTranslator);
```

定义一个将函数作为参数的函数，并在其中调用传入的函数。

将函数hawaiianTranslator传递给函数sayIt。

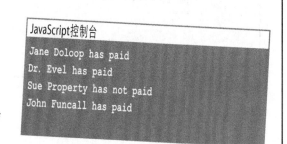

The page at localhost says:
Aloha

OK

练习
答案

又轮到你了：编写一个函数，将乘客姓名以及是否已买票的信息打印到控制台。将这个函数传递给processPassengers，对其进行测试。我们编写了这个函数的函数头，你只需编写其代码即可。答案如下。

```javascript
function printPassenger(passenger) {
    var message = passenger.name;
    if (passenger.paid === true) {
        message = message + " has paid";
    } else {
        message = message + " has not paid";
    }
    console.log(message);
    return false;
}

processPassengers(passengers, printPassenger);
```

这个返回值没多大意义，因为在processPassengers中，没有考虑这个返回的结果。

JavaScript控制台

Jane Doloop has paid
Dr. Evel has paid
Sue Property has not paid
John Funcall has paid

磨笔上阵
答案

下面的代码创建了一个函数，并将其赋给变量fun。

```javascript
function fun(echo) {
    console.log(echo);
};
```

请注意，你的浏览器在控制台中显示的函数fun和boo的值可能不同，请尝试在两三个不同的浏览器中执行这些代码。

请执行下面的代码，并将其输出写在右边。请先在心中执行这些代码；如果看不懂，再在计算机中执行它们。

```javascript
fun("hello");
```
hello

```javascript
function boo(aFunction) {
    aFunction("boo");
}
```

```javascript
boo(fun);
```
boo

```javascript
console.log(fun);
```
function fun(echo) { console.log(echo); }

```javascript
fun(boo);
```
function boo(aFunction) { aFunction("boo"); }

```javascript
var moreFun = fun;
```

```javascript
moreFun("hello again");
```
hello again

选做题（这涉及接下来要介绍的内容）

```javascript
function echoMaker() {
    return fun;
}

var bigFun = echoMaker();
bigFun("Is there an echo?");
```
Is there an echo?

继续往下阅读前，务必查看并理解答案，这非常重要！

你的任务是修改前面的代码，以支持第三类乘客：豪华经济舱乘客。对于豪华经济舱乘客，除了可乐和开水外，还可以点葡萄酒。另外，请实现支持下述菜单的getDinnerOrderFunction。

头等舱：鸡肉或意大利面。

豪华经济舱：快餐或芝士拼盘。

经济舱：花生饼或椒盐脆饼。

答案如下。

```javascript
var passengers = [   { name: "Jane Doloop", paid: true, ticket: "coach" },
                     { name: "Dr. Evel", paid: true, ticket: "firstclass" },
                     { name: "Sue Property", paid: false, ticket: "firstclass" },
                     { name: "John Funcall", paid: true, ticket: "premium" } ];

function createDrinkOrder(passenger) {
    var orderFunction;
    if (passenger.ticket === "firstclass") {
        orderFunction = function() {
            alert("Would you like a cocktail or wine?");
        };
    } else if (passenger.ticket === "premium") {
        orderFunction = function() {
            alert("Would you like wine, cola or water?");
        };
    } else {
        orderFunction = function() {
            alert("Your choice is cola or water.");
        };
    }
    return orderFunction;
}
```

为方便测试这里的新代码，我们将John Funcall购买的机票类型改成了豪华经济舱。

这是处理豪华经济舱的新代码。将根据乘客购买的机票类型，在三个让乘客点饮料的函数中返回一个。

将所有相关的逻辑都封装在一个函数中，这个函数知道如何为乘客创建正确的点饮料函数。这提供了极大的便利。

让乘客点饮料时，无需执行这些逻辑，因为已经有了一个专为该乘客定制的点饮料函数。

```
function createDinnerOrder(passenger) {
    var orderFunction;
    if (passenger.ticket === "firstclass") {
        orderFunction = function() {
            alert("Would you like chicken or pasta?");
        };
    } else if (passenger.ticket === "premium") {
        orderFunction = function() {
            alert("Would you like a snack box or cheese plate?");
        };
    } else {
        orderFunction = function() {
            alert("Would you like peanuts or pretzels?");
        };
    }
    return orderFunction;
}
```

我们添加了一个全新的函数createDinnerOrder，用于创建让乘客点餐的函数。

这个函数的工作原理与createDrinkOrder相同：检查乘客购买的机票类型，并据此返回一个为乘客定制的点餐函数。

```
function serveCustomer(passenger) {
    var getDrinkOrderFunction = createDrinkOrder(passenger);
    var getDinnerOrderFunction = createDinnerOrder(passenger);

    getDrinkOrderFunction();

    // 让乘客点餐
    getDinnerOrderFunction();

    getDrinkOrderFunction();
    getDrinkOrderFunction();
    // 播放电影
    getDrinkOrderFunction();
    // 清理垃圾
}
```

为乘客创建正确的点餐函数……

每当需要让乘客点餐时，我们都调用这个函数。

```
function servePassengers(passengers) {
    for (var i = 0; i < passengers.length; i++) {
        serveCustomer(passengers[i]);
    }
}

servePassengers(passengers);
```

磨笔上阵
答案

你认为下面的代码是做什么的？你能通过几个示例来说明如何使用这个函数吗？答案如下。

```
function addN(n) {
    var adder = function(x) {
                    return n + x;
                };
    return adder;
}
```

这个函数接受一个参数n。它创建并返回一个这样的函数：也接受一个参数x，并返回n与x的和。

因此，可使用它来创建一个总是将传入的数字加上2的函数，如这里所示：

```
var add2 = addN(2);
console.log(add2(10));
console.log(add2(100));
```

练习
答案

方法sort为何按升序排列数组numbersArray呢？因为我们在比较函数中返回1、0和-1时，实际上是在这样告诉sort方法：

如果返回值为1，就将第一项放在第二项后面；

如果返回值为0，就说明两项相等，可保留它们的位置不变；

如果返回值为-1，就将第一项放在第二项前面。

要修改代码，以便按降序排列，只需反转上述逻辑，让返回值1表示将第二项放在第一项后面，返回值-1表示将第二项放在第一项前面（返回值0表示保持位置不变）。请编写一个按降序排列的新比较函数。

```
function compareNumbersDesc(num1, num2) {
    if ( num2 > num1 ) {
        return 1;
    } else if (num1 == num2) {
        return 0;
    } else {
        return -1;
    }
}
```

磨笔上阵
答案

你知道，传递给sort的比较函数需要根据比较结果返回一个大于0、等于0或小于0的数字：如果第一项大于第二项，就返回一个大于0的值；如果第一项等于第二项，就返回0；如果第一项小于第二项，就返回一个小于0的值。

利用这些知识，你能够重写对两个数字进行比较的compareNumbers，让其包含更少的代码吗？

答案如下。

```
function compareNumbers(num1, num2) {
    return num1 - num2;
}
```

通过返回将num2和num1相减的结果，可将这个函数简化为只包含一行代码。请通过两三个示例来理解其中的工作原理。别忘了，方法sort要求比较函数返回一个大于、等于或小于0的数字，而不是1、0或-1（虽然很多比较函数都返回这些值）。

编写按属性sold对可乐产品进行排序的函数后，该来编写用于按其他各种属性（name、calories和color）进行排序的比较函数了。请仔细查看控制台输出，确认按每个属性排序时，可乐产品的排列顺序都是正确的。答案如下。

下面是各个比较函数的实现。

```javascript
function compareName(colaA, colaB) {
    if (colaA.name > colaB.name) {
        return 1;
    } else if (colaA.name === colaB.name) {
        return 0;
    } else {
        return -1;
    }
}

function compareCalories(colaA, colaB) {
    if (colaA.calories > colaB.calories) {
        return 1;
    } else if (colaA.calories === colaB.calories) {
        return 0;
    } else {
        return -1;
    }
}

function compareColor(colaA, colaB) {
    if (colaA.color > colaB.color) {
        return 1;
    } else if (colaA.color === colaB.color) {
        return 0;
    } else {
        return -1;
    }
}

products.sort(compareName);
console.log("Products sorted by name:");
printProducts(products);

products.sort(compareCalories);
console.log("Products sorted by calories:");
printProducts(products);

products.sort(compareColor);
console.log("Products sorted by color:");
printProducts(products);
```

全部完成了！

你真棒！

对于每个新的比较函数，我们将其传递给sort方法，再在控制台中显示结果。

11 匿名函数、作用域和闭包

系统地讨论函数

自从学了匿名函数，我的表达能力强了三倍。

你已经全面了解了函数，但还需更深入地学习。本章将再进一步，深入函数的核心，演示如何娴熟地**利用**函数。这一章虽然不太长，但涵盖的知识点非常多；阅读完本章后，你的JavaScript表达能力将超乎你的想象。你还将为与人协作编写代码或使用开源JavaScript库作好准备，因为我们将介绍一些与函数相关的常见编码习惯和约定。如果你从未听说过**匿名函数**和**闭包**，那真是来对了地方。

如果你听说过闭包，但不太确定它是什么，那么更是来对了地方！

函数的另一面

你已经见识了函数的两个方面：你见识了函数声明正规、说明性的一面，还见识了函数表达式更宽松、表达力更强的一面。现在向你介绍函数有趣的另一面：**匿名性**。

所谓匿名（anonymous），指的是**没有名称**的函数。怎么可能出现这样的情况呢？使用函数声明定义函数时，**必须给它指定名称**；但使用函数表达式定义函数时，**不必给它指定名称**。

你可能会说，这确实很有趣，也是有可能的，但那又如何呢？通过使用匿名函数，可让代码更简洁精练，可读性更强，效率更高，甚至更易于维护。

下面来看看如何创建和使用匿名函数。我们将从以前见过的一个代码片段着手，看看匿名函数可提供什么样的帮助。

这是一个加载事件处理程序，指定方式与以前相同。

我们首先定义了一个函数。这个函数有名称handler。

```
function handler() { alert("Yeah, that page loaded!"); }
window.onload = handler;
```

接下来，我们使用这个函数的名称（handler）将其赋给window对象的属性onload。

这样，网页加载完毕后，将调用函数handler。

磨笔上阵

请根据你已有的函数和变量知识，判断下述哪些说法是正确的。

❏ 变量handler存储了一个函数引用。

❏ 将handler赋给window.onload时，实际上是将一个函数引用赋给了它。

❏ 变量handler仅用于将其存储的函数引用赋给window.onload。

❏ 我们绝不会再次使用handler，因为其代码仅在网页加载完毕后执行一次。

❏ 调用onload处理程序两次是个馊主意，因为这种处理程序通常用于为整个网页做一些初始化工作，多次调用它可能引发问题。

❏ 函数表达式创建函数引用。

❏ 我们是不是说过，将handler赋给window.onload时，实际上是将一个函数引用赋给了它？

如何使用匿名函数

我们创建了一个处理加载事件的函数，但我们知道这是一个一次性函数，因为在每个网页中，加载事件只发生一次。我们还注意到，将一个函数引用（具体地说是`handler`存储的函数引用）赋给了属性`window.onload`。然而，由于`handler`是个一次性函数，这个名称显得有点多余，因为我们仅使用它来将其存储的引用赋给属性`window.onload`。

匿名函数提供了一种简化这些代码的途径。匿名函数是没有名称的函数表达式，用于通常需要函数引用的地方。为明白这一点，来看看如何在代码中以匿名方式使用函数表达式。

```
function handler() { alert("Yeah, that page loaded!"); }
window.onload = handler;
```

首先，将变量`handler`删除，变成一个函数表达式。

```
window.onload = function() { alert("Yeah, that page loaded!"); } ;
```

然后，将这个函数表达式直接赋给属性`window.onload`。

```
window.onload = function() { alert("Yeah, that page loaded!"); };
```

这样就将处理程序赋给了属性`window.onload`，且没有使用不必要的名称。

通过将所需的函数直接赋给属性`onload`，代码简洁多了。另外，我们没有指定函数名，这避免了在其他代码中错误地使用它。（毕竟，`handler`是一个很常见的名称！）

看，没有名称！

考考你的脑力

在本书前面的代码中，是否有你没有意识到的匿名函数？

提示：它们是不是隐藏在对象中？

磨笔上阵

在下面的代码中，有几个地方都可使用匿名函数。请尽可能地使用匿名函数重新编写这些代码。你可将旧代码删除，并写入新代码。你还需完成另一个任务：将这些代码中的匿名函数圈出来。

```javascript
window.onload = init;
var cookies = {
    instructions: "Preheat oven to 350...",
    bake: function(time) {
            console.log("Baking the cookies.");
            setTimeout(done, time);
        }
};
function init() {
    var button = document.getElementById("bake");
    button.onclick = handleButton;
}
function handleButton() {
    console.log("Time to bake the cookies.");
    cookies.bake(2500);
}
function done() {
    alert("Cookies are ready, take them out to cool.");
    console.log("Cooling the cookies.");
    var cool = function() {
        alert("Cookies are cool, time to eat!");
    };
    setTimeout(cool, 1000);
}
```

别这么啰嗦好不好

我不想旧话重提，因为你已经深入地学习了函数，知道如何传递函数、如何将其赋给变量、如何将其传递给函数以及如何从函数返回它们，但你使用函数的方式还是太啰嗦（换而言之，你的表达能力依然没有达到应有的水平）。我们来看一个示例吧。

这个名为cookieAlarm的函数看起来很正常，它显示一个提示框，指出小甜饼做好了。

```
function cookieAlarm() {
    alert("Time to take the cookies out of the oven");
}

setTimeout(cookieAlarm, 600000);
```

小甜饼将在10分钟后做好。

将前述函数作为实参传递给setTimeout。

提醒一下，这个数字的单位为毫秒，因此600 000/1000/60 = 10分钟。

这些代码看起来挺好，但通过使用匿名函数，可使其更加紧凑。如何做到呢？看看调用setTimeout时使用的变量cookieAlarm吧。这个变量是一个函数引用，也就是说，调用setTimeout时，传入了一个函数引用。要获取函数引用，一种方式是使用指向函数的变量，另一种方式与两页前的window.onload示例一样，使用函数表达式。下面使用函数表达式来重写上述代码。

这里调用setTimeout时没有使用变量，而是直接使用函数表达式。

请注意这里的语法。我们书写了以右花括号结尾的整个函数表达式；然后像其他实参一样，在它后面加上逗号，再添加下一个实参。

```
setTimeout(function() { alert("Time to take the cookies out of the oven");}, 600000);
```

我们指定了要调用的函数的名称setTimeout，在它后面加上圆括号，再加上第一个实参——一个函数表达式。

函数表达式的后面是第二个实参。

你骗谁呢？这太乱了。谁喜欢
阅读这么长的一行代码呢？如果
函数更长、更复杂呢？

对于简短的代码片段，写成一行挺好。但在其他情况下，你说的没错，这样编写代码太难看了。不过你知道，在JavaScript中，可大量使用空白，因此可以根据需要插入任意数量的空格和回车，以提高代码的可读性。下面调整了前一页的setTimeout代码的格式。

我们只是插入了一些空白，
即添加一些空格和回车。

```
setTimeout(function() {

            alert("Time to take the cookies out of the oven");
       }, 600000);
```

这样，代码的可读性高得多
了。很高兴你提出这个问题。

> 等等，我想我明白了。函数表达式的结果是一个函数引用，因此在任何需要函数引用的地方，都可以使用函数表达式。是这样的吗？

说得有点拗口，不过你理解的没错。这是理解函数是一等公民的关键之一。在需要函数引用的地方，都可使用函数表达式，因为其结果就是一个函数引用。正如你刚才看到的，如果需要将一个函数作为实参，可将实参指定为函数表达式（同样，传递前将获取其结果——一个函数引用）。同样，如果需要从函数返回一个函数，也可返回一个函数表达式。

为确保你理解了将匿名函数表达式传递给函数的语法，请对下述将变量（这里是vaccine）用作实参的代码进行修改，将匿名函数表达式用作实参。

```
function vaccine(dosage) {
    if (dosage > 0) {
        inject(dosage);
    }
}

administer(patient, vaccine, time);
```

将转换后的版本写在这里，再查看本章末尾的答案，然后接着往下阅读。

世上没有愚蠢的问题

问： 这样使用匿名函数看起来确实晦涩难懂，我真的需要熟悉这种做法吗？

答： 你必须熟悉。在JavaScript代码中，经常会使用匿名函数表达式。要读懂别人编写的代码或JavaScript库，你必须知道其中的工作原理，并能够识别匿名函数表达式。

问： 使用匿名函数表达式真的更好吗？在我看来，这样做只会让代码更复杂，更难阅读和理解。

答： 这需要时间。随着时间的推移，你将能够轻松地分析这样的代码。另外，在很多情况下，这种语法都可降低代码的复杂度，让代码更整洁，其意图更清晰。虽然如此，过度地使用这种技巧绝对可能导致代码极难理解。但只要坚持，你就能掌握这种语法，届时它将变得更容易理解，也更有用。你将遇到很多大量使用匿名函数的代码，因此最好将这种技巧加入你的代码工具腰带。

问： 既然作为一等公民的函数用途这么大，为何其他语言不支持它？

答： 实际上支持（那些当前不支持的也正在考虑这样做）。例如，Scheme和Scala等语言与JavaScript一样，全面支持将函数作为一等公民；而PHP、最新的Java版本、C#和Objective-C等语言在一定程度上支持将函数作为一等公民。随着越来越多的人认识到将函数作为一等公民在编程语言中的价值，将有更多的语言提供这样的支持。然而，每种语言支持的方式都稍有不同，因此当你探索其他语言的这种功能时，一定要有心理准备。

函数是在什么时候定义的？这要看情况

函数有一个很微妙的地方，我们还未提及。别忘了，浏览器分两遍来处理JavaScript代码：第一遍，浏览器分析所有的函数声明，并定义这些函数声明创建的函数；第二遍，浏览器按从上到下的顺序执行代码，并定义函数表达式创建的函数。有鉴于此，使用函数声明创建的函数是在使用函数表达式创建的函数**之前**定义的，而这又决定了你可在什么时候和什么地方调用函数。

为明白这一点，来看一个具体的示例。下面的代码摘自上一章，但稍微调整了一下顺序。下面来处理这些代码。

请务必按数字标示的顺序阅读，从1开始，再到2，依此类推。这很重要。

1 从代码开头开始，查找所有的函数声明。

4 再次从代码开头开始，这次执行代码。

```
var migrating = true;
```

5 创建变量migrating，并将其设置为true。

注意到我们将这条if语句从代码末尾移到了这里。

```
if (migrating) {
    quack(4);
    fly(4);
}
```

6 条件为true，因此执行后面的代码块。

7 获取变量quack存储的函数引用，并使用实参4调用它。

8 获取变量fly存储的函数引用。糟糕，fly还没有定义！

```
var fly = function(num) {
    for (var i = 0; i < num; i++) {
        console.log("Flying!");
    }
};
```

2 找到一个函数声明。定义它创建的函数，并将其赋给变量quack。

```
function quack(num) {
    for (var i = 0; i < num; i++) {
        console.log("Quack!");
    }
}
```

3 已到达代码末尾。只找到了一个函数声明。

为何fly未定义

你知道，试图调用函数fly时它还未定义，为什么会这样呢？毕竟quack一点问题都没有。你可能猜到了，不同于函数声明quack，在第一遍处理代码时被定义，fly要等到第二遍从上到下执行代码时才被定义。我们再来看一下：

执行这些代码，并尝试调用quack时，一切都如预期的那样，因为quack在第一遍处理代码时就定义了。

```
JavaScript控制台
Quack!
Quack!
Quack!
Quack!
TypeError: undefined is not a function
```

试图调用未定义的函数时出现的情况。

```
var migrating = true;
if (migrating) {
    quack(4);
    fly(4);
}
var fly = function(num) {
    for (var i = 0; i < num; i++) {
        console.log("Flying!");
    }
};
function quack(num) {
    for (var i = 0; i < num; i++) {
        console.log("Quack!");
    }
}
```

当尝试调用函数fly时出现了错误，因为它还未定义……

这是由于fly要等到这条语句执行时才会被定义，而这条语句位于调用函数fly的语句后面。

根据你使用的浏览器，出现的错误可能类似于下面这样：TypeError: Property 'fly' of object [object Object] is not a function。

这到底意味着什么呢？首先，这意味着可将函数声明放在任何地方（代码的开头、末尾、中间），且可在任何地方调用它们。在代码的任何地方，函数声明创建的函数都是已定义的，这被称为**提升**（hoisting）。

函数表达式显然不同，因为它创建的函数要等到它执行后才被定义。因此，即便将函数表达式赋给全局变量（如前面的fly），也要等到它创建的函数被定义后，才能使用这个全局变量来调用该函数。

在这个示例中，两个函数的作用域都是**全局**。这意味着这两个函数被定义后，在代码的任何地方都是可见的。我们还需要考虑嵌套函数（在其他函数中定义的函数），因为这会影响函数的作用域。下面就来看看。

如何嵌套函数

在函数中定义其他函数完全可行，这意味着你可以在函数中使用函数声明或函数表达式。这其中的工作原理是什么呢？简单地说，在代码顶层定义的函数与在函数中定义的函数之间的唯一差别在于，它们的作用域不同。换言之，将函数放在另一个函数中时，将影响它在代码的哪些地方可见。

为明白这一点，来稍微扩展一下前面的示例，添加一些嵌套（nested）的函数声明和函数表达式。

```javascript
var migrating = true;
var fly = function(num) {
    var sound = "Flying";
    function wingFlapper() {
        console.log(sound);
    }
    for (var i = 0; i < num; i++) {
        wingFlapper();
    }
};
function quack(num) {
    var sound = "Quack";
    var quacker = function() {
        console.log(sound);
    };
    for (var i = 0; i < num; i++) {
        quacker();
    }
}
if (migrating) {
    quack(4);
    fly(4);
}
```

在函数表达式fly中，添加了一个名为wingFlapper的函数声明。

调用wingFlapper。

在函数声明quack中，添加了一个函数表达式，并将其赋给变量quacker。

调用quacker。

将这些代码移到最后，以免调用fly时引发错误。

在上述代码中，用铅笔标出函数fly、quack、wingFlapper和quacker的作用域。另外，标出你认为这些函数可见但还未定义的地方。

嵌套对作用域的影响

在代码顶层定义的函数是全局的，而在函数中定义的函数是局部的。下面来研究一下这些代码，看看每个函数的作用域，同时确定各个函数在什么地方是已定义的（即不是undefined）。

在代码顶层定义的东西都是全局的，因此fly和quack都是全局的。

但别忘了，仅当执行这个函数表达式后，fly才是已定义的。

```
var migrating = true;
var fly = function(num) {
    var sound = "Flying";
    function wingFlapper() {
        console.log(sound);
    }
    for (var i = 0; i < num; i++) {
        wingFlapper();
    }
};
function quack(num) {
    var sound = "Quack";
    var quacker = function() {
        console.log(sound);
    };
    for (var i = 0; i < num; i++) {
        quacker();
    }
}
if (migrating) {
    quack(4);
    fly(4);
}
```

wingFlapper是在函数fly中由一个函数声明定义的，因此其作用域为整个fly函数，即在fly函数的整个函数体内都是已定义的。

quacker是在函数quack中由一个函数表达式定义的，因此其作用域为整个quack函数；但仅在这个函数表达式被执行后且在到达函数quack末尾前，它才是已定义的。

quacker仅在这个范围内是已定义的。

请注意，在函数内部的什么地方可引用嵌套函数的规则，与在整个代码的什么地方可引用全局函数的规则相同。也就是说，在函数内部，如果你使用**函数声明**创建了一个嵌套函数，那么在这个函数的函数体的任何地方，嵌套函数都是已定义的；如果你使用**函数表达式**创建了一个嵌套函数，则在这个函数的函数体内，仅当函数表达式执行后，嵌套函数才是已定义的。

世上没有愚蠢的问题

问：将一个函数传递给另一个函数时，这个函数将存储在一个形参中，进而被视为所调用函数的一个局部变量。这样理解对吗？

答：完全正确。将函数作为实参传递给另一个函数时，传入的函数引用将被复制到所调用函数的一个形参变量中。与其他形参一样，存储函数引用的形参也是局部变量。

严峻的JavaScript挑战

我们需要一位一等函数方面的专家，听说你就是！我们被下面两个代码片段难住了，需要你的帮助。在我们看来，这两段代码几乎完全相同，只是其中一段使用了一个一等函数，而另一段没有。根据对JavaScript作用域的认识，我们认为代码片段#1的结果为008，而代码片段#2的结果为007。但实际上，它们的结果都是008！你能帮我们弄明白为什么会这样吗？

往下阅读前，建议在本页将你的看法记录下来。

代码片段 #1

```javascript
var secret = "007";

function getSecret() {
    var secret = "008";

    function getValue() {
        return secret;
    }
    return getValue();
}

getSecret();
```

代码片段 #2

```javascript
var secret = "007";

function getSecret() {
    var secret = "008";

    function getValue() {
        return secret;
    }
    return getValue;
}
var getValueFun = getSecret();
getValueFun();
```

现在不要查看本章末尾的答案，稍后我们将重温这个挑战。

词法作用域简介

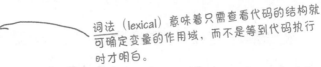

词法（lexical）意味着只需查看代码的结构就
可确定变量的作用域，而不是等到代码执行
时才明白。

既然说到作用域，下面来简单地介绍一下词法作用域的工
作原理。

```
var justAVar = "Oh, don't you worry about it, I'm GLOBAL";

function whereAreYou() {
    var justAVar = "Just an every day LOCAL";

    return justAVar;
}

var result = whereAreYou();
console.log(result);
```

这里定义了一个名为
justAVar的全局变量。

这个函数定义了一个新的
词法作用域……

其中有一个局部变量justAVar，
它遮住了同名的全局变量。

这个函数被调用时返回justAVar，不过是哪个justAVar呢？我们使
用的是词法作用域，因此在最近的函数作用域内查找justAVar；如
果在这个作用域内没有找到，再在全局作用域内查找。

因此，调用whereAreYou时，它
将返回局部变量justAVar（而不
是全局变量justAVar）的值。

> **JavaScript控制台**
>
> Just an every day LOCAL

下面来引入一个嵌套函数。

```
var justAVar = "Oh, don't you worry about it, I'm GLOBAL";

function whereAreYou() {
    var justAVar = "Just an every day LOCAL";

    function inner() {
        return justAVar;
    }

    return inner();
}

var result = whereAreYou();
console.log(result);
```

这个函数与前面相同。

这个局部变量遮住了同
名的全局变量。

但现在定义了一个嵌套函数，并在其中引用了
justAVar。这引用的是哪个变量呢？同样，引
用的总是最近的外部函数中的变量。因此，这
里引用的变量与前面相同。

注意到这里调用了inner，
并返回其结果。

因此调用whereAreYou时，将调
用函数inner，进而返回局部变
量justAVar（而不是全局变量
justAVar）的值。

> **JavaScript控制台**
>
> Just an every day LOCAL

词法作用域的有趣之处

下面再来作一点调整，请瞪大眼睛，情况将发生翻天覆地的变化。

```
var justAVar = "Oh, don't you worry about it, I'm GLOBAL";

function whereAreYou() {
    var justAVar = "Just an every day LOCAL";

    function inner() {
        return justAVar;
    }

    return inner;
}

var innerFunction = whereAreYou();
var result = innerFunction();
console.log(result);
```

没有任何变化，变量还是原来的变量，函数还是原来的函数。

但这里没有调用函数inner，而是返回它。

因此调用whereAreYou时，将获得一个指向函数inner的引用。我们将这个函数引用赋给变量innerFunction，再调用innerFunction，将其结果赋给变量result，并打印这个变量。

那么这里通过innerFunction调用inner时，将返回哪个justAVar变量呢？局部变量justAVar还是全局变量justAVar？

重要的是调用函数的时机。我们调用返回的函数inner时，全局变量justAVar在作用域内，因此结果为"Oh don't worry about it, I'm GLOBAL"。

别这么快下结论。在词法作用域中，重要的是函数是在什么地方定义的，因此结果肯定是局部变量justAVar的值，即"Just an every day LOCAL"。

Frank：你凭什么说你是对的？这有悖于物理定律。局部变量根本就不存在了……我是说离开其作用域后，变量便不再存在了。它消失（derezzed）了！你难道没看过电影《创：战纪》（*TRON*）吗？

Judy：在不那么强大的C++和Java语言中也许如此，但在JavaScript中不是这样的。

Jim：别逗了，这怎么可能？函数whereAreYou来去匆匆，局部变量justAVar已不复存在。

Judy：我刚才不是跟你说了嘛，在JavaScript中，局部变量不是这样的。

Frank：Judy，你说说是什么样的。

Judy：定义函数inner时，局部变量justAVar在这个函数的作用域内。不过词法作用域指出，重要的是定义的方式；既然我们使用的是词法作用域，那么**每当**inner被调用时，它都认为这个局部变量还存在，需要时可直接使用。

Frank：可是我前面说过，这看起来有悖于物理定律。定义局部变量justAVar的函数whereAreYou已执行完毕，这个变量已不复存在。

Judy：没错，函数whereAreYou已执行完毕，但其作用域依然存在，可供inner使用。

Jim：这怎么可能？

Judy：咱们来看看定义并返回函数时发生的情况吧。

编辑说明：一页之间，*Joe* 怎么就换了衬衫呢？！

再谈函数

实在抱歉，到现在我们还没有将有关函数的**一切**和盘托出。即便在你问及"函数引用指向的到底是什么"时，我们也有点回避问题，说"将其视为封装好的函数，其中包含函数的代码块就好了"。

现在该将一切都告诉你了。

为此，咱们从函数whereAreYou着手，看看执行这些代码时实际发生的情况。

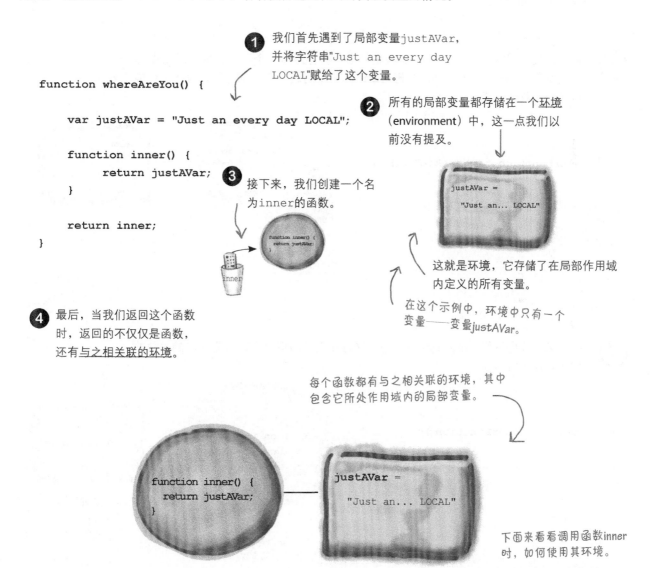

① 我们首先遇到了局部变量justAVar，并将字符串"Just an every day LOCAL"赋给了这个变量。

```
function whereAreYou() {

    var justAVar = "Just an every day LOCAL";

    function inner() {
        return justAVar;
    }

    return inner;
}
```

② 所有的局部变量都存储在一个环境（environment）中，这一点我们以前没有提及。

③ 接下来，我们创建一个名为inner的函数。

```
justAVar =
    "Just an... LOCAL"
```

这就是环境，它存储了在局部作用域内定义的所有变量。

在这个示例中，环境中只有一个变量——变量justAVar。

④ 最后，当我们返回这个函数时，返回的不仅仅是函数，还有与之相关联的环境。

每个函数都有与之相关联的环境，其中包含它所处作用域内的局部变量。

```
function inner() {
    return justAVar;
}
```

```
justAVar =
    "Just an... LOCAL"
```

下面来看看调用函数inner时，如何使用其环境。

再谈函数调用

有了函数inner及其环境后，我们来调用函数inner，看看将发生的情况。
我们要执行的代码如下。

```
var innerFunction = whereAreYou();

var result = innerFunction();

console.log(result);
```

---

① 首先，我们调用whereAreYou。我们知道，这将返回一个函数引用，因此我们
创建变量innerFunction，并将返回的函数引用赋给它。别忘了，有一个环境
与这个函数相关联。

```
var innerFunction = whereAreYou();
```

这条语句执行完毕后，我们就有了变量
innerFunction，它指向whereAreYou返回
的函数（及其环境）。

我们的新变量。

function inner() {
    return justAVar;
}

inner
Function

函数及其环境。

justAVar =
    "Just an... LOCAL"

---

② 接下来，我们调用innerFunction。这将在相应的环境中执行它指向的函数的
代码，如下所示。

```
var result = innerFunction();
```

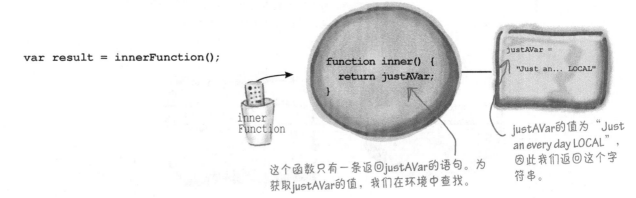

function inner() {
    return justAVar;
}

inner
Function

这个函数只有一条返回justAVar的语句。为
获取justAVar的值，我们在环境中查找。

justAVar =
    "Just an... LOCAL"

justAVar的值为"Just
an every day LOCAL"，
因此我们返回这个字
符串。

(3) 最后，我们将这个函数的结果赋给变量result，再在控制台中显示这个
变量。

```
var result = innerFunction();
console.log(result);
```

innerFunction返回从相应的环境中获取的
值"Just an every day LOCAL"，因此我们将
这个字符串存储到变量result中。

接下来，我们只需在控制台中
显示这个字符串即可。

JavaScript控制台

Just an every day LOCAL

可恶！Judy又说
对了。

等等，Judy没有提到闭包，而我们
这里做的好像与闭包相关。咱们
来学习闭包，看看能否利用闭包来
战胜她。

伙计们，这就是闭包，你们
最好仔细地研究一下。

世上没有
愚蠢的问题

问: 你说词法作用域决定了变量是在哪里定义的,这是什么意思?

答: 所谓词法作用域,指的是JavaScript的作用域规则完全基于代码的结构,而不是一些动态的运行阶段属性。这意味着只需查看代码的结构,就能确定变量是在什么地方定义的。另外别忘了,在JavaScript中,只有函数会引入新的作用域。因此,对于在函数中引用的变量,要确定它是在哪里定义的,可从最里面(当前函数)开始依次向最外面进行查找,直到找到它为止。如果在这些函数中都找不到它,则它要么是全局的,要么未定义。

问: 在函数被嵌套很多层的情况下,环境的工作原理是什么呢?

答: 前面解释环境时,简化了环境的表示,实际上,你可以认为每个嵌套函数都有自己的小环境,其中包含它自己的变量。这样将形成一个环境链,从内到外依次为各个嵌套函数的环境。

因此,在环境中查找变量时,你将从最近的环境着手,沿环境链不断往下查找,直到找到变量为止。如果在环境链中没有找到,再在全局环境中查找。

问: 为何说词法作用域和函数环境是好东西?我原本以为前述示例代码的结果为"Oh, don't you worry about it, I'm GLOBAL"。在我看来,这更合乎情理。正确的答案令人迷惑,也有悖于直觉。

答: 我们明白你为何这么想,但词法作用域的优点是,总是可以通过查看代码来确定变量是在哪里定义的,进而确定它的值。正如你看到的,即便在你返回函数并过后在定义函数的作用域外面调用它时,情况亦如此。

词法作用域和函数环境是好东西的另一个原因是,使用这种功能可做很多事情,稍后进行介绍。

问: 形参变量是否也包含在环境中?

答: 是的。前面说过,可将形参视为函数的局部变量,因此它们也包含在环境中。

问: 我需要详细了解环境的工作原理吗?

答: 不需要。你只需明白有关JavaScript变量的词法作用域规则即可,我们在前面已经介绍过。你现在已经知道,从函数返回的函数携带了其周边环境。

别忘了,JavaScript函数都是在定义它的环境中执行的。在函数中,要确定变量来自何方,可按从内到外的顺序依次在包含它的函数中搜索。

闭包到底是什么

人人都在谈论闭包（closure），认为它是**必不可少**的语言特性，但有多少人真正明白闭包是什么以及如何使用它们呢？少之又少。闭包是人人都想理解的语言特性，也是所有传统语言都想添加的语言特性。

闭包很难学，业界很多受过良好教育的人都这样说；但对本书的读者来说，这根本就不是问题。想知道为什么？不是因为本书通俗易懂，也不是因为我们要创建一个杀手级应用程序来向你介绍闭包，而是因为你**早就学习过了**，只是那时我们没有称之为闭包而已。

闲话少说，给闭包一个非常正式的定义吧。

> 如果你已深受本书的影响，此时此刻你可能这样想：这是一个会让我的薪水大幅提升的知识点。

> **闭包：名词，指的是函数和引用环境。**

必须承认，上述定义并不能让人茅塞顿开。为何称之为**闭包**呢？简单地说，因为它可能是一道决定成败的面试题，也可能在未来的某个时候让你获得加薪——我一点都没开玩笑。

要理解**闭包**一词，需要明白"**敲定**"（close）函数的概念。

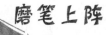

磨笔上阵

你的任务有以下两个。（1）在下面的代码中，找出所有的**自由变量**，并将它们圈出来。自由变量指的是不是在本地作用域内定义的变量。（2）从右边选择一个**可敲定这个函数**的环境。可敲定函数的环境指的是给所有自由变量都提供了值的环境。

```
function justSayin(phrase) {
    var ending = "";
    if (beingFunny) {
        ending = " -- I'm just sayin!";
    } else if (notSoMuch) {
        ending = " -- Not so much.";
    }
    alert(phrase + ending);
}
```

将这些代码中的所有自由变量都圈出来。自由变量不是在本地作用域内定义的变量。

选择一个能够将这个函数敲定的环境。

```
beingFunny = true;
notSoMuch = false;
inConversationWith = "Paul"
```

```
beingFunny = true;
justSayin = false;
oocoder = true;
```

```
notSoMuch = true;
phrase = "Do do da";
band = "Police";
```

敲定函数

通过前面的练习，你可能明白了，函数通常包含局部变量（它们是在函数体中定义的，包括所有的形参），还可能包含不是在本地定义的变量，这些变量被称为**自由变量**。**自由**一词源于这样一点：在函数体内，自由变量没有绑定到任何值（换而言之，它们不是在本地声明的）。有了给每个自由变量都提供了值的环境后，便将函数**敲定**了；而函数和环境一起被称为**闭包**。

> 对于函数体内的变量，如果它既不是在本地定义的，又不是全局变量，便可肯定它来自包含当前函数的其他函数，可从环境中获取其值。

闭包

```
function justSayin() {
    // 函数的代码
}
```

```
beingFunny = true;
notSoMuch = false;
inConversationWith = "Paul";
```

包含自由变量的函数与为所有这些自由变量提供了变量绑定的环境一起，被称为闭包。

你已经花了将近10页的篇幅探讨这个主题，还打不打算介绍实用的JavaScript代码呀？换句话说，你要没完没了地介绍理论吗？我干嘛要关心函数的这些底层工作原理？我只要能够编写并调用函数不就成了吗？

要不是闭包这么有用，我完全同意你的看法。 很抱歉强行让你去学习闭包，不过我向你保证，这样做非常值得。你知道，闭包绝非理论性的函数式编程语言结构，而是一款极其强大的编程工具。现在你明白了闭包的工作原理（毫不夸张地说，明白闭包绝对会让你在经理和同事面前脱颖而出），该学习如何使用它们了。

现实情况是，闭包无处不在；事实上，你将对它们了如指掌，进而在代码中大量地使用它们。下面来介绍一些闭包示例，帮助你明白前面讲述的所有内容。

使用闭包实现神奇的计数器

有过实现计数器函数的念头吗？通常以类似于下面的方式来实现：

```
var count = 0;
```
声明一个全局变量count。

```
function counter() {
    count = count + 1;
    return count;
}
```
每次调用counter时，都将全局变量count加01，再返回结果。

可以像下面这样使用这个counter函数：

```
console.log(counter());
console.log(counter());
console.log(counter());
```
因此可以像这样计数并显示计数器的值。

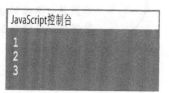

这种做法存在的唯一问题是，使用全局变量count，协作开发代码时，大家常常会使用相同的变量名，进而导致冲突。

这里要告诉你的是，可以使用受保护的局部变量实现计数器。这样，计数器将不会与任何代码发生冲突，且只能通过调用相应的函数（也叫闭包）来增加计数器的值。

要使用闭包实现这种计数器，可重用前面的大部分代码。别眨眼，奇迹就要发生了：

```
function makeCounter() {
    var count = 0;

    function counter() {
        count = count + 1;
        return count;
    }
    return counter;
}
```

我们在函数makeCounter中声明变量count。这样它就是局部变量，而不是全局变量。

接下来，我们创建函数counter，它将变量count加01。

然后，返回函数counter。

这是一个闭包，在其环境中存储了变量count。

这种办法管用吗？咱们来试一试。

测试神奇的计数器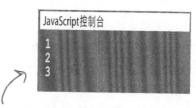

添加一些测试计数器的代码，再试一试！

```javascript
function makeCounter() {
    var count = 0;

    function counter() {
        count = count + 1;
        return count;
    }
    return counter;
}
var doCount = makeCounter();
console.log(doCount());
console.log(doCount());
console.log(doCount());
```

```
JavaScript控制台

1
2
3
```

这个计数器确实管用，计数结果准确无误。

揭秘

下面来分步剖析这些代码，看看这个计数器是如何工作的。

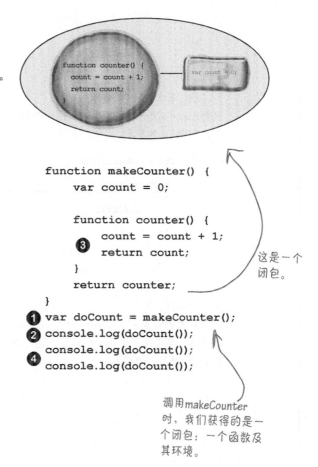

1 我们调用makeCounter，它创建函数counter，并将其与包含自由变量count的环境一起返回。换句话说，它创建了一个闭包。从makeCounter返回的函数存储在doCount中。

2 我们调用函数doCount，这将执行函数counter的函数体。

3 遇到变量count时，我们在环境中查找并获取它的值。我们将count的值加1，将结果存回到环境中，再将结果返回到调用doCount的地方。

4 每次调用doCount时，我们都重复第2~3步。

```javascript
function makeCounter() {
    var count = 0;

    function counter() {
        count = count + 1;   ③
        return count;
    }
    return counter;
}
① var doCount = makeCounter();
② console.log(doCount());
  console.log(doCount());
④ console.log(doCount());
```

这是一个闭包。

调用doCount（指向函数counter的引用），进而需要获取count的值时，我们使用这个闭包的环境中的变量count。在外部世界（全局作用域中），根本看不到变量count，但每次调用doCount时，我们都可以使用它。除了调用doCount外，<u>没有其他任何办法</u>能够获取count。

调用makeCounter时，我们获得的是一个闭包：一个函数及其环境。

轮到你了。请尝试创建下面的闭包。我们知道这对初学者来说不容易，必要时请参阅本章末尾的答案。重要的是不断地思考这些示例，直到完全明白为止。

第一题（10分）

makePassword将实际密码作为参数，它返回一个这样的函数：将猜测的密码作为参数，并在猜测的密码与实际密码相同时返回true。（对于这些有关闭包的描述，可能能需要读几遍才能明白。）

```
function makePassword(password) {
    return _____ {
        return (passwordGuess === password);
    };
}
```

第二题（20分）

函数multN将一个数字（n）作为参数，并返回一个这样的函数：将一个数字作为参数，并返回它与n的乘积。

```
function multN(n) {
    return _____ {
        return _____;
    };
}
```

第三题（30分）

修改前面的计数器，让makeCounter与以前一样不接受任何参数，但使其定义变量count，再创建并返回一个对象。这个对象包含一个方法increment，它将变量count加1，再返回这个变量。

通过将函数表达式用作实参来创建闭包

并非只能通过从函数返回函数来创建闭包。如果函数使用了自由变量，则**每当**你在创建该函数的上下文外面执行它时，都将创建一个闭包。

将函数传递给函数时，也将创建闭包。在这种情况下，传递的函数将在完全不同于定义它的上下文中执行。下面是一个这样的示例。

```
function makeTimer(doneMessage, n) {

    setTimeout(function() {          我们定义了一个函数。
        alert(doneMessage);         它使用了一个自由变量。
    }, n);                          我们将它用作setTimeout的处理程序。

}                                   这个函数将在函数makeTimer调用完毕1000毫
                                    秒后执行。

makeTimer("Cookies are done!", 1000);
```

这里向函数setTimeout传入了一个函数表达式，而这个函数表达式使用了自由变量doneMessage。你知道，函数表达式的结果是一个函数引用，而该函数引用将被传递给setTimeout。方法setTimeout存储该函数引用（这是一个函数及其环境，即闭包），并在1000毫秒后调用它。

再说一遍，我们传递给setTimeout的函数是一个闭包，因为它带有将自由变量doneMessage绑定到字符串"Cookies are done!"的环境。

考考你的脑力

如果将前面的代码修改成下面这样，结果将如何？

```
function handler() {
    alert(doneMessage);
}
function makeTimer(doneMessage, n) {
    setTimeout(handler, n);
}
makeTimer("Cookies are done!", 1000);
```

考考你的脑力 2

对于第9章中第412页的代码，你能使用闭包对其进行修改，避免向setTimeout传递第三个参数吗？

闭包包含的是实际环境，而非环境的副本

学习闭包时，大家常常错误地认为闭包的环境包含所有变量及其值的副本。实际上不是这样的。环境引用的是实时变量，因此，如果闭包函数外面的代码修改了变量，闭包函数执行时看到的将是变量的新值。

为明白这一点，下面来修改前面的示例。

```
function setTimer(doneMessage, n) {

    setTimeout(function() {          ← 在这里创建了闭包。
        alert(doneMessage);
    }, n);
                                        调用setTimeout后再修改
                                        doneMessage的值。
    doneMessage = "OUCH!";
}
setTimer("Cookies are done!", 1000);
```

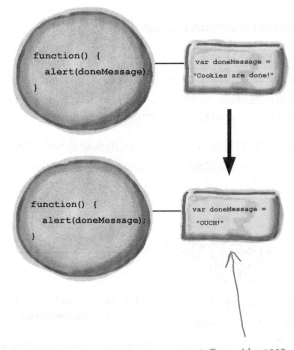

1 调用setTimeout并向它传递一个函数表达式时，将创建一个闭包，其中包含相应的函数以及指向环境的引用。

```
setTimeout(function() {

    alert(doneMessage);

}, n);
```

2 接下来，我们在闭包外面将doneMessage的值改为"OUCH!"。在闭包使用的环境中，这个变量的值也发生了变化。

```
doneMessage = "OUCH!";
```

3 1000毫秒后，闭包中的函数被调用。这个函数引用变量doneMessage，而在环境中，这个变量被设置成了"OUCH!"，因此提示框中显示的是"OUCH!"。

这个函数被调用时，它使用环境中变量doneMessage的值，即在setTimer中给这个变量设置的新值。

```
function() { alert(doneMessage); }
```

使用事件处理程序来创建闭包

来看另一种创建闭包的方式：使用事件处理程序来创建闭包。这种做法在JavaScript代码中很常见。我们将首先创建一个简单的网页，它包含一个按钮和一个显示消息的<div>元素。我们将跟踪用户单击按钮的次数，并在<div>元素中显示出来。

下面是用于创建该网页的HTML和一些CSS。请新建一个文件，将其命名为divClosure.html，并在其中输入这些代码。

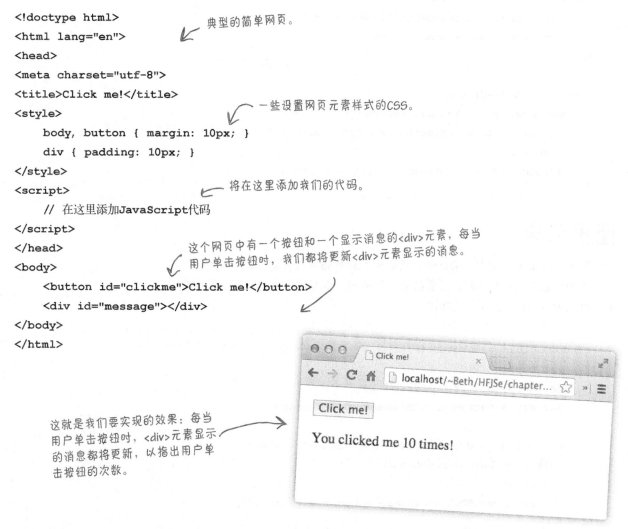

```
<!doctype html>
<html lang="en">                       典型的简单网页。
<head>
<meta charset="utf-8">
<title>Click me!</title>
<style>                            一些设置网页元素样式的CSS。
    body, button { margin: 10px; }
    div { padding: 10px; }
</style>
<script>                           将在这里添加我们的代码。
    // 在这里添加JavaScript代码
</script>
</head>                            这个网页中有一个按钮和一个显示消息的<div>元素，每当
<body>                            用户单击按钮时，我们都将更新<div>元素显示的消息。
    <button id="clickme">Click me!</button>
    <div id="message"></div>
</body>
</html>
```

这就是我们要实现的效果：每当用户单击按钮时，<div>元素显示的消息都将更新，以指出用户单击按钮的次数。

Click me!

You clicked me 10 times!

下面来编写JavaScript代码。你完全可以不使用闭包，但正如你将看到的，通过使用闭包，代码将更简洁，甚至效率也更高一些。

不使用闭包

先来看看在**不使用闭包**的情况下如何实现这个示例。

必须将变量count声明为全局的，因为如果将其作为handleClick（按钮的单击事件处理程序，参见后面的代码）的局部变量，则用户每次单击时，它都将被初始化。

```
var count = 0;
```

在加载事件处理程序中获取按钮元素，并通过其属性onclick指定一个单击事件处理程序。

```
window.onload = function() {
    var button = document.getElementById("clickme");
    button.onclick = handleClick;
};
```

这是按钮的单击事件处理程序。

我们定义变量message……

获取网页中的<div>元素……

将计数器加1……

```
function handleClick() {
    var message = "You clicked me ";
    var div = document.getElementById("message");
    count++;
    div.innerHTML = message + count + " times!";
}
```

并使用指出用户单击按钮次数的消息更新<div>元素。

使用闭包

不使用闭包的版本看起来合情合理，只是其中的全局变量可能会带来麻烦。下面来使用闭包重写这些代码，看看结果有何不同。重写后的代码如下，稍后我们将对其进行测试，再深入地探讨。

现在，所有变量都是在赋给window.onload的函数中定义的，消除了名称冲突的问题。

我们通过将一个函数表达式赋给按钮的属性onclick来指定单击处理程序，因此可以在这个单击处理程序中引用div、message和count。（别忘了词法作用域！）

```
window.onload = function() {
    var count = 0;
    var message = "You clicked me ";
    var div = document.getElementById("message");

    var button = document.getElementById("clickme");
    button.onclick = function() {
        count++;
        div.innerHTML = message + count + " times!";
    };
};
```

这个函数有三个自由变量：div、message和count。因此将创建一个闭包。也就是说，将把一个闭包赋给按钮的属性onclick。

测试按钮单击计数器

将上述代码添加到divClosure.html，并对其进行测试吧。加载这个网页，再单击按钮来增加计数器的数值，`<div>`元素显示的消息将更新。再来看一眼代码，确保你完全明白其中的工作原理。然后翻到下一页，我们将详细探讨这些代码。

这是我们的测试效果。

```html
<!doctype html>
<html lang="en">
<head>
<meta charset="utf-8">
<title>Click me!</title>
<style>
    body, button { margin: 10px; }
    div { padding: 10px; }
</style>
<script>
    window.onload = function() {
        var count = 0;
        var message = "You clicked me ";
        var div = document.getElementById("message");

        var button = document.getElementById("clickme");
        button.onclick = function() {
            count++;
            div.innerHTML = message + count + " times!";
        };
    };
</script>
</head>
<body>
    <button id="clickme">Click me!</button>
    <div id="message"></div>
</body>
</html>
```

← 将divClosure.html修改成这样。

用作按钮单击处理程序的闭包的工作原理

为理解这个闭包的工作原理，我们再次跟随浏览器，看看它是如何执行这些代码的。

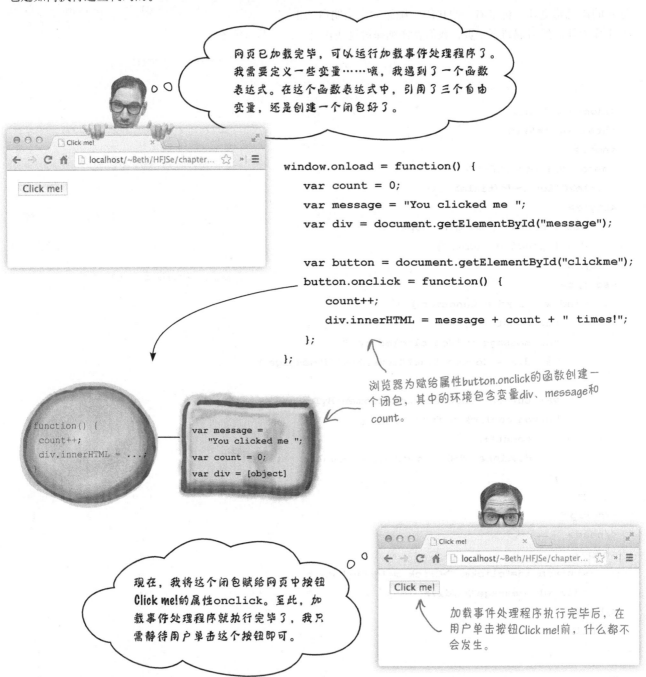

> 网页已加载完毕，可以运行加载事件处理程序了。我需要定义一些变量……哦，我遇到了一个函数表达式。在这个函数表达式中，引用了三个自由变量，还是创建一个闭包好了。

```javascript
window.onload = function() {
    var count = 0;
    var message = "You clicked me ";
    var div = document.getElementById("message");

    var button = document.getElementById("clickme");
    button.onclick = function() {
        count++;
        div.innerHTML = message + count + " times!";
    };
};
```

浏览器为赋给属性button.onclick的函数创建一个闭包，其中的环境包含变量div、message和count。

```javascript
function() {
    count++;
    div.innerHTML = ...;
}
```

```javascript
var message =
    "You clicked me ";
var count = 0;
var div = [object]
```

> 现在，我将这个闭包赋给网页中按钮Click me!的属性onclick。至此，加载事件处理程序就执行完毕了，我只需静待用户单击这个按钮即可。

> 加载事件处理程序执行完毕后，在用户单击按钮Click me!前，什么都不会发生。

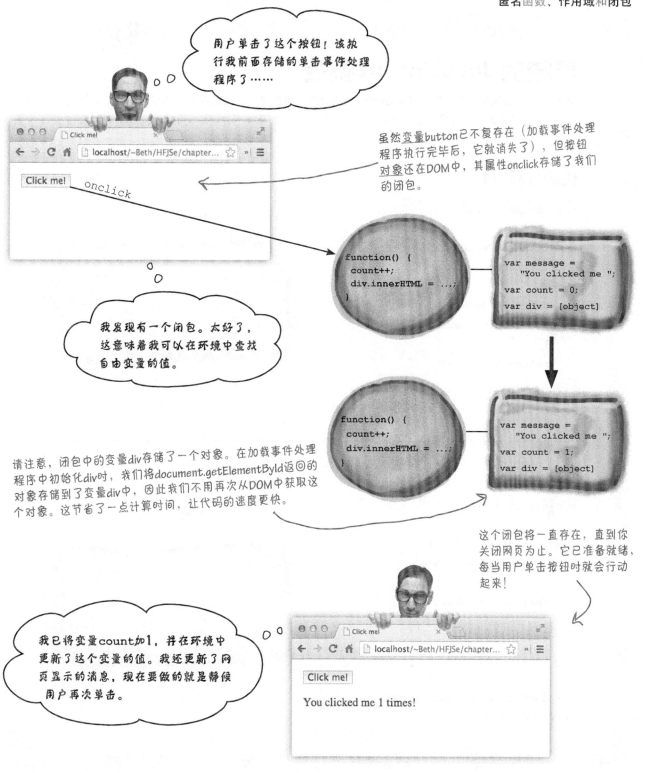

用户单击了这个按钮！该执行我前面存储的单击事件处理程序了……

虽然变量button已不复存在（加载事件处理程序执行完毕后，它就消失了），但按钮对象还在DOM中，其属性onclick存储了我们的闭包。

Click me! onclick

```
function() {
  count++;
  div.innerHTML = ...;
}
```

```
var message =
    "You clicked me ";
var count = 0;
var div = [object]
```

我发现有一个闭包。太好了，这意味着我可以在环境中查找自由变量的值。

```
function() {
  count++;
  div.innerHTML = ...;
}
```

```
var message =
    "You clicked me ";
var count = 1;
var div = [object]
```

请注意，闭包中的变量div存储了一个对象。在加载事件处理程序中初始化div时，我们将document.getElementById返回的对象存储到了变量div中，因此我们不用再次从DOM中获取这个对象。这节省了一点计算时间，让代码的速度更快。

这个闭包将一直存在，直到你关闭网页为止。它已准备就绪，每当用户单击按钮时就会行动起来！

我已将变量count加1，并在环境中更新了这个变量的值。我还更新了网页显示的消息，现在要做的就是静候用户再次单击。

Click me!

You clicked me 1 times!

严峻的JavaScript挑战

我们需要一位闭包专家，听说你就是！知道闭包的工作原理后，你现在明白下述两个代码片段的结果都是008的原因吗？为理解这一点，请在下面写出闭包的环境中存储的变量。请注意，环境完全可以是空的。答案见本章末尾。

代码片段 #1

```javascript
var secret = "007";

function getSecret() {
    var secret = "008";

    function getValue() {
        return secret;
    }
    return getValue();
}
getSecret();
```

环境

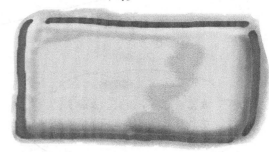

代码片段 #2

```javascript
var secret = "007";

function getSecret() {
    var secret = "008";

    function getValue() {
        return secret;
    }
    return getValue;
}
var getValueFun = getSecret();
getValueFun();
```

环境

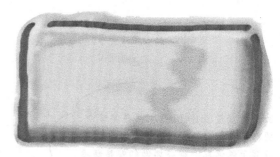

磨笔上阵

请看下面的代码：

```javascript
(function(food) {
    if (food === "cookies") {
        alert("More please");
    } else if (food === "cake") {
        alert("Yum yum");
    }
})("cookies");
```

在需要使用函数引用的地方使用函数表达式，将代码简化到极致。

你的任务不仅是明白这段代码是做什么的，还要明白它是**怎么做**的。为此，你需要进行还原，即将其中的匿名函数提取出来，将其赋给一个变量，再在原本使用函数表达式的地方使用这个变量。这样处理后，代码是不是更容易理解了？它到底是做什么的呢？

要点

- **匿名函数**是没有名称的函数表达式。

- 使用匿名函数可让代码更简洁。

- **函数声明**创建的函数是在执行其他代码前定义的。

- **函数表达式**是在运行阶段与其他代码一起执行的，因此在函数表达式所在的语句执行前，它创建的函数是未定义的。

- 可将函数表达式传递给函数，还可从函数返回函数表达式。

- 函数表达式的结果是一个**函数引用**，因此在可以使用函数引用的任何地方，都可使用函数表达式。

- **嵌套函数**是在其他函数中定义的函数。

- 与局部变量一样，嵌套函数的作用域也是局部的。

- **词法作用域**意味着通过阅读代码就能确定变量的作用域。

- 在嵌套函数中，为确定变量的值，将在最近的外部函数中查找；如果没有找到，再在全局作用域中查找。

- **闭包**指的是函数及其引用的环境。

- 闭包捕获其创建时所处作用域内的变量的值。

- **自由变量**指的是在函数体内未绑定的变量。

- 在创建闭包的上下文外部执行它时，自由变量的值由引用的环境决定。

- 通常使用闭包来为事件处理程序捕获状态。

JavaScript填字游戏

请完成下面的填字游戏，将本章介绍的JavaScript知识深深地刻在脑海中。

横向

4. 嵌套在函数中的函数声明的作用域。

6. 在fly定义前试图调用它时出现的错误。

9. wingFlapper是一个_____函数。

12. 本章使用了setTimeout来创建一个制作什么的定时器?

13. 在代码顶层被赋给变量的函数表达式拥有_____作用域。

14. 要升职加薪，你必须明白什么的工作原理?

16. 不是在当前作用域内定义的变量。

17. 在本章中，在闭包外面将变量doneMessage的值修改成了什么?

18. 为所有自由变量都提供了值的环境可以_____函数。

纵向

1. 在本章中，每次都说对了的人。

2. 在本章中，一页之间就换了衬衫的人。

3. 本章提及的一部电影，其中使用了"消失"(derezzed)一词。

5. 没有名称的函数表达式。

7. 函数和与之相关联的什么称为闭包?

8. 函数表达式的结果是一个函数_____。

10. 设置小甜饼制作定时器时，我们向setTimeout传递了一个函数_____。

11. 形参是_____变量，因此包含在定义变量的环境中。

15. _____作用域意味着通过查看代码的结构就能确定变量的作用域。

磨笔上阵
答案

在下面的代码中，有几个地方都可使用匿名函数。请尽可能地使用匿名函数重新编写这些代码。你可将旧代码删除，并写入新代码。你还需完成另一个任务：将这些代码中的匿名函数圈出来。答案如下。

```javascript
window.onload = init;
var cookies = {
    instructions: "Preheat oven to 350...",
    bake: function(time) {
            console.log("Baking the cookies.");
            setTimeout(done, time);

          }
};
function init() {
    var button = document.getElementById("bake");
    button.onclick = handleButton;
}
function handleButton() {
    console.log("Time to bake the cookies.");
    cookies.bake(2500);
}
function done() {
    alert("Cookies are ready, take them out to cool.");
    console.log("Cooling the cookies.");
    var cool = function() {
        alert("Cookies are cool, time to eat!");
    };
    setTimeout(cool, 1000);
}
```

我们重新编写了上述代码，使用了两个匿名函数
表达式：一个对应于函数init，另一个对应于函
数handleButton。

我们将一个函数表达式赋给了属性
window.onload······

```javascript
window.onload = function() {
    var button = document.getElementById("bake");
    button.onclick = function() {
        console.log("Time to bake the cookies.");
        cookies.bake(2500);
    };
};
```

并将另一个函数表达式赋给
了属性button.onclick。

```javascript
var cookies = {
    instructions: "Preheat oven to 350...",
    bake: function(time) {
            console.log("Baking the cookies.");
            setTimeout(done, time);
        }
};
```

```javascript
function done() {
    alert("Cookies are ready, take them out to cool.");
    console.log("Cooling the cookies.");
    var cool = function() {
        alert("Cookies are cool, time to eat!");
    };
    setTimeout(cool, 1000);
}
```

如果你发现了可以像这样直接将函
数cool传递给setTimeout，就可以
加分。

```javascript
setTimeout(function() {
        alert("Cookies are cool, time to eat!");
    }, 1000);
```

为确保你理解了将匿名函数表达式传递给函数的语法，请对下述将变量（这里是 `vaccine`）用作实参的代码进行修改，将匿名函数表达式用作实参。答案如下。

```
administer(patient, function(dosage) {
    if (dosage > 0) {
        inject(dosage);
    }
}, time);
```

请注意，用作实参的函数表达式完全可以横跨多行。不过，这样做时一定要注意语法，因为很容易出错。

轮到你了。请尝试创建下面的闭包。我们知道这对初学者来说不容易，必要时请参阅本章末尾的答案。重要的是不断地思考这些示例，直到完全明白为止。

答案如下。

第一题（10分）

`makePassword` 将实际密码作为参数，它返回一个这样的函数：将猜测的密码作为参数，并在猜测的密码与实际密码相同时返回 `true`。（对于这些有关闭包的描述，可能需要读几遍才能明白。）

```
function makePassword(password) {
    return function guess(passwordGuess) {
        return (passwordGuess === password);
    };
}
var tryGuess = makePassword("secret");
console.log("Guessing 'nope': " + tryGuess("nope"));
console.log("Guessing 'secret': " + tryGuess("secret"));
```

从 *makePassword* 返回的函数是一个闭包，其环境中包含自由变量 password。

我们向 *makePassword* 传入了值 "secret"，因此在闭包的环境中存储的是这个值。

调用 *tryGuess* 时，将对传入的单词（"nope" 或 "secret"）与环境中变量 password 的值进行比较。

注意到这里使用了一个带名称的函数表达式！并非必须这样做，但这提供了一种引用内部函数的便利途径。请注意，调用返回的函数时，<u>必须使用 tryGuess</u>，而不能使用 guess。

转下一页

轮到你了。请尝试创建下面的闭包。我们知道这对初学者来说不容易，必要时请参阅本章末尾的答案。重要的是不断地思考这些示例，直到完全明白为止。

答案如下（接上一页）。

第二题（20分）

函数multN将一个数字（n）作为参数，并返回一个这样的函数：将一个数字作为参数，并返回它与n的乘积。

```
function multN(n) {
    return function multBy(m) {
        return n*m;
    };
}
var multBy3 = multN(3);
console.log("Multiplying 2: " + multBy3(2));
console.log("Multiplying 3: " + multBy3(3));
```

从multN返回的函数是一个闭包，其环境包含自由变量n。

因此调用multN(3)时，将返回一个把传递给它的数字与3相乘的函数。

第三题（30分）

修改前面的计数器，让makeCounter与以前一样不接受任何参数，但使其定义变量count，再创建并返回一个对象。这个对象包含一个方法increment，它将变量count加1，再返回这个变量。

```
function makeCounter() {
    var count = 0;
    return {
        increment: function() {
            count++;
            return count;
        }
    };
}
var counter = makeCounter();
console.log(counter.increment());
console.log(counter.increment());
console.log(counter.increment());
```

这个函数与前面的makeCounter类似，只是它返回一个包含方法increment的对象，而不是直接返回一个函数。

方法increment包含一个自由变量count，因此它是一个闭包，其环境中包含变量count。

这里调用makeCounter，获得一个对象，它包含一个为闭包的方法。

我们像往常那样调用这个方法。当我们这样做时，这个方法将引用其环境中的变量count。

磨笔上阵
答案

请根据你已有的函数和变量知识，判断下述哪些说法是正确的。答案如下。

☑ 变量handler存储了一个函数引用。

☑ 将handler赋给window.onload时，实际上是将一个函数引用赋给了它。

☑ 变量handler仅用于将其存储的函数引用赋给window.onload。

☑ 我们绝不会再次使用handler，因为其代码仅在网页加载完毕后执行一次。

☑ 调用onload处理程序两次是个馊主意，因为这种处理程序通常用于为整个网页做一些初始化工作，多次调用它可能引发问题。

☑ 函数表达式创建函数引用。

☑ 我们是不是说过，将handler赋给window.onload时，实际上是将一个函数引用赋给了它？

磨笔上阵
答案

你的任务有以下两个。（1）在下面的代码中，找出所有的**自由变量**，并将它们圈出来。自由变量指的是并非在本地作用域内定义的变量。（2）从右边选择一个**可敲定这个函数**的环境。可敲定函数的环境指的是给所有自由变量都提供了值的环境。答案如下。

这个环境给两个自由变量
beingFunny和notSoMuch
都提供了值。

```
beingFunny = true;
notSoMuch = false;
inConversationWith = "Paul";
```

```
function justSayin(phrase) {
    var ending = "";
    if (beingFunny) {
        ending = " -- I'm just sayin!";
    } else if (notSoMuch) {
        ending = " -- Not so much.";
    }
    alert(phrase + ending);
}
```

将这些代码中的所有自由变量
都圈出来。自由变量不是在本
地作用域内定义的变量。

```
beingFunny = true;
justSayin = false;
oocoder = true;
```

选择一个能够将这个函
数敲定的环境。

```
notSoMuch = true;
phrase = "Do do da";
band = "Police";
```

严峻的JavaScript挑战

我们需要一位闭包专家，听说你就是！知道闭包的工作原理后，你现在明白下述两个代码片段的结果都是008的原因吗？为搞明白这一点，请在下面写出闭包的环境中存储的变量。请注意，环境完全可以是空的。答案如下。

代码片段 #1

```
var secret = "007";

function getSecret() {
    var secret = "008";

    function getValue() {
        return secret;
    }
    return getValue();
}
getSecret();
```

环境

secret = "008"

在*getValue*中，*secret*是一个自由变量……

因此，它被记录到*getValue*的环境中。但我们没有从*getSecret*返回*getValue*，因此在创建这个闭包的上下文外部，根本看不到它。

代码片段 #2

```
var secret = "007";

function getSecret() {
    var secret = "008";

    function getValue() {
        return secret;
    }
    return getValue;
}
var getValueFun = getSecret();
getValueFun();
```

环境

secret = "008"

在*getValue*中，*secret*是一个自由变量……

在这里，我们创建了一个闭包，并将其从*getSecret*返回。因此，当我们在另一个上下文（全局作用域）中调用*getValueFun*（即*getValue*）时，将使用其环境中的变量*secret*的值。

磨笔上阵
答案

这是我们给出的答案：

```javascript
(function(food) {
    if (food === "cookies") {
        alert("More please");
    } else if (food === "cake") {
        alert("Yum yum");
    }
})("cookies");
```

你的任务不仅是明白这段代码是做什么的，还要明白它是怎么做的。
为此，你需要进行还原，即将其中的匿名函数提取出来，将其赋给一
个变量，再在原本使用函数表达式的地方使用这个变量。这样处理后，
代码是不是更容易理解了？它到底是做什么的呢？

这是提取出来的函数，我们
将其赋给了变量eat。如果愿
意，也可以使用函数声明来
创建这个函数。

```javascript
var eat = function(food) {
    if (food === "cookies") {
        alert("More please");
    } else if (food === "cake") {
        alert("Yum yum");
    }
};
(eat)("cookies");
```

当然，也可将其写为
eat ("cookies")，但这
里的做法旨在演示如
何用eat来替换前面的
函数表达式。

这里所做的是对"cookies"调用eat，
但多出来的圆括号是做什么的呢？

根据上述分析可知，这些代码所做的
是，内嵌一个函数表达式，然后立即调
用它并向它传递一个实参。

原因如下：别忘了，函数声明以关键字function打头，接下来
是函数名，而函数表达式必须是语句的一部分。对于上述函
数表达式，如果不用圆括号括起，JavaScript解释器将认为它
是一个函数声明，而不是函数表达式。但调用eat时，不需要
用圆括号将其括起，因此你可以将这些圆括号删除。

因此这些代码在一个提示框中显示消
息"More please"。

 JavaScript填字游戏答案

12 高级对象构造技巧

创建对象

到目前为止，我们都以手动方式创建对象： 对于每个对象，都使用**对象字面量**来指定其所有属性。小规模地创建对象时，这没有问题，但要编写正式的代码，需要使用更好的方式。这正是**对象构造函数**的用武之地。使用构造函数，可更轻松地创建对象，还可让所有对象都采用相同的**设计蓝图**；也就是说，使用构造函数可确保所有对象都包含相同的属性和方法。通过使用构造函数，编写的对象代码将**简洁**得多，而且创建大量对象时不容易出错。阅读完本章后，你谈论起构造函数，就会像是在对象镇长大的一样。

使用对象字面量创建对象

到目前为止，本书都是使用**对象字面量**来创建对象的。使用对象字面量
创建对象时，你逐个地指定其属性，如下所示：

```javascript
var taxi = {
    make: "Webville Motors",
    model: "Taxi",
    year: 1955,
    color: "yellow",
    passengers: 4,
    convertible: false,
    mileage: 281341,
    started: false,

    start: function() { this.started = true;},
    stop: function() { this.started = false;},
    drive: function {
        // 方法drive的代码
    }
};
```

使用对象字面量创建对象时，你
在花括号内列出对象的各个部
分。将各部分都列出后，就得
到了一个JavaScript对象。你通
常将其赋给一个变量，供以后使
用。

对象字面量提供了一个便利方式，让你能够在代码中随时随地创建对象，但需
要创建大量对象（如一个出租车车队）时，你不想输入数百个对象字面量，不
是吗？

考考你的脑力

想想看，使用对象字面量创建大量出租车对象时，还可能导致哪些问题？

☐ 大量输入让你手抽筋。

☐ 你能确保所有出租车都包含相同的属性吗？
如果出现输入错误或遗漏了某个属性呢？

☐ 大量的对象字面量意味着大量的代码，这会
不会延长浏览器的下载时间呢？

☐ 必须在很多地方复制方法start、stop和
drive的代码。

☐ 要增删属性或修改方法start和stop的工
作方式时，必须对所有的出租车对象进行
相应的修改。

☐ 有了打车软件，谁还需要出租车？

按约定创建对象

到目前为止，我们创建对象时都**遵守约定**。例如，我们将属性和方法放在一起，并称之为"汽车对象"或"小狗对象"。它们成为对象的唯一原因是遵守了约定。

小规模地创建对象时，这种做法也许可行，但需要创建大量对象，或者有大量开发人员参与开发而他们不完全了解或遵守约定时，这种做法就行不通了。

耳听为虚，眼见为实。来看看本书前面所谓的汽车对象。

这个绝对是我们一直处理的汽车对象，它包含约定的所有属性和方法。

```
var taxi = {
    make: "Webville Motors",
    model: "Taxi",
    year: 1955,
    color: "yellow",
    passengers: 4,
    convertible: false,
    mileage: 281341,
    started: false,

    start: function() {
        this.started = true;
    },

    stop: function() {
        this.started =
```

这看起来是一个不错的汽车对象，但它缺少一些基本属性，如mileage和color。它还有一些额外的属性。这可能是个问题。

这个对象与其他汽车对象很像，但它有一个thrust方法。真不敢确定它就是汽车对象。

```
var rocketCar = {
    make: "Galaxy",
    model: "4000",
    year: 2001,
    color: "white",
    passengers: 6,
    convertible: false,
    mileage: 60191919,
    started: false,

    start: function() {
        this.started = true;
    },

    stop: function() {
        this.started = false;
    },

    drive: function() {
        // 方法drive的代码
    },

    thrust: function(amount) {
        // 方法thrust的代码
    }
};
```

```
var toyCar = {
    make: "Mattel",
    model: "PeeWee",
    color: "blue",
    type: "wind up",
    price: "2.99"
};
```

这可能是一个汽车对象，但与其他汽车对象一点都不像。它有属性make、model和color，但看起来像玩具，而不是汽车。它怎么会在这里呢？

```
var tbird = {
    make: "Ford",
    model: "Thunderbird",
    year: 1957,
    passengers: 4,
    convertible: true,
    started: false,
    oilLevel: 1.0,

    start: function() {
        if (oilLevel > .75) {
            this.started = true;
        }
    },

    stop: function() {
        this.started = false;
    },

    drive: function() {
        // 方法drive的代码
    }
};
```

如果有一种像饼干模具的对象创建方式，可帮助创建基本结构相同的对象就好了。这样，创建的所有对象都将看起来一样，它们包含在一个地方定义的所有属性和方法。但我知道，这不过是白日做梦。

对象构造函数简介

对象构造函数（简称为构造函数）让你能够更好地创建对象。构造函数犹如一个小型工厂，能够创建无数类似的对象。

从代码的角度看，构造函数很像返回对象的函数：定义后，每当需要创建新对象时都可调用它。但正如你将看到的，构造函数并非这里说得那么简单。

要明白构造函数的工作原理，最佳方式是创建一个。我们以本书前面的小狗对象为例，编写一个构造函数，让我们能够根据需要创建任意数量的小狗对象。下面是本书前面使用的小狗对象，它包含属性name、breed和weight。

> 对象构造函数和函数关系紧密，学习如何编写和使用构造函数时务必牢记这一点。

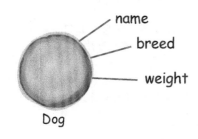

Dog

要使用对象字面量创建这样的小狗对象，代码将类似于下面这样：

```
var dog = {
    name: "Fido",
    breed: "Mixed",
    weight: 38
};
```

使用对象字面量创建的一个简单的小狗对象。现在我们需要想出创建大量小狗对象的办法。

但我们要做的不是创建**一个名为Fido**的小狗对象，而是找到一种办法，创建**任何**包含名称、品种和体重的小狗对象。为此，我们将编写一些代码，它类似于函数，同时在语法上又有点像对象。

听了前面的介绍，你心里肯定痒痒的。请翻到下一页，看看如何创建这样的构造函数。

> 在我看来，构造函数就是个弗兰肯斯坦的怪物，由函数和对象的特征拼凑而成。还有比这更神奇的吗？

要知道其中的原因，请翻到下一页。

如何创建构造函数

要使用构造函数，可以分两步走：先定义一个构造函数，再使用它来创建对象。下面先来介绍如何创建构造函数。

我们需要的是一个可用于创建小狗对象的构造函数，更具体地说是用于创建包含名称、品种和体重的小狗对象。因此，我们定义一个被称为构造函数的函数，它知道如何创建小狗对象，如下所示：

注意到我们给构造函数命名时，采用了首字母大写的方式。并非必须这样做，但人人都将此视为一种约定加以遵守。

这个函数的形参对应于要给每个小狗对象提供的属性。

构造函数与常规函数看起来设什么两样。

```
function Dog(name, breed, weight) {
    this.name = name;
    this.breed = breed;
    this.weight = weight;
}
```

← 这部分看起来更像对象，我们将每个形参都赋给了看起来像属性的东西。

属性名和形参名不必相同，但通常相同——这也是约定。

注意到这个构造函数什么都没有返回。

与大多数函数中不同，我们设有使用局部变量，而是使用关键字this。（到目前为止，我们只在对象中这样做过。）

请接着往下看。接下来我们将介绍如何使用这个构造函数，届时这样做的原因将一目了然。

磨笔上阵

我们需要你的帮助。我们以前一直使用对象字面量来创建鸭子对象。利用刚学到的知识，你能否为我们编写一个创建鸭子对象的构造函数？下面是我们使用的一个对象字面量，你可以据此来编写构造函数：

```
var duck = {
    type: "redheaded",
    canFly: true
}
```

一个鸭子对象字面量。

编写一个创建鸭子对象的构造函数。

备注：我们知道你还没有完全明白构造函数的工作原理，现在请暂时将重点放在语法上。

如何使用构造函数

前面说过，要使用构造函数，可分两步走：先创建一个构造函数，再使用它。前面创建了构造函数Dog，下面就来使用它吧，如下所示：

为创建小狗对象，我们使用了运算符new。

再调用构造函数Dog。

然后指定实参。

请将下面的话大声读出来：为创建fido，我创建一个名称为Fido、品种为Mixed、体重为38磅的小狗对象。

var fido = <u>new</u> Dog("Fido", "Mixed", 38);

要创建一个名称为Fido、品种为Mixed、体重为38磅的小狗对象，我们首先指定关键字new，再使用合适的实参调用构造函数Dog。这条语句执行完毕后，变量fido将包含一个指向新小狗对象的引用。

有了构造函数Dog后，我们就可以不断地创建小狗对象：

var fluffy = new Dog("Fluffy", "Poodle", 30);

var spot = new Dog("Spot", "Chihuahua", 10);

相比于使用对象字面量，这种对象创建方式是不是更容易些？通过这种方式创建小狗对象，可确保每个小狗对象都包含相同的属性：name、breed和weight。

练习

```
function Dog(name, breed, weight) {
    this.name = name;
    this.breed = breed;
    this.weight = weight;
}
var fido = new Dog("Fido", "Mixed", 38);
var fluffy = new Dog("Fluffy", "Poodle", 30);
var spot = new Dog("Spot", "Chihuahua", 10);
var dogs = [fido, fluffy, spot];

for (var i = 0; i < dogs.length; i++) {
    var size = "small";
    if (dogs[i].weight > 10) {
        size = "large";
    }
    console.log("Dog: " + dogs[i].name
                + " is a " + size
                + " " + dogs[i].breed);
}
```

下面来做一个简单的练习，帮助你完全消化这些知识。请将左边的代码加入一个网页中，再进行测试，并将输出记录在下面。

构造函数的工作原理

幕后花絮

你知道了如何声明构造函数以及如何使用它来创建对象，但还需看看幕后的情况，以了解构造函数的工作原理。要明白构造函数的工作原理，关键在于了解运算符new都做了些什么。

先来看看前面用来创建对象fido的语句：

```
var fido = new Dog("Fido", "Mixed", 38);
```

请看赋值运算符的右边，所有的操作都是在这里进行的。我们来跟踪一下其执行过程。

① new首先创建一个新的空对象。

② 接下来，new设置this，使其指向这个新对象。

← 第5章说过，this存储了一个引用，指向代码当前处理的对象。

this

③ 设置this后，调用函数Dog，并将"Fido"、"Mixed"和38作为实参传递给它。

```
        "Fido"      "Mixed"      38
            ↓         ↓          ↓
function Dog(name, breed, weight) {
    this.name = name;
    this.breed = breed;
    this.weight = weight;
}
```

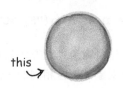

name: "Fido"

this

name: "Fido"
breed: "Mixed"

this

④ 接下来，执行这个函数的代码。与大多数构造函数一样，Dog给新创建的this对象的属性赋值。

name: "Fido"
breed: "Mixed"
weight: 38

this

通过执行Dog函数的代码，将相应的形参赋给三个属性，从而对新对象进行定制。

⑤ 最后，Dog函数执行完毕后，运算符new返回this——指向新创建的对象的引用。请注意，它会自动为你返回this，你无需在代码中显式地返回。指向新对象的引用被返回后，我们将其赋给变量fido。

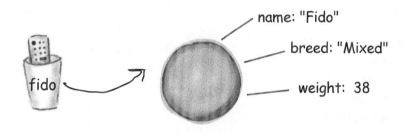

name: "Fido"

breed: "Mixed"

weight: 38

fido

变身浏览器

下面的JavaScript代码存在一些错误，你的任务是变身浏览器，将这些错误找出来。完成这个练习后，翻到本章末尾，看看你是否将所有的错误都找出来了。顺便说一句，这是第12章。如果你愿意，也可在其中添加注释。你早就有这样的权利了。

```javascript
function widget(partNo, size) {
    var this.no = partNo;
    var this.breed = size;
}
function FormFactor(material, widget) {
    this.material = material,
    this.widget = widget,
    return this;
}

var widgetA = widget(100, "large");
var widgetB = new widget(101, "small");
var formFactorA = newFormFactor("plastic", widgetA);
var formFactorB = new ForumFactor("metal", widgetB);
```

还能在构造函数中定义方法

构造函数Dog创建的小狗对象与本书前面的小狗对象类似，只是不会叫，因为它们没有
bark方法。这个问题很容易解决，因为在构造函数中，除了能给属性指定值外，还可以
定义方法。下面就来扩展前面的代码，以添加bark方法：

顺便说一句，在对象
中，方法也是属性，
只是将函数赋给了这
种属性。

要添加bark方法，只需将一个
函数（这里是一个匿名函数）
赋给属性this.bark。

```
function Dog(name, breed, weight) {
    this.name = name;
    this.breed = breed;
    this.weight = weight;
    this.bark = function() {
        if (this.weight > 25) {
            alert(this.name + " says Woof!");
        } else {
            alert(this.name + " says Yip!");
        }
    };
}
```

现在，每个小狗对象都有
bark方法，你可以调用它。

请注意，与以前创建的其他所有对象一样，
我们使用**this**来表示当前对象。

快速测试bark方法

构造函数介绍得差不多了，我们将上述代码添加到一个
HTML页面中，再在该页面中添加如下测试代码：

```
var fido = new Dog("Fido", "Mixed", 38);
var fluffy = new Dog("Fluffy", "Poodle", 30);
var spot = new Dog("Spot", "Chihuahua", 10);
var dogs = [fido, fluffy, spot];

for (var i = 0; i < dogs.length; i++) {
    dogs[i].bark();
}
```

确认小狗对象像预期的那样叫。

有人给我们提供了一个点咖啡的构造函数，但没有定义方法。

我们需要方法getSize，它根据加入的咖啡量返回一个字符串：

■ 咖啡量为8盎司①时返回small；

■ 咖啡量为12盎司时返回medium；

■ 咖啡量为16盎司时返回large。

我们还需要方法toString，它返回一个字符串，指出你点的是哪种咖啡，如"You've ordered a small House Blend coffee."。

请补全下面的代码，再在浏览器中进行测试。尝试点几杯大小各异的咖啡。查看本章末尾的答案，再继续往下阅读。

```javascript
function Coffee(roast, ounces) {
    this.roast = roast;
    this.ounces = ounces;



}
```

> 编写在这个构造函数中定义上述两个方法的代码。

```javascript
var houseBlend = new Coffee("House Blend", 12);
console.log(houseBlend.toString());

var darkRoast = new Coffee("Dark Roast", 16);
console.log(darkRoast.toString());
```

> 这是我们得到的输出。你得到的输出应与此类似。

JavaScript控制台

You've ordered a medium House Blend coffee.
You've ordered a large Dark Roast coffee.

①盎司为英制重量单位。1盎司 ≈ 28.35克。——编者注

世上没有
愚蠢的问题

问： 构造函数名的首字母为何要大写？

答： 这是JavaScript开发人员遵守的一种约定，让开发人员能够一眼就看出哪些函数是构造函数，哪些函数是常规函数。为什么要区分这一点呢？因为调用构造函数时，需要使用运算符new。一般而言，将构造函数名的首字母大写能够让代码阅读者更容易识别它们。

问： 也就是说，构造函数与常规函数没什么两样，只是前者设置this对象的属性？

答： 如果你说的是计算方面，答案是肯定的。在常规函数中可以做的任何事情，在构造函数中都可以做，如声明和使用变量、使用for循环、调用其他函数等；但有一件事情不能做，那就是从构造函数中返回值，因为除非返回的是this，否则这将导致构造函数不返回它创建的对象。

问： 构造函数的形参必须与属性同名吗？

答： 不是，可使用任何形参名。形参仅用于存储要赋给对象的属性，以定制对象的值。重要的是给对象的属性指定的名称。虽然如此，出于提高清晰度的考虑，常常让形参与属性同名。这样只需查看构造函数的定义，就知道要给哪些属性赋值。

问： 使用构造函数创建的对象与使用对象字面量创建的对象没什么两样，对吗？

答： 在不涉及下一章将讨论的更高级的对象设计时，是这样的。

问： 为何需要使用new来创建对象？不是可以在常规函数中创建并返回对象吗？（就像第5章的makeCar所做的那样。）

答： 是的，可以这样创建对象，但正如前面所说，使用new时会执行一些额外的操作，这将在本章后面和第13章介绍。

问： 我对构造函数中的this还是感到有点迷惑。我们使用this来给对象的属性赋值，还在对象的方法中使用this，它们指的是一回事吗？

答： 调用构造函数来创建对象时，this被设置为一个引用，指向正在创建的新对象，因此构造函数的所有代码针对的都是这个新对象。

对象创建后，当你对其调用方法时，this被设置为方法被调用的对象。因此，在方法中，this总是表示方法被调用的对象。

问： 使用构造函数创建对象是否胜过使用对象字面量创建对象？

答： 这两种方式都有其用武之地。需要创建大量包含相同属性和方法的对象时，构造函数很有帮助。使用构造函数很方便，可重用代码，还可确保对象的一致性。

但有时候，需要创建一次性的简单对象。在这种情况下，使用对象字面量显得更简洁、更具表达力。

因此，使用哪种方式完全取决于你的需要。它们都是很不错的对象创建方式。

稍后你将看到一个这样的示例。

危险地带

使用构造函数时，有一点需要特别小心：千万别忘了使用关键字new。你可能很容易忘记这样做，因为构造函数也是函数，不使用关键字new也能够调用它。但调用构造函数时如果忘记了使用new，可能导致代码出现难以找出的bug。来看看忘记使用关键字new时可能发生的情况：

```
function Album(title, artist, year) {
    this.title = title;
    this.artist = artist;
    this.year = year;
    this.play = function() {
        // 其他代码
    };
}
var darkside = Album("Dark Side of the Cheese","Pink Mouse", 1971);
darkside.play();
```

这个构造函数看起来一点问题没有。

这也许没有关系，因为Album也是一个函数。

忘记使用new!

尝试调用方法play。麻烦来了！

Uncaught TypeError: Cannot call method 'play' of undefined

安检清单

请阅读下面的检查清单，了解为何会发生这种情况。

❑ 别忘了，new首先创建一个新对象，将其赋给this，再调用构造函数。如果忘记使用new，根本就不会创建新对象。

❑ 这意味着在构造函数中，this指向的不是新的唱片对象，而是表示应用程序的全局对象。

❑ 如果忘记使用new，就不会有对象从构造函数返回。这意味着没有可供赋给变量darkside的对象，因此darkside是未定义的。正是因为这一点，我们试图调用方法play时出现了错误，指出方法被调用的对象未定义。

这个对象是存储全局变量的顶级对象，在浏览器中为window对象。

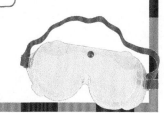

如果你使用构造函数来创建对象，而且在试图引用这些对象时总是发现它们是未定义的，请检查你的代码，确认调用构造函数时使用了关键字new。

当装有液体的开口试管在昂贵的笔记本电脑上方倾斜时，也请三思而行！

起底构造函数

本周访谈：认识关键字new

Head First：new，你躲到哪里去了，怎么到第12章才看到你？

new：当前，依然有很多脚本没有用到我；还有人在没有理解的情况下使用我。

Head First：为什么会这样？

new：因为很多脚本编写人员只使用对象字面量，或者直接复制并粘贴使用我的代码，而不明白我的工作原理。

Head First：确实如此。对象字面量很方便，我自己也不太明白该在什么时候以及如何使用你。

new：没错，我是一种高级功能。毕竟，要明白如何使用我，必须先明白对象的工作原理、函数的工作原理、this的工作原理等。只有掌握了大量的知识后，你才会考虑了解我！

Head First：你能简单地介绍一下自己吗？我们的读者熟悉对象、函数和this，如果能够激发出他们学习你的动力，那就太好了。

new：让我想一想。是这样的：我是一个与构造函数一起用来创建对象的运算符。

Head First：我不想让你扫兴，但这样的简介好像不是最佳的。

new：你饶了我吧，我只是一个运算符，又不是公关高手。

Head First：算了，你的简介确实提出了几个问题。首先，你是个运算符？

new：没错，我是个运算符。将我放在函数调用的前面，就能带来翻天覆地的变化。运算符对操作数进行操作。就我而言，我只操作一种操作数，那就是函数调用。

Head First：那你是如何操作的呢？

new：首先，我创建一个新对象。人人都以为这是构造函数做的，但实际上是我做的。真是吃力不讨好。

Head First：请接着说。

new：接下来，我调用构造函数，并确保在构造函数的函数体内，关键字this指向了我创建的新对象。

Head First：你为何要这样做？

new：让构造函数中的语句能够引用这个对象。毕竟，给这个对象添加属性和方法才是构造函数的全部意义所在。使用构造函数来创建小狗和汽车等对象时，你希望这些对象包含一些属性，对不对？

Head First：没错。接下来呢？

new：接下来，我确保从构造函数返回创建的新对象。这提供了极大的便利，让开发人员不用显式地返回它。

Head First：听起来确实非常方便。既然如此，为何有人在学习了你后还使用对象字面量呢？

new：我和对象字面量交情匪浅。这个家伙很了不起，需要快速创建对象时，我也会毫不犹豫地使用它。但需要创建大量类似的对象，确保对象能够利用代码重用，需要确保对象一致以及支持一些高级对象用法时，就要用到我了。

Head First：更高级的用法？快说说！

new：还是别分散读者的注意力，到下一章再介绍吧。

Head First：我想我先得再看一遍采访！

生产时间到了

还好你及时学到了对象构建技
巧，因为我们刚接到一个很大
的汽车订单，没法手动制作。
为按时完成订单，需要使用一个
构造函数。为此，我们将以本书前面
使用的汽车对象字面量为蓝本，创建一个生产汽
车的构造函数。

下面是我们需要制造的各种汽车，注意到我们擅自让每款汽车
都包含相同的属性和方法。当前，我们没有考虑每种汽车的独特之处，
也没有考虑玩具车和火箭车，这些情况将在后面处理。下面来查看这些汽车对象字面量，并据此
创建一个构造函数，以便能够使用它来创建汽车对象，用于表示包含这些属性和方法的各种汽车。

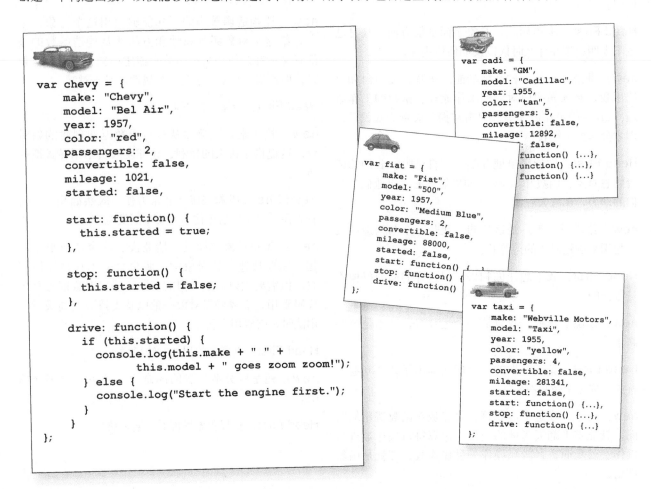

```
var chevy = {
    make: "Chevy",
    model: "Bel Air",
    year: 1957,
    color: "red",
    passengers: 2,
    convertible: false,
    mileage: 1021,
    started: false,

    start: function() {
      this.started = true;
    },

    stop: function() {
      this.started = false;
    },

    drive: function() {
      if (this.started) {
        console.log(this.make + " " +
              this.model + " goes zoom zoom!");
      } else {
        console.log("Start the engine first.");
      }
    }
};
```

```
var cadi = {
    make: "GM",
    model: "Cadillac",
    year: 1955,
    color: "tan",
    passengers: 5,
    convertible: false,
    mileage: 12892,
    : false,
    function() {...},
    unction() {...},
    function() {...}
```

```
var fiat = {
    make: "Fiat",
    model: "500",
    year: 1957,
    color: "Medium Blue",
    passengers: 2,
    convertible: false,
    mileage: 88000,
    started: false,
    start: function()
    stop: function()
    drive: function()
};
```

```
var taxi = {
    make: "Webville Motors",
    model: "Taxi",
    year: 1955,
    color: "yellow",
    passengers: 4,
    convertible: false,
    mileage: 281341,
    started: false,
    start: function() {...},
    stop: function() {...},
    drive: function() {...}
};
```

请利用你学到的知识创建一个Car构造函数。建议你采取如下步骤。

① 首先，指定关键字function（这项工作我们已经替你完成了）和构造
函数名。再指定形参：对于每个要为其提供初始值的属性，都需要一个
形参。

② 接下来，给对象的每个属性设置初始值（务必结合使用属性名和关键字
this）。

③ 最后，添加三个方法：start、drive和stop。

```
function _____(_____) {
```

← 在这里编写构造
函数的代码。

继续往下阅读前，务必查看本章末尾的答案，看看你
编写的代码是否正确。

```
}
```

试驾一些新车

有了大批量生产汽车的方法后，咱们来生成一些汽车，并测试一下。为此，首先在一个HTML页面中添加构造函数Car，再添加一些测试代码。

请注意：要这样做，你必须先完成前一页的练习。☺

这是我们使用的代码，请随意修改和扩展。

我们首先使用这个构造函数创建第5章涉及的所有汽车对象。

```
var chevy = new Car("Chevy", "Bel Air", 1957, "red", 2, false, 1021);

var cadi = new Car("GM", "Cadillac", 1955, "tan", 5, false, 12892);

var taxi = new Car("Webville Motors", "Taxi", 1955, "yellow", 4, false, 281341);

var fiat = new Car("Fiat", "500", 1957, "Medium Blue", 2, false, 88000);
```

为何就此止步呢？

```
var testCar = new Car("Webville Motors", "Test Car", 2014, "marine", 2, true, 21);
```

创建本书使用的试驾车！ →

你也可以创建自己喜欢的汽车或虚构的汽车。

使用构造函数创建新对象非常容易，你注意到了吗？下面来试驾一下这些汽车。

```
var cars = [chevy, cadi, taxi, fiat, testCar];

for(var i = 0; i < cars.length; i++) {
    cars[i].start();
    cars[i].drive();
    cars[i].drive();
    cars[i].stop();
}
```

这是我们得到的输出。你添加了自己的汽车吗？请尝试调整方法的调用顺序（如在调用方法start前调用方法drive）。你还可以将方法drive的调用次数设置为随机的。

JavaScript控制台

```
Chevy Bel Air goes zoom zoom!
Chevy Bel Air goes zoom zoom!
GM Cadillac goes zoom zoom!
GM Cadillac goes zoom zoom!
Webville Motors Taxi goes zoom zoom!
Webville Motors Taxi goes zoom zoom!
Fiat 500 goes zoom zoom!
Fiat 500 goes zoom zoom!
Webville Motors Test Car goes zoom zoom!
Webville Motors Test Car goes zoom zoom!
```

不要将对象字面量弃若敝屣

前面简要地比较了对象构造函数和对象字面量，并指出了对象字面量依然很有用，但你没有看到这方面的示例。下面对构造函数Car进行细微的修改，让你知道在什么情况下通过使用一些对象字面量，可让代码更整洁，使其更易于阅读和维护。

再来看一眼构造函数Car，看看如何使其代码更整洁。

注意到我们使用了大量的形参——总共7个。

添加的形参越多（随着需求的增长，总是需要这样做），这些代码阅读起来越困难。

```
function Car(make, model, year, color, passengers, convertible, mileage) {
    this.make = make;
    this.model = model;
    this.year = year;
    this.color = color;
    this.passengers = passengers;
    this.convertible = convertible;
    this.mileage = mileage;
    this.started = false;

    this.start = function() {
        this.started = true;
    };
    // 其他方法
}
```

编写调用这个构造函数的代码时，必须按正确的顺序指定所有实参。

这里的问题是，构造函数Car包含大量的形参，难以阅读和维护。另外，调用这个构造函数的代码编写起来也比较困难。这看似只是小小的不便，但可能导致的bug比你想象得多；不仅如此，这些bug还常常难以发现。

这些bug为何难以发现呢？因为如果你颠倒了两个实参的顺序，代码从语义上看像是正确的，却不能正确地运行。

传递大量实参时，可使用一种适用于任何函数的常见技巧——无论它是常规函数还是构造函数。这种技巧的工作原理如下：将所有实参都放到一个对象字面量中，再将这个对象字面量传递给函数。这将通过一个容器（对象字面量）传递所有的值，从而不必操心实参与形参的顺序问题。

另外，如果遗漏了一个实参，将引发连锁错误！

为明白其中的工作原理，下面来重新编写调用构造函数Car的代码，再稍微调整一下这个构造函数的代码。

用一个对象字面量替代所有实参

对于调用构造函数Car的代码，用一个对象字面量替代所有的实参：

只需将所有实参都存储到对象字面量的恰当属性中即可。我们使用了构造函数使用的属性名。

```
var cadi = new Car("GM", "Cadillac", 1955, "tan", 5, false, 12892);
```

这里按原来的顺序存储实参，但并非必须这样做。

```
var cadiParams = {make: "GM",
                  model: "Cadillac",
                  year: 1955,
                  color: "tan",
                  passengers: 5,
                  convertible: false,
                  mileage: 12892};
```

因此，对于调用构造函数Car的代码，可将其重写为下面这样：

```
var cadiParams = {make: "GM",
                  model: "Cadillac",
                  year: 1955,
                  color: "tan",
                  passengers: 5,
                  convertible: false,
                  mileage: 12892};

var cadi = new Car(cadiParams);
```

完成了重大的转变。代码不仅更整洁，阅读起来也容易得多，至少在我们看来如此。

现在只需向构造函数Car传递一个实参。

还没完，因为构造函数Car本身依然要求向它传递7个实参，而不是1个对象。下面来修改构造函数Car的代码，再进行测试。

修改构造函数Car

现在，需要删除构造函数Car的所有形参，用所传入对象的属性替代。我们将把这个形参命名为params。为使用这个对象，还需对这个构造函数的代码稍作修改，如下所示：

```
var cadiParams = {make: "GM",
                   model: "Cadillac",
                   year: 1955,
                   color: "tan",
                   passengers: 5,
                   convertible: false,
                   mileage: 12892};
```

这里再次列出了前一页的对象字面量以及调用构造函数Car的代码。

```
var cadi = new Car(cadiParams);
```

首先，将构造函数Car的7个形参替换为1个，用于表示要传入的对象。

```
function Car(params) {
    this.make = params.make;
    this.model = params.model;
    this.year = params.year;
    this.color = params.color;
    this.passengers = params.passengers;
    this.convertible = params.convertible;
    this.mileage = params.mileage;
    this.started = false;

    this.start = function() {
        this.started = true;
    };
    this.stop = function() {
        this.started = false;
    };
    this.drive = function() {
        if (this.started) {
            alert("Zoom zoom!");
        } else {
            alert("You need to start the engine first.");
        }
    };
}
```

然后，将每个形参引用都替换为传递给函数的对象的相应属性。

在方法中，没有直接使用形参。这合乎情理，因为在方法中应总是通过关键字this使用对象的属性。因此，这些代码无需作任何修改。

> **试驾** 🚗
>
> 请更新创建cadi和其他汽车对象的代码，并对修改后的代码进行测试。
> ```
> cadi.start();
> cadi.drive();
> cadi.drive();
> cadi.stop();
> ```

练习

将构造函数Car和Dog复制到一个文件中，再添加下面的代码。然后运行这个文件，并将其输出记录下来。

构造函数Dog的代码可在第530页找到。

```
var limoParams = {make: "Webville Motors",
                   model: "limo",
                   year: 1983,
                   color: "black",
                   passengers: 12,
                   convertible: true,
                   mileage: 21120};

var limo = new Car(limoParams);
var limoDog = new Dog("Rhapsody In Blue", "Poodle", 40);

console.log(limo.make + " " + limo.model + " is a " + typeof limo);
console.log(limoDog.name + " is a " + typeof limoDog);
```

将输出记录在这里。

考考你的脑力

假设有人给你提供了一个对象，而你想确定它是哪种类型的对象（Car、Dog或Superman），或者想判断它是否与另一个对象的类型相同，请问运算符typeof能够提供帮助吗？

世上没有愚蠢的问题

问：能再跟我说说typeof是做什么的吗？

答：运算符typeof返回其操作数的类型。如果向它传递一个字符串，它将返回"string"；如果向它传递一个对象，它将返回"object"。你可以向它传递任何类型：数字、字符串、布尔值或对象和函数等更复杂的类型。然而，typeof不会提供更具体的信息，比如指出对象是小狗对象还是汽车对象。

问：既然typeof不会指出对象是小狗对象还是汽车对象，如何确定对象是哪种类型的呢？

答：Java和C++等很多其他面向对象的语言都有严格的对象类型概念。在这些语言中，你可以确定对象到底是哪种类型的。但JavaScript以更动态、更宽松的方式处理对象及其类型。有鉴于此，很多开发人员认为JavaScript的对象系统不那么强大；可实际上，其对象系统更宽泛、更灵活。鉴于JavaScript的类型系统更动态，要确定对象是否是小狗或汽车更难些：这取决于你对小狗或汽车的定义。然而，有另一个运算符可提供更详细的信息。要知道是哪个运算符，请接着往下看。

理解对象实例

你无法通过观察确定JavaScript对象是哪种类型的对象，如小狗或汽车。在JavaScript中，对象是一个动态的结构，无论对象包含哪些属性和方法，其类型都是object。不过，如果知道对象是由哪个**构造函数**创建的，就能获悉一些有关它的信息。

别忘了，每当你使用运算符new调用构造函数时，都将创建一个新的对象实例。因此，如果你使用构造函数Car创建一个对象，这个对象就是汽车；更准确地说，这个对象就是一个Car**实例**。

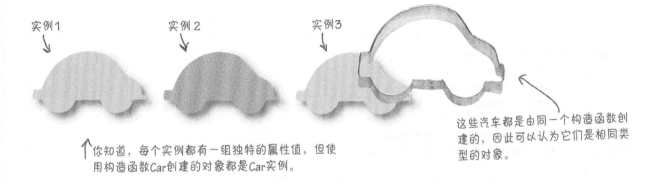

实例1

实例2

实例3

↑ 你知道，每个实例都有一组独特的属性值，但使用构造函数Car创建的对象都是Car实例。

→ 这些汽车都是由同一个构造函数创建的，因此可以认为它们是相同类型的对象。

说对象是某个构造函数的实例并非纸上谈兵，实际上，可以在代码中使用运算符instanceof来确定对象是由哪个构造函数创建的。来看一些代码：

```
var cadiParams = {make: "GM", model: "Cadillac", year: 1955, color: "tan",
                  passengers: 5, convertible: false, mileage: 12892};

var cadi = new Car(cadiParams);

if (cadi instanceof Car) {
    console.log("Congrats, it's a Car!");
};
```

如果对象是由指定的构造函数创建的，运算符instanceof将返回true。

在这里，我们说对象cadi是构造函数Car创建的一个实例。

实际上，创建对象时，运算符new在幕后存储了一些信息，让你随时都能确定对象是由哪个构造函数创建的。运算符instanceof就是根据这些信息来确定对象是否是指定构造函数的实例。

↑ 情况比这里描述的要复杂些，这将在下一章讨论。

JavaScript控制台

Congrats, it's a Car!

我们需要一个名为dogCatcher的函数，它在传入的对象是小狗时返回true，否则返回false。请编写这个函数，并使用下面的代码进行测试。接着往下阅读前，别忘了查看本章末尾的答案，看看你编写的代码是否正确。

```
function dogCatcher(obj) {
```

在这里编写实现函数 *dogCatcher*的代码。

```

}
```

这是测试代码。

```
function Cat(name, breed, weight) {
    this.name = name;
    this.breed = breed;
    this.weight = weight;
}
var meow = new Cat("Meow", "Siamese", 10);
var whiskers = new Cat("Whiskers", "Mixed", 12);

var fido = {name: "Fido", breed: "Mixed", weight: 38};

function Dog(name, breed, weight) {
    this.name = name;
    this.breed = breed;
    this.weight = weight;
    this.bark = function() {
        if (this.weight > 25) {
            alert(this.name + " says Woof!");
        } else {
            alert(this.name + " says Yip!");
        }
    };
}
var fluffy = new Dog("Fluffy", "Poodle", 30);
var spot = new Dog("Spot", "Chihuahua", 10);
var dogs = [meow, whiskers, fido, fluffy, spot];

for (var i = 0; i < dogs.length; i++) {
    if (dogCatcher(dogs[i])) {
        console.log(dogs[i].name + " is a dog!");
    }
}
```

如果对象是使用构造函数Dog创建的，它就是小狗，否则就不是？

是的，原理就是这样的。JavaScript没有严格意义上的对象类型。如果要比较两个对象，看它们是否都是小猫或小狗，可检查它们是否是以相同的方式（即使用相同的构造函数）创建的。前面说过，小猫之所以是小猫，是因为它是由构造函数Cat创建的；而小狗之所以是小狗，是因为它是由构造函数Dog创建的。

在下一章，你将看到，JavaScript构造函数和对象比你知道的还要灵活。例如，对于使用构造函数Taxi创建的对象，我们可以知道它也是汽车。现在只需了解这一点即可，本书后面将更详细地介绍。

即便是创建好的对象，也可以有独特的属性

我们花了很大的篇幅讨论如何使用构造函数来创建一致的对象，即包含相同属性和方法的对象，但没有提到这样一点：使用构造函数创建对象后，可对其进行修改，因为使用构造函数创建的对象是可以修改的。

这到底是什么意思呢？回忆一下，介绍对象字面量时我们演示过，可在对象创建后增删其属性。对于使用构造函数创建的对象，也可这样做。

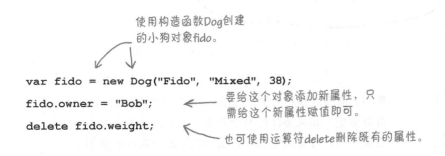

如果愿意，还可添加新方法：

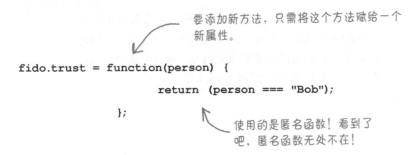

请注意，这只修改了对象fido。如果给对象fido添加一个方法，那么只有fido对象有这个方法，其他小狗对象都不会包含这个方法：

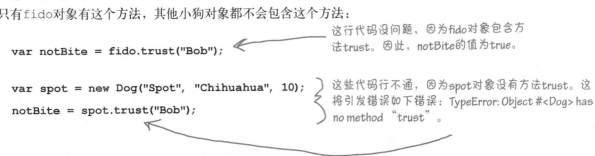

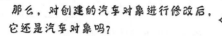

那么，对创建的汽车对象进行修改后，它还是汽车对象吗？

是的，修改汽车对象后，它依然是汽车对象。也就是说，如果检查这个对象是否是Car实例，答案是肯定的。例如，如果我们创建一个汽车对象：

```
var cadiParams = {make: "GM", model: "Cadillac",
                  year: 1955, color: "tan",
                  passengers: 5, convertible: false,
                  mileage: 12892};

var cadi = new Car(cadiParams);
```

可添加**新属性**chrome，并删除属性convertible：

```
cadi.chrome = true;
delete cadi.convertible;
```

但对象cadi依然是汽车对象：

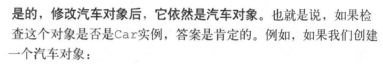

`cadi instanceof Car` 结果为true。

从现实意义上说，cadi还是汽车吗？如果我们删除这个对象的所有属性，它还是汽车吗？运算符instanceof说是，但从你的标准判断来看，它可能不是。

前面说JavaScript的类型系统是动态的时，指的就是这个意思。

通常，你不会使用构造函数来创建一个对象，再将它修改得面目全非，看起来根本不像是使用这个构造函数创建的。一般而言，你使用构造函数来创建相当一致的对象；但如果你希望对象更灵活，JavaScript也提供了这样的支持。作为代码设计人员，由你决定如何以你和同事认为合理的方式使用构造函数和对象。

> 这些内置对象确实能够节省时间。现在，我每天下班都很早，回到家都能看上一段《黄金女郎》了。

内置构造函数

JavaScript自带了一系列构造函数，可用于实例化一些便利的对象，如知道如何处理日期和时间的对象、擅于在文本中查找模式的对象以及颠覆你对数组的认识的对象。你知道构造函数的工作原理，还知道关键字new的用法，完全可以使用这些构造函数——更重要的是它们创建的对象。下面简要地介绍两个这样的构造函数，为你自行探索它们作好充分准备。

下面先来看看JavaScript内置的日期对象。要创建日期对象，只需使用其构造函数即可：

```
var now = new Date();
```

← 新建一个表示当前日期和时间的日期对象。

构造函数Date返回一个表示本地当前日期和时间的Date实例。有了日期对象后，便可使用其方法来操作日期和时间，还可获取其各种属性。下面是几个这样的示例：

```
var dateString = now.toString();
```

← 返回一个表示日期的字符串，如"ThuFeb06201417:29:29GMT-0800(PST)"。

```
var theYear = now.getFullYear();
```

← 返回日期中的年份。

```
var theDayOfWeek = now.getDay();
```

← 返回一个数字，指出日期对象表示的是星期几，如1（表示星期一）。

通过向构造函数Date传递额外的实参，可轻松地创建表示任何日期和时间的日期对象。例如，要创建一个表示1983年5月1日的日期对象，可像下面这样做：

```
var birthday = new Date("May 1, 1983");
```

← 可像这样向构造函数传递一个表示日期的简单字符串。

还可在传入的字符串中包含时间，从而创建更具体的日期对象：

```
var birthday = new Date("May 1, 1983 08:03 pm");
```

← 在传入的字符串中包含时间。

这里只简要地介绍了日期对象，要详尽地了解其属性和方法，请参阅《JavaScript权威指南》。

数组对象

下面介绍另一个有趣的内置对象：数组对象。本书前面创建数组时，使用的都是
方括号表示法（[1, 2, 3]），但也可以使用下面的构造函数来创建：

```
var emptyArray = new Array();
```
创建一个长度为零的空数组。

上述代码新建了一个空数组。然后，可随时像下面这样添加元素：

```
emptyArray[0] = 99;
```
你应该对这些代码不陌生。本书前面给
数组添加元素时，都是这样做的。

还可创建特定长度的数组对象。假设要创建一个包含3个元素的数组：

```
var oddNumbers = new Array(3);
oddNumbers[0] = 1;
oddNumbers[1] = 3;
oddNumbers[2] = 5;
```
创建一个长度为3的数组，再使用
值填充它。

这里创建了一个长度为3的数组。刚创建时，数组oddNumbers的3个元素是未
定义的，但随后给每个元素都设置了值。如果愿意，可在这个数组中轻松添加更
多的元素。

你对这些都不应该感到陌生。数组对象最有趣的地方是包含一系列方法，你已经
知道了数组的方法sort，下面是其他几个有趣的方法：

```
oddNumbers.reverse();
```
按相反的顺序排列数组的所有元素（现在数组oddNumber
依次包含5、3和1）。请注意，这个方法修改原始数组。

```
var aString = oddNumbers.join(" - ");
```
方法join将数组oddNumbers中的值合并成一个字
符串（这里在值之间加上-），并返回这个字符
串。因此，这将返回字符串"5-3-1"。

```
var areAllOdd = oddNumbers.every(function(x) {
    return ((x % 2) !== 0);
});
```
方法every将一个函数作为参数；对于数组中
的每个值，都调用这个函数，并判断该函数
返回的值是true还是false。如果对于所有的元
素，这个函数都返回true，那么方法every将返
回true。

这里只涉及数组对象的冰山一角，但就本书而言，这些知识足够了。同样，要全
面了解对象数组，请参阅《JavaScript权威指南》。

可是，本书前面创建数组时，使用的方法截然不同。

好眼力。本书前面创建数组时，使用的都是方括号表示法（[ ]），这实际上是直接使用构造函数Array的简写。请看下面两种创建空数组的方式，它们是等价的：

```
var items = new Array();
var items = [];
```

这两种方式等价。JavaScript语言支持方括号表示法，旨在让你能够更轻松地创建数组。

同样，如果你编写下面的代码：

```
var items = ["a", "b", "c"];
```

我们称之为数组字面量语法。

这不过是另一种使用构造函数的方式的简写：

```
var items = new Array("a", "b", "c");
```

如果传入了多个实参，创建的数组将以这些值作为元素。

使用字面量表示法和构造函数创建的对象没什么两样。无论使用哪种方式创建对象后，都可使用其方法。

你可能会问，为何要使用构造函数（而不是字面量表示法）来创建数组呢？需要创建在运行阶段确定的特定长度的数组，再在该数组中添加元素时，使用构造函数很方便，如下所示：

```
var n = getNumberOfWidgetsFromDatabase();
var widgets = new Array(n);
for(var i=0; i < n; i++) {
    widgets[i] = getDatabaseRecord(i);
}
```

这些代码可能创建一个很大的数组，其长度要等到运行阶段才知道。

创建简单数组时，使用数组字面量语法的效果很好；但创建要等到运行阶段才能确定长度的数组时，使用构造函数Array更合适。你可以根据需要使用其中任意一种方式，也可结合使用这两种方式。

其他内置对象

除了日期和数组外，JavaScript还包含很多其他的内置对象，它们有时候可能为你提供很大的便利。下面列出了其中的几个。如果你对其他内置对象感兴趣，可在网上搜索"JavaScript标准内置对象"。

Object 你可使用构造函数Object来创建对象。与数组一样，对象字面量表示法{}与new Object()等价。这将在本书后面更详细地介绍。

Math 这个对象包含用于执行数学运算任务的属性和方法，如Math.PI和Math.random()。

RegExp 使用这个构造函数可创建正则表达式对象，让你能够在文本中搜索非常复杂的模式。

Error 这个构造函数创建标准错误对象，为你在代码中捕获错误提供了极大的便利。

世上没有 愚蠢的问题

问： 我不太明白构造函数Date和Array的工作原理。它们好像支持零个或更多的实参。就拿Date来说吧，如果没有提供任何实参，它将返回当前日期，但也可以通过传入实参来指定其他的日期。这是如何实现的呢？

答： 好眼力。可编写根据实参数量执行不同操作的函数。就拿构造函数Array来说吧，如果没有传入任何实参，它将创建一个空数组；如果传入了一个实参，它就认为该实参指定的是数组的长度；如果有多个实参，它就认为这些实参指定的是元素的初始值。

问： 在自己编写的构造函数中，也可以这样做吗？

答： 当然可以。这方面的知识我们没有介绍过：在每个函数中，都有一个arguments对象，其中包含传递给该函数的所有实参。你可使用这个对象来确定传入了哪些实参，进而采取相应的措施（有关arguments对象的详细信息，请参阅附录）。另外，还可通过检查这个对象来确定哪些形参是未定义的。

问： 本书前面使用了Math，但使用前为何不需要使用new Math来创建Math对象呢？

答： 问得好。实际上，Math并非构造函数，甚至不是函数，而是一个对象。你知道，Math是一个内置对象，可用来获取pi的值（使用Math.PI）、生成随机数（使用Math.random）等。可将Math视为一个包含一系列属性和方法的对象字面量，可供你编写JavaScript代码时随时使用。Math的首字母之所以大写，是为了让你知道它是JavaScript内置的。

问： 我知道如何检查对象是否是使用特定构造函数创建的，但如何编写代码以判断两个对象是否是使用同一个构造函数创建的呢？

答： 要判断两个对象是否是使用同一个构造函数创建的，可像下面这样做：

```
((fido instanceof Dog) &&
    (spot instanceof Dog))
```

如果这个表达式的结果为true，就说明fido和spot是使用同一个构造函数创建的。

问： 如果使用对象字面量来创建对象，它将是哪个构造函数的实例呢？还是说它不是任何构造函数的实例？

答： 对象字面量是Object的实例。可将Object视为用于创建最通用的JavaScript对象的构造函数。下一章将更深入地讨论Object在JavaScript对象系统中所处的位置。

前门

后门

燃料／柴油

前灯

保险杠

轮胎

Web镇汽车制造公司根据原型车来制造所有汽车，彻底改变了汽车制造方式。原型车提供了包括发动、驾驶和停车方式在内的基本功能以及制造商和生产年份这两个属性，但其他方面都需要你去定制。希望车身是红色还是蓝色的？没问题，自己去定制好了。想装备高级立体声系统？没问题，添加就是了。

现在给你一个机会，设计一辆你心目中完美无缺的汽车。在下面创建一个CarPrototype对象，并让它成为一辆你梦寐以求的汽车。继续往下阅读前，请查看我们在本章末尾提供的设计。

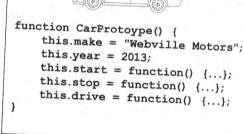

```javascript
function CarProtoype() {
    this.make = "Webville Motors";
    this.year = 2013;
    this.start = function() {...};
    this.stop = function() {...};
    this.drive = function() {...};
}
```

在这里画出你梦想的汽车。

在这里定制原型车。

这有什么用途呢？下一章你就会知道了！顺便说一句，本章到这里就结束了，不过别忘了要点和填字游戏！

要点

- 需要创建**少量对象**时，适合使用**对象字面量**。

- 需要**创建**大量类似的对象时，适合使用**构造函数**。

- 构造函数是使用运算符new进行调用的函数。根据约定，将构造函数名的首字母大写。

- 使用构造函数可创建包含相同属性和方法的一致对象。

- 要创建对象，可使用运算符new调用构造函数。

- 使用new来调用构造函数时，将新建一个空对象，并在构造函数中将其赋给this。

- 在构造函数中，可使用this来访问正在创建的对象，进而给它添加属性。

- 构造函数自动返回它创建的新对象。

- 调用构造函数时，如果忘记使用new，将不会创建任何对象。这将导致难以调试的错误。

- 要定制对象，可向构造函数传递实参，并使用这些值来初始化要创建的对象的属性。

- 如果构造函数有很多形参，应考虑将它们合并为单个对象形参。

- 要判断对象是否是使用特定构造函数创建的，可使用运算符instanceof。

- 与对象字面量一样，也可对使用构造函数创建的对象进行修改。

- JavaScript自带很多构造函数，可使用它们来创建很有用的对象，如日期对象、正则表达式和数组。

JavaScript填字游戏

请完成下面的填字游戏，让新学的知识深深地印在脑海中。

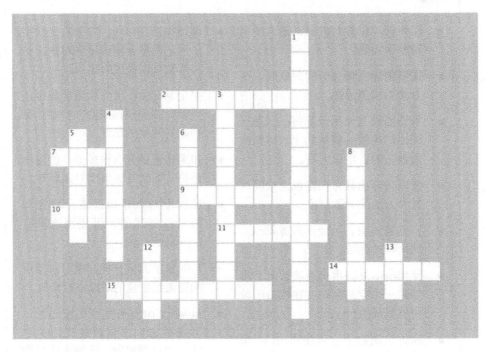

横向

2. 构造函数是什么？

7. 一个构造函数，想将生日存储在变量中时需要用到它。

9. 构造函数包含大量的_____时，可使用一个对象字面量来向它传递实参。

10. 使用构造函数来创建对象时，我们说这个对象是构造函数的一个什么？

11. 构造函数有点像制作什么的模子？

14. 构造函数返回新创建的什么？

15. 调用构造函数时，如果忘记使用new，可能出现的错误类型。

纵向

1. 构造函数有点像什么？

3. 对于使用_____创建的对象，可随时给它添加属性。

4. new不是公关高手，而只是一个什么？

5. Web镇汽车制造公司试驾车的颜色。

6. 使用构造函数，可让所有汽车的什么都相同？

8. 绝不要将什么放在笔记本电脑上方？

12. limo和limoDog的什么是相同的？

13. 使用构造函数创建对象时，需要使用哪个运算符？

磨笔上阵
答案

我们需要你的帮助。我们以前一直使用对象字面量来创建鸭子对象。利用刚学到的知识，你能否为我们编写一个创建鸭子对象的构造函数？下面是我们使用的一个对象字面量，你可以据此来编写构造函数。答案如下。

```
var duck = {
    type: "redheaded",
    canFly: true
}
```

一个鸭子对象字面量。

编写一个创建鸭子对象的构造函数。

```
function Duck(type, canFly) {
    this.type = type;
    this.canFly = canFly;
}
```

备注：我们知道你还没有完全明白构造函数的工作原理，现在请暂时将重点放在语法上。

练习
答案

```
function Dog(name, breed, weight) {
    this.name = name;
    this.breed = breed;
    this.weight = weight;
}
var fido = new Dog("Fido", "Mixed", 38);
var fluffy = new Dog("Fluffy", "Poodle", 30);
var spot = new Dog("Spot", "Chihuahua", 10);
var dogs = [fido, fluffy, spot];

for (var i = 0; i < dogs.length; i++) {
    var size = "small";
    if (dogs[i].weight > 10) {
        size = "large";
    }
    console.log("Dog: " + dogs[i].name
            + " is a " + size
            + " " + dogs[i].breed);
}
```

下面来做一个简单的练习，帮助你完全消化这些知识。请将左边的代码加入一个网页中，再进行测试，并将输出记录在下面。

JavaScript控制台

```
Dog: Fido is a large Mixed
Dog: Fluffy is a large Poodle
Dog: Spot is a small Chihuahua
```

变身浏览器

下面的JavaScript代码存在一些错误，你的任务是变身浏览器，将
这些错误找出来。答案如下。

如果要将widget用作构造函数，就需
要将首字母大写。采用小写不会导致
错误，但最好遵守将构造函数名首字
母大写的约定。

在this前面无需使用
var。这里是给对象
添加属性，而不是
声明新变量。

```javascript
function widget(partNo, size) {
    var this.no = partNo;
    var this.breed = size;
}
```

另外，根据约定，通常让形参与属性同名。因
此，改为this.partNo和this.size可能更合适。

这里使用的是逗
号而不是分号。
别忘了，在构造
函数中，应使用
常规语句，而不
是用逗号分隔的
属性名/值对。

```javascript
function FormFactor(material, widget) {
    this.material = material,
    this.widget = widget,
    return this;
}
```

这里返回了this，这设有必要。构造
函数会自动完成这项任务。这条语句
不会导致错误，但它是多余的。

遗漏了new！

```javascript
var widgetA = widget(100, "large");
var widgetB = new widget(101, "small");
var formFactorA = newFormFactor("plastic", widgetA);
var formFactorB = new ForumFactor("metal", widgetB);
```

new和构造函数
名之间必须有一
个空格。

构造函数名的拼写不正确。

有人给我们提供了一个点咖啡的构造函数，但没有定义方法。

我们需要方法getSize，它根据加入的咖啡量返回一个字符串：

- 咖啡量为8盎司时返回small；
- 咖啡量为12盎司时返回medium；
- 咖啡量为16盎司时返回large。

我们还需要方法toString，它返回一个字符串，指出你点的是哪种咖啡。

请补全下面的代码，再在浏览器中进行测试。尝试点几杯大小各异的咖啡。答案如下。

```javascript
function Coffee(roast, ounces) {
    this.roast = roast;
    this.ounces = ounces;
    this.getSize = function() {
        if (this.ounces === 8) {
            return "small";
        } else if (this.ounces === 12) {
            return "medium";
        } else if (this.ounces === 16) {
            return "large";
        }
    };
    this.toString = function() {
        return "You've ordered a " + this.getSize() + " "
                + this.roast + " coffee.";
    };
}
```

方法getSize查看对象的属性ounces，并返回相应的字符串。

别忘了，表示方法被调用的对象。因此，如果我们调用houseBlend.size，this将为对象houseBlend。

方法toString返回一个描述对象的字符串。它使用方法getSize获取咖啡的大小。

我们创建了两个咖啡对象。调用方法toString，并显示它返回的字符串。

```javascript
var houseBlend = new Coffee("House Blend", 12);
console.log(houseBlend.toString());

var darkRoast = new Coffee("Dark Roast", 16);
console.log(darkRoast.toString());
```

JavaScript控制台

You've ordered a medium House Blend coffee.
You've ordered a large Dark Roast coffee.

这是我们到的输出。你得到的输出应与此类似。

你现在的位置 ▶ **557**

请利用你学到的知识创建一个Car构造函数。建议你采取如下步骤。

① 首先，指定关键字 `function`（这项工作我们已经替你完成了）和构造函数名。再指定形参：对于每个要为其提供初始值的属性，都需要一个形参。

② 接下来，给对象的每个属性设置初始值（务必结合使用属性名和关键字 `this`）。

③ 最后，添加三个方法：`start`、`drive` 和 `stop`。

答案如下。

构造函数名为Car。　　　　　　　　　7个形参，分别对应于7个要定制的属性。

①
```
function Car(make, model, year, color, passengers, convertible, mileage) {
```

②
```
    this.make = make;
    this.model = model;
    this.year = year;
    this.color = color;
    this.passengers = passengers;
    this.convertible = convertible;
    this.mileage = mileage;
    this.started = false;
```

在新的汽车对象中，把要根据形参定制的每个属性都设置为与相应的形参同名。这里按照约定，让属性和形参同名。

将属性started初始化为false。

③
```
    this.start = function() {
        this.started = true;
    };
    this.stop = function() {
        this.started = false;
    };
    this.drive = function() {
        if (this.started) {
            alert("Zoom zoom!");
        } else {
            alert("You need to start the engine first.");
        }
    };
}
```

这些方法与以前相同，但将它们赋给对象的属性时，使用的语法稍有不同，因为这是在构造函数而不是对象字面量中。

将构造函数Car和Dog复制到一个文件中，再添加下面的代码。然后运行这个文件，并将其输出记录下来。结果如下：

```javascript
var limoParams = {make: "Webville Motors",
                  model: "limo",
                  year: 1983,
                  color: "black",
                  passengers: 12,
                  convertible: true,
                  mileage: 21120};

var limo = new Car(limoParams);
var limoDog = new Dog("Rhapsody In Blue", "Poodle", 40);

console.log(limo.make + " " + limo.model + " is a " + typeof limo);
console.log(limoDog.name + " is a " + typeof limoDog);
```

JavaScript控制台

Webville Motors limo is a object
Rhapsody In Blue is a object

我们得到的输出。

练习答案

我们需要一个名为dogCatcher的函数，它在传入的对象是小狗时返回true，否则返回false。请编写这个函数，并使用下面的代码进行测试。答案如下：

```javascript
function dogCatcher(obj) {
    if (obj instanceof Dog) {
        return true;
    } else {
        return false;
    }
}
```

更简洁的版本 →

```javascript
function dogCatcher(obj) {
    return (obj instanceof Dog);
}
```

```javascript
function Cat(name, breed, weight) {
    this.name = name;
    this.breed = breed;
    this.weight = weight;
}
var meow = new Cat("Meow", "Siamese", 10);
var whiskers = new Cat("Whiskers", "Mixed", 12);

var fido = {name: "Fido", breed: "Mixed", weight: 38};

function Dog(name, breed, weight) {
    this.name = name;
    this.breed = breed;
    this.weight = weight;
    this.bark = function() {
        if (this.weight > 25) {
            alert(this.name + " says Woof!");
        } else {
            alert(this.name + " says Yip!");
        }
    };
}
var fluffy = new Dog("Fluffy", "Poodle", 30);
var spot = new Dog("Spot", "Chihuahua", 10);
var dogs = [meow, whiskers, fido, fluffy, spot];

for (var i = 0; i < dogs.length; i++) {
    if (dogCatcher(dogs[i])) {
        console.log(dogs[i].name + " is a dog!");
    }
}
```

JavaScript控制台

Fluffy is a dog!
Spot is a dog!

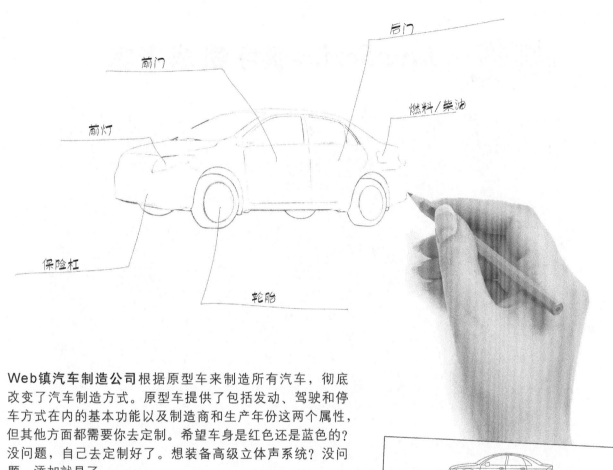

前门

后门

燃料/柴油

前灯

保险杠

轮胎

Web镇汽车制造公司根据原型车来制造所有汽车，彻底改变了汽车制造方式。原型车提供了包括发动、驾驶和停车方式在内的基本功能以及制造商和生产年份这两个属性，但其他方面都需要你去定制。希望车身是红色还是蓝色的？没问题，自己去定制好了。想装备高级立体声系统？没问题，添加就是了。

现在给你一个机会，设计一辆你心目中完美无缺的汽车。我们的设计如下。

在这里画出你梦想的汽车。

```
function CarProtoype() {
    this.make = "Webville Motors";
    this.year = 2013;
    this.start = function() {...};
    this.stop = function() {...};
    this.drive = function() {...};
}
```

```
var taxi = new CarPrototype();

taxi.model = "Delorean Remake";

taxi.color = "silver";

taxi.currentTime = new Date();

taxi.fluxCapacitor = {type: "Mr. Fusion"};

taxi.timeTravel = function(date) {...};
```

← 在这里定制原型车。

这有什么用途呢？下一章你就会知道了！顺便说一句，本章到这里就结束了。

 JavaScript填字游戏答案

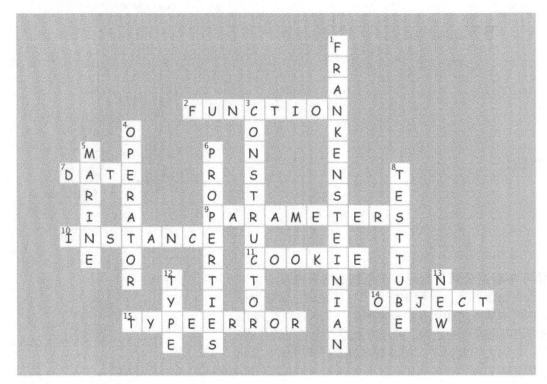

13 使用原型

超强的对象创建方式

学会如何创建对象仅仅是个开始。该充实一个些关于对象的内容了。我们需要在对象之间建立**关系**和**共享代码**的方法，需要扩展和改进既有对象的方法。换句话说，我们需要更多的工具。在本章中你将看到，JavaScript的**对象模型**非常强大，但它与标准面向对象语言的对象模型稍有不同。JavaScript采用的不是基于类的面向对象系统，而是更强大的**原型模型**，其中的对象可继承和扩展其他对象的行为。这有何优点呢？你马上就会看到。现在就开始吧。

如果你没有学习过经典继承，那真是太幸运了，因为这样你就无需忘掉任何有关这方面的知识了！

对不起，你必须将**Java**和**C++**使用的经典面向对象继承的知识都忘掉。

如果你以前使用过Java、C++或其他任何基于传统面向对象编程的语言，咱们有必要谈一谈。

如果你没有使用过，而且有个约会，也请坐下来慢慢听我讲，说不定也能学到点东西。

跟你直说吧：JavaScript没有传统的面向对象模型，即从类创建对象的模型。事实上，**JavaScript根本就没有类**。在JavaScript中，对象从**其他对象**那里继承行为，我们称之为**原型式继承**（prototypal inheritance）或基于原型的继承。

这在未来可能发生变化：下一个JavaScript版本可能添加类。因此，请关注http://wickedlysmart.com/hfjs，以获取这方面的最新情况。

如果你接受过面向对象编程训练，可能对JavaScript多有抱怨，也深感困惑，但别忘了，相比于经典面向对象语言，基于原型的语言更通用。它们更灵活，效率更高，表达力更强——只要你愿意，就可使用JavaScript来实现经典继承。

我们将此作为练习留给读者去完成。

因此，如果你接受过经典面向对象编程训练，请坐下来，放松心情，打开心扉，为学习一些不同的东西作好准备。如果你对"经典面向对象编程"毫无概念，就说明你是一张白纸，这通常是天大的好事。

先来介绍一种更好的对象图

本书前面使用的对象图很精巧，但本章要**严肃地讨论对象**，因此必须更严肃地对待对象图。实际上，我们非常喜欢原来的对象图，而本章使用的对象图非常复杂，无法让其包罗万象。

闲话少说，上新的对象图。

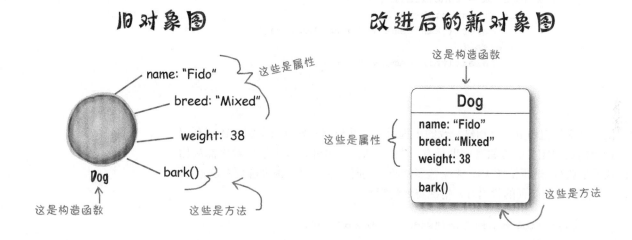

旧对象图

name: "Fido"
breed: "Mixed"
weight: 38
bark()
Dog

这些是属性
这是构造函数
这些是方法

改进后的新对象图

这是构造函数

Dog
name: "Fido" breed: "Mixed" weight: 38
bark()

这些是属性
这些是方法

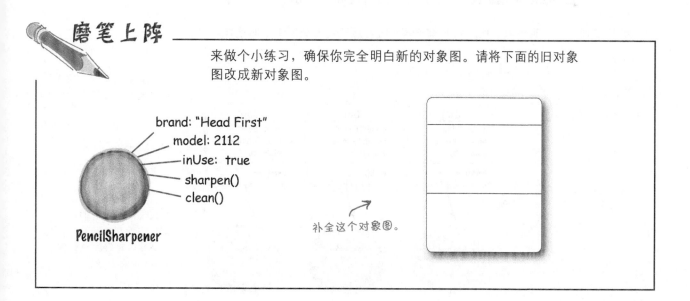

磨笔上阵

来做个小练习，确保你完全明白新的对象图。请将下面的旧对象图改成新对象图。

brand: "Head First"
model: 2112
inUse: true
sharpen()
clean()
PencilSharpener

补全这个对象图。

再谈构造函数：它能让我们重用代码，但效率如何呢

还记得前一章创建的构造函数Dog吗？咱们再来看一眼，看看使用构造函数有何好处：

```javascript
function Dog(name, breed, weight) {
    this.name = name;
    this.breed = breed;
    this.weight = weight;
    this.bark = function() {
        if (this.weight > 25) {
            alert(this.name + " says Woof!");
        } else {
            alert(this.name + " says Yip!");
        }
    };
}
```

所有小狗对象都包含相同的属性，但这些属性的值各不相同。

每个小狗对象都有方法bark。

更重要的是，在所有小狗对象之间重用了这些代码。

通过使用这个构造函数，可创建一致的小狗对象，并根据喜好进行定制；还可利用这个构造函数中定义的方法（这里只有一个bark）。另外，每个小狗对象都从构造函数那里获得了相同的代码，未来需要修改代码时，这可避免很多麻烦。这很好，但在运行阶段执行下面的代码时，情况将如何呢？

```javascript
var fido = new Dog("Fido", "Mixed", 38);
var fluffy = new Dog("Fluffy", "Poodle", 30);
var spot = new Dog("Spot", "Chihuahua", 10);
```

这些代码创建三个小狗对象。使用新对象图表示时，这些对象类似于下面这样。

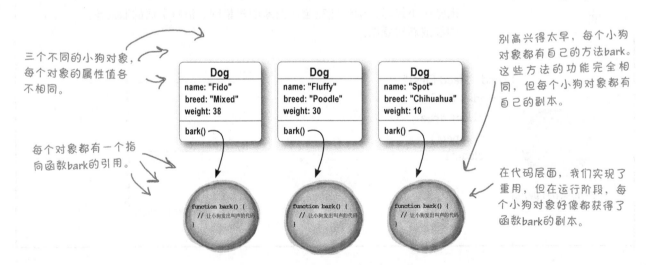

三个不同的小狗对象，每个对象的属性值各不相同。

每个对象都有一个指向函数bark的引用。

别高兴得太早，每个小狗对象都有自己的方法bark。这些方法的功能完全相同，但每个小狗对象都有自己的副本。

在代码层面，我们实现了重用，但在运行阶段，每个小狗对象好像都获得了函数bark的副本。

在我看来，每个小狗对象都应该有自己的bark方法。我只是说说而已。

重复的方法真是个问题吗

确实是个问题。一般而言，我们不希望每次使用构造函数实例化一个对象时，都创建一组新的方法。这样会影响应用程序的性能，占用计算机资源。这可能是个大问题，在移动设备上尤其如此。你将看到，还有更灵活、更强大的JavaScript对象创建方式。

我们回过头去想想使用构造函数的主要目的：试图**重用行为**。例如，创建大量的小狗对象时，我们希望这些对象都使用相同的bark方法。通过使用构造函数，我们只需将bark方法放在构造函数Dog中，这样每次实例化对象时，都将重用方法bark的代码，从而在代码层面实现重用行为的目的。但在运行阶段，这种解决方案的效果并不好，因为每个小狗对象都将获得自己的bark方法副本。

说到对象的行为时，我们通常指的是它支持的一系列方法。

为何会出现这种问题呢？这是因为我们没有充分利用JavaScript的对象模型。JavaScript对象模型基于**原型**的概念，在这种模型中，可通过扩展其他对象（即原型对象）来创建对象。

为演示原型式继承，下面首先来创建**小狗原型**。

原型是什么

JavaScript对象可从其他对象那里继承属性和行为。更具体地说，JavaScript使用**原型式继承**，其中其行为被继承的对象称为**原型**。这旨在继承既有属性（包括方法），同时在新对象中添加属性。这说得过于抽象，我们来看一个示例。

> 对象继承另一个对象后，便可访问其所有方法和属性。

我们从用于创建小狗对象的原型开始，它可能类似于下面这样。

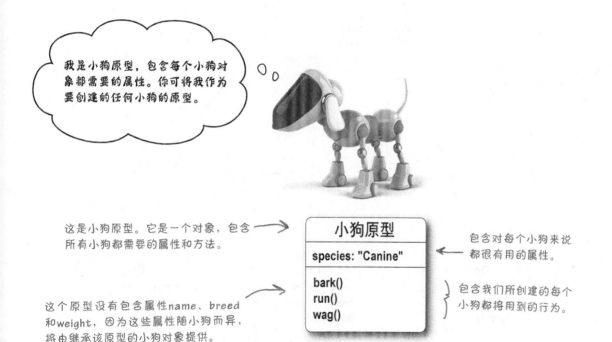

> 我是小狗原型，包含每个小狗对象都需要的属性。你可将我作为要创建的任何小狗的原型。

这是小狗原型。它是一个对象，包含所有小狗都需要的属性和方法。

这个原型没有包含属性name、breed和weight，因为这些属性随小狗而异，将由继承该原型的小狗对象提供。

小狗原型

species: "Canine"

bark()
run()
wag()

包含对每个小狗来说都很有用的属性。

包含我们所创建的每个小狗都将用到的行为。

有了不错的小狗原型后，便可创建从该原型继承属性的小狗对象了。对于这些小狗对象，还可根据其具体需求添加属性和行为。例如，对于每个小狗对象，我们都将添加属性name、breed和weight。

这些小狗对象需要发出叫声、奔跑或摇尾巴时，都可使用原型提供的这些行为，因为它们从原型那里继承了这些行为。为了让你明白其中的工作原理，下面来创建几个小狗对象。

继承原型

首先，需要创建小狗对象Fido、Fluffy和Spot的对象图，让它们继承新创建的小狗原型。为表示继承关系，我们将绘制从小狗实例到原型的虚线。别忘了，我们只将**所有**小狗都需要的方法和属性放在小狗原型中，因为**所有**小狗都将继承它们。对于所有随小狗对象而异的属性，如name，我们都将其都放在小狗实例中，因为每条小狗的这些属性都各不相同。

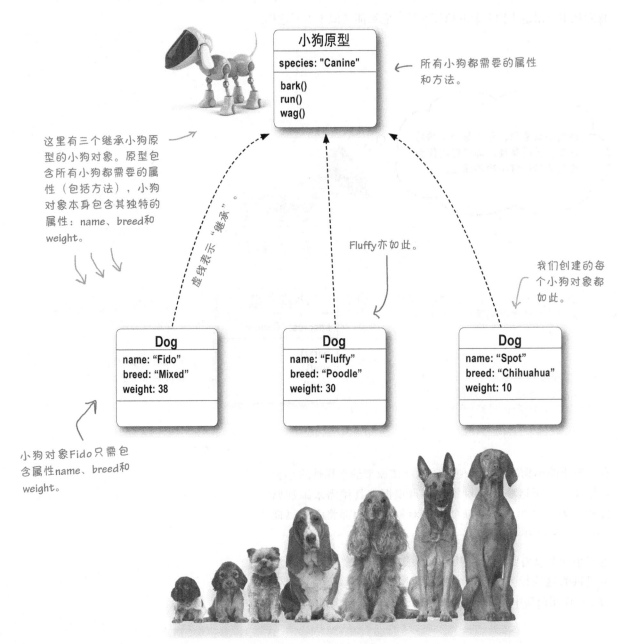

小狗原型

species: "Canine"

bark()
run()
wag()

所有小狗都需要的属性和方法。

这里有三个继承小狗原型的小狗对象。原型包含所有小狗都需要的属性（包括方法），小狗对象本身包含其独特的属性：name、breed和weight。

虚线表示"继承"。

Fluffy亦如此。

我们创建的每个小狗对象都如此。

Dog

name: "Fido"
breed: "Mixed"
weight: 38

Dog

name: "Fluffy"
breed: "Poodle"
weight: 30

Dog

name: "Spot"
breed: "Chihuahua"
weight: 10

小狗对象Fido只需包含属性name、breed和weight。

继承的工作原理

既然方法bark并不包含在各个小狗对象中，而是包含在原型中，如何让小狗发出叫声呢？这正是继承的用武之地。对对象调用方法时，如果在对象中找不到，将在原型中查找它，如下所示。

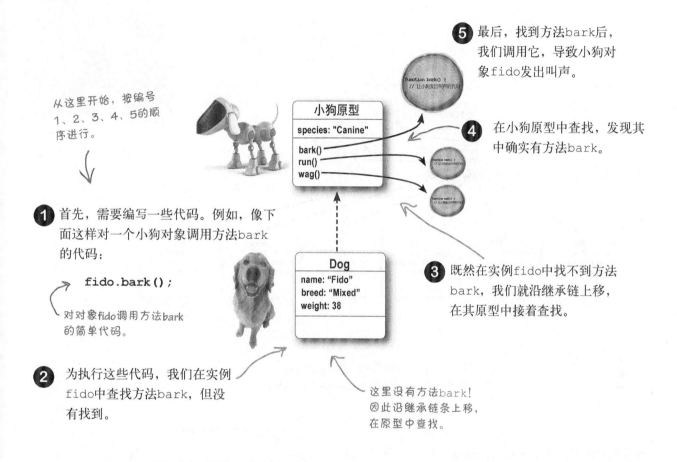

从这里开始，按编号1、2、3、4、5的顺序进行。

⑤ 最后，找到方法bark后，我们调用它，导致小狗对象fido发出叫声。

④ 在小狗原型中查找，发现其中确实有方法bark。

① 首先，需要编写一些代码。例如，像下面这样对一个小狗对象调用方法bark的代码：

```
fido.bark();
```

对对象fido调用方法bark的简单代码。

② 为执行这些代码，我们在实例fido中查找方法bark，但没有找到。

③ 既然在实例fido中找不到方法bark，我们就沿继承链上移，在其原型中接着查找。

这里没有方法bark！因此沿继承链条上移，在原型中查找。

属性的情况也一样。如果我们编写了需要获取fido.name的代码，将从fido对象中获取这个值。如果要获取fido.species的值，将首先在对象fido中查找；在这里找不到后，将接着在小狗原型中查找（结果是找到了）。

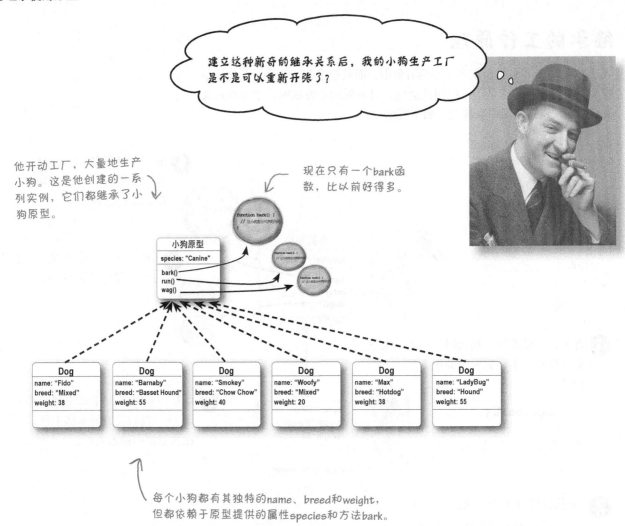

建立这种新奇的继承关系后，我的小狗生产工厂是不是可以重新开张了？

他开动工厂，大量地生产小狗。这是他创建的一系列实例，它们都继承了小狗原型。

现在只有一个bark函数，比以前好得多。

每个小狗都有其独特的name、breed和weight，但都依赖于原型提供的属性species和方法bark。

明白如何使用继承后，便可以创建大量的小狗了。这些小狗都能发出叫声，但依赖于小狗原型提供的方法bark。我们实现了代码重用：不仅只需在一个地方编写代码，而且让所有小狗实例都在运行阶段使用**同一个**bark方法，从而避免了庞大的运行阶段开销。

你将看到，通过使用原型，可快速地创建对象，这些对象不仅能够重用代码，还能新增行为和属性。

谢谢你！你没有使用继承时，我们差点累死了！

重写原型

继承原型并不意味着必须与它完全相同。在任何情况下，都可**重写**原型的属性和方法，为此只需在对象实例中提供它们即可。这之所以可行，是因为JavaScript总是**先**在对象实例（即具体的小狗对象）中查找属性；如果找不到，再在原型中查找。因此，要为对象spot定制方法bark，只需在其中包含自定义的方法bark。这样，JavaScript查找方法bark以便调用它时，将在对象spot中找到它，而不用劳神去原型中查找。

下面来看看如何在对象spot中重写方法bark，让它发出叫声时显示says WOOF!。

> 对我来说，在发出叫声时显示 **says Yip!** 不太合适。我需要发出更大的叫声，显示 **says WOOF!** 如何？！

Spot

Spot不使用原型中的方法bark，但Fido和Fluffy依然使用它。

```
function bark() {
    // 让小狗发出叫声
    的代码
}
```

小狗原型保持不变……

小狗原型

species: "Canine"

bark()
run()
wag()

但对象spot包含显示says WOOF!的自定义方法bark。

自定义方法bark，仅供Spot使用。

Dog

name: "Spot"
breed: "Chihuahua"
weight: 10

bark()

```
function bark() {
    // 显示says WOOF!
    的代码
}
```

在对象spot中找到了方法bark，无需再在原型中查找。这个方法显示says WOOF!。

完成这些准备工作后，便可调用方法bark了。

```
spot.bark();
```

将首先在对象spot中查找方法bark。

代码冰箱贴

冰箱上有一个对象图，但有人将它打乱了，你能帮忙将它组装起来吗？在这个对象图中，有两个机器人原型的实例：其中一个1956年生产的Robby，它归Dr. Morbius所有，拥有一个开关，喝咖啡时去星巴克；另一个是1962年生产的Rosie，它归George Jetson所有，能够打扫房间。需要指出的是，有些冰箱贴可能是多余的，祝你好运！

可供机器人继承的原型。 ⟶

机器人原型

maker: "ObjectsRUs"

speak()
makeCoffee()
blinkLights()

请在这里组装对象图。↓

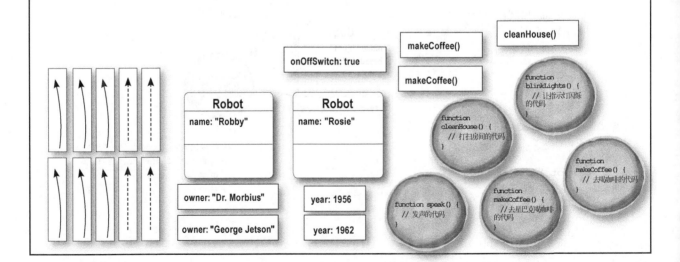

onOffSwitch: true

makeCoffee()

makeCoffee()

cleanHouse()

Robot

name: "Robby"

owner: "Dr. Morbius"

owner: "George Jetson"

Robot

name: "Rosie"

year: 1956

year: 1962

function blinkLights() {
    // 让指示灯闪烁的代码
}

function cleanHouse() {
    // 打扫房间的代码
}

function makeCoffee() {
    // 去喝咖啡的代码
}

function speak() {
    // 发声的代码
}

function makeCoffee() {
    // 去星巴克喝咖啡的代码
}

原型从哪里来

前面花了很多篇幅讨论小狗原型，你现在可能想看的是代码示例，而不是对象图示例。那么，如何创建或获取小狗原型呢？实际上，你已经有了一个这样的原型，只是你没有意识到而已。

下面演示了如何在代码中访问这个原型：

Dog.prototype 如果你查看构造函数Dog，将发现它有一个prototype属性。这是一个指向原型的引用。

属性prototype？

等等，Dog是个构造函数，即函数。你是说它有属性吗？

幕后的东西还是不要知道的好！

跟你开玩笑呢，你说得没错，但我们一直故意隐瞒了这一点。简单地说，在JavaScript中，函数也是对象。实际上，在JavaScript中，几乎所有的东西都是对象，数组也是——你可能还没有意识到这一点。

但就目前而言，我们不想节外生枝。你只需知道，除了具备你知道的各种功能外，函数还可以有属性，而构造函数都包含属性prototype。这里向你保证，本书后面将更深入地讨论函数以及其他对象。

如何设置原型

前面说过，可通过构造函数Dog的属性prototype来访问原型对象，但这个原型对象包含哪些属性和方法呢？默认包含的不多。换句话说，你需要给原型添加属性和方法，这通常是在使用构造函数前进行的。

下面来设置小狗原型。为此，得有一个可供使用的构造函数。下面来看看如何根据对象图创建这样的构造函数：

```
function Dog(name, breed, weight) {
    this.name = name;
    this.breed = breed;
    this.weight = weight;
}
```

这是用于创建小狗实例的构造函数。每个实例都有自己的属性name、breed和weight，因此需要在构造函数中添加这些属性。

Dog
name: "Spot"
breed: "Chihuahua"
weight: 10

方法来自原型，因此不需要在构造函数中定义它们。

创建构造函数后，便可以设置小狗原型了。我们希望它包含属性species以及方法bark、run和wag，如下所示：

```
Dog.prototype.species = "Canine";

Dog.prototype.bark = function() {
    if (this.weight > 25) {
        console.log(this.name + " says Woof!");
    } else {
        console.log(this.name + " says Yip!");
    }
};

Dog.prototype.run = function() {
    console.log("Run!");
};

Dog.prototype.wag = function() {
    console.log("Wag!");
};
```

将字符串"Canine"赋给原型的属性species。

为定义各个方法，我们分别将合适的函数赋给原型的属性bark、run和wag。

编码技巧

别忘了串接表示法：

`Dog.prototype.species`

通过构造函数Dog获取其属性prototype，后者是一个引用，指向的对象包含属性species。

创建几个小狗对象并对原型进行测试

为测试这个原型，请在一个文件（dog.html）中输入下面的代码，再在浏览器中加载它。这里再次列出了前一页的代码，并添加了一些测试代码。请确保所有的小狗对象都像预期的那样发出叫声、奔跑和摇尾。

```javascript
function Dog(name, breed, weight) {
    this.name = name;
    this.breed = breed;
    this.weight = weight;
}

Dog.prototype.species = "Canine";

Dog.prototype.bark = function() {
    if (this.weight > 25) {
        console.log(this.name + " says Woof!");
    } else {
        console.log(this.name + " says Yip!");
    }
};

Dog.prototype.run = function() {
    console.log("Run!");
};

Dog.prototype.wag = function() {
    console.log("Wag!");
};

var fido = new Dog("Fido", "Mixed", 38);
var fluffy = new Dog("Fluffy", "Poodle", 30);
var spot = new Dog("Spot", "Chihuahua", 10);

fido.bark();
fido.run();
fido.wag();

fluffy.bark();
fluffy.run();
fluffy.wag();

spot.bark();
spot.run();
spot.wag();
```

这是构造函数Dog。

这里给小狗原型添加了属性和方法。

我们给小狗原型添加了一个属性和三个方法。

像通常那样创建小狗对象。

然后，像通常那样对每个小狗对象调用方法。每个小狗对象都从原型那里继承了这些方法。

每个小狗对象都能发出叫声、奔跑和摇尾。很好！

等等，不是说Spot发出叫声时应显示says WOOF!吗？

JavaScript控制台
Fido says Woof!
Run!
Wag!
Fluffy says Woof!
Run!
Wag!
Spot says Yip!
Run!
Wag!

别把我给忘了，我要求在发出叫声时显示says WOOF!呀！

编写让Spot发出叫声时显示 says WOOF!的代码

别担心，我们可没忘记Spot。Spot要求在发出叫声时显示says WOOF!，因此我们需要重写原型，给Spot提供自定义方法bark。下面来修改代码：

这里省略了其他的代码，这旨在节省纸张或者说减少碳足迹……

```
...

var spot = new Dog("Spot", "Chihuahua", 10);

spot.bark = function() {
    console.log(this.name + " says WOOF!");
};

// 对fido和fluffy调用方法的代码

spot.bark();
spot.run();
spot.wag();
```

我们所作的唯一修改是，给Spot提供自定义方法bark。

对Spot调用方法bark的代码根本不需要修改。

测试自定义方法bark

添加上述代码后，进行简单的测试……

```
JavaScript控制台
Fido says Woof!
Run!
Wag!
Fluffy says Woof!
Run!
Wag!
Spot says WOOF!
Run!
Wag!
```

Spot得偿所愿，在发出叫声时显示了says WOOF!

还记得前面包含机器人Robby和Rosie的对象图吗？现在就来实现它。我们编写了构造函数Robot和一些测试代码，而你需要做的是设置机器人原型并创建这两个机器人对象，再通过运行对这些代码进行测试。

这是构造函数Robot，你还需设置其原型。

```javascript
function Robot(name, year, owner) {
    this.name = name;
    this.year = year;
    this.owner = owner;
}
```

请在这里设置机器人原型。

```javascript
Robot.prototype.maker =

Robot.prototype.speak =

Robot.prototype.makeCoffee =

Robot.prototype.blinkLights =

var robby =
var rosie =

robby.onOffSwitch =
robby.makeCoffee =
```

请在这里编写创建机器人对象Robby和Rosie的代码。请务必给这些实例添加所有的自定义属性。

```javascript
rosie.cleanHouse =
```

使用这段代码测试这些实例，确保它们继承了原型并能正确地工作。

```javascript
console.log(robby.name + " was made by " + robby.maker +
        " in " + robby.year + " and is owned by " + robby.owner);
robby.makeCoffee();
robby.blinkLights();

console.log(rosie.name + " was made by " + rosie.maker +
        " in " + rosie.year + " and is owned by " + rosie.owner);
rosie.cleanHouse();
```

我有点疑惑，鉴于方法bark位于原型而不是对象中，其中的this.name怎么不会导致问题呢？

问得好。在没有使用原型的情况下，这很容易解释，因为this指的是方法被调用的对象。调用原型中的方法bark时，你可能认为this指的是原型对象，但情况并非如此。

调用对象的方法时，this被设置为方法被调用的对象。即便在该对象中没有找到调用的方法，而是在原型中找到了它，也不会修改this的值。在任何情况下，this都指向原始对象，即方法被调用的对象，即便该方法位于原型中亦如此。因此，即便方法bark位于原型中，调用这个方法时，this也将被设置为原始小狗对象，得到的结果也是我们期望的，如显示Fluffy says Woof!。

让~~一只~~小狗都学会新技能

所有的

该让所有小狗都学会新技能了。没错，就是所有的小狗。使用原型后，如果给原型添加一个方法，所有的小狗对象都将立即从原型那里继承这个方法并自动获得这种新行为，包括添加方法前已创建的小狗对象。

假设我们要让所有小狗都会坐下，只需在原型中添加一个坐下的方法即可。

```
var barnaby = new Dog("Barnaby", "Basset Hound", 55);
```
← 创建另一个小狗对象，以测试这一点。

```
Dog.prototype.sit = function() {
    console.log(this.name + " is now sitting");
};
```
← 再添加方法sit。

下面来让小狗Barnaby坐下：

barnaby.sit(); ← 首先检查对象barnaby是否有方法sit，结果发现它没有。接着在原型中查找，找到方法sit后调用它。

JavaScript控制台
Barnaby is now sitting

深入研究

下面来更深入地研究其中的工作原理。请务必按步骤1、2、3、4的顺序进行。

4 在原型中找到了方法sit，并且调用它。

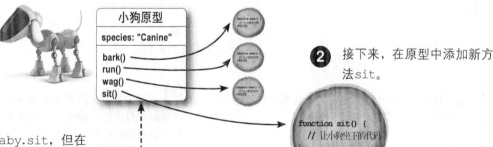

2 接下来，在原型中添加新方法sit。

```
function sit() {
    // 让小狗坐下的代码
}
```

3 调用方法barnaby.sit，但在对象barnaby中没有找到方法sit。

小狗原型
species: "Canine"
bark()
run()
wag()
sit()

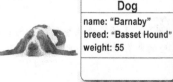

Dog
name: "Barnaby"
breed: "Basset Hound"
weight: 55

1 创建一个新的小狗对象barnaby。

原型是动态的

Barnaby能够坐下了，看到这一点我们很高兴。实际上，现在**所有**的小狗都能够坐下，因为在原型中添加方法后，继承该原型的任何对象都能使用这个方法。

当然，对属性来说，情况亦如此。

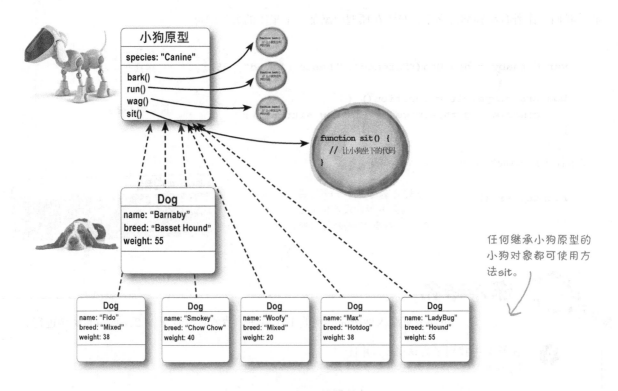

任何继承小狗原型的小狗对象都可使用方法sit。

世上没有 愚蠢的问题

问：也就是说，给原型添加新的方法或属性后，继承该原型的所有对象实例都将立即看到它？

答：如果你说的"看到"是继承的意思，那你说的完全正确。请注意，这提供了一个途径，让你只需在运行阶段修改原型，就可扩展或修改其所有实例的行为。

问：我知道，给原型添加新属性后，继承该原型的所有对象都将包含这个属性，但修改原型的既有属性呢？这是否也会影响继承原型的所有对象？比方说，如果我将属性species的值从Canine改为Feline，会不会导致所有既有小狗对象的属性species都变成Feline？

答：是的。修改原型的任何属性时，都将影响继承该原型的所有对象——只要它们没有重写这个属性。

有一个机器人游戏使用了机器人Robby和Rosie。这个机器人游戏的代码如下。在这个游戏中，玩家的等级达到42后，机器人将具备一项新功能：发射激光束。请补全下面的代码，使得在玩家的等级达到42后，机器人Robby和Rosie都能发射激光束。继续往下阅读前，请查看本章末尾的答案。

```javascript
function Game() {
    this.level = 0;
}

Game.prototype.play = function() {
    // 让玩家玩游戏的代码
    this.level++;
    console.log("Welcome to level " + this.level);
    this.unlock();
};

Game.prototype.unlock = function() {



};

function Robot(name, year, owner) {
    this.name = name;
    this.year = year;
    this.owner = owner;
}

var game = new Game();
var robby = new Robot("Robby", 1956, "Dr. Morbius");
var rosie = new Robot("Rosie", 1962, "George Jetson");

while (game.level < 42) {
    game.play();
}

robby.deployLaser();
rosie.deployLaser();
```

```
JavaScript控制台
Welcome to level 1
Welcome to level 2
Welcome to level 3
...
Welcome to level 41
Welcome to level 42
Rosie is blasting you with
laser beams.
```

这是我们得到的输出示例。补全代码后，请尝试玩玩这个游戏，看看是哪个机器人先发射激光束。

方法sit更有趣的实现

下面来让方法sit更有趣些：小狗开始处于非坐着（即站立）状态。在方法sit中，判断小狗是否是坐着的。如果不是，就让它坐着；如果是，就告诉用户小狗已经是坐着的。为此，需要一个额外的属性sitting，用于跟踪小狗是否是坐着的。下面来编写这样的代码：

首先，在原型中添加属性sitting。

通过在原型中将属性sitting设置为false，让所有的小狗一开始都是站着的。

接下来，在方法sit中检查小狗是否是坐着的。如果这个方法是首次被调用，检查this.sitting时，将在小狗原型中查找其值。

```
Dog.prototype.sitting = false;

Dog.prototype.sit = function() {
    if (this.sitting) {
        console.log(this.name + " is already sitting");
    } else {
        this.sitting = true;
        console.log(this.name + " is now sitting");
    }
};
```

如果小狗是坐着的，就指出小狗已经是坐着的。

但如果小狗不是坐着的，就说它现在坐下，再将this.sitting设置为true。这将重写原型的属性sitting，并在实例中设置这个属性的值。

请注意，实例现在有自己的sitting属性，其值为true。

这些代码的有趣之处在于，小狗实例刚创建时，从原型那里继承了属性sitting，该属性的值默认为false；但调用方法sit后，就给小狗实例添加了属性sitting的值，导致在小狗实例中创建了属性sitting。这让我们能够给所有小狗对象指定默认值，并在需要时对各个小狗进行定制。

测试新的sit方法

下面来尝试使用这个方法。请在你的代码中添加上述新属性sitting以及方法sit的新实现，再对代码进行测试。你将发现，现在可以让barnaby坐下，再让spot坐下，且每个小狗对象都独立地跟踪自己是否是坐着的。

```
barnaby.sit()  ──────→
barnaby.sit()  ──────→
spot.sit()     ──────→
spot.sit()     ──────→
```

JavaScript控制台
```
Barnaby is now sitting
Barnaby is already sitting
Spot is now sitting
Spot is already sitting
```

再谈属性sitting的工作原理

下面来确保你明白了其中的工作原理，因为如果你没有仔细分析前述实现，可能遗漏重要的细节。要点如下：首次获取sitting的值时，是从原型中获取的；但接下来将sitting设置为true时，是在对象实例而不是原型中进行的。在对象实例中添加这个属性后，接下来每次获取sitting的值时，都将从对象实例中获取，因为它重写了原型中的这个属性。下面再次详细地介绍这一点。

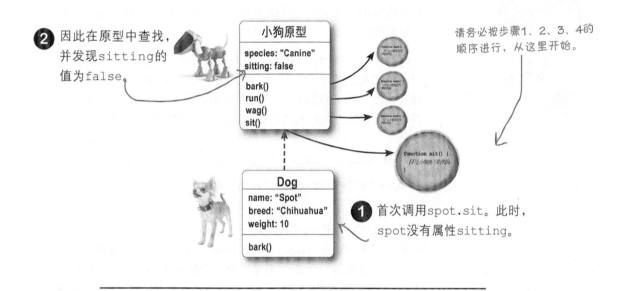

2 因此在原型中查找，并发现sitting的值为false。

请务必按步骤1、2、3、4的顺序进行，从这里开始。

1 首次调用spot.sit。此时，spot没有属性sitting。

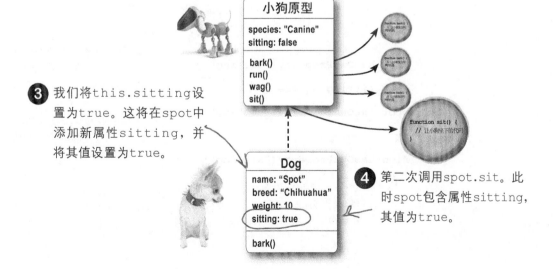

3 我们将this.sitting设置为true。这将在spot中添加新属性sitting，并将其值设置为true。

4 第二次调用spot.sit。此时spot包含属性sitting，其值为true。

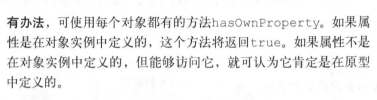

既然说到属性，在代码中是否有办法判断使用的属性包含在实例还是原型中呢？

有办法，可使用每个对象都有的方法hasOwnProperty。如果属性是在对象实例中定义的，这个方法将返回true。如果属性不是在对象实例中定义的，但能够访问它，就可认为它肯定是在原型中定义的。

下面来对fido和spot调用这个方法。首先，我们知道，在小狗原型中定义了属性species，而且spot和fido都没有重写这个属性。因此，如果我们对这两个对象调用方法hasOwnProperty，并以字符串的方式传入属性名"species"，结果都将为false：

```
spot.hasOwnProperty("species");

fido.hasOwnProperty("species");
```

> 这两条语句都返回false，因为species是在原型而不是对象实例spot和fido中定义的。

下面来尝试对属性sitting进行这种判断。我们知道，在原型中定义了属性sitting，并将其初始化为false，因此将spot.sitting设置为true时，将重写原型中的属性sitting，并在实例spot中定义属性sitting。下面来询问spot和fido自己是否定义了属性sitting：

> 首次检查spot是否有自己的sitting属性时，结果为false。

```
spot.hasOwnProperty("sitting");

spot.sitting = true;

spot.hasOwnProperty("sitting");

fido.hasOwnProperty("sitting");
```

> 接下来，我们将spot.sitting设置为true，这将在实例spot中添加属性sitting。

> 这次调用hasOwnProperty时，结果为true，因为spot现在有自己的sitting属性。

> 但对fido调用hasOwnProperty时，结果为false，因为实例fido没有sitting属性。这意味着fido使用的sitting属性是在原型中定义的，而fido从原型那里继承了这个属性。

我们给机器人Robby和Rosie添加了一项新功能，现在它们能够在发生错误时通过方法reportError进行报告。请研究下面的代码，特别要注意这个方法是从什么地方获取错误信息的，以及这个方法是否是在机器人原型中定义的。

请在下面写出这些代码的输出：

```
function Robot(name, year, owner) {
    this.name = name;
    this.year = year;
    this.owner = owner;
}

Robot.prototype.maker = "ObjectsRUs";
Robot.prototype.errorMessage = "All systems go.";
Robot.prototype.reportError = function() {
    console.log(this.name + " says " + this.errorMessage);
};
Robot.prototype.spillWater = function() {
    this.errorMessage = "I appear to have a short circuit!";
};

var robby = new Robot("Robby", 1956, "Dr. Morbius");
var rosie = new Robot("Rosie", 1962, "George Jetson");

rosie.reportError();
robby.reportError();
robby.spillWater();
rosie.reportError();
robby.reportError();

console.log(robby.hasOwnProperty("errorMessage")); _____
console.log(rosie.hasOwnProperty("errorMessage")); _____
```

Robby有自己的errorMessage属性吗？

Rosie呢？

最优秀的表演犬

在本章中，你所做的艰苦工作带来了回报。Web镇小狗俱乐部见到你有关小狗对象的工作后，立即意识到你就是他们要找的人，决定邀请你来帮助他们实现小狗表演模拟器。他们要求你做的唯一工作是更新构造函数Dog，以便能够创建表演犬。归根结底，表演犬可不是普通的狗，它们不仅会奔跑，还会各种步法；它们不去翻垃圾箱，而是喜欢寻找有香味的东西；它们不摇尾乞食，而是喜欢追着诱饵不放。

更具体地说，Web镇小狗俱乐部需要的是下面这样的表演犬。

你的构造函数Dog编写得很好！我们竭诚邀请你来开发小狗表演模拟器。表演犬有点独特，需要有额外的方法（参见下面的清单）。

谢谢！——Web镇小狗俱乐部

stack()：立正。

gait()：类似于奔跑。这个方法接受一个字符串参数，如walk、trot、pace或gallop。

bait()：让小狗饱餐一顿。

groom()：让小狗洗个澡。

如何设计表演犬

我们将如何设计表演犬呢？显然，我们希望利用既有的小狗代码，毕竟这正是Web镇小狗俱乐部最初求助于我们的原因所在。但如何利用呢？下面就来研究研究。

如果将这些新方法添加到既有的构造函数Dog中，所有的小狗对象都将能够做这些事情。这有悖于我们的初衷。

我们可以只在表演犬实例中添加这些方法，但这就回到了老路上，本章开头揭示的所有问题都会出现。

如果我们从头开始创建构造函数ShowDog，就得重新实现所有的基本方法：bark、run、sit等。

大家别着急上火。使用JavaScript时，可以有多个原型。

Joe：多个原型？什么意思？

Judy：就像你得到的遗产。

Joe：什么遗产？我要是有遗产的话，就不会在这里打工了。开什么玩笑？

Judy：你并非只继承了父母的特质，不是吗？你还继承了祖父母、外祖父母、曾祖父母、曾外祖父母等的一些特质。

Joe：没错，明白你的意思。

Judy：在JavaScript中，可建立供对象继承的原型链。

Frank：举个例子吧，这样可能会有所帮助。

Judy：假设你有一个小鸟原型，知道如何做大多数小鸟都会做的事情，如飞翔。

Frank：明白，就像我们的小狗原型。

Judy：现在假设你需要实现各种鸭子——绿头鸭、红头鸭等。

Frank：别忘了还有红嘴树鸭。

Judy：谢谢Frank提醒。

Frank：不客气。我也是刚阅读《Head First 设计模式》，才知道这些种类的鸭子。

Judy：好吧，但鸭子与一般的鸟不同。它们会游泳，我们不想将这个方法放在小鸟原型中。不过，在JavaScript中，可创建一个继承小鸟原型的鸭子原型。

Joe：你的意思是说，可以创建指向鸭子原型的构造函数Duck，而鸭子原型又指向小鸟原型？

Frank：太复杂了，请详细说说。

Judy：Frank，你这样想一想。假设你创建了一个鸭子对象，并对其调用了方法fly。如果在该对象中查找时，没有找到这个方法，你将如何做呢？你接着在鸭子原型中查找，可这里也没有方法fly。因此，你继续在鸭子原型继承的小鸟原型中查找，并在这里找到了方法fly。

Joe：如果我们调用方法swim，将首先在当前鸭子实例中查找；但找不到。因此我们接着在鸭子原型中查找，并找到了它。

Judy：没错。这样，我们不仅重用了鸭子原型的行为，必要时还可沿原型链往上走，进而使用小鸟原型的行为。

Joe：这听起来非常完美，完全可以通过扩展小狗原型来创建表演犬原型。下面就来看看如何做。

建立原型链

咱们来考虑如何建立**原型链**。对象不仅可以继承一个原型的属性,还可继承一个原型链。基于前面考虑问题的方式,这并不难理解。

假设我们需要一个用于创建表演犬的表演犬原型,并希望这个原型依赖于小狗原型提供的方法bark、run和wag。下面就来建立这样的原型链,体会一下其中的各个部分是如何协同工作的。

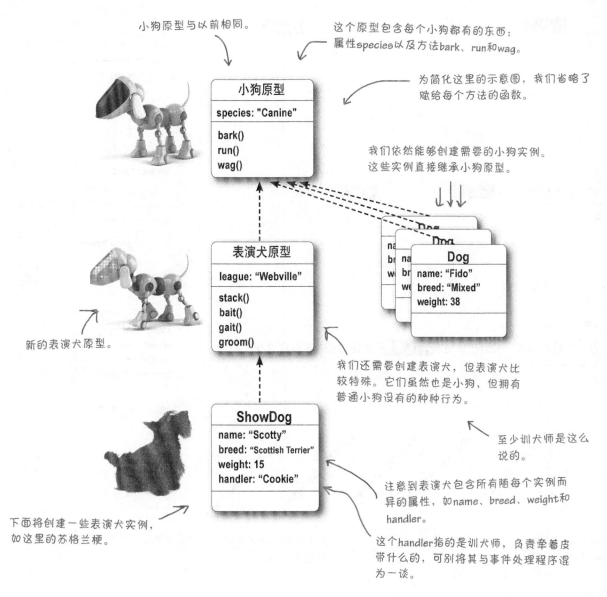

小狗原型与以前相同。

这个原型包含每个小狗都有的东西:属性species以及方法bark、run和wag。

为简化这里的示意图,我们省略了赋给每个方法的函数。

小狗原型

species: "Canine"

bark()
run()
wag()

我们依然能够创建需要的小狗实例。这些实例直接继承小狗原型。

表演犬原型

league: "Webville"

stack()
bait()
gait()
groom()

Dog

name: "Fido"
breed: "Mixed"
weight: 38

新的表演犬原型。

我们还需要创建表演犬,但表演犬比较特殊。它们虽然也是小狗,但拥有普通小狗没有的种种行为。

ShowDog

name: "Scotty"
breed: "Scottish Terrier"
weight: 15
handler: "Cookie"

至少训犬师是这么说的。

注意到表演犬包含所有随每个实例而异的属性,如name、breed、weight和handler。

下面将创建一些表演犬实例,如这里的苏格兰梗。

这个handler指的是训犬师,负责牵着皮带什么的,可别将其与事件处理程序混为一谈。

原型链中的继承原理

为表演犬建立原型链后，下面来看看其中的继承原理。对于本页下方的每个属性和方法，
请沿原型链向上找出它们都是在哪里定义的。

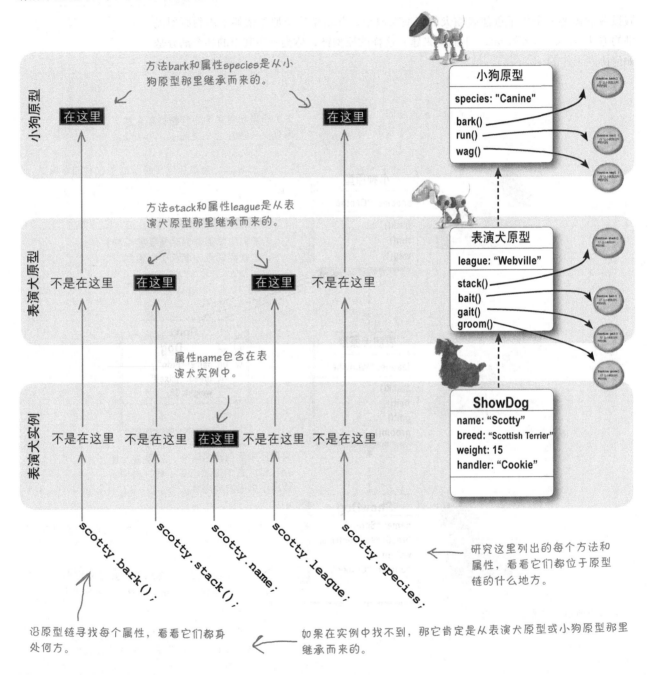

方法bark和属性species是从小
狗原型那里继承而来的。

小狗原型

在这里　　　　　　　　　　在这里

species: "Canine"

bark()
run()
wag()

方法stack和属性league是从表
演犬原型那里继承而来的。

表演犬原型

不是在这里　在这里　　　在这里　不是在这里

league: "Webville"

stack()
bait()
gait()
groom()

属性name包含在表
演犬实例中。

不是在这里　不是在这里　在这里　不是在这里　不是在这里

ShowDog

name: "Scotty"
breed: "Scottish Terrier"
weight: 15
handler: "Cookie"

scotty.bark();
scotty.stack();
scotty.name;
scotty.league;
scotty.species;

研究这里列出的每个方法和
属性，看看它们都位于原型
链的什么地方。

沿原型链寻找每个属性，看看它们都身
处何方。

如果在实例中找不到，那它肯定是从表演犬原型或小狗原型那里
继承而来的。

代码冰箱贴

我们在冰箱上又贴了一个对象图，但也被人弄乱了。你能帮忙将其重新组合起来吗？与前面的对象图相比，这个对象图新增了一些太空机器人，它们继承了机器人的属性，重写了机器人的方法speak，还新增了方法pilot()和属性homePlanet。请注意，有些冰箱贴可能是多余的，祝你好运！

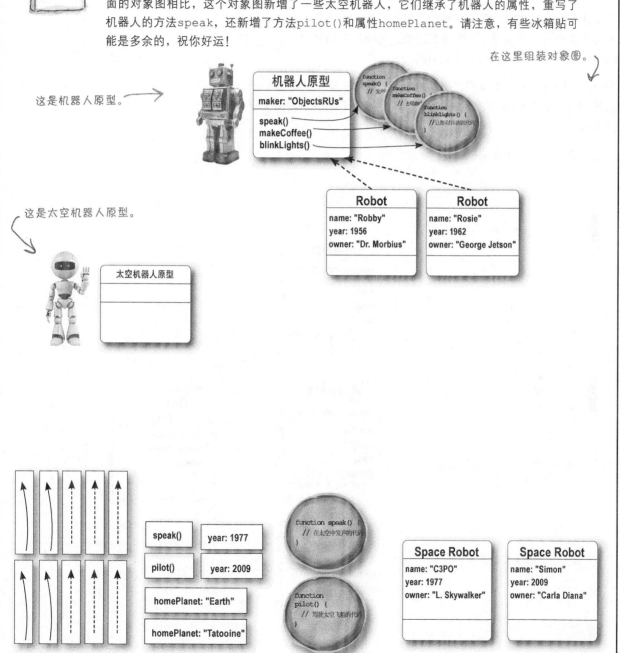

这是机器人原型。

这是太空机器人原型。

在这里组装对象图。

创建表演犬原型

创建小狗原型时，只需直接使用构造函数Dog的属性prototype提供的空对象，在其中添加要让每个小狗实例都继承的属性和方法即可。

但创建表演犬原型时，我们必须做更多的工作，因为我们需要的是一个继承另一个原型（小狗原型）的原型对象。为此，我们必须创建一个继承小狗原型的对象，再亲自动手建立关联。

当前，我们有一个小狗原型，还有一系列继承这个原型的小狗实例，而目标是创建一个继承小狗原型的表演犬原型以及一系列继承表演犬原型的表演犬实例。

为此，需要一步一步来完成。

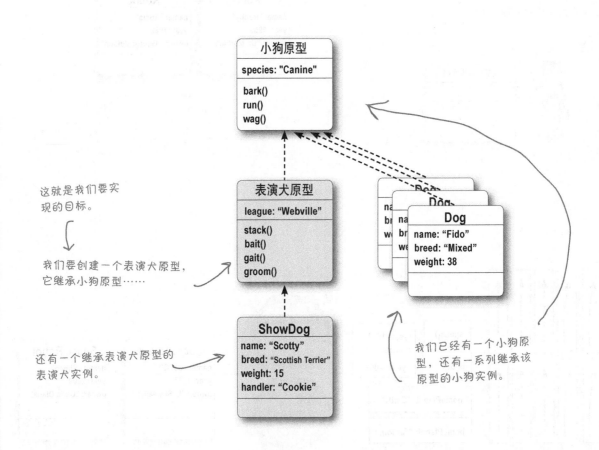

这就是我们要实现的目标。

我们要创建一个表演犬原型，它继承小狗原型……

还有一个继承表演犬原型的表演犬实例。

我们已经有一个小狗原型，还有一系列继承该原型的小狗实例。

首先，需要一个继承小狗原型的对象

前面说过，表演犬原型是一个继承小狗原型的对象。要创建继承小狗原型的对象，最佳方式是什么呢？其实就是前面创建小狗实例时一直采用的方式。你可能还记得，这种方式类似于下面这样：

要创建继承小狗原型的对象，只需结合使用new和构造函数Dog。

```
var aDog = new Dog();
```

这里没有给构造函数提供任何实参，其中的原因将稍后讨论。

上述代码创建一个继承小狗原型的对象，因为它与以前创建小狗实例时使用的代码完全相同，只是没有向构造函数提供任何实参。为什么这样做呢？因为在这里，我们只需要一个继承小狗原型的小狗对象，而不关心其细节。

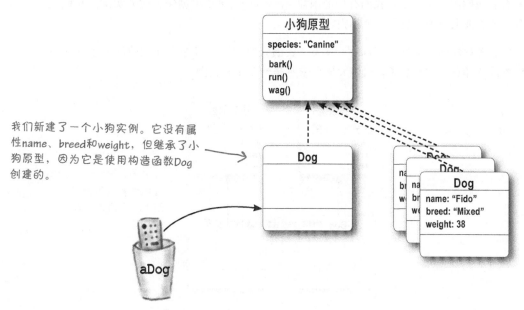

我们新建了一个小狗实例。它没有属性name、breed和weight，但继承了小狗原型，因为它是使用构造函数Dog创建的。

小狗原型

species: "Canine"

bark()
run()
wag()

Dog

aDog

Dog

name: "Fido"
breed: "Mixed"
weight: 38

当前，我们需要的是一个表演犬原型。与其他小狗实例一样，它也是一个继承小狗原型的对象。下面来看看如何将这个空的小狗实例变成所需的表演犬原型。

接下来，将新建的小狗实例变成表演犬原型

至此，我们有了一个小狗实例，但如何使其成为表演犬原型呢？为此，只需将它赋给构造函数ShowDog的属性prototype。等等，我们还没有构造函数ShowDog呢，下面就来创建它：

```
function ShowDog(name, breed, weight, handler) {
    this.name = name;
    this.breed = breed;
    this.weight = weight;
    this.handler = handler;
}
```

← 这个构造函数接受各种实参，用于设置小狗的属性（name、breed、weight）和表演犬的属性（handler）。

有了这样的构造函数后，便可将其属性prototype设置为一个新的小狗实例了：

我们原本可以使用前一页创建的小狗实例，但为少使用一个变量，这里没有这样做，而是直接将一个新小狗实例赋给属性prototype。

```
ShowDog.prototype = new Dog();
```

来看看我们到了哪一步：我们有构造函数ShowDog，可用来创建表演犬实例。我们还有一个表演犬原型，它是一个小狗实例。

下面来将对象图中的标签"Dog"改为"表演犬原型"，确保它准确地反映了这些对象扮演的角色。但别忘了，表演犬原型**依然是一个小狗实例**。

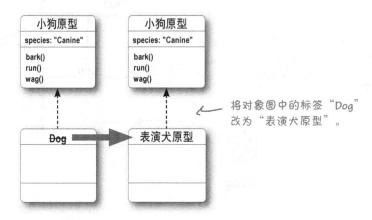

将对象图中的标签"Dog"改为"表演犬原型"。

有了构造函数ShowDog和表演犬原型后，我们需要回过头去补充一些细节。我们将深入研究这个构造函数，并给表演犬原型添加一些属性和方法，让表演犬具备所需的额外行为。

该补全原型了

我们设置了表演犬原型，但当前它只是一个空的小狗实例。现在该给它添加属性和行为，让它更像表演犬原型了。

要给表演犬添加的属性和方法如下：

```
function ShowDog(name, breed, weight, handler) {
    this.name = name;
    this.breed = breed;
    this.weight = weight;
    this.handler = handler;
}


ShowDog.prototype = new Dog();

ShowDog.prototype.league = "Webville";

ShowDog.prototype.stack = function() {
        console.log("Stack");
};

ShowDog.prototype.bait = function() {
        console.log("Bait");
};

ShowDog.prototype.gait = function(kind) {
        console.log(kind + "ing");
};

ShowDog.prototype.groom = function() {
        console.log("Groom");
};
```

别忘了，构造函数ShowDog看起来与构造函数Dog很像。表演犬也有属性name、breed和weight，但还有一个额外的属性handler，表示负责训练它的人。这些属性都是在表演犬实例中定义的。

所有的表演犬都将加入Web镇联盟，因此我们在原型中添加这个属性。

这些是表演犬支持的所有方法。这里让这些方法尽可能简单。

我们将这些属性都添加到表演犬原型中，让所有表演犬都继承它们。

在这里，我们获取充当表演犬原型的小狗实例，并给它添加新的属性和方法。

添加这些属性和方法后，表演犬原型看起来像表演犬了。下面再次修改对象图，创建一个表演犬并对其进行详尽的测试。看到结果后，Web镇小狗俱乐部肯定会激动万分。

我们说表演犬原型"扩展"了小狗原型。它继承了小狗原型的属性，并添加了一些新属性。

小狗原型
species: "Canine"
bark()
run()
wag()

表演犬原型
league: "Webville"
stack()
bait()
gait()
groom()

创建表演犬实例

至此，我们只需做最后一件事：创建一个ShowDog实例。这个实例将从表演犬原型那里继承表演犬特有的属性和方法。另外，由于表演犬原型是一个小狗实例，这个表演犬也将从小狗原型那里继承所有的小狗行为和属性。因此它像其他小狗一样，也能够发出叫声、奔跑和摇尾。

下面列出了前面编写的所有代码，还有创建表演犬实例的代码：

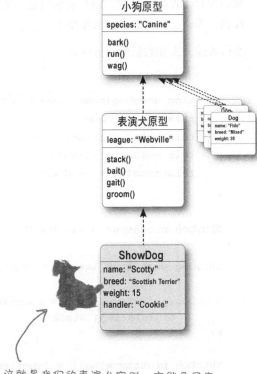

```javascript
function ShowDog(name, breed, weight, handler) {
    this.name = name;
    this.breed = breed;
    this.weight = weight;
    this.handler = handler;
}


ShowDog.prototype = new Dog();


ShowDog.prototype.league = "Webville";


ShowDog.prototype.stack = function() {
        console.log("Stack");
};


ShowDog.prototype.bait = function() {
        console.log("Bait");
};


ShowDog.prototype.gait = function(kind) {
        console.log(kind + "ing");
};


ShowDog.prototype.groom = function() {
        console.log("Groom");
};
```

这就是我们的表演犬实例。它继承了表演犬原型，而表演犬原型又继承了小狗原型。这正是我们希望的。如果你回过头去看第592页，将发现我们建立了所需的原型链。

新创建的表演犬实例scotty。

```javascript
var scotty = new ShowDog("Scotty", "Scottish Terrier", 15, "Cookie");
```

测试表演犬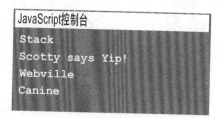

请将前一页的所有代码以及下面的测试代码添加到一个网页中，对scotty进行详尽的测试。另外，顺便创建几个表演犬实例，并对它们进行测试。

```
scotty.stack();
scotty.bark();
console.log(scotty.league);
console.log(scotty.species);
```

这是我们得到的结果。

```
JavaScript控制台
Stack
Scotty says Yip!
Webville
Canine
```

轮到你了。在机器人行列中添加一些太空机器人。这些太空机器人能做到机器人能做的所有事，但它们还有一些额外的行为。请补全下面的代码，并对其进行测试。继续往下阅读前，请查看本章末尾的答案。

```
function SpaceRobot(name, year, owner, homePlanet) {



}

SpaceRobot.prototype = new _____;

_____.speak = function() {
    alert(this.name + " says Sir, If I may venture an opinion...");
};

_____.pilot = function() {
    alert(this.name + " says Thrusters? Are they important?");
};

var c3po = new SpaceRobot("C3PO", 1977, "Luke Skywalker", "Tatooine");
c3po.speak();
c3po.pilot();
console.log(c3po.name + " was made by " + c3po.maker);

var simon = new SpaceRobot("Simon", 2009, "Carla Diana", "Earth");
simon.makeCoffee();
simon.blinkLights();
simon.speak();
```

我们来更深入地研究一下前面创建的各个小狗。前面对Fido进行了测试,发现它确实是小狗,下面来看看它是否也是表演犬(我们认为它不是)。Scotty呢?前面通过测试确定了它是表演犬,但它也是小狗吗?我们不确定。下面顺便来测试一下Fido和Scotty,看看它们都是使用哪个构造函数创建的。

```javascript
var fido = new Dog("Fido", "Mixed", 38);
if (fido instanceof Dog) {
    console.log("Fido is a Dog");
}
if (fido instanceof ShowDog) {
    console.log("Fido is a ShowDog");
}


var scotty = new ShowDog("Scotty", "Scottish Terrier", 15, "Cookie");
if (scotty instanceof Dog) {
    console.log("Scotty is a Dog");
}
if (scotty instanceof ShowDog) {
    console.log("Scotty is a ShowDog");
}
console.log("Fido constructor is " + fido.constructor);
console.log("Scotty constructor is " + scotty.constructor);
```

← 请运行这些代码,并在下面记录你得到的输出。

将你得到的输出记录在这里。

> JavaScript控制台

下一页列出了我们得到的输出。 →

研究练习结果

前一个练习的输出如下：

Fido是小狗，这符合我们的预期。输出没有指出Fido是表演犬，因此它肯定不是表演犬，这也合情合理。

Scotty既是小狗又是表演犬，这合情合理。但instanceof是怎么知道这一点的呢？

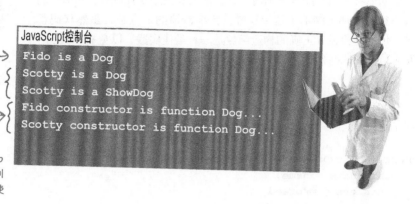

```
JavaScript控制台
Fido is a Dog
Scotty is a Dog
Scotty is a ShowDog
Fido constructor is function Dog...
Scotty constructor is function Dog...
```

这有点不可思议。结果表明，Fido和Scotty都是使用构造函数Dog创建的，但我们创建Scotty时，使用的可是构造函数ShowDog呀！

想想为何会是这样的结果。首先，Fido显然只是小狗，而不是表演犬。事实上，这完全符合我们的预期，毕竟Fido是使用构造函数Dog创建的，而这个构造函数与表演犬一点关系都没有。

接下来，Scotty既是小狗又是表演犬。这也合情合理，不过怎么会出现这样的结果呢？这是因为instanceof不仅考虑当前对象的类型，还考虑它继承的所有对象。Scotty虽然是作为表演犬创建的，但表演犬继承了小狗，因此Scotty也是小狗。

再接下来，Fido的构造函数为Dog。这合情合理，因为它就是使用这个构造函数创建的。

最后，Scotty的构造函数也是Dog。这不合理，因为它是使用构造函数ShowDog创建的。到底是怎么回事呢？先来看看这是如何得到的：查看属性scotty.constructor。由于我们没有显式地为表演犬设置这个属性，它将从小狗原型那里继承该属性。

为何会这样呢？坦率地说，这是一个需要修复的漏洞。正如你看到的，如果我们不显式地设置表演犬原型的属性constructor，就没人会这样做。不过，即便我们不这样做，一切也都将正常运行，但访问scotty.constructor时，结果将不是预期的ShowDog，让人感到迷惑。

不用担心，下面就来修复这个问题。

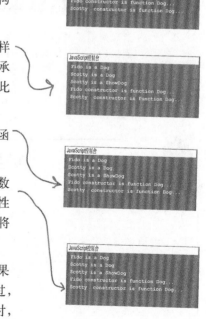

最后的整理

只要对代码做最后的整理，就可以将其交付给Web镇小狗俱乐部了。总共需要修复两个小问题。

首先，正如你看到的，没有正确地设置表演犬实例的属性constructor：它们从小狗原型那里继承了这个属性。需要澄清的一点是，虽然代码都没问题，但给对象设置正确的构造函数是一种最佳实践，以免有一天另一位开发人员接手这些代码并查看表演犬对象的情况时感到迷惑。

为修复属性constructor不正确的问题，需要在表演犬原型中正确地设置它。这样，创建表演犬实例时，它将继承正确的constructor属性，如下所示：

```
function ShowDog(name, breed, weight, handler) {
    this.name = name;
    this.breed = breed;
    this.weight = weight;
    this.handler = handler;
}
ShowDog.prototype = new Dog();
ShowDog.prototype.constructor = ShowDog;
```

获取表演犬原型，将其属性constructor显式地设置为构造函数ShowDog。

这就是需要做的全部工作。现在，如果再次检查Scotty，其属性constructor将正确无误，其他所有表演犬实例也如此。

别忘了，这只是一种最佳实践，即便不这样做，代码也将像预期的那样运行。

请注意，无需对小狗原型这样做，因为其属性constructor的默认设置就是正确的。

练习

请再次运行前面的测试，并核实表演犬实例Scotty的构造函数正确无误。

这是我们得到的输出，注意到Scotty的构造函数现在是ShowDog了。

```
JavaScript控制台
Fido is a Dog
Scotty is a Dog
Scotty is a ShowDog
Fido constructor is function Dog...
Scotty constructor is function ShowDog...
```

继续清理

还有一个地方可以清理：构造函数ShowDog的代码。再来看一
眼这个构造函数：

```
function ShowDog(name, breed, weight, handler) {
    this.name = name;
    this.breed = breed;
    this.weight = weight;
    this.handler = handler;
}
```

你可能没有注意到，构造函
数Dog也包含这些代码。

正如你在本书中看到的，每当我们发现重复的代码时，警报就会
大响。就这里而言，既然构造函数Dog已经知道如何完成这些工
作，为何不让它去做呢？另外，虽然这个示例的代码很简单，但
有些构造函数可能使用复杂的代码来计算属性的初始值。因此创
建继承另一个原型的构造函数时，都不应重复既有的代码。下面
来修复这个问题——先重写代码，再详细介绍它们：

有个缩略语可以表示这种消除
重复代码的理念：DRY（Don't
Repeat Yourself，不要自我重
复）。所有厉害的程序员都这
么说。

```
function ShowDog(name, breed, weight, handler) {
    Dog.call(this, name, breed, weight);
    this.handler = handler;
}
```

这行代码重用构造函数Dog中处理属性
name、breed和weight的代码。

但这里依然需要处理属性handler，因为构造
函数Dog对这个属性一无所知。

正如你看到的，在构造函数ShowDog中，我们调用了方法Dog.call，
以此替换了那些重复的代码。这里的原理如下：call是一个内置方法，
可对任何函数调用它（别忘了，Dog是一个函数）。Dog.call调用函
数Dog，将一个用作this的对象以及函数Dog的所有实参传递给它。下
面来详细介绍这行代码：

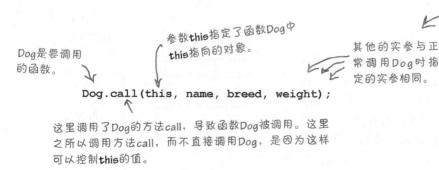

这行代码调用构造函
数Dog，并让其中的this指向
当前的ShowDog实例。这
样，构造函数Dog将设置
当前ShowDog对象的属性
name、breed和weight。

参数this指定了函数Dog中
this指向的对象。

其他的实参与正
常调用Dog时指
定的实参相同。

Dog是要调用
的函数。

```
Dog.call(this, name, breed, weight);
```

这里调用了Dog的方法call，导致函数Dog被调用。这里
之所以调用方法call，而不直接调用Dog，是因为这样
可以控制this的值。

Dog.call详解

为何使用Dog.call来调用Dog呢？这有点不太好理解，下面来详细解释，先列出修改后的代码：

```
function ShowDog(name, breed, weight, handler) {
    Dog.call(this, name, breed, weight);
    this.handler = handler;
}
```

重用构造函数Dog中的代码来给属性name、breed和weight赋值。

但构造函数Dog对属性handler一无所知，因此必须在构造函数ShowDog中处理它。

其中的工作原理是什么样的呢？你可以这么想：首先，使用运算符new调用ShowDog。前面说过，运算符new新建一个空对象，并将其赋给构造函数ShowDog中的变量this。

```
var scotty = new ShowDog("Scotty", "Scottish Terrier", 15, "Cookie");
```

接下来，我们执行构造函数ShowDog的代码。在这个构造函数中，我们首先做的是使用方法call来调用Dog。这样调用Dog时，我们传入了this，还将形参name、breed和weight作为实参传递给它。

```
function ShowDog(name, breed, weight, handler) {
    Dog.call(this, name, breed, weight);


            function Dog(name, breed, weight) {
                this.name = name;
                this.breed = breed;
                this.weight = weight;
            }

    this.handler = handler;
}
```

ShowDog
name:
breed:
weight:
handler:

this

在构造函数Dog中，this指向的是运算符new新建的ShowDog对象。

我们像通常那样执行构造函数Dog的代码，只是其中的this指向的是一个ShowDog对象，而不是Dog对象。

构造函数Dog执行完毕后（别忘了，我们调用它时没有使用运算符new，因此它不会返回任何对象），接着执行ShowDog中的其他代码，将形参handler的值赋给属性this.handler。接下来，因为我们调用ShowDog时使用了运算符new，所以将返回一个设置了属性name、breed、weight和handler的ShowDog实例。

ShowDog
name: "Scotty"
breed: "Scottish Terrier"
weight: 15
handler: "Cookie"

构造函数Dog的代码给this对象设置了这三个属性。

构造函数ShowDog的代码给this对象设置了这个属性。

最后的测试

很好，你的设计精彩绝伦，Web镇小狗俱乐部肯定很满意。下面对各个小狗做最后一次测试，展示一下它们具备的能力。

Web镇小狗俱乐部肯定会喜欢我们的设计！

```javascript
function ShowDog(name, breed, weight, handler) {
    Dog.call(this, name, breed, weight);
    this.handler = handler;
}
ShowDog.prototype = new Dog();
ShowDog.prototype.constructor = ShowDog;
ShowDog.prototype.league = "Webville";
ShowDog.prototype.stack = function() {
    console.log("Stack");
};

ShowDog.prototype.bait = function() {
    console.log("Bait");
};
ShowDog.prototype.gait = function(kind) {
    console.log(kind + "ing");
};
ShowDog.prototype.groom = function() {
    console.log("Groom");
};
var fido = new Dog("Fido", "Mixed", 38);
var fluffy = new Dog("Fluffy", "Poodle", 30);
var spot = new Dog("Spot", "Chihuahua", 10);
var scotty = new ShowDog("Scotty", "Scottish Terrier", 15, "Cookie");
var beatrice = new ShowDog("Beatrice", "Pomeranian", 5, "Hamilton");
fido.bark();
fluffy.bark();
spot.bark();
scotty.bark();
beatrice.bark();
scotty.gait("Walk");
beatrice.groom();
```

将ShowDog的所有代码整合在一起，并加入包含Dog代码的文件中，以便对其进行测试。

下面是一些测试代码。

创建几个小狗和几个表演犬。

将这些小狗和表演犬拉出来遛遛，核实它们都能做到正确的事。

```
JavaScript控制台
Fido says Woof!
Fluffy says Woof!
Spot says Yip!
Scotty says Yip!
Beatrice says Yip!
Walking
Groom
```

问：前面调用构造函数Dog来创建用作表演犬原型的小狗实例时，没有指定任何实参。这是为什么？

答：因为对于这个小狗实例，我们唯一的要求是它继承了小狗原型。这个小狗实例不像Fido和Fluffy那样是具体的小狗，而只是一个继承小狗原型的通用小狗实例。

另外，所有继承表演犬原型的小狗都定义了自己的属性name、breed和weight。因此即便用作表演犬原型的小狗实例给这些属性设置了值，我们也根本看不到这些值，因为表演犬实例总是重写这些属性。

问：那么，在用作表演犬原型的小狗实例中，这些属性是怎么样的呢？

答：根本没有给它们赋值，因此它们都是未定义的。

问：如果没有将ShowDog的属性prototype设置为一个小狗实例，结果将如何？

答：所有的表演犬都不会有问题，但它们不会继承小狗原型的任何行为。这意味着它们不能发出叫声、奔跑和摇尾，也不包含值为Canine的属性species。你可以自己试一试：把将ShowDog.prototype设置为new Dog()的那行代码注释掉，再尝试让Scotty发出叫声。结果将如何呢？

问：可以创建一个对象字面量，再将其用作原型吗？

答：可以。可将任意对象用作表演犬原型；当然，如果你这样做，表演犬将不会从小狗原型那里继承任何东西，而是继承你在这个对象字面量中定义的属性和方法。

问：对于将ShowDog.prototype设置为一个小狗实例的代码，我不小心将其放在了创建表演犬实例Scotty的代码之后。这会导致有些代码不能正确运行吗？请说明其中的原因。

答：创建表演犬实例Scotty时，将获取赋给ShowDog.prototype的原型。因此，对于将ShowDog.prototype设置为一个小狗实例的代码，如果你将其放在创建Scotty的代码后面，Scotty将是一个不同于其原型（构造函数ShowDog默认创建的对象）的对象，它不包含小狗原型的任何属性。创建构造函数ShowDog后，应首先设置其原型并在这个原型中添加所需的属性和方法，然后创建ShowDog实例。

问：如果我修改小狗原型的属性，如将属性species的值从Canine改为Feline，是否会影响到我之前创建的表演犬？

答：会影响。对原型作任何修改都将影响直接或间接继承该原型的所有实例。

问：对原型链的长度有限制吗？

答：理论上没有，但实际上可能有。原型链越长，解析方法或属性时需要做的工作越多。虽然如此，但运行时系统通常极其擅长优化这种查找工作。

一般而言，设计不需要包含大量的继承层级。如果出现这样的情况，也许就该重新审视一下你的设计了。

问：如果还需创建另一类小狗，如比赛犬，该怎么办呢？可创建一个比赛犬原型，让它像表演犬原型一样继承小狗原型吗？

答：可以。为此，你需要再创建一个用作比赛犬原型的小狗实例。这样准备工作就做好了，然后就可以像创建表演犬原型那样创建比赛犬原型了。

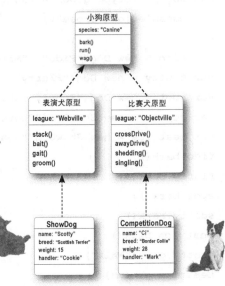

小狗原型并非原型链的终点

前面介绍了两个原型链。第一个原型链包含从中派生出小狗对象的小狗原型；第二个原型链包含从中派生出表演犬的表演犬原型，而表演犬原型又是从小狗原型派生出来的。

在这两个原型链中，终点都是小狗原型吗？实际上不是，因为小狗原型是从Object派生出来的。

事实上，你创建的每个原型链的终点都是Object[①]。这是因为对于你创建的任何实例，其默认原型都是Object，除非你对其进行了修改。

Object是什么

可将Object视为对象始祖，所有对象都是从它派生而来的。Object实现了多个重要的方法，它们是JavaScript对象系统的核心部分。在日常工作中，这些方法中的很多你都不会用到，但有几个经常会用到。

你在本章前面就见到过其中一个：hasOwnProperty。每个对象都继承了这个方法，因为归根结底，每个对象都是从Object派生而来的。别忘了，在本章前面，我们使用了方法hasOwnProperty来确定属性是在对象实例还是其原型中定义的。

Object定义的另一个方法是toString，但实例通常会重写它。这个方法返回对象的字符串表示。稍后将演示如何重写这个方法，为对象提供更准确的描述。

作为原型的Object

你可能没有意识到，你创建的每个对象都有原型，该原型默认为Object。你可将对象的原型设置为其他对象，就像我们对表演犬原型所做的那样，但所有原型链的终点都是Object。

原型链的终点为Object。

所有对象都是从Object派生而来的。

Object

toString()
hasOwnProperty()
// 其他方法

小狗原型

species: "Canine"

bark()
run()
wag()

表演犬原型

league: "Webville"

stack()
bait()
gait()
groom()

ShowDog

name: "Scotty"
breed: "Scottish Terrier"
weight: 15
handler: "Cookie"

①实际上，Object也有原型，那就是Object.prototype。——译者注

充分发挥继承的威力之重写内置行为

继承内置对象时，可重写这些对象定义的方法。一种常见的情形是，重写Object定义的方法toString。所有对象都是从Object派生而来的，因此所有对象都可使用方法toString来获取其简单的字符串表示。例如，要在控制台中显示对象，可结合使用console.log和方法toString：

```javascript
function Robot(name, year, owner) {
    this.name = name;
    this.year = year;
    this.owner = owner;
}

var toy = new Robot("Toy", 2013, "Avary");

console.log(toy.toString());
```

> **JavaScript控制台**
> [Object object]

从Object继承而来的方法toString在显示对象方面做得并不好。

如你所见，在将机器人对象toy转换为字符串方面，方法toString做得并不好。为解决这个问题，可重写方法toString，让其为机器人对象创建独特的字符串：

```javascript
function Robot(name, year, owner) {
    // 相同的代码
}

Robot.prototype.toString = function() {
    return this.name + " Robot belonging to " + this.owner;
};

var toy = new Robot("Toy", 2013, "Avary");

console.log(toy.toString());
```

> **JavaScript控制台**
> Toy Robot belonging to Avary

情况好多了！现在使用的是自定义方法toString。

请注意，在有些情况下，会自动调用方法toString，无需你直接调用它。例如，如果你使用运算符+来拼接字符串和对象，JavaScript将自动调用方法toString将对象转换为字符串，再将该字符串与另一个字符串拼接起来。

```javascript
console.log("Robot is: " + toy);
```

玩具？这个机器人运行着一个Arduino栈，可使用JavaScript进行控制！

调用方法toString将对象toy转换为一个字符串，再进行拼接。如果toy重写了方法toString，将使用重写后的方法。

危险地带

一旦你开始重写属性和方法，就很容易上瘾。重写内置对象的属性和方法时，一定要特别小心，否则可能改变其他依赖于这些属性来完成特定工作的代码的行为。

因此，如果你打算重写Object的属性[1]，请先阅读这里的安全指南，否则可能会以意想不到的方式破坏既有的代码。（换而言之，可能引发难以发现的bug。）

不可重写

千万不要重写Object的如下属性：

constructor — 属性constructor指向与这个原型相关联的构造函数。

hasOwnProperty — 你知道这个方法的作用。

isPrototypeOf — isPrototype是一个方法，用于判断一个对象是否是另一个对象的原型。

propertyIsEnumerable — 方法propertyIsEnumerable用于判断通过迭代对象的所有属性是否可访问指定的属性。

可以重写

熟悉原型并知道如何安全地重写属性后，就可以重写Object的如下属性了：

toString

toLocaleString — toLocalString是一个方法。它类似于toString，也将对象转换为字符串。通过重写这个方法，可提供描述对象的本地化字符串（如用你的母语表示的字符串）。

valueOf — valueOf是另一个可以重写的方法。它默认情况下在返回当前对象，但通过重写，可让它返回你希望的其他值。

[1] 实际上，这些属性并不是在Object中定义的，而是在Object.prototype中定义的。——译者注

充分发挥继承的威力之扩展内置对象

你知道，通过给原型添加方法，可给其所有实例添加新功能。这不仅适用于自定义对象，还适用于内置对象。

就拿String对象来说吧：你在代码中使用了String对象的substring等方法，但如果要添加新方法，让所有String实例都能使用它，该如何办呢？可将前面介绍的对象扩展技巧用于String原型。

> 我们通常将字符串视为基本类型，但它们也有对象的形式。必要时，JavaScript会负责将字符串转换为对象。

假设我们想用一个名为cliche的方法扩展String原型。这个方法会在字符串包含一个众所周知的俗语时返回true。下面就是我们的代码：

> 在这里，我们给String的原型添加了方法cliche。

```javascript
String.prototype.cliche = function() {
    var cliche = ["lock and load","touch base", "open the kimono"];

    for (var i = 0; i < cliche.length; i++) {
        var index = this.indexOf(cliche[i]);
        if (index >= 0) {
            return true;
        }
    }
    return false;
};
```

> 我们定义了一些俗语。

> 接下来，我们使用String的方法indexOf来检查字符串中是否包含上述俗语。如果包含，就返回true。

> 请注意，**this**指的是方法cliche被调用的字符串。

下面来编写一些测试这个方法的代码：

> 为测试这个方法，我们来创建一些句子，其中的两个包含俗语。

```javascript
var sentences = ["I'll send my car around to pick you up.",
                 "Let's touch base in the morning and see where we are",
                 "We don't want to open the kimono, we just want to inform them."];

for (var i = 0; i < sentences.length; i++) {
    var phrase = sentences[i];
    if (phrase.cliche()) {
        console.log("CLICHE ALERT: " + phrase);
    }
}
```

> 每个句子都是一个字符串，因此我们可以调用其方法cliche。

> 注意到创建字符串时，我们并没有结合使用new和构造函数String。我们调用方法cliche时，JavaScript会在幕后将每个字符串转换为String对象。

> 如果返回的是true，我们就知道字符串包含俗语。

测试俗语检查器

将前面的代码加入一个HTML文件中，然后打开浏览器并加载这个文件。

效果很好。要是我们能够说服美国的企业都安装这些代码就好了。

JavaScript控制台

CLICHE ALERT: Let's touch base in the morning and see where we are

CLICHE ALERT: We don't want to open the kimono, we just want to inform them.

给String等内置对象添加新方法时，千万要小心。

务必确保你为新方法选择的名称不与对象的既有方法发生冲突。链接其他代码时，一定要清楚这些代码包含的自定义扩展（同样，要注意可能存在的名称冲突）。最后，有些内置对象是不能扩展的，如Array。因此，着手给内置对象添加方法前，务必要做足功课。

轮到你了。请编写方法palindrome，它在字符串从前往后读和从后往前读一样时返回true。（只考虑字符串只包含一个单词的情况，不用考虑字符串为短语的情况。）将这个方法加入String.prototype中，再对其进行测试。答案见本章末尾。

JavaScript大统一理论

你接受了学习一门全新语言（也可能是你接触的第一门语言）的任务，祝贺你成功地完成了这项任务。到这里，你对JavaScript的了解几乎比你遇到的每个人都深。

不开玩笑了，如果你阅读到了这里，那么你就在成为JavaScript专家的路上走了很远，唯一欠缺的是设计和编写Web应用程序（也可以说是任何JavaScript应用程序）的经验。

> 这里的逻辑是这样的：大约有59亿人对JavaScript一无所知，对JavaScript有所了解的人只是极小一部分。这意味着你对JavaScript的了解几乎比你遇到的每个人都深。

使用对象改善生活

学习JavaScript这样的复杂主题时，很容易只见树木，不见森林。但对JavaScript有了全面了解后，再回过头来研究整个森林将容易得多。

学习JavaScript时，你每次都只学习其一个方面：基本类型（可随时像使用对象一样使用它们）、数组（它们有点像对象）、函数（真是奇怪，它们像对象一样包含属性和方法）、构造函数（既像对象又像函数），还有对象本身。这些看起来都非常复杂。

掌握这些知识后，可以坐下来放松放松，深呼吸，回味"一切皆对象"的说法。

正如你看到的，一切皆对象。诚然，有一些基本类型，如布尔值、数字和字符串，但只要需要，你随时都可将它们视为对象。还有一些内置类型，如Date、Math和RegExp，但它们也都是对象。即便数组也是对象。正如你看到的，它们之所以看起来不同，只是因为JavaScript提供了一些出色的语法糖，让我们能够更轻松地创建和访问对象。当然，还有对象本身，其中对象字面量简单易用，原型对象系统则提供了强大的功能。

函数呢？它们真的是对象吗？我们来验证这一点：

```javascript
function meditate() {
    console.log("Everything is an object...");
}
alert(meditate instanceof Object);
```

没错，函数确实是对象；但现在你不应觉得这有什么奇怪的。毕竟，我们可以将函数赋给变量（就像将对象赋给变量一样），将其作为实参传递给函数（就像对象一样），从函数返回它们（就像对象一样）。我们还发现，函数甚至包含属性，如下所示：

Dog.constructor

↑ 别忘了，这是一个函数。　　↖ 这是一个属性。

↖ 没错！函数也是对象。

另外，你完全可以给函数添加新属性——如果这样做有所帮助的话。最后，顺便说一句，方法也是对象的一个属性，只是该属性被设置为一个匿名函数表达式而已。

整合起来

从很大程度上说，JavaScript的威力和灵活性都要归功于可以将函数和对象作为一等值使用。只要想想我们学习过的编程概念（构造函数、闭包、创建可重用和扩展的对象、参数化函数的行为、等等），你就会发现，它们的强大威力都取决于你对高级对象和函数的认识。

好了，现在你可以更进一步了。

继续学习

至此，你掌握了所有的基本知识，该接着往下走了。现在，你可以将自己具备的浏览器及其编程接口方面的经验付诸应用了。请拿起《Head First HTML5 Programming中文版》一书，它将引领你学会在应用程序中添加定位、画布绘画、本地存储和后台异步化（web worker）等功能。不过，放下本书前，务必阅读附录，其中列出了其他等待你去探索的重要主题。

请务必访问http://wickedlysmart.com/javascript，阅读其中列出的增补内容。另外，你的下一项任务是阅读这本书。请接受这项任务。

这是一个变化迅速的主题，因此着手阅读《Head First HTML5 Programming中文版》前，请务必访问http://wickedlysmart.com/javascript，其中列出了最新的推荐读物以及本书的增补和修订。

要点

- JavaScript对象系统使用**原型式继承**。

- 使用构造函数创建对象实例时，实例包含自己的自定义属性，还有构造函数中方法的副本。

- 给构造函数的原型添加属性后，使用这个构造函数创建的实例都将**继承**这些属性。

- 通过在原型中定义属性，可减少对象包含的重复代码。

- 要**重写**原型中的属性，只需在实例中添加该属性即可。

- 构造函数有默认的**原型**，你可通过构造函数的属性prototype来访问它。

- 可将你自己创建的对象赋给构造函数的属性prototype。

- 使用自定义的原型对象时，务必将原型的属性constructor设置为相应的构造函数，以保持一致性。

- 给原型添加属性后，继承该原型的所有实例都将立即继承这些属性，即便是以前创建的实例也不例外。

- 要确定属性是否是在实例中定义的，可对实例调用方法hasOwnProperty。

- 要调用函数并指定函数体中this指向的对象，可调用其方法call。

- 归根结底，所有原型和对象都是从Object派生而来的。

- Object包含所有对象都将继承的属性和方法，如toString和hasOwnProperty。

- 可给内置对象（如Object和String）添加属性，也可重写它们的既有属性，但这样做时必须小心，因为你所作的修改可能带来深远的影响。

- 在JavaScript中，一切几乎皆是对象，包括函数、数组和众多的内置对象，还有你自己创建的自定义对象。

代码冰箱贴答案

冰箱上有一个对象图，但有人将它打乱了，你能帮忙将它组装起来吗？在这个对象图中，有两个机器人原型的实例：其中一个1956年生产的Robby，它归Dr. Morbius所有，拥有一个开关，喝咖啡时去星巴克；另一个是1962年生产的Rosie，它归George Jetson所有，能够打扫房间。需要指出的是，有些冰箱贴可能是多余的，祝你好运！

答案如下。

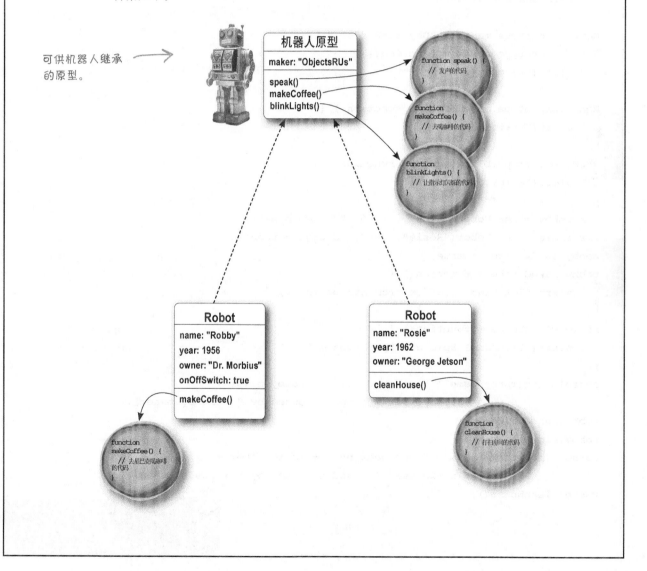

还记得前面包含机器人Robby和Rosie的对象图吗？现在就来实现它。我们编写了构造函数Robot和一些测试代码，而你需要做的是设置机器人原型并创建这两个机器人对象，再通过运行对这些代码进行测试。答案如下。

```javascript
function Robot(name, year, owner) {
    this.name = name;
    this.year = year;
    this.owner = owner;
}
Robot.prototype.maker = "ObjectsRUs";
Robot.prototype.speak = function() {
    alert("Warning warning!!");
};
Robot.prototype.makeCoffee = function() {
    alert("Making coffee");
};
Robot.prototype.blinkLights = function() {
    alert("Blink blink!");
};
var robby = new Robot("Robby", 1956, "Dr. Morbius");
var rosie = new Robot("Rosie", 1962, "George Jetson");
robby.onOffSwitch = true;
robby.makeCoffee = function() {
    alert("Fetching a coffee from Starbucks.");
};
rosie.cleanHouse = function() {
    alert("Cleaning! Spic and Span soon...");
};
console.log(robby.name + " was made by " + robby.maker +
            " in " + robby.year + " and is owned by " + robby.owner);
robby.makeCoffee();
robby.blinkLights();
console.log(rosie.name + " was made by " + rosie.maker +
            " in " + rosie.year + " and is owned by " + rosie.owner);
rosie.cleanHouse();
```

这是基本的构造函数Robot。

这里给原型添加了属性maker。

还添加了所有机器人都将继承的三个方法。

这里创建机器人Robby和Rosie。

这里给Robby添加了一个自定义属性，还添加了一个去星巴克喝咖啡的自定义方法。

Rosie也有一个打扫房间的自定义方法。（为何打扫房间的事就得女机器人做？）

这是我们得到的输出（除这些输出外，还有一些这里没显示的提示框）。

JavaScript控制台

```
Robby was made by ObjectsRUs in 1956
and is owned by Dr. Morbius
Rosie was made by ObjectsRUs in 1962
and is owned by George Jetson
```

有一个机器人游戏使用了机器人Robby和Rosie。这个机器人游戏的代码如下。在这个游戏中，玩家的等级达到42后，机器人将具备一项新功能：发射激光束。请补全下面的代码，使得在玩家的等级达到42后，机器人Robby和Rosie都能发射激光束。答案如下。

JavaScript控制台
```
Welcome to level 1
Welcome to level 2
Welcome to level 3
. . .
Welcome to level 41
Welcome to level 42
Rosie is blasting you with
laser beams.
```

```javascript
function Game() {
    this.level = 0;
}

Game.prototype.play = function() {

    // 让玩家玩游戏的代码
    this.level++;
    console.log("Welcome to level " + this.level);
    this.unlock();
};
```

每次玩游戏时都调用unlock，但这个方法的作用仅当等级达到42时才会显现出来。

这是我们得到的输出示例。补全代码后，请尝试玩玩这个游戏，看看是哪个机器人先发射激光束。

```javascript
Game.prototype.unlock = function() {
    if (this.level === 42) {
        Robot.prototype.deployLaser = function () {
            console.log(this.name +  " is blasting you with laser beams.");
        }
    }
};
```

这个游戏的诀窍在这里：等级达到42后，在原型中添加一个新方法。这意味着所有机器人都将继承发射激光的能力！

```javascript
function Robot(name, year, owner) {
    this.name = name;
    this.year = year;
    this.owner = owner;
}

var game = new Game();
var robby = new Robot("Robby", 1956, "Dr. Morbius");
var rosie = new Robot("Rosie", 1962, "George Jetson");

while (game.level < 42) {
    game.play();
}

robby.deployLaser();
rosie.deployLaser();
```

我们给机器人Robby和Rosie添加了一项新功能，现在它们能够在发生错误时通过方法reportError进行报告。请研究下面的代码，特别要注意这个方法是从什么地方获取错误信息的，以及这个方法是否是在机器人原型中定义的。

答案如下。

```
function Robot(name, year, owner) {
    this.name = name;
    this.year = year;
    this.owner = owner;
}

Robot.prototype.maker = "ObjectsRUs";
Robot.prototype.errorMessage = "All systems go.";
Robot.prototype.reportError = function() {
    console.log(this.name + " says " + this.errorMessage);
};
Robot.prototype.spillWater = function() {
    this.errorMessage = "I appear to have a short circuit!";
};

var robby = new Robot("Robby", 1956, "Dr. Morbius");
var rosie = new Robot("Rosie", 1962, "George Jetson");

rosie.reportError();
robby.reportError();
robby.spillWater();
rosie.reportError();
robby.reportError();

console.log(robby.hasOwnProperty("errorMessage"));    true
console.log(rosie.hasOwnProperty("errorMessage"));    false
```

方法reportError只是使用了errorMessage的值，因此它并没有重写这个属性。

方法spillWater给this.errorMessage赋值。这将在这个方法被调用的机器人对象中重写原型中的这个属性。

我们对Robby调用方法spillWater，因此Robby将获得自己的属性errorMessage，即重写原型中的这个属性。

但我们从未对Rosie调用方法spillWater，因此它继承了原型中的这个属性。

代码冰箱贴答案

我们在冰箱上又贴了一个对象图，但也被人弄乱了。你能帮忙将其重新组合起来吗？与前面的对象图相比，这个对象图新增了一些太空机器人，它们继承了机器人的属性，重写了机器人的方法speak，还新增了方法pilot()和属性homePlanet。答案如下。

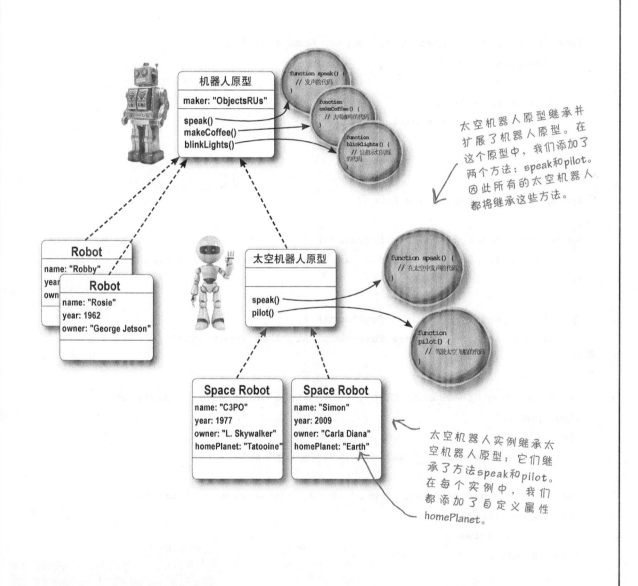

轮到你了。在机器人行列中添加一些太空机器人。这些太空机器人能做到机器人能做的所有事，但它们还有一些额外的行为。请补全下面的代码，并对其进行测试。答案如下。

```javascript
function SpaceRobot(name, year, owner, homePlanet) {
    this.name =  name;
    this.year = year;
    this.owner = owner;
    this.homePlanet = homePlanet;
}
```

构造函数SpaceRobot与构造函数Robot类似，但处理了太空机器人实例特有的额外属性homePlanet。

```javascript
SpaceRobot.prototype = new Robot();
```

我们希望太空机器人原型继承机器人原型，因此将一个机器人实例赋给构造函数SpaceRobot的属性prototype。

```javascript
SpaceRobot.prototype.speak = function() {
    alert(this.name + " says Sir, If I may venture an opinion...");
};

SpaceRobot.prototype.pilot = function() {
    alert(this.name + " says Thrusters? Are they important?");
};
```

在太空机器人原型中添加了这两个方法。

```javascript
var c3po = new SpaceRobot("C3PO", 1977, "Luke Skywalker", "Tatooine");
c3po.speak();
c3po.pilot();
console.log(c3po.name + " was made by " + c3po.maker);

var simon = new SpaceRobot("Simon", 2009, "Carla Diana", "Earth");
simon.makeCoffee();
simon.blinkLights();
simon.speak();
```

这是我们得到的输出（还有一些提示框，这里没有显示出来）。

JavaScript控制台
C3PO was made by ObjectsRUs

练习答案

轮到你了。请编写方法palindrome，它在字符串从前往后读和从后往前读一样时返回true。将这个方法加入String.prototype中，再对其进行测试。答案如下（只考虑了字符串只包含一个单词的情况）。

```javascript
String.prototype.palindrome = function() {
    var len = this.length-1;                          ← 首先，确定字符串的长度。
    for (var i = 0; i <= len/2; i++) {                ← 接下来，迭代字符串中的每个字符，
        if (this.charAt(i) !== this.charAt(len-i)) {     并测试位于索引i处的字符，看它是
            return false;                                否与位于索引len - i处的字符（即从
        }                                                后往前数的相应字符）是否相同。
    }
    return true;                                      ← 如果它们不同，就返回
};                                                      false，因为这意味着这个
                                                        字符串不是回文。
```

如果循环已结束，就返回true，因为这意味着这个字符串是回文。

```javascript
var phrases = ["eve", "kayak", "mom", "wow", "Not a palindrome"];   ← 这是一些用于测试的单词。

for (var i = 0; i < phrases.length; i++) {
    var phrase = phrases[i];
    if (phrase.palindrome()) {                       ← 我们迭代数组中的每个
        console.log("'" + phrase + "' is a palindrome");   单词，并对其调用方法
    } else {                                             palindrome。如果结果
        console.log("'" + phrase + "' is NOT a palindrome");   为true，就说明这个单
    }                                                    词是回文。
}
```

高阶解决方案

```javascript
String.prototype.palindrome = function() {
    var r = this.split("").reverse().join("");
    return (r === this.valueOf());
}
```

在这里，我们首先将字符串转换为一个字符数组，其中包含字符串中的所有字符。接下来，我们反转该数组中字符的排列顺序，再将其组合成一个字符串。如果原来的字符串与新字符串相同，就说明它是回文。注意，这里必须使用valueOf，因为this是一个对象，而不像r那样是基本类型。如果不使用valueOf，比较的将是一个字符串和一个对象，而在这种情况下，即便this是回文，它们也不相等。

如果这是本书末尾，那该多好！要是再也没有了要点、填字游戏、JavaScript代码清单什么的，那该多好！但这也许不过是白日做梦。

祝贺你终于读完了！

当然，还有附录。

还有索引。

还有配套网站等。

实际上，永远都没有解脱的时候。

附录 遗漏内容

未涉足的十大主题

我们介绍了大量的基本知识，本书也即将接近尾声。我们会想念你的。放手让你去独闯天涯前，我们想在你的行囊中再准备点东西，不然会不放心。这个附录篇幅较短，无法囊括你需要知道的一切。实际上，它最初确实涵盖了你需要知道但本书前面未介绍的一切JavaScript编程知识，但字体小得谁都看不清。因此，我们删除了其中的大部分内容，只留下最重要的十大主题。

等你阅读完这个附录后，本书就真的结束了。不过别忘了索引。（也是必读的！）

#1. jQuery

jQuery是一个JavaScript库，旨在减少和简化处理DOM和添加视觉效果的JavaScript代码。jQuery极受欢迎，被大家广泛使用，其插件模型使其是可扩展的。

当前，使用jQuery能做的事情，使用JavaScript也都能做（前面说过，jQuery只是一个JavaScript库），但使用jQuery确实可以减少需要编写的代码量。

jQuery的流行说明了一切，但如果你对它一无所知，还是需要花些时间才能熟悉的。这里只介绍可使用jQuery来完成的几项工作，如果你觉得它不错，建议你进行更深入的研究。

> 当前，熟悉jQuery对就业和理解他人编写的代码都大有裨益。

还记得本书前面编写的`window.onload`函数吗？它们类似于下面这样：

```
window.onload = function() {
    alert("the page is loaded!");
}
```

下面是等效的jQuery代码：

```
$(document).ready(function() {
    alert("the page is loaded!");
});
```

> 在文档准备就绪后，调用这里定义的函数。

你还可以进一步简化：

```
$(function() {
    alert("the page is loaded!");
});
```

> 非常简单，但正如你看到的，需要一段时间才能习惯。不用担心，你很快就会对它了如指掌。

从DOM获取元素呢？这正是jQuery的闪光点。假设网页中有一个id为buynow的`<a>`元素，而你想给它指定一个单击事件处理程序（本书前面多次这样做过），可以像下面这样做：

> 这些代码是什么意思呢？我们首先指定了一个要在网页加载完毕后调用的函数。

```
$(function() {
    $("#buynow").click(function() {
        alert("I want to buy now!");
    });
});
```

> 接下来，我们获取id为buynow的元素。（请注意，jQuery采用CSS中的元素选择语法。）

> 然后，对获得的元素调用jQuery方法click，以指定该元素的单击事件处理程序。

这只是开始，要给网页中的所有<a>元素指定单击处理程序，同样易如反掌：

```
$(function() {
    $("a").click(function() {
        alert("I want to buy now!");
    });
});
```

为此，我们需要使用相应的标签名。

请将这些代码与实现相同功能的JavaScript代码进行比较。

使用jQuery，还可以完成复杂得多的工作：

获取id为playlist的元素中所有的<li>元素。

```
$(function() {
    $("#playlist > li").addClass("favorite");
});
```

再给这些元素都添加类favorite。

这里提供这些jQuery代码只是想让你热热身，jQuery实际上能够让你完成比这复杂得多的任务。

jQuery还能够让你对界面元素进行有趣的变换：

```
$(function() {
    $("#specialoffer").click(function() {
        $(this).fadeOut(800, function() {
            $(this).fadeIn(400);
        });
    });
});
```

这些代码让id为specialoffer的元素以不同的速度渐隐再渐现。

正如你看到的，使用jQuery可以做很多事情。这里没有提及的是，使用jQuery还可以与Web服务通信；另外，还有很多支持jQuery的插件。如果你对jQuery感兴趣，最佳的选择是通过浏览器访问http://jquery.com/，并详细研究其中的教程和文档。

另外，也请阅读《Head First jQuery中文版》一书。

#2. 更多地使用DOM

本书前面提及了使用DOM可做的一些事情，但需要学习的还有很多。表示网页中文档的对象（即document）以及各种元素对象都包含大量的属性和方法，你可使用它们来操作网页以及与网页交互。

你已经知道如何使用document.getElementById和document.getElementByTagName来获取网页中的元素，但对象document还提供了下述用于获取元素的方法：

document.getElementsByClassName

> 向这个方法传入类名，它将返回一个NodeList，其中包含class特性为指定值的所有元素。

document.getElementsByName

> 这个方法获取name特性为指定值的所有元素。

document.querySelector

> 这个方法将一个选择器（类似于CSS选择器）作为参数，并返回匹配的第一个元素。

document.querySelectorAll

> 这个方法也将一个选择器作为参数，但返回一个Nodelist，其中包含与选择器匹配的所有元素。

下面演示了如何使用document.querySelector来获取一个列表项元素。这个元素的class特性为song，嵌套在一个id为playlist的<ul>元素中：

```
var li = document.querySelector("#playlist .song");
```

> 这个选择器的含义是，先查找id为playlist的元素，再在其中查找第一个特性class为song的元素。

> 注意到这个选择器很像CSS选择器。

如果要使用代码在网页中添加新元素，该如何办呢？可结合使用对象document的方法以及元素对象的方法，如下所示：

```
var newItem = document.createElement("li");

newItem.innerHTML = "Your Random Heart";

var ul = document.getElementById("playlist");

ul.appendChild(newItem);
```

> 首先，创建一个新的<li>元素，并将其内容设置为一个字符串。

> 然后，获取要将该<li>元素作为子元素加入其中的<ul>元素，再将<li>元素附加到这个<ul>元素的末尾。

可使用JavaScript对DOM执行的操作还有很多。有关这方面的深入介绍，请参阅《Head First HTML5 Programming中文版》。

#3. 对象window

你听说过DOM，但应该知道还有BOM，即浏览器对象模型（browser object model）。这其实并非官方标准，但所有浏览器都通过对象window来支持它。使用属性window.onload时，你顺便熟悉了对象window。你肯定还记得，可将一个事件处理程序赋给这个属性，以便在网页加载完毕后调用它。

使用方法alert和prompt时，也涉及了对象window，但这一点不那么明显。不明显的原因是，window是一个充当全局命名空间的对象。当你声明全局变量或定义全局函数时，它将被作为一个属性存储在对象window中。因此，每次调用alert时，其实也都可调用window.alert，因为它们是等效的。

另外，使用对象document（如使用document.getElementById从DOM中获取元素）时，也涉及了对象window，只是你没有意识到而已。对象document是对象window的一个属性，因此可将document.getElementById改写为window.document.getElementById。但与调用alert时一样，可以不这样做，因为window是全局对象。我们使用属性和方法时，如果没有指定它所属的对象，默认指的都是window。

除了充当全局对象，提供属性onload以及方法alert和prompt外，对象window还提供了其他既有浏览器的有趣属性和方法。例如，大家常常获取浏览器窗口的宽度和高度，以根据浏览器的尺寸来定制网页。要访问这些值，可以像下面这样做：

```
window.innerWidth
window.innerHeight
```
 使用这些属性来获取浏览器窗口的宽度和高度（单位为像素）。请注意，老式浏览器可能没有暴露这些属性。

有关对象window的详细信息，请参阅W3C文档（http://www.w3.org/html/wg/drafts/html/CR/browsers.html#the-window-object）。下面是对象window中几个常用的方法和属性：

```
window.close()
```
← 这个方法关闭浏览器窗口。

```
window.setTimeout()
window.setInterval()
```
← 这些方法你都很熟悉，它们是对象window提供的。

```
window.print()
```
← 使用打印机打印网页。

```
window.confirm()
```
← 这个方法类似于prompt，但给用户提供了选择，让你能够单击OK或Cancel按钮。

```
window.history
```
← 这个属性是一个对象，包含浏览历史记录。

```
window.location
```
← 这个属性是当前所显示网页的URL。你也可设置这个属性，让浏览器加载指定的新网页。

#4. arguments

在每个函数中，都有一个名为arguments的对象可供使用。形参列表中没有这个对象，但每当函数被调用时，你都可以通过变量arguments来使用它。

对象arguments包含传递给函数的所有实参，可像使用数组那样使用它。通过使用arguments，你可创建这样的函数：接受数量可变的实参，并根据传入的实参数量执行不同的操作。下面的代码演示了如何使用arguments：

在这个函数中，没有定义任何形参，只使用了对象arguments。

与数组一样，arguments也包含属性length。

```javascript
function printArgs() {
    for (var i = 0; i < arguments.length; i++) {
        console.log(arguments[i]);
    }
}

printArgs("one", 2, 1+2, "four");
```

可使用数组表示法来访问每个实参。

调用printArgs，并向它传递4个实参。

```
JavaScript控制台
one
2
3
four
```

虽然arguments看起来像数组，但它其实并不是数组，而是一个对象。它包含属性length，你可迭代它并使用方括号表示法来访问其中的实参，但它与数组的类似性仅此而已。另外，注意你可以在同一个函数中同时使用形参和对象arguments。下面再来看一段代码，看看如何编写实参数量可变的函数：

可像通常那样定义形参。在这里，我们使用了一个形参来指定该如何使用这个函数。

```javascript
function emote(kind) {
    if (kind === "silence") {
        console.log("Player sits in silence");
    } else if (kind === "says") {
        console.log("Player says: '" + arguments[1] + "'");
    }
}

emote("silence");

emote("says", "Stand back!");
```

```
JavaScript控制台
Player sits in silence
Player says: 'Stand back!'
```

如果第一个实参为silence，就不需要其他的实参。如果第一个实参为says，就使用arguments[1]来获取第二个实参。

#5. 处理异常

JavaScript是一种非常宽容的语言，但还是会时不时地出问题——严重到浏览器无法继续执行代码。在这种情况下，网页将停止工作。如果你此时查看控制台，很可能会看到错误消息。来看一个将导致错误的代码示例。首先，创建一个只包含一个元素的简单HTML页面：

```
<div id="message"></div>
```

接下来，添加如下JavaScript代码：

```
window.onload = function() {
    var message = document.getElementById("messge");
    message.innerHTML = "Here's the message!";
};
```

← 这些代码中存在一个错误，你看出来了吗？

在浏览器中加载这个网页，确保打开了控制台。你将看到一条错误消息。你能看出来问题出在什么地方吗？<div>元素的id拼写不正确，导致代码尝试获取<div>元素时以失败告终。因此变量message为null，进而无法访问这个变量的属性innerHTML。

> **JavaScript控制台**
>
> Uncaught TypeError: Cannot set property 'innerHTML' of null

像这样导致代码无法继续执行的错误被称为异常。JavaScript提供了一种名为try/catch的机制，让你能够发现并捕获异常。这里的基本理念是，如果能够捕获异常，就可避免代码停止执行，从而采取补救措施（尝试执行其他操作，向用户提供不同的体验等）。

try/catch

try/catch的用法如下：将要尝试执行的代码放在一个try块中，再编写一个catch块，其中包含try块中的代码出现错误时将执行的代码。在关键字catch后面，紧跟着用括号括起的变量名（这个变量很像函数形参）。只要出现问题，就将捕获到异常，并将一个与异常相关的值（通常是一个Error对象）赋给这个变量。下面演示了try/catch语句的用法：

```
window.onload = function() {
    try {
        var message = document.getElementById("messge");
        message.innerHTML = "Here's the message!";
    } catch (error) {
        console.log("Error! " + error.message);
    }
};
```

将需要执行的代码移到try块中。

尝试将message（其值为null）的属性innerHTML设置为一个字符串。

如果try块中的代码引发了异常，将执行这行代码：在控制台中显示对象error的属性message。接下来，将接着执行try/catch语句后面的代码。

在这里，可根据error的值采取更明智的措施。

#6. 使用addEventListener添加事件处理程序

在本书中，我们使用对象属性来给事件指定处理程序。例如，要处理加载事件时，我们将一个事件处理程序赋给属性window.onload；要处理按钮单击事件时，我们将一个事件处理程序赋给按钮的属性onclick。

这种指定事件处理程序的方式很方便，但在有些情况下，可能需要更通用的事件处理程序指定方式。例如，如果要给一个事件指定多个处理程序，就不能使用属性（如onload）来完成这种任务，而必须使用方法addEventListener：

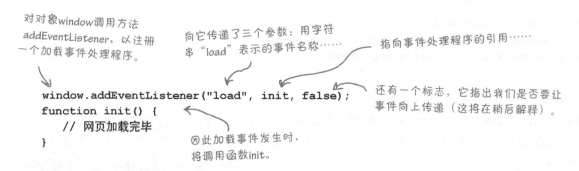

你可以再指定一个加载事件处理程序。为此，可再次调用addEventListener，并将第二个实参设置为指向另一个事件处理程序的引用。在你想将初始化代码放在两个函数中时，这提供了极大的方便；但别忘了，你无法知道先调用哪个处理程序，因此设计代码时务必考虑这一点。

addEventListener的第三个实参指定是否将事件向上传递给父元素。就加载事件而言，这无关紧要，因为对象window位于最顶层；但如果你在<div>元素中嵌套了一个<span>元素，并希望用户单击<span>元素时，<div>元素也将收到这个事件，就可将这个实参设置为true（而不是false）。

完全可以在使用事件属性（如onload）的同时使用addEventListener，这不会有任何问题。另外，对于使用addEventListener添加的事件处理程序，还可使用removeEventListener来删除它，如下所示：

使用对象window的属性onload指定了一个加载事件处理程序。

```
window.onload = function() {
    var div = document.getElementById("clickme");
    div.addEventListener("click", handleClick, false);
};
function handleClick(e) {
    var target = e.target;
    alert("You clicked on " + target.id);
    target.removeEventListener("click", handleClick, false);
}
```

并使用addEventListener给<div>元素指定了一个单击事件处理程序。

用户单击<div>元素时，我们使用removeEventListener删除已指定的单击事件处理程序。

IE8和更早版本中的事件处理

本书处理过多种不同的事件：鼠标单击事件、网页加载事件、按键事件等。但愿你使用的是现代浏览器，让这些代码能够正常地运行。然而，如果你要编写处理事件的网页（哪个网页不需要这样做呢？），并担心有些用户使用的是Internet Explorer（IE）8或更早的版本，就需要知道一个与事件处理相关的问题。

可惜在IE9之前，IE处理事件的方式不同于其他浏览器。无论用户使用的是哪种浏览器，你都可使用onclick和onload等属性来指定事件处理程序，但较旧的IE浏览器处理事件对象的方式不同。另外，在IE9之前，IE都不支持标准化方法addEventListener。你必须对下面的问题心中有数。

❏ IE8和更早的版本确实支持大多数可用于指定事件处理程序的"on"属性。

❏ IE8和更早的版本使用方法attachEvent而不是addEventListener。

❏ 事件触发导致事件处理程序被调用时，IE8和更早的版本将事件对象存储在对象window中，而不将其传递给事件处理程序。

因此，要确保代码在包括IE8和更早版本的所有浏览器中都能正确地运行，可像下面这样处理这些差异：

> IE8支持用于指定加载事件处理程序的属性onload，因此这行代码不会有任何问题。

```javascript
window.onload = function() {
    var div = document.getElementById("clickme");
    if (div.addEventListener) {
        div.addEventListener("click", handleClick, false);
    } else if (div.attachEvent) {
        div.attachEvent("onclick", handleClick);
    }
};
function handleClick(e) {
    var evt = e || window.event;
    var target;
    if (evt.target) {
        target = evt.target;
    } else {
        target = evt.srcElement;
    }
    alert("You clicked on " + target.id);
}
```

> 如果你使用方法addEventListener来添加事件处理程序，就必须检查浏览器是否支持它。

> 如果浏览器不支持它，就应转而使用方法attachEvent。请注意，方法attachEvent不接受第3个参数，另外，它要求使用"onclick"来表示单击事件。

> 如果向事件处理程序传递了事件对象，就说明用户使用的浏览器为IE9以上版本或其他浏览器。否则，你就必须从window中获取该事件对象。

> 如果事件对象是向事件处理程序传递的，其属性target将为触发事件的元素。如果用户使用的是IE8或更早的版本，包含该元素的属性将为srcElement。

#7. 正则表达式

本书前面提到过RegExp对象。RegExp表示**正则表达式**，是一种描述文本模式的语法。例如，通过使用正则表达式，可编写匹配以下文本的表达式：以t打头、以e结束，且至少包含一个a和至多两个u。

正则表达式可能很复杂。事实上，刚见到正则表达式时，它们可能看起来就像天书。不过，你很快就会熟悉简单的正则表达式。如果你对正则表达式感兴趣，请参阅这方面的优秀资料。

构造函数RegExp

下面来介绍两个正则表达式。要创建正则表达式，可调用构造函数RegExp，并传入放在两个斜杠之间的搜索模式，如下所示：

构造函数RegExp的实参为搜索模式。如何解读这两个搜索模式呢？

```
var areaCode = new RegExp(/[0-9]{3}/);
```

```
var phoneNumber = new RegExp(/^\d{3}-?\d{4}$/);
```

像这样解读……

还记得第7章的座椅争夺战吗？Amy就是凭借这个正则表达式获胜的。

要理解正则表达式，关键在于学会如何解读搜索模式。搜索模式是正则表达式中最复杂的部分，下面将详细解读这两个示例，其他的就留给你自己去探索吧。

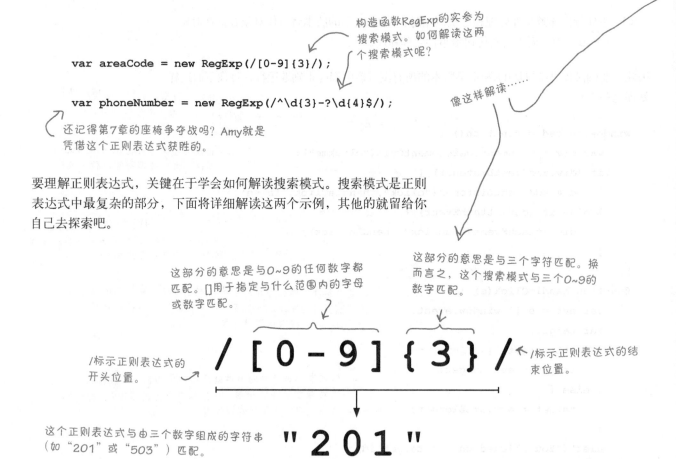

这部分的意思是与0~9的任何数字都匹配。[]用于指定与什么范围内的字母或数字匹配。

这部分的意思是与三个字符匹配。换而言之，这个搜索模式与三个0~9的数字匹配。

/标示正则表达式的开头位置。

/标示正则表达式的结束位置。

$$/ [0-9] \{3\} /$$

$$"201"$$

这个正则表达式与由三个数字组成的字符串（如"201"或"503"）匹配。

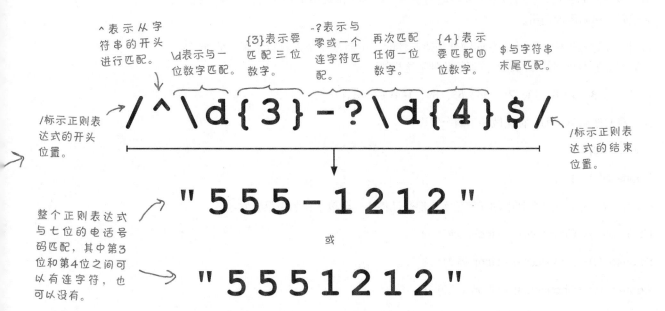

^表示从字符串的开头进行匹配。

\d表示与一位数字匹配。

{3}表示要匹配三位数字。

-?表示与零或一个连字符匹配。

再次匹配任何一位数字。

{4}表示要匹配四位数字。

$与字符串末尾匹配。

/标示正则表达式的开头位置。

/标示正则表达式的结束位置。

整个正则表达式与七位的电话号码匹配,其中第3位和第4位之间可以有连字符,也可以没有。

"555-1212"

或

"5551212"

使用RegExp对象

要使用正则表达式,首先必须有一个要搜索的字符串:

```
var amyHome = "555-1212";
```

接下来,判断这个字符串是否与正则表达式匹配。为此,可对这个字符串调用方法match,并将正则表达式对象作为实参传递给它:

result的值为["555-1212"],因为指定的正则表达式与变量anyHome存储的整个字符串匹配。

```
var result = amyHome.match(phoneNumber);
```

结果为一个数组,其中包含与正则表达式匹配的子串。如果结果为null,就说明字符串的任何部分都不与正则表达式匹配。

result2的值为null,因为变量invalid存储的字符串的任何部分都不与指定的正则表达式搜索模式匹配。

```
var invalid = "5556-1212";
var result2 = invalid.match(phoneNumber);
```

创建正则表达式后,就可以不断地使用它来匹配字符串,想匹配多少个就能匹配多少个。

#8. 递归

给函数指定名称后，就可以做一件有趣的事情：在这个函数中调用它自己。我们称之为**递归**或递归函数调用。

为何需要这样做呢？因为有些问题就是递归性的。下面是一个来自数学领域的例子：计算斐波那契数列的算法。斐波那契数列是这样的：

1、1、2、3、5、8、13、21、34、55、89、144……

为计算斐波纳契数列，首先做如下两个假设：

Fibonacci(0) = 1

Fibonacci(1) = 1

然后，对于斐波那契数列中的任何数字，都通过将前两个数字相加来得到它：

Fibonacci(2) = Fibonacci(1) + Fibonacci(0) =2

Fibonacci(3) = Fibonacci(2) + Fibonacci(1) =3

Fibonacci(4) = Fibonacci(3) + Fibonacci(2) =5

依此类推。计算斐波那契数的算法天然具有递归性，因为你将前两个斐波那契数相加来得到下一个斐波那契数。

我们可创建一个这样的递归函数来计算斐波那契数：要计算Fibonacci(n)，我们两次调用函数 `fibonacci`，并分别将$n-1$和$n-2$作为实参，再将这两次调用函数 `fibonacci`的结果相加。

下面编写这个函数的代码。首先，处理实参为0或1的情形：

> 编写一个函数，它将n作为参数。该参数表示要计算斐波那契数列中的第几个数字。

```
function fibonacci(n) {
    if (n === 0) return 1;
    if (n === 1) return 1;
}
```

> 我们知道，如果n为0或1，我们都应返回1。这被称为函数的基线条件（base case），因为满足这种条件后，就无需再递归调用了。

这些被称为**基线条件**，即无需根据以前的斐波那契数来计算它们；通常最好先将实现它们的代码编写出来。接下来，你就可以这样想：要计算Fibonacci(n)，只需将Fibonacci($n-1$)和Fibonacci($n-2$)相加，并返回结果即可。

下面来编写这样的代码：

```
function fibonacci(n) {
    if (n === 0) return 1;
    if (n === 1) return 1;
    return (fibonacci(n-1) + fibonacci(n-2));
}
```

如果n不为0或1，只需将Fibonacci(n—1)和 Fibonacci(n—2)相加，并返回结果即可。

如果你从未见过递归，这些代码看起来有点不可思议，但它们确实能够计算出斐波那契数。下面整理了这些代码，并对其进行测试：

与前面的代码等效，只是更简洁。

```
function fibonacci(n) {
    if (n === 0 || n === 1) {
        return 1;
    } else {
        return (fibonacci(n-1) + fibonacci(n-2));
    }
}
```

这是一些测试代码。

```
for (var i = 0; i < 10; i++) {
    console.log("The fibonacci of " + i + " is " + fibonacci(i));
}
```

一定要有基线条件。

如果递归代码满足不了导致计算结束的基线条件，它将不断地执行下去，就像无限循环。换句话说，函数将不断地调用自己，进而不断地消耗资源，直到浏览器难以应付。因此，如果包含递归代码的网页没有响应，请核实这些代码最终能满足基线条件。

```
JavaScript控制台
The fibonacci of 0 is 1
The fibonacci of 1 is 1
The fibonacci of 2 is 2
The fibonacci of 3 is 3
The fibonacci of 4 is 5
The fibonacci of 5 is 8
The fibonacci of 6 is 13
The fibonacci of 7 is 21
The fibonacci of 8 is 34
The fibonacci of 9 is 55
```

#9. JSON

JavaScript不仅是一种Web编程语言，还正在逐渐成为一种常用的对象存储和传输格式。JSON是一个缩略语，表示JavaScript Object Notation。这种格式让你能够以字符串的方式表示JavaScript对象，以便对其进行存储和传输：

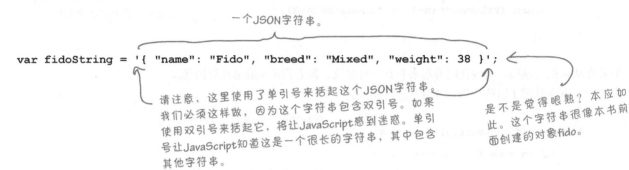

一个JSON字符串。

```
var fidoString = '{ "name": "Fido", "breed": "Mixed", "weight": 38 }';
```

请注意，这里使用了单引号来括起这个JSON字符串。我们必须这样做，因为这个字符串包含双引号。如果使用双引号来括起它，将让JavaScript感到迷惑。单引号让JavaScript知道这是一个很长的字符串，其中包含其他字符串。

是不是觉得眼熟？本应如此。这个字符串很像本书前面创建的对象fido。

JSON的优点之一是，它让我们能够将类似于上面的字符串转换为对象。为此，需要使用JavaScript对象JSON提供的两个方法：JSON.parse和JSON.stringify。下面使用方法parse来分析前面的fidoString，并将其转换为真正的小狗对象（总之是JavaScript对象）：

请注意，这里用到了JSON对象。JSON既是一种字符串格式的名称，也是一种JavaScript对象。

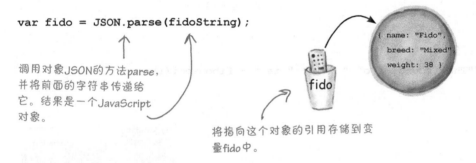

```
var fido = JSON.parse(fidoString);
```

调用对象JSON的方法parse，并将前面的字符串传递给它。结果是一个JavaScript对象。

```
{ name: "Fido",
  breed: "Mixed"
  weight: 38 }
```

将指向这个对象的引用存储到变量fido中。

你还可执行相反的操作。如果你有一个对象fido，并想将其转换为字符串，只需调用方法JSON.stringify即可，如下所示：

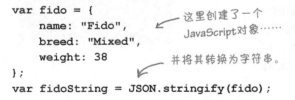

```
var fido = {
    name: "Fido",
    breed: "Mixed",
    weight: 38
};
var fidoString = JSON.stringify(fido);
```

这里创建了一个JavaScript对象……

并将其转换为字符串。

请注意，JSON格式不支持方法（因此不能在JSON字符串中包含方法bark），但它支持所有的基本类型，还有对象和数组。

#10. 服务器端JavaScript

本书只介绍了浏览器和客户端编程，但你也可将学到的JavaScript技能用于另一个完全不同的领域——服务器端编程。对你在Internet上使用的Web和云服务来说，服务器端编程通常必不可少。如果你要新建一个Web镇玉米卷在线订购系统，或者认为下一个重大创意是反社会网络，就需要编写在云端（Internet服务器上）运行的代码。

Node.js是当前流行的一种JavaScript服务器端技术，它包含自己的运行环境和库（就像客户端JavaScript使用浏览器提供的库一样）。与浏览器一样，Node.js运行JavaScript时使用的也是单线程模型。在这种模型中，每次只有一个执行线程。因此，其编程模型与基于异步事件和事件循环的浏览器类似。

例如，下面的方法启动Web服务器，以侦听到来的Web请求。它将一个负责处理请求的处理程序作为参数。注意，要指定处理请求的事件处理程序，可向方法createServer传递一个匿名函数。

服务器端代码在Internet服务器上执行。

请求

客户端代码在客户端（即用户的计算机）上执行。

> Node.js库中的方法http.createServer接受一个实参，这个实参是一个以匿名函数的方式指定的处理程序。

```
http.createServer(function(request, response) {
  response.writeHead(200, {"Content-Type": "text/plain"});
  response.write("Hello World");
  response.end();
}).listen(8888);
```

> 这个匿名函数负责处理请求。它在有请求到来时作出响应，将字符串"Hello World"发送给客户端。

当然，要理解Node.js的工作原理还要学习很多东西；不过你已经掌握了很多有关对象和函数的知识，这些学起来都不难。要详细了解Node.js，需要阅读相关的专著，除此之外，http://nodejs.org也提供了很多教程、文章和演示。

索引